国家科技基础条件平台

国家农作物种质资源平台发展报告

（2011—2016）

方 沩 曹永生 主编

中国农业科学技术出版社

图书在版编目（CIP）数据

国家农作物种质资源平台发展报告（2011—2016）/ 方　沩，曹永生 主编 .—北京：中国农业科学技术出版社，2018. 1

ISBN 978-7-5116-3353-8

Ⅰ. ① 国… Ⅱ. ① 方… ② 曹… Ⅲ. ① 作物—种质资源—研究报告—中国 Ⅳ. ①S32

中国版本图书馆 CIP 数据核字（2017）第 270586 号

责任编辑 张孝安　崔改泵
责任校对 贾海霞

出 版 者 中国农业科学技术出版社
北京市中关村南大街12号　　邮编：100081
电　　话 （010）82109708（编辑室）（010）82109702（发行部）
（010）82109709（读者服务部）
传　　真 （010）82106626
网　　址 http: // www.castp.cn
经 销 者 各地新华书店
印 刷 者 北京富泰印刷有限责任公司
开　　本 787mm×1 092mm　1/16
印　　张 37
字　　数 660千字
版　　次 2018年1月第1版　　2018年1月第1次印刷
定　　价 200.00元

国家农作物种质资源平台发展报告
（2011—2016）

编委会

主　　编：方　沩　曹永生

副 主 编：李立会　黎　裕　王述民　卢新雄　陈彦清

编写人员（以姓氏拼音为序）：

艾　军　白金顺　蔡　青　陈　亮　陈成斌　陈建华
陈业渊　陈玉宁　程须珍　崔　平　戴志刚　丁汉凤
董胜利　董文轩　范海阔　方伟超　房伯平　郭刚刚
韩龙植　郝朝运　何娟娟　胡红菊　胡彦师　黄秉智
贾银华　江　东　江　玲　姜　全　金　杰　揭雨成
黎毛毛　李登科　李高原　李坤明　李淑芳　李锡香
廖文华　刘　利　刘本英　刘凤之　刘庆忠　刘玉平
刘章雄　龙　萍　卢新坤　路明祥　马双武　马艳明
潘大建　祁旭升　乔治军　邱丽娟　邱东峰　任贵兴
沈士华　沈志军　师文贵　石云素　司海平　宋宏伟
宋继玲　粟建光　孙　娟　田丹青　王　纶　王晓鸣
王学敏　魏淑红　魏兴华　伍晓明　谢宗铭　闫国华
杨庆文　杨　涛　杨　欣　杨　勇　杨欣明　杨忠义
袁理春　张　辉　张　京　陆　平　张　磊　张晓东
张兴伟　张玉萍　张宗文　赵冬兰　赵来喜　郑少泉
周忠丽　宗绪晓

前　言 PREFACE

国家农作物种质资源平台是国家科技基础条件平台的重要组成部分,是服务于农业科技原始创新和现代种业发展的基础支撑体系，由相互关联、相辅相成的农作物种质资源实物和信息系统、以共享机制为核心的制度体系和专业化人才队伍构成的有机统一体。

国家农作物种质资源平台自2011年通过科技部、财政部的考核和认定，转入运行服务阶段以来，按照“以用为主、重在服务”的原则，进一步强化服务工作，通过瞄准我国粮食安全、生态安全、人类健康、农民增收和国际竞争力提高等方向，不断完善平台服务体系，加强服务能力建设，加强资源收集引进，强化资源深度挖掘，转变服务方式，探索并创新多种共享服务模式，服务数量、质量、效率和效益得到同步提高，共享服务取得显著成效，有力地支撑了我国科技原始创新、现代种业发展、农业供给侧结构性改革和农业可持续发展。

本书系统总结了国家农作物种质资源平台及各子平台在资源整合、共享服务和运行管理等方面的成效、经验和今后的努力方向，展望了“十三五”期间的发展，并附有大量共享服务的典型案例，内容丰富，资料翔实。

本书对于农作物种质资源的整合、共享和服务，以及平台建设和发展具有重要的参考价值，既可作为一般从事相关领域研究与应用的指导用书，也可作为其他学科领域平台建设的借鉴资料，可供农业大专院校、科研院所和相关部门人员参考。

由于编者水平有限，疏漏和不当之处在所难免，敬请专家、学者及同行批评指正。

编　者

2017年5月

目　录 CONTENTS

国家农作物种质资源平台发展报告

曹永生，方　沩，陈彦清

（中国农业科学院作物科学研究所，北京，100081）

摘要：国家农作物种质资源平台自2011年正式通过科技部、财政部认定转入运行服务阶段以来，通过瞄准我国粮食安全、生态安全、人类健康、农民增收和国际竞争力提高等方面，不断完善平台服务体系，加强服务能力建设，加强资源收集引进，强化资源深度挖掘，转变服务方式，创新多种服务模式，整合全国350多种农作物的44.1万份种质资源，开展一系列的农作物种质资源共享服务，取得显著成效，向全国提供了53.06万份次的农作物种质资源实物，向273.98万多人次提供了农作物种质资源信息共享服务，提供数据共享785GB，累计服务用户单位达14 982个次，服务用户达45 559人次，服务企业达2 070家，支撑国家重大工程和科技重大专项30多个，服务各级各类科技计划（项目／课题）2 000多个，有力地支撑我国现代种业的发展、科技原始创新、农业供给侧结构性改革和农业可持续发展。

农作物种质资源是是农业科学原始创新、作物育种及生物技术产业的重要物质基础，是人类社会生存与发展的战略性资源，是提高农业综合生产能力，维系国家食物安全的重要保证，是我国农业得以持续发展的重要基础。

国家农作物种质资源平台主要由国家长期种质库、国家复份种质库、11个国家中期种质库、43个国家种质圃、16个省级中期种质库和国家种质信息中心组成。国家农作物种质资源平台是国家科技基础条件平台的重要组成部分，是农作物种质资源信息和实物共享服务的基础支撑体系，由相互关联、相辅相成的农作物种质资源实物和信息系统、以共享机制为核心的制度体系和专业化人才队伍构成的有机统一体。通过科学分类，制定统一的技术规范和标准，实现对现存农作物种质资源的数字化，建立农作物种质资源数据库。以国家种质库（圃）、数据库和信息网络为依托，以标准、政策、管理和机构、人才为保障，建立农作物种质资源信息网络系统，形成资源共享和信息共享同步进行的平台体系，为政府和管理部门提供农作物种质资源保护和持续利用的决策信息，为科学研究和农业生产提供农作物种质资源及信息，为社会公众提供生物多样性方面的科普信息。国家农作物种质资源平台于2011年通过科技部、财政部的考核和认定，转入运行服务阶段（图1）。

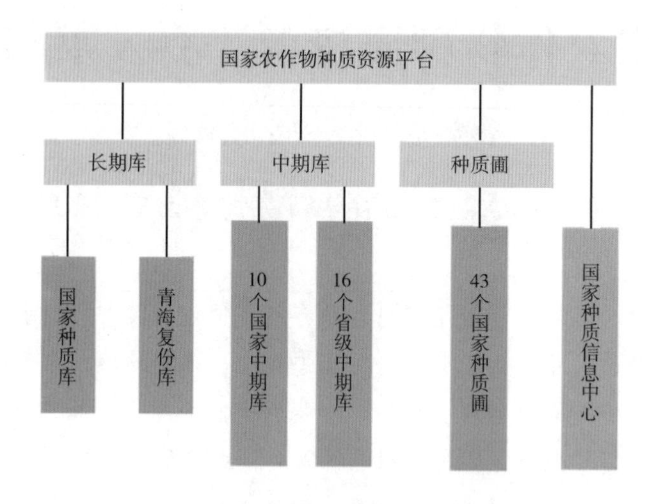

图1　国家农作物种质资源平台架构

一、平台资源整合情况

（一）整合规模与数量

国家农作物种质资源平台实现了跨部门、跨领域、跨地区资源整合，目前已整合全国各类农作物350多种，种质资源44.1万份，种质信息243GB，整合资源的生活力≥85%，实现资源的安全保存。已整合的资源类别包括粮食作物、纤维作物、油料作物、蔬菜、果树、糖烟茶桑、牧草绿肥、热带作物等，这些资源代表了国家农作物种质资源的水平，涵盖了中国名特优、珍稀、濒危资源，具有重要或潜在应用价值，能够基本满足中国当前和今后农业科研和生产发展的需要。今后要更多地引进国外作物种质资源，更好地满足中国现代种业和农业可持续发展的需要。

从资源整合规模上看，国家农作物种质资源平台已整合农作物种质资源约占国内资源总数的86.3%，约占全世界农作物种质资源保存总量的14%，位居世界第二。国际上，美国以56万份居全球首位，印度（40万份）为后起之秀，资源数量增长迅速；俄罗斯（33万份）是资源传统强国，很早就开始收集和保存来自各国的资源；日本（25万份）虽本土资源贫乏，但海外收集力度很大；巴西（17万份）是生物多样性最丰富的国家之一，资源潜力十分巨大。

从资源结构来看，整合的资源以本土资源为主，但广泛且大量的占有国外资源对于丰富种质资源多样性，为育种提供更宽阔的基因来源渠道具有非常重要的意义。美国收集来自国外的资源占72%，本土资源占28%，而中国正好相反，本土资源占79%，国外资源仅占21%；俄罗斯、日本、韩国也多以国外资源为主。

（二）资源整合模式与质量

根据《中华人民共和国种子法》和农业部《农作物种质资源管理办法》规定，“单位和个人持有国家尚未登记保存的种质资源的，有义务送交国家种质库登记保存。”

具体整合模式如下。

第一，当事人将种质资源送交当地农业行政主管部门或者农业科研机构，地方农业行政主管部门或者农业科研机构将收到的种质资源送交国家种质库登记保存。

第二，考察收集的种质资源、国家科研项目产生的种质资源、国外引进的种质资源直接送交国家种质库登记保存。

第三，送交的农作物种质资源的登记实行统一编号制度。

第四，所有农作物种质资源信息统一送交到国家作物种质信息中心。

通过上述资源整合模式，整合了全国农作物种质资源和信息，实现了国家对农作物种质资源和信息的集中管理和共享服务，克服了资源和数据的个人或单位占有以及互相保密封锁的状态，使分散在全国各地的种质和数据变成可供迅速查询共享的资源，为农业科学工作者和生产者提供全面快速的作物种质资源实物和信息服务，拓宽了优异资源和遗传基因的使用范围，为培育高产、优质、抗病虫、抗不良环境新品种提供了基础材料，为作物遗传多样性的保护和持续利用提供了重要依据。

资源的整合和鉴定评价严格按照国家农作物种质资源平台建立的农作物种质资源技术规范体系和全程质量控制体系进行，对农作物种质资源收集、整理、保存、评价、鉴定、利用全过程进行了质量控制，保证了资源实物和信息的质量。

二、平台共享服务进展和成效

（一）共享服务总体情况

国家农作物种质资源平台按照平台“以用为主、重在服务”的原则，进一步强化服务工作，重点瞄准我国粮食安全、生态安全、人类健康、农民增收、国际竞争力提高等5个服务方面，主要面向现代种业发展、科技创新、大众创业、万众创新和农业可持续发展5个服务重点，不断完善平台制度机制体系、组织管理体系、技术标准体系、安全保存体系、资源汇交体系、质量控制体系、人才队伍和评价体系等7个服务体系，重点加强种质库圃安全、种质信息网络、人才队伍、信息和实物数量等4个服务能力，加强资源收集引进，强化资源深度挖掘，转变常规服务为跟踪服务、被动服务为主动服务、一般服务为专题服务、科研教学单位服务为科研教学单位和企业服务并重，创新了日常性服务、展示性服务、针对性服务、需求性服务、引导性服务、跟踪性服务等6种服务模式，重点扩大服务范围，增加服务数量，提高服务质量，提高服务效率，提升服务对象满意度，提升服务效益。

国家农作物种质资源平台自2011年以来向全国科研院所、大专院校、企业、政府部门、生产单位和社会公众提供了农作物种质资源实物共享和信息共享服务，用户主要包括决策部门、管理人员、新品种保护和品种审定机构、科研和教学单位、种质资源和生物技术研究人员、育种家、种质库管理、引种和考察人员、农技推广人员、农民、学生及种子、饲料、酿酒、制药、食品、饮料、烟草、轻纺和环保等企业。

累计服务用户单位达14 982个次，服务用户达45 559人次，服务于平台参建单位以外的用户占总服务用户的79.84%。向全国提供了53.06万份次的农作物种质资源实物，向273.98万多人次提供了农作物种质资源信息共享服务，提供在线资源数据下载和离线数据共享785GB。为37项国家级科技奖励，147项省部级科技奖励，700多个作物新品种审定和植物新品种权提供了支撑（图2）。为国家千亿斤粮食工程、种子工程、“渤海粮仓”、转基因重大专项等30多个重大工程和科技重大专项、2 000多个各级各类科技计划（项目／课题）以及2 070家国内企业提供了资源和技术支撑（图3）。

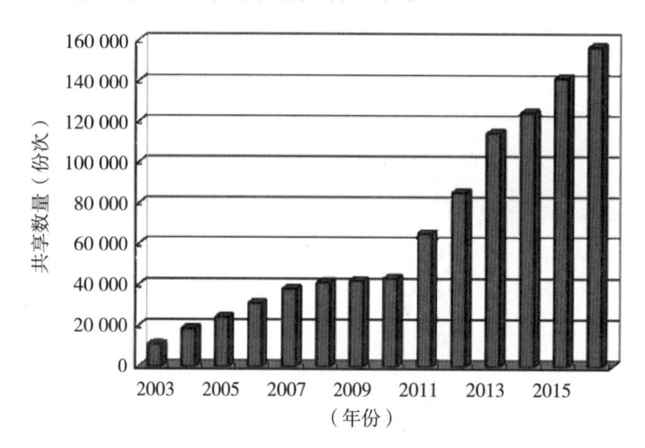

图2　农作物种质资源实物共享年增长情况

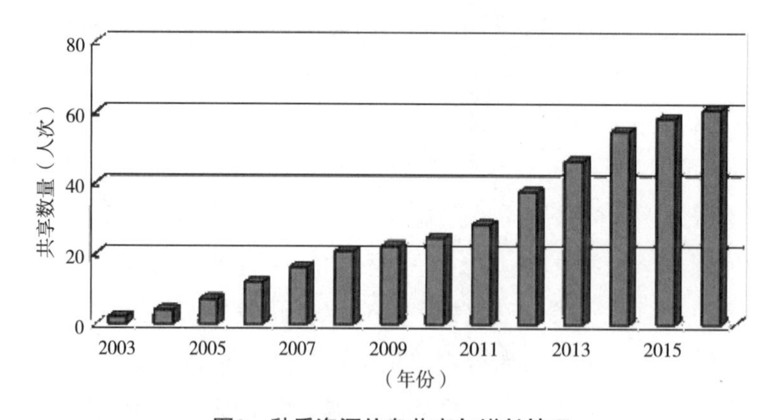

图3　种质资源信息共享年增长情况

（二）专题服务情况

开展了“面向东北粮食主产区的联合专题服务”“玉米种质资源高效利用联合专题服务”“西藏农牧科技联合专题服务”等联合专题服务，开展了以面向种子企业的定向服务、作物种质资源推广展示服务和作物种质资源针对性服务为重点的专题服务，累计开展各类专题服务610余次，取得了显著成效和巨大的社会影响。

1. 面向种子企业的定向服务

针对企业对优异种质资源，特别是对育种亲本（自交系）等的迫切需求，经过调查分析，确定北京德农种业有限公司、北京屯玉种业有限责任公司、内蒙古大民种业有限公司、辽宁东亚种业有限公司、黑龙江垦丰种业有限公司、河南秋乐种业科技股份有限公司、河南金博士种业股份有限公司和齐齐哈尔富尔农艺有限公司等8家国内规模较大、有研发团队和创新能力的种子企业为主要服务对象。目前，玉米是中国第三大粮食作物之一，年种植面积超过5亿亩*，这8家企业提供的玉米种子占全国的25%以上。服务方式：通过给种子企业“吃小灶”的形式，围绕种子企业需求，提供农作物种质资源和科学数据等的定向服务。服务内容：围绕企业育种需求，收集、整理、鉴定和深度挖掘农作物种质资源和科学数据，提供相应种质、科学数据和技术服务；帮助企业培养资源、育种、信息人才，开展人员培训；协助企业解决发展中的共性问题，帮助企业建立科学的数据管理和分析体系，实现开放共享，促进资源有效利用；面向种子行业促进技术扩散和转移，引领产业走向国际化。在东北地区和黄淮海粮食主产区设立3个展示区，提供了150份优异种质资源，用于企业的品种选育，已配置出比郑单958、先玉335增产5%以上的新组合18个，计划通过3~5年的定向服务，培育出1~2个突破性的新品种。该项专题服务在人民日报头版进行了报道，在全国种业界和科技界产生了巨大影响，提升了中国种业科技创新水平，提高了种业国际竞争力，为保障中国种业安全和国家粮食安全作出了贡献。

2. 作物种质资源推广展示服务

育种家和农民更希望了解种质资源的实际田间表现情况，从而更准确地获得所需的种质资源。为此，国家农作物种质资源平台将分作物分析用户的需要，筛选优异种质资源，在适宜的生态区集中种植，在作物生长的关键时节，主动邀请用户，到田间选择所需的种质资源，提高种质资源的利用效率。服务对象：全国科研单位和种子企业的育种家、种质资源和生物技术研究人员和农民等（图4）。服务方式：分作物分析用户需要，筛选优异种质资源，开展种质资源田间展示，主动邀请用户，提供农作物

* 1 亩≈667m^2，15 亩 =1hm^2，全书同

种质资源展示性服务。服务内容：针对各级各类科技计划实施的要求以及作物育种和科学研究对高产、优质、多抗、高效种质资源的需求，提供粮食作物、纤维作物、油料作物、蔬菜、果树、糖烟茶桑、牧草绿肥、热带作物等5 500份种质资源的187次田间推广展示专题服务。针对民生科技的需求，筛选名、特、优农作物种质资源，通过生产展示，提供农业生产直接应用服务230次。累计提供用户服务3 600多人次，为用户提供所需的优异种质资源1.6万余份次，提高了农作物育种的效率，加快新品种的培育进程，拓展作物新品种的遗传背景，为保障国家粮食安全作出应有的贡献。

图4　平台开展的部分推广展示服务

3. 作物种质资源针对性服务

服务对象主要为：转基因生物新品种培育重大科技专项中的水稻、小麦、玉米、大豆、棉花等重大项目（课题）、国家重点实验室和水稻、麦类、玉米、大豆、棉花、油料作物、园艺作物、热带作物等农业部综合实验室（学科群、专业和区域实验室、试验站）等重点科研基地、团队、项目。服务内容包括：围绕重点科研基地、团队、项目的需求，鉴定和深度挖掘农作物种质资源和农业科学数据，提供相应种质、科学数据和技术服务。主要服务方式：围绕重点科研基地、团队、项目需求，开展针对性服务，提供一站式全方位的种质资源和科学数据服务。为2个重大专项课题和9个学科群及38个重点实验室提供资源和数据服务，为转基因生物新品种培育重大科技专项和重大项目（课题）提供种质资源支撑，提升了我国农业科技创新能力，为使我国农业科技率先跃居世界前列提供强有力的支撑。

三、平台运行管理

（一）平台依托单位高度重视，切实推动平台实体化运行

平台依托单位对平台运行和服务工作高度重视，在组织管理、人才队伍、条件保障和制度建设等方面都给予了充分重视和大力支持，积极推动平台实体化运行。

1. 加强组织领导和统筹协调，充分发挥依托单位的主导作用

依托单位组织指导、协调平台建设的规划、建设和运行，并平台进行组织协调和督导，并将平台管理纳入了单位的年度考核；结合平台实际情况，制定平台发展规划，明确工作任务和目标，加强对日常工作的指导，并建立了依托单位主要领导抓平台建设的工作机制和组织机制（图5）。

图5　召开平台年度工作会议

2. 加强人才队伍建设，促进平台科技创新和服务能力提升

国家农作物种质资源平台共1 540人，设置岗位负责人90人。平台运行管理人员247人、技术支撑（包括平台资源收集保存、繁殖更新、整理编目、鉴定评价等）人员661人、共享服务人员632人；平台在编工作人员1 007人、聘用人员488人、其他人员45人。积极组织推荐平台申报国家有关人才计划，吸引和凝聚国内外优秀青年科学家参与平台建设，把优秀人才的引进与培养、创新团队建设作为支持平台建设和运行的重要任务，促进平台人才流动的良性循环；对平台工作人员实行分类考核，建立以资源整合、共享利用和运行服务为重点的平台工作人员绩效考核机制，在人才培养、职称晋升等方

面予以保障，稳定平台专业化的人才队伍，充分调动平台工作人员的积极性。

3. 加强软硬件和经费投入，保障平台有效运转

为平台提供诸如人员经费、仪器设备、场地以及库圃运转等软硬件配套保障，在基本建设专项资金和中央公益性科学事业单位修缮购置专项资金中对平台予以重点支持，及时修缮平台的设备设施，添置科学仪器，满足科技创新和运行服务的适时需要。此外，在中国农业科学院科技创新工程中，根据学科建设和科研工作深入开展的需要，对平台建设也将给予相应的支持。

4. 建立健全平台运行管理机制，促进平台实体化运行

图6 刘延东副总理视察国家农作物种质资源平台（2015年4月）

逐步完善平台管理制度、共享服务制度、利益分配制度、考核和经费分配机制，切实落实管理委员会领导下的管理中心主任负责制，充分发挥管理委员会的决策作用、专家委员会的咨询作用和用户委员会的监督作用，推动实现平台组织管理体系的实体化运行，为平台的稳健发展奠定基础（图6）。

（二）创新平台运行服务模式，努力提升共享服务的水平

国家农作物种质资源平台根据制定的《国家农作物种质资源平台章程》《国家农作物种质资源平台分发共享服务办事指南》和《国家农作物种质资源平台信息共享服务指南》等制度，向社会提供农作物种质资源信息和实物的共享，共享方式为公益性共享，同时提供技术培训、利用指导、现场示范等技术服务，创新了包括日常性服务、展示性服务、针对性服务、需求性服务、引导性服务、跟踪性服务等服务在内的平台运行服务模式，有力地提升了共享服务的水平。

1. 日常性服务

根据用户需要，及时提供农作物种质资源信息和实物。

2. 展示性服务

主动邀请用户，分析用户需要，通过农作物种质资源田间展示，提供信息和实物

共享。

3. 针对性服务

按作物梳理平台服务重点对象，针对重点科研基地、项目、团队等重点服务对象开展优质服务。

4. 需求性服务

针对国家需要、突发事件、重大科研项目、重大建设工程等提供一站式全方位的农作物种质资源服务。

5. 引导性服务

围绕国家粮食安全、生态安全、农民增收、人类健康等重大需求，引导用户利用具有特异性状的农作物种质资源，提供超前服务。

6. 跟踪性服务

跟踪前期提供资源的利用情况，根据用户的需求，提供新的、更符合用户要求的种质资源。

四、平台未来与展望

通过加大国外资源收集和整合力度，丰富种质资源战略储备，优化资源多样性结构，为育种行业提供更广泛的材料来源。加强资源精准鉴定和深入评价，广泛开展表型精准化鉴定和基因型规模化鉴定，实现广度与深度的扩展，获得能支撑新品种选育的优异种质资源和基因资源。“十三五”期间，国家农作物种质资源平台将通过“第三次全国农作物种质资源普查与收集行动”开展全国系统性资源收集，同时开展国外资源交换引进，新整合资源7万份，使资源总量达51万份。整理和整合资源收集、评价、鉴定和繁殖更新等过程中产生的所有数据信息，数据记录达200万条以上。

不断提升共享服务水平，继续创新和完善服务模式，加大专题服务力度。建设完善资源精准管理和高效共享的信息网络系统，提高用户体验，满足个性化的需求。同时，建立并完善资源登记和利用制度，对不同来源、不同类型的农作物种质资源，实行差别化管理。公共资源依法向全社会开放，对创新资源依据权益约定实现共享，切实提升资源共享的数量和质量，不断满足资源用户需求。实现年共享服务数量10%以上的增长，重点开展面向种业企业、面向“三农”、面向科技重大专项的联合专题服务，为保障我国粮食安全、推动现代种业发展和促进农业供给侧结构性改革等方面提供强有力的支撑。

国家农作物种质资源平台（水稻）发展报告

韩龙植，杨庆文，郑晓明，乔卫华，马小定，曹桂兰

（中国农业科学院作物科学研究所，北京，100081）

摘要：截至2015年，经整理编目和鉴定评价，入国家长期库的水稻种质资源为82 379份；经繁殖更新，入北京国家中期库的水稻种质资源为36 604份。2011—2015年，收集野生稻资源1 378份、栽培稻资源2 133份；编目入库8 446份，繁殖更新6 731份；构建800份水稻种质资源的地上部整株和穗部的图像，建立水稻31个形态及生物学性状的150余个多样性图像数据库；向248个科研院所、高等院校、企业等单位提供水稻种质资源及其相关信息19 341份次。支撑了国家产业体系、“973”项目、“863”项目等国家及省级科研项目59项，支撑了江西省科学技术进步奖二等奖1项、著作2部、论文48篇。举办多次水稻优异种质资源田间展示与观摩，促进了从事资源、育种和种业相关人员的相互交流与合作，提高了水稻种质资源的利用效率。今后应继续加强国内外水稻种质资源的调查收集与繁种入库、鉴定评价与优异种质发掘、繁种更新与分发供种，为我国水稻育种和种业的持续发展提供重要的物质支撑。

一、子平台基本情况

本子平台由中国农业科学院作物科学研究所水稻种质资源创新小组与野生稻种质资源创新小组共同承担。人员共6人，其中研究员2名、副研究员2名、助理研究员2名。主要任务目标是积极开展水稻种质资源的调查收集、整理编目、鉴定评价、繁种保存与更新、共享服务，为我国水稻育种和种业发展提供重要的物质支撑。

二、资源整合情况

1. 国家长期库和中期库水稻种质资源总量

截至2015年，我国水稻种质资源编目数量达90 432份，其中野生稻种为8 276份（9.15%）、地方稻种54 732份（60.52%）、选育稻种8 198份（9.07%）、国外引进稻种17 237份（19.06%）、杂交稻资源1 604（1.77%）、杂草稻资源181份（0.20%）、遗传材料204份（0.23%）。经鉴定评价，繁种入国家长期库82 379份，其中野生稻种6 551份（7.95%）、地方稻种50 821份（61.69%）、选育稻种7 321份（8.89%）、国外引进稻

种15 861份（19.25%）、杂交稻资源1 440份（1.75%）、杂草稻资源181份（0.22%）、遗传材料204份（0.25%）。截至2015年，经繁殖更新，入北京国家中期库保存36 604份，其中野生稻种3 608份（9.86%）、地方稻种25 261份（69.01%）、选育稻种2 997份（8.19%）、国外引进稻种4 664份（12.74%）、杂交稻资源74份（0.20%）。

左：广西野生稻调查

右：贵州禾类资源调查

图1　水稻种质资源现场调查收集

2. 国家长期库和中期库水稻种质资源增量

2011—2015年在广东省、广西壮族自治区、海南省和云南省收集野生稻资源1 378份，并创建野生稻居群空间分布的GPS/GIS信息系统，供国内用户查询和实用；从国外（韩国、美国、巴西等）、国内（贵州、云南、东北三省）收集栽培稻资源2 133份。经鉴定评价，编目入库8 446份，其中野生稻种613份（7.26%）、地方稻种450份（5.33%）、选育稻种1 538份（18.21%）、国外引进稻种5 607份（66.39%）、杂草稻资源181份（2.14%）和杂交稻资源57份（0.67%）。经繁殖更新，入国家中期库保存6 731份，其中野生稻种500份（7.43%）、地方稻种1 277份（18.97%）、选育稻种881份（13.09%）、国外引进稻种4 012份（59.60%）、杂交稻资源61份（0.91%）。

3. 鉴定评价

2011—2015年，完成了水稻主要农艺性状鉴定8935份、耐冷性鉴定2 234份、耐盐性鉴定1 368份、抗旱性鉴定693份，从中筛选出表现大穗、多粒、耐冷、耐盐、抗旱等优异特性的水稻种质约500份，包括大穗、多粒等种质200份，耐冷种质160份，耐盐种质95份，抗旱种质45份（图2）。

左：宁夏回族自治区银川抗旱性鉴定

右：北京水稻主要农艺性状鉴定

图2　鉴定评价

4. 水稻形态多样性图谱构建

构建800份水稻种质资源的地上部整株和穗部的图像数据；建立野生稻（普通野生稻、药用野生稻、疣粒野生稻）、亚种类型（籼稻、粳稻）、胚乳性状（黏、糯）、种皮色、芽鞘色、叶鞘色、叶片色、叶片卷曲度、叶耳颜色、叶舌颜色、叶节颜色、茎秆节颜色、茎秆节间色、茎秆茎节包露、柱头色、花药颜色、芒长、芒色、芒的分布、护颖色、颖尖色、颖色、颖毛、穗立形状、穗抽出度、剑叶角度、茎秆角度、籽粒大小、籽粒形状等31个形态及生物学性状的150个多样性图像数据库（图3）。

图3　水稻颖色多样性图谱

三、共享服务情况

1. 服务对象与支撑成果

服务对象范围和数量：2011—2015年期间向96个科研院所、41个高等院校、14个企业、3个政府部门等248个单位（含重复）提供水稻种质资源的实物和信息服务。

（1）支撑项目和科技成果：支撑了国家产业体系、“973”项目、“863”项目、国家自然科学基金、国家科技支撑计划项目、转基因重大专项、农业部行业科技专项等国家及省级科研项目59项。江西水稻优异种质资源发掘、创制研究与应用，2012年获得江西省科学技术进步奖二等奖，本子平台为该获奖成果提供了1 000余份水稻种质资源，为挖掘耐储藏、富含维生素、耐盐碱、抗白背飞虱、耐高温等一批优异种质资源提供了重要的物质支撑。

（2）支撑著作和论文：《21世纪初云南稻作地方品种图志》（主编：徐福荣，戴陆圆，韩龙植）于2016年1月出版，本子平台为该著作提供了新收集的云南农家保护水稻地方品种531份的相关信息，包括采集号、采集时间、地点和提供人、种植和利用信息、特征特性及其生境、稻谷粒和糙米粒等相应的图片，图文并茂。《中国稻种资源及其核心种质研究与利用》（主编：李自超）于2013年5月出版，本子平台为该论著提供了中国栽培稻种质资源的收集、保存、评价与利用现状以及中国野生稻种质资源的收集与保护情况。支撑了32篇学术论文的试验研究，并与编目入库、繁种更新等相结合，开展水稻种质资源多样性保护及优异种质发掘研究，发表学术论文16篇。

2. 水稻优异种质资源现场展示与提供服务

本子平台定期开展水稻优异种质资源的现场展示，并以网络公布、简报发表等形式，向社会宣传鉴定筛选和新创制的水稻优异种质资源，使育种及其相关研究人员及时了解水稻种质资源的相关信息，并索取所需要的水稻种质资源。于2012年和2015年分别与中国水稻研究所和辽宁省水稻研究所联合，分别在杭州市和沈阳市举办较大规模的水稻优异种质资源田间展示与观摩。现场展示的种质资源数量多，与会人数多，提供资源数量多，促进了资源、育种和种业三者的交流与合作，提高了种质资源的利用效率，取得了较大成效。2011—2015年期间，与水稻种质资源现场展示相结合，向全国248个科研、教学和种业等单位共分发供种19 341份次，其中野生稻1 877份次、栽培稻17 464份次，平均每年3 868份次；提供种质信息服务2 651份次，平均每年530份次。

四、典型服务案例

1. 案例1：水稻优异种质资源田间展示与提供利用

为了满足东北三省乃至全国从事粳稻育种的国家、省和地级农业科学院相关专业研究所和企业用户的育种人员对高产、抗病虫、抗逆等水稻优异种质资源的迫切需求，本子平台于2015年9月9—11日在沈阳举办了“全国粳稻优异种质资源现场展示与学术交流会”。通过学术交流，向与会人员介绍和宣传水稻优异种质发掘等研究新进展；通过现场资源观摩，使与会人员充分了解水稻优异种质资源的表型特性，并按各自的育种目标和利用需求，现场申请索取所需要的种质资源；本子平台与资源索取申请者签订用种协议，并向资源索取单位分发供种。

本次服务在现场展示了具有高产（大穗、穗粒数多、着粒密等）、优质（低直链淀粉、高蛋白、口味佳等）、抗病（抗稻瘟病、抗白叶枯病、纹枯病等）、抗虫（抗稻褐飞虱、抗白背飞虱等）、抗逆（旱、冷、盐碱等）等优异特性的水稻优异种质资源800份。来自全国21个省（自治区、直辖市）60余个科院院所、高等院校和企业的从事水稻种质资源、育种和种业的近200名科研人员参加了资源展示会。

本次服务部分缓解了当前东北地区乃至全国粳稻育种缺乏关键育种亲本材料的不利局面；为水稻种质资源与育种和种业创造了相互沟通和了解的交流平台，促进了彼此的交流与合作，提高了水稻种质资源的利用效率；向育种及其相关研究提供水稻种质资源5 000份次以上。同时，通过http://www.caas.cn/ysxw/xzhd/index.shtml、http://icscaas.com.cn/sites/ics/、http://www.lrri.net.cn/等网络和种业简报等形式，宣传水稻种质资源研究新进展与成果，扩大本子平台的影响力，使更多的育种者通过本子平台获取所需要的水稻种质资源（图4）。

图4　水稻优异种质资源田间展示与观摩（沈阳，2015）

2. 案例2：水稻种质资源利用效果案例

本子平台提供的耐冷、广适应性水稻优异种质培育131（ZD-05454），被黑龙江省农业科学院作物育种研究所做亲本利用，2012年培育出育龙1号；提供的优质、耐冷水稻优异种质绢光（WD-16850），被宁夏农林科学院农作物研究所做亲本利用，2015年培育出水稻品种宁粳49号；提供的株叶型好、茎态集中、剑叶张开角度小、穗大粒密、适应性广的水稻优异种质桂朝2号（ZD-01006），被贵州省农业科学院水稻研究所做亲本利用培育出的水稻恢复系R2190，并于2014年获得新品种权。

五、总结与展望

1. “十三五”本子平台发展总体目标

本子平台“十三五”总体任务目标是从国内外广泛收集水稻种质资源，并经整理编目和鉴定评价，入国家种质库保存；通过深度评价，发掘对水稻育种具有重要利用价值的高产、抗病虫、抗逆等优异种质；将常规育种与分子育种相结合，有效利用野生稻种和地方稻种资源，创制育种可利用的优异种质；经繁种更新，在国家中期库储备育种可利用的丰富水稻种质资源，并通过优异种质资源的田间展示与观摩活动，积极向全国水稻育种及其相关研究单位提供利用，为我国水稻育种和种业的持续发展以及我国粮食安全和生态安全提供重要的物质支撑。

2. 加强水稻种质资源的共享与提供利用服务，提高科研成果的产出效率

以网络公布、简报发表等形式，积极向社会宣传鉴定筛选和新创制的水稻优异种质资源，并通过共享与提供利用服务，有效支撑国家重点研发计划、国家产业技术体系等国家及各省重要科研项目，为水稻重要农艺性状的遗传及分子机制研究、生理生化机制研究、基因发掘和品种选育等提供优异种质资源，提高具有我国知识产权的专利、科技著作、高水平论文、获奖成果等科研成果的产出效率。同时，通过水稻优异种质资源田间展示与观摩，使育种家在现场了解和评价优异种质资源优异特性，为水稻育种提供高产、抗病虫、抗逆等优异亲本材料，解决当前水稻育种缺乏关键亲本材料的不利局面，推动水稻育种和种业的持续发展。

3. 加强国外水稻种质资源的引进与繁种入库

“十二五”期间，经整理编目和鉴定评价，繁种入库的8 446份水稻种质资源中，国外引进稻种占66.39%，国外种质资源的引进与繁种入库工作取得了较大成效。然而，截至2015年我国国家长期库中保存的水稻种质资源中，国内种质资源仍然占很大比例，国外引进资源只占19.25%。因此，今后继续加强国外种质资源的引进与繁种入库。

4. 完善水稻种质资源共享与利用信息追踪及反馈机制

近15年来，水稻种质资源的共享与提供利用取得了较大成效。“十二五”期间本子平台为水稻育种和鉴定评价平均每年提供利用3 800余份次，分发供种数量达“十五”期间的5~6倍。然而，用种单位的资源利用信息反馈不及时，信息量很少，难以正确评估水稻种质资源的利用效果。因此，今后进一步完善种质资源共享与利用信息追踪及反馈机制，实现种质资源的共享与高效利用。

国家农作物种质资源平台（小麦）发展报告

杨欣明，李秀全，刘伟华，张锦鹏，鲁玉清，李立会

（中国农业科学院作物科学研究所，北京，100081）

摘要：截至“十二五”末，国家农作物种质资源小麦子平台共收集保存小麦种质资源49 004份，涉及小麦族（Triticeae）13个属239个种，其中包括小麦属（*Triticum* L.）19个种47 785份。“十二五”期间新收集小麦种质资源共计5 042份，包括国外引进3 316份，国内育成品种和优良品系共1 404份。向全国169家科研单位及大专院校发放供种8 608份次。特别是提供利用现代小麦育种所急需的关键基因资源822份次，包括多花多粒、抗干旱低温逆境、抗各种病虫害和水分养分资源高效利用等创新种质。重点对涵盖我国5个小麦生态区的33家单位服务供种。利用本平台小麦种质资源完成国家“973”项目、“863”项目、国家科技支撑计划项目等3项，发掘新基因和重要农艺性状的主效QTL 67个，并开发出紧密连锁的分子标记，为传统育种向分子育种的转变提供了新的基因源和技术支撑。并制定了小麦种质资源的引种与利用规范。利用本项目提供的优异种质，培育小麦新品种20个，对我国小麦育种的持续发展提供了坚实的物质保障。

一、子平台基本情况

截至2015年12月，共收集保存小麦种质资源49 004份（表1），涉及小麦族（*Triticeae*）13属、239种；其中，小麦属（*Triticum* L.）19种47 785份。

表1　小麦种质资源收集保存概况

种质类型	保存数量
国内普通小麦	18 333
国外普通小麦	26 662
小麦特殊遗传材料	1 220
小麦稀有种	157
小麦野生近缘植物	1 219
合计	49 004

二、主要进展

（一）小麦种质资源收集、编目与入库保存

“十二五”期间新收集资源共计5 042份（表2），其中从国外引进3 316份，占65%，分别来自阿根廷、墨西哥等国家或国际组织，以普通小麦为主，对引进资源及时进行了主要农艺性状鉴定、编目入库，繁殖种子后发放利用。收集国内育成品种或优良品系1 404份，育种家创造的优异资源500余份，其中包括山西省农业科学院孙玉老师提供的小麦与中间偃麦草的远缘杂交中间材料和黑粒小麦等特异资源445份。

表2　新收集保存小麦种质资源类型及份数

资源类型	编目入库保存份数
国内普通小麦	1 404
国外普通小麦	2 999
小麦特殊遗传材料	322
小麦稀有种	297
小麦野生近缘植物	20
合计	5 042

（二）小麦种质资源提供利用

“十二五”期间，共向全国169家科研单位及大专院校供种8 608份次，其中国内普通小麦6 947份，占分发供种总数的80%以上。详见表3所示。分发种质部分被直接应用于引种单位承担的国家重点科研项目，如国家“863”项目、“973”计划等，部分材料用于优异基因的分子标记和克隆、鉴定评价等研究（表3）。主要利用单位：

中国科学院成都生物研究所

中国科学院植物研究所

中国科学院遗传与发育生物学研究所

中国农业科学院作物科学研究所

中国农业科学院草原研究所

中国农业科学院植物保护研究所

国家小麦工程技术研究中心

山西省农业科学院小麦研究所

河南省农业科学院小麦研究中心

山东省农业科学院作物研究所

河北省农林科学院粮油作物研究所

江苏省农业科学院粮作研究所

山东农业大学农学院	南京农业大学农学院
安徽农业大学	内蒙古农业大学生命科学学院
河南农业大学	新疆石河子农业科学院
新疆农垦科学院作物研究所	河北农业大学农学院
安徽农业大学农学院	兰州大学

表3　2011—2015年分发供种情况及种质类型

种质类型	2011年	2012年	2013年	2014年	2015年	合计
国内资源	1 360	1 396	1 723	1 339	1 129	6 947
国外资源	103	330	80	127	133	773
小麦稀有种	23	219	27	7	43	319
小麦近缘植物	124	189	43	122	91	569
合计	1 610	2 134	1 873	1 595	1 396	8 608
引种单位数	19	44	37	29	40	169

（三）创新种质展示推广

通过资源展示极大促进了创新优异种质在育种中的广泛应用，特别是多花多粒，抗逆性、抗病和资源高效利用等优异种质，正是现代小麦育种要取得突破所急需的关键基因资源。提供种质利用822份次。利用单位33家，利用人35人。涵盖5个小麦主产区（表4和图1）。

表4　2011—2015年小麦—冰草创新种质分发利用情况

年份	提供种质数量（份）	利用单位数（个）	主要利用单位名称
2011	396	6	石家庄市农业科学院
2012	53	6	河南省农业科学院小麦研究中心
2013	42	5	西北农林科技大学
2014	26	5	江苏省里下河地区农业科学研究所
2015	305	11	山东省农业科学院作物研究所
合计	822	33	山东农业大学农学院等

图1　小麦—冰草创新育种材料观摩会（新乡）

三、主要成效

（一）支撑项目

国家“973”项目：主要农作物骨干亲本遗传构成和利用效应的基础研究（2011CB100100）。

国家“863”项目：小麦分子染色体工程与功能基因育种研究（2011AA1001）。

国家科技支撑计划：河南粮食核心区高产、稳产、优质小麦新品种选育与示范（2011BAD07B）；农林植物种质资源发掘与创新利用（2013BAD01B00）。

（二）制定规范为规范作物种质资源的引种与利用

制定《作物种质资源获取与利用协议书》，明确了种质保存单位和利用单位或个人双方的权利与义务，各方违约所要承担的责任。协议书包括五方面内容：提供方的权利与义务、接收方的权利与义务、违约责任、提供利用的种质资源材料清单、双方单位，责任人签字盖章。

（三）支撑新基因发掘

利用优异种质支撑发掘新基因和主效QTL 67个，并开发出紧密连锁的分子标记，为传统育种向分子育种的转变提供了新的基因源和技术支撑。包括：1个半显性矮秆基因，1个茎秆厚壁基因（抗倒伏），1个高穗粒重QTL，2个紫（黑）色籽粒基因，8个高分子量麦谷蛋白（HMW-GS）亚基，4个籽粒高铁、锌含量QTL，11个抗条锈病基因，12个抗白粉病基因，2个抗纹枯病QTL，2个抗禾谷孢囊线虫基因，1个抗褐斑病基因，1个显性抗麦长管蚜新基因，7个白皮抗穗发芽QTL，8个耐盐QTL，1个水分高效利用QTL，2个氮素高效利用QTL，3个抗铝害QTL。其中，从圆锥小麦中发掘出抗麦长管蚜新基因*RA-1*，填补了我国缺乏抗麦蚜基因的空白；抗白粉病新基因*Pm46*（ZL 201110241521.2）和*Pm07J126*（ZL 201210037308.4）获发明专利。

（四）利用优异种质，培育新品种20个，在推动长江中下游麦区育种中发挥了重要作用

通过综合鉴定评价，发现"西风小麦"具有弱筋、多抗（携抗纹枯病QTL*shes.1-2B*和QTL*shes.2-2B*、抗赤霉病QTL*FHB. 3BS*和QTL*FHB. 5AS*、抗梭条花叶病QTL*WSSMV. 2D*）、耐湿等多个突出目标性状，利用该种质育成"宁麦13"等新品种10个。利用美国的"Yuma/*8 Chancellor"（携抗白粉病*Pm4a*）为亲本，育成新品种3个，其中抗白粉病小麦新品种"扬麦11"，已成为长江下游地区主栽品种，累计推广面积达2 315万亩。利用小麦—冰草创新种质，先后育成：普冰143、普冰9946、普冰151、普冰701、普冰696、晋麦80、科农2011等7小麦新品种。

四、"十三五"工作计划

（一）资源服务

加强国外种质的引进和国内资源的收集，向社会提供资源实物、信息、技术研发和培训等服务。

（二）专题服务

建立与育种家、种业企业联系的畅通渠道，加快优异种质资源的利用步伐，特别是多花多粒，抗逆性、抗病和资源高效利用等优异种质，正是现代小麦育种要取得突破所急需的关键基因资源。对资源进行深度挖掘与集成，开展专题服务。

国家农作物种质资源平台（玉米）发展报告

石云素，宋燕春，李永祥，张登峰，李春辉，黎　裕，王天宇

（中国农业科学院作物科学研究所，北京，100081）

摘要： 玉米是世界上最重要三大作物之一，其产量高，分布广，用途多，既是一种粮饲兼用作物，又是一种工业原料作物。玉米在我国也是最重要的粮食作物之一，在农业生产和国民经济中占有举足轻重的地位。玉米种质资源是玉米新品种选育和基础研究的重要物质基础，是我国玉米科学研究事业生存与发展的宝贵财富，也是21世纪我国玉米生产可持续发展的基本保障。玉米子平台作为国家农作物种质资源平台中的主要粮食作物平台之一，按照项目工作要求，在完成预定计划的同时，牢记服务宗旨，积极面向我国重大需求，近5年收集、引进玉米种质资源7 410份；针对产业需求，积极开展急需性状的评价工作，整理入国家长期库保存5 020份；与此同时，努力提供多方位专题服务，平均每年分发种子服务976份次，有力地促进了我国玉米种质资源的保护、共享和利用。

一、子平台基本情况

玉米子平台依托单位是中国农业科学院作物科学研究所，主要由玉米种质资源创新小组成员组成。实物资源主要以种子的形式存储于国家种质库长期库和中期库中。主要功能职责是收集全国各地有利用价值或潜力的玉米资源和引进国外玉米种质资源，进行集中种植鉴定和繁种，从中选择表现优异的资源进行联合鉴定并展示。目标定位是为我国玉米新品种培育和科研、生产、人才培养等服好务。

二、资源整合情况

玉米起源于中南美洲，最近20年在我国发展迅速，播种面积已经达到5亿亩以上，已成为我国最重要的粮食作物之一。玉米是典型的异花授粉作物，雌雄同株异花异位，自然群体通常是杂合体，遗传基础丰富，类型多样。玉米种质资源收集工作始于20世纪50年代，目前已完成玉米种质资源编目、入国家长期库保存25 826份。其中含国内32个省、市、自治区的玉米资源19 596份，引进世界上48个国家或地区的资源6 230份。地方品种是玉米种质资源的主要类型，约占65.6%。2011年以来，我们加强了对玉米资源的广泛收集，对云南省、贵州省、四川省、重庆市、广西壮族自治区（以下

全书简称广西）、江西省等省区濒危、珍稀种质资源进行了考察收集，特别加强了对国外资源的征集，从美国、墨西哥、俄罗斯等国引进玉米种质资源达5 000余份，在检疫、鉴定的基础上，部分引进资源已完成编目入国家长期库进行保存，使保存资源总量提高24%的同时，引进资源占比更是提高了10余个百分点。经鉴定，有些引进资源在我国玉米育种急需性状上表现优异，如从俄罗斯引进的VIR12225资源（图1A），株高170cm，穗位高58cm，果穗长15.5cm，生育期93天。这份资源株高、穗位适中，早熟，关键是籽粒灌浆速率快、脱水快；从美国引进的K14MY258资源（图1B、1C），熟期适中，果穗均匀，成熟期茎秆挺拔抗倒。这些资源可以作为培育生产上急需的适宜机械化收获玉米新品种的特异资源加以利用。2011年以来，按照"十一五"期间制定的玉米种质繁殖更新技术标准，围绕科研、育种和生产对种质的重大需求，对库存资源进行了整理和更新，更新入国家中期库玉米种质资源2 790份，使更新总份数达20 623份，完成了近80%库存资源的更新繁殖，为平台的搭建和资源的分发服务奠定了坚实的基础。

图1　引进的早熟、抗倒优异资源

三、共享服务情况

玉米子平台服务对象面向全国不同行业的人员，主要包含各省、市、区、县科研院所的科研人员、农技推广人员、研究生院、大中专院校及中小学校教师和学生，种子、饲料、种养等企业及民间育种家，也有政府部门科普宣传人员、工人、商人、农民、退休人士，等等（表1），这些单位与个人90%以上为非平台参建单位。"十二五"期间每年提供玉米种质资源实物分发、信息服务超过1 000份次，提供玉米种子服务达4 800份次以上，通过邮件、电话等咨询服务及培训服务超过600人次。基本上实现了有求必应，受到了不同用户的广泛赞誉（图2和图3）。

转变观念，变被动服务为主动服务，每年通过会议宣传和田间不同形式进行实物展示，通过采取科企合作、联合鉴定、协作攻关等形式，充分利用库存资源、引进资源等，分别进行了东北早熟资源筛选鉴定展示、高配合力资源联合鉴定展示、引进美国坚秆抗倒伏、适机收种质资源鉴定展示等一系列专题服务，为我国国有企业提供针对性服务，持续推动了玉米种质资源的交流与利用，收到显著成效。2011—2015年间为完成玉米“973”项目、“863”项目、国家自然基金、青年基金、国家科技攻关、转基因专项及省部级各类科研项目提供种质资源实物和相关的咨询数据支持52项次；为全国科研教学单位和企业玉米育种提供基础材料与研究信息支撑，培育新自交系材料200多份，鉴定出苗头组合参加各级区试的30多个；支撑基础性研究单位发表高水平论文超过30篇，培养研究生40余名。

表1　提供过种子资源服务一次或多次的部分用户名单

服务时间（年/月/日）	申请用种单位	用种人姓名
2011/3/14	扬州大学	徐辰武
2011/4/7	中国农业大学生物学院	于静娟
2011/4/15	北京未名凯拓作物设计中心有限公司	李海军
2011/4/28	吉林省通化市农业科学研究院	牛兆国
2011/5/11	北京林业大学生物科学与技术学院	陈玉珍
2011/5/12	上海农业科技种子有限公司	田在军
2011/5/18	四川省农业科学院生物技术核技术研究所	陈克贵
2011/5/30	中国农业科学院作物科学研究所	徐云碧
2011/6/1	上海交通大学生命科学技术学院	石建新
2011/6/9	北京市种子管理站	叶翠玉、刘贺
2011/8/4	四川农业大学玉米研究所	蒋　伟
2011/10/18	中国农业大学国家玉米改良中心	戴景瑞
2011/10/30	中国农业科学院作物科学研究所	李少昆
2011/11/3	复旦大学	蒯本科
2011/12/19	南京农业大学大豆改良中心	王　宁
2011/12/27	河北省农林科学院植物保护研究所	石　洁
2012/2/3	华中农业大学作物遗传改良国家重点实验室	严建兵
2012/5/23	中国科学院东北地理与农业生态研究所	关义新

（续表）

服务时间（年/月/日）	申请用种单位	用种人姓名
2012/5/20	中国科学院遗传与发育生物学研究所	陈化榜
2012/5/27	北京衡达涌金农业发展有限公司	张强林、张平粟
2012/6/19	北京联创种业有限公司	高　飞
2012/10/9	中国农业科学院生物技术研究所	汪　海
2012/11/13	中国农业大学国家玉米改良中心	徐明良
2012/11/16	云南省文山州农业科学院	朱汉勇
2012/11/20	北京德农种业有限公司	张晓霞
2012/11/21	中国农业大学国家玉米改良中心	赖锦盛
2012/12/12	黑龙江垦丰种业有限公司	武　山
2012/12/12	黑龙江省齐齐哈尔市富尔农艺有限公司	钱光明
2012/12/13	内蒙古大民种业有限公司	邱久魁
2012/12/20	辽宁东亚种业有限公司	宋　波
2012/12/27	河南秋乐种业有限公司	李传强
2012/6/1	大庆市红岗区太平山农业示范基地	李雪峰
2012/12/18	江苏大学生命科学研究所	曹　军
2013/3/21	上海市农业科学院作物育种栽培研究所	郑洪健
2013/3/25	东城区安定门社保所	郑　雄
2013/4/11	安徽农业大学生命科学院应用生物技术研究所	江海洋
2013/4/20	辽宁省农业科学院植物保护研究所	董怀玉
2013/4/29	山西屯玉种业科技股份有限公司	张志刚
2013/4/10	河南科技学院	陈士林
2013/4/12	河南金博士种业股份有限公司	王凤莲
2013/5/23	山西省农业科学院作物科学研究所	张从卓
2013/5/29	四川省绵阳市农业科学研究院	何　丹
2013/5/30	山东天泰种业有限公司	石绪海

（续表）

服务时间（年/月/日）	申请用种单位	用种人姓名
2013/5/30	河北省藁城市金诺农业科技园	刘卫杰
2013/6/4	中国种子集团有限公司	付深造
2013/7/16	河北德华种业有限公司	方　华
2013/7/16	中国科学院昆明植物研究所	孙卫邦、张宁宁
2013/11/7	河北省农林科学院遗传生理研究所	赵　璞
2013/11/8	北大荒垦丰种业股份有限公司	许崇香
2013/11/15	深圳衡达植物远缘杂交国际育种研究中心	苏子磻
2014/1/3	甘肃省农业科学院植物保护研究所	郭建国
2014/1/24	浙江新安化工集团股份有限公司	吕洪坤
2014/3/28	海城市兴海管理区前教村	杨永清
2014/4/1	山东天泰种业有限公司	石绪海
2014/5/6	大连天晟种业有限公司	姜铭富
2014/5/7	内蒙古奈曼旗享禾种业有限责任公司	左志军
2014/5/10	吉林省农业科学院农业生物技术研究所	马　瑞
2014/6/6	北京农学院植科学院农学系	卢　敏
2014/6/17	云南大学农学院	谭　静
2014/9/16	长江师范学院	陈发波
2014/9/29	云南大学农学院	赵大克
2014/10/8	昆明理工大学生命科学与技术学院	初　龙
2014/11/15	通化市农业科学院	滕文星
2014/11/15	北京市农林科学院玉米研究中心	赵久然
2014/12/24	南亚热带作物研究所	贾利强
2014/12/19	山东登海种业股份有限公司	姜伟娟
2015/2/1	黑龙江省农垦科学院农作物开发研究所	井旭源
2015/2/27	河南秋乐种业科技股份有限公司	王玉民
2015/2/10	湖南省棉花科学研究所	朱春生

（续表）

服务时间（年/月/日）	申请用种单位	用种人姓名
2015/3/18	云南大学	徐润冰
2015/3/27	山东省滨州市秋田种业有限责任公司	赵德勇
2015/3/27	南京农业大学农学院	高夕全
2015/3/31	甘肃省张掖市农业科学院绿洲农业种质资源所	王托和
2015/4/3	辽宁省农业科学院玉米研究所	肖万欣
2015/4/9	天津市农作物研究所	刘秀峰
2015/4/16	沈阳农业大学特种玉米研究所	李凤海
2015/4/28	黑龙江齐齐哈尔华夏西瓜沙棘研究所	马正潭
2015/5/19	吉林省通化市农业科学研究院	姜立雁
2015/5/25	河南省高光玉米新品种研究所	堵纯信
2015/5/26	四川省南充市农业科学院	郑祖平
2015/6/4	云南中医学院	曹冠华
2015/6/16	湖北省长江大学农学院	邹华文
2015/8/10	广西大学生命科学与技术学院	李有志
2015/9/17	四川省草原科学研究院	张建波
2015/9/21	山东省聊城大学生命科学院	张文会
2015/10/8	中国农业科学院农产品加工研究所	郭　维
2015/11/10	河南省鹤壁市农业科学院程相文玉米研究室	程相文
2015/11/10	中国科学院植物研究所	刘丽丽
2015/11/17	北京世农科技发展有限公司	滑广文
2015/11/16	中国农业大学国家玉米改良中心	戴景瑞
2015/11/20	云南省鲁甸县种子管理站	刘　勤
2015/11/25	安徽农业大学生命科学学院	黄国玉

图2　玉米田间鉴定、授粉和室内考种培训

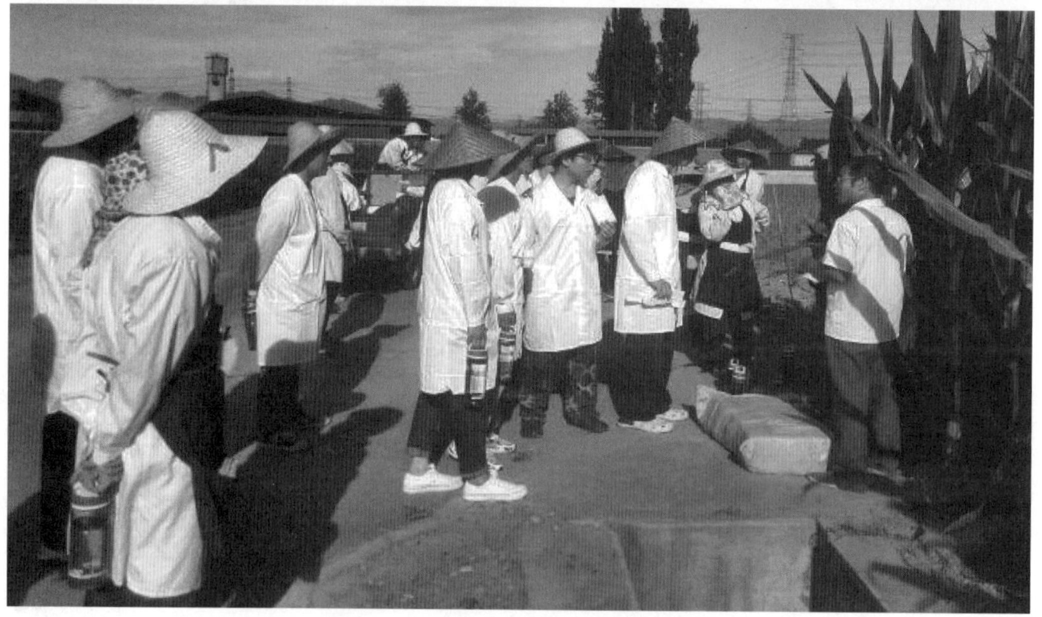

图3　玉米田间鉴定与展示交流活动

四、典型服务案例

（一）科企合作

针对国内企业在玉米育种实践中普遍存在育种材料遗传基础狭窄和可利用资源贫乏等问题，选定德农、屯玉、东亚、垦丰、秋乐等8家国内种子企业，采取科企合作方式，制定了实施联合鉴定评价与创新行动方案，工作目标之一就是通过展示与联合鉴定中国农业科学院作物科学研究所玉米子平台已筛选出的优良自交系和优异种质资源材料，以及引进国外的优异种质资源材料，筛选目标性状突出的优异种质资源供企业育种利用。几年来通过给种子企业“吃小灶”的形式，每年邀请参加优异种质资源展示交流活动，满足提供他们针对自己感兴趣选出的所需资源，用于企业的品种选育，以提升我国种业科技创新水平，提高种业国际竞争力（图4）。

图4　科企合作单位进行玉米田间鉴定与展示交流活动

（二）为国家玉米良种协作攻关提供支撑

为进一步贯彻落实《国务院办公厅关于深化种业体制改革提高创新能力的意见》，2015年农业部种子管理局等主管部门组织了国家玉米良种重大科研协作攻关计划。科研协作攻关工作以市场需求为导向，由有实力的育繁推一体化种子企业和科研教学单位组成攻关联合体，积极引领国家玉米育种的发展方向，加速培育与推广适应机械化生产、优质、高产、多抗、广适新品种。由中国农业科学院作物科学研究所牵头搭建起种质资源鉴定评价与优异种质资源创新利用平台，积极为国家玉米良种重大科研协作攻关工作提供支撑（图5）。2015年鉴定展示306份脱水快、坚秆适宜籽粒机收玉米种质资源供34家联合体成员单位鉴评筛选，解决燃眉之急，为国家玉米品种更新换代研发提供了有力的材料与信息支撑。

图5　2015年玉米田间鉴定与展示交流活动

五、总结与展望

第一，继续加强国外玉米种质资源收集与整理。我国不是玉米的起源国，现有资源数量与多样性还不能全面满足巨大产业的需求，征集国外玉米资源是一项长期的艰巨任务。

第二，加强育种急需解决的突出问题，如抗逆性、适合机械化作业等性状的鉴定评价力度，筛选出携带某一或几个生产和育种急需特性的种质资源提供专题利用。

第三，进一步完善玉米种质资源服务的规范化平台，拓展为产业服务新的形式与内容。

第四，培育一支玉米资源收集、整理、保存和服务工作的专业化的高素质人才队伍。

国家农作物种质资源平台（大豆）发展报告

刘章雄，邱丽娟，洪慧龙

（中国农业科学院作物科学研究所，北京，100081）

摘要： 大豆子平台依托于中国农业科学院作物科学研究所。“十二五”期间，新收集栽培大豆种质6 509份，其中国外种质1 711份。繁殖入中期库4 416份，占库存种质的14.44%；入长期库2 038份，占6.67%；筛选抗旱、抗锈等优异种质462份。编写了《中国大豆品种资源目录（续编Ⅲ）》和“大豆种质性状遗传多样性图谱”。5年共宣传和培训人员722人次、提供实物资源56 853份次、农艺性状信息1 698条、标记信息1 100条和种质纯度鉴定相关信息363kb。共支撑科研项目16个、新品种9个、论文30余篇、成果和专利各1个；大豆种质纯度鉴定服务为品种选育及国家大豆品种审定提供了理论依据。“十三五”期间，大豆子平台将结合国家重点研发项目，向“大豆优异种质资源精准鉴定与创新利用”子项目提供种质和分子标记信息服务。

一、大豆子平台基本情况

大豆子平台位于中国农业科学院北京院区内，依托于中国农业科学院作物科学研究所，主要设施包括国家农作物种质长期库、中期库、临时库，作物科学研究所顺义基地、昌平基地等。共有工作人员5名和辅助人员若干名，其中研究员2名，邱丽娟研究员负责任务的组织和协调、栽培大豆种质平台服务，王克晶研究员负责野生大豆种质平台服务。

大豆子平台的功能职责为根据国家发展需求，收集、保护和利用大豆种质资源，面向全国开放共享服务，为新品种选育、科技研究、人才培养、农业生产和种业发展提供服务。目标定位为统一标准、统一编目、联合上网、资源共享，通过中国作物种质信息网实现国家库大豆种质资源的共享利用。

二、大豆子平台种质资源整合

（一）大豆资源整合情况

2011—2015年，繁殖种质入中期库4 416份，占库存种质的14.44%，其中国外种质1 074份，国内种质3 342份。繁殖种质入长期库2 038份，占库存种质的6.67%，其中国外种质928份，国内种质1 100份。五年的种质更新，为平台大豆种质资源分发利用奠定了物质基础。

新收集栽培大豆种质6 509份，其中国内种质4 798份，国外种质1 711份。国内种质主要为科研育种单位创造的突变体等遗传材料、审定的大豆品种。国外材料主要来自美国和俄罗斯等。

对1 354份种质在甘肃敦煌进行全生育期抗旱鉴定，采用隶属函数法等进行评价，共筛选出文丰9号等高抗种质157份。其他筛选的优异材料305份，包括28K过敏蛋白缺失种质36份、β亚基含量低种质68份、抗锈病多年生种25份等。

编写《中国大豆品种资源目录（续编Ⅲ）》，共收录栽培大豆种质3 996份。编写“大豆种质性状遗传多样性图谱”，以方便田间表型性状鉴定比照核对。

（二）大豆优异种质中黄57

中黄57，亲本组合为Hartwig×晋1265，对大豆胞囊线虫病SCN 1号生理小种免疫，对SCN 4号小种高抗，2010年通过国家农作物品种审定委员会审定，2012年获科技部“农业科技成果转化资金”资助。已提供给山东圣丰种业有限公司、山西省农业科学院小麦所等多家单位利用。

三、共享服务情况

（一）大豆子平台共享服务

1. 大豆种质实物服务

共向中国科学院植物研究所、中国科学院东北地理与生态研究所、南京农业大学大豆所等289个次单位提供栽培大豆种质56 853份（表1）。289个单位中，有155个次单位为非平台参建单位，7个次为企业（分别为山东圣丰公司，北大荒垦丰种业股份有限公司等），4个次为政府部门（辽宁出入境检验检疫局技术中心、农业部微生物肥料和食用菌菌种质量监督检验测试中心等），3个为个人，61个次为高等院校（中国农业大学，香港中文大学及杭州师范学院等）。

表1　2011—2015年大豆种质资源提供利用情况

年份	2011	2012	2013	2014	2015	总计
单位数	69	58	56	58	48	289
种质数	24 529	13 781	10 781	5 467	2 295	56 853

2. 大豆平台信息服务

“十二五”期间，向东北农业大学大豆所等3家单位提供农艺性状信息共1 698条；向山东省青岛农业大学提供500份SNP及100个SSR信息共600条；提供“大豆品种纯度鉴定技术规程SSR分子标记法”相关信息共363kb。

（二）大豆子平台服务成效

1. 支撑科研项目

据不完全统计，提供种质所支持外单位科技项目有转基因重大专项、国家自然科学基金、省自然基金、省育种攻关等16项（表2）。

表2　2011—2015年大豆种质支撑科研项目

年份	单位	份数	项目名称	类别
2011—2015	中国农业科学院	300	抗除草剂转基因大豆新品种培育	转基因重大专项
2011—2015	南京农业大学	600	优质、功能型转基因大豆新品种培育	转基因重大专项
2014	中国科学院植物研究所	2	大豆水杨酸合成途径及其在大豆广谱抗性中的应用	转基因重大专项
2011	中国农业科学院	78	大豆种质资源保护	农业部保种专项
2011	青岛农业大学	236	基于SNP标记的全基因组和候选基因关联分析发掘大豆花叶病毒病抗性基因	国家自然基金面上
2014	南昌大学	42	野生和栽培大豆间差异表达蛋白及其基因单核苷酸多态性	国家自然基金面上
2015	山东大学	50	同步辐射技术在考古学中的方法学研究及应用	山东大学基本科研业务费
2011—2014	安徽农业大学	333	氮素代谢进化分子机制及大豆氮素利用相关功能研究	国家自然青年基金/省基金
2014	四川省农业科学院	150	豆类新品种选育	四川省财政基因工程项目
2014	四川省农业科学院	150	突破性薯类（豆类）专用新品种选育	四川省育种攻关项目
2002—2012	广西壮族自治区农业科学院	899	大豆耐阴种质资源挖掘和大豆间套种示范	广西省主席院士顾问专项资金
2002—2012	广西壮族自治区农业科学院	899	大豆耐阴性优良种质挖掘、分子标记和耐阴新品种选育	广西科学研究与技术开发计划项目

（续表）

年份	单位	份数	项目名称	类别
2002—2012	广西壮族自治区农业科学院	899	广西大豆种质资源对大豆花叶病毒株系SC15、SC18的抗性评价及抗源筛选	广西自然科学基金面上项目
2007—2009	中国农业科学院	180	黄淮海地区大豆主栽品种对大豆疫霉抗性演化及育种利用	国家自然基金面上
2010	安徽农业大学	283	*GmGS1*：2基因进化对大豆氮素同化代谢的影响及其作用机理研究	国家自然基金
总计	15	5 101		

2. 支撑品种

2011—2015年期间，提供种质支撑新品种9个。以中品661为亲本育成品种5个，分别为中黄59（2011年北京市审定）、中黄61（2012年国家审定）、中黄66（2012年北京市审定）、中黄67（2012年北京市审定）和德大豆1号（2011年云南省审定）。利用Hobbit为亲本育成品种3个，合农60（2010年黑龙江省审定）、合农64（2013年黑龙江省审定）和冀豆17（2013年国家审定）；以红丰11作亲本育成品种绥中作40（2015年黑龙江省审定）。

3. 支撑论文

据统计，2011—2015年，外单位利用平台种质发表论文30篇，其中在Nature Genetics、Plant and Cell Physiology、Annals of Botany、Journal of Genetics等SCI期刊上发表论文11篇，在中国农业科学、作物学报等国内期刊上发表论文19篇。30篇文章中，有26篇论文利用材料是栽培大豆，4篇论文利用材料是野生大豆。

4. 支撑成果和专利

支撑成果1项。东北农业大学利用平台提供种质构建大豆全基因组导入系一套，筛选出高蛋白含量、高油含量、耐旱等优异株系并定位了芽期耐低温、耐旱等QTL。该研究结果“大豆导入系构建及有利隐蔽基因挖掘”于2015年获黑龙江省自然科学二等奖。

支撑专利果1项。安徽农业大学利用平台微核心种质，发明公开了一种用于辅助检测大豆百粒重的引物及其检测方法，该研究结果2014年获国家发明专利，专利号为ZL 2013 1 0079036.9。

（三）培训及宣传

5年宣传和培训人员共772人次（表3）。宣传和培训的内容包括平台建设背景及内容（包括大豆种质资源整合、数据库补充与完善、种质收集更新与入库、平台网站建设）、平台服务的方式及理念、获取大豆种质方式、现阶段大豆平台服务情况及效果返馈措施等。发放《国家农作物种质资源平台—大豆种质资源需求调查表》，主动了解大豆种质需求类型及情况、服务满意程度。通过宣传和培训，使广大大豆科研工作者及相关人员加深了对大豆种质平台的了解，进一步熟悉了获取大豆种质的程序和步骤，这将有利于大豆种质平台的建设，也有利于平台更好的服务广大科技工作者。

表3　“十二五”培训及宣传统计

日期	地点	内容	类型	人次
2015年8月25—27日	黑龙江省牡丹江市	第25届全国大豆科研生产研讨会	宣传	636
2015年11月6—8日	江苏省南京市	大豆种质平台建设和资源共享	宣传	80
2013年3月9—11日	江苏省扬州市	大豆种质资源共享服务及品种志编写说明	培训	56

“大豆引种利用证明”上标注“国家农作物种质资源平台”字样，要求利用单位签字、盖章并返回。

四、典型服务案例

1. 国家区试大豆种子纯度鉴定服务

大豆是重要的粮食和油料作物，在生产上经常有品种混杂，同样，在国家大豆品种试验的参试品种（系）中也观察到混杂现象。因此，在育种和种子生产过程中检测种子纯度，对确保我国大豆产业良性发展、市场健康稳定以及大豆种植者和消费者的利益具有重要的社会和经济意义。

受农业部农业技术推广服务中心品种管理处委托，2011—2015年用42对SSR标记对参加国家大豆品种试验大豆品系进行检测。1 059份大豆品系，平均纯度95.4%，其中纯度>95%的种质681份，占65.17%，纯度90%~95%种质276份，占26.41%，纯度85%~89.9%种质49份，占4.69%，纯度<85%种质39份，占3.73%（表4）。构建了1 059份大豆品系的指纹图谱，利用遗传距离分析了的品系间的亲缘关系。检测结果为品种选育及国家大豆品种审定提供了理论依据。

表4　国家区试参试品系种子纯度鉴定

年份	材料数	平均纯度（%）	纯度变化			
			<85%	85%~89.9%	90%~95%	>95%
2011	232	95.6	12	13	43	165
2012	226	93.8	5	14	89	114
2013	220	94.3	13	12	87	108
2014	212	96.0	5	5	34	168
2015	158	96.6	4	5	23	126
平均	209	95.3	7.8	9.8	55.2	136.2
总计	1 045		39	49	276	681

2. 大豆核心种质的提供与利用

大豆核心种质（占总体2%～5%）和大豆微核心种质（占总体1%）是由本课题组在23 587份大豆种质基础上，将SSR数据与农艺性状数据相结合，采取分层取样法和平方根比例取样法，经多年的研究构建的。2011—2015年，外单位利用提供核心种质发表论文10篇，其中在Nature Genetics、Journal of Genetics等期刊上发表SCI论文5篇，在中国粮油学报、植物遗传资源学报等期刊上发表论文5篇。Sun等利用微核心种质对控制种皮透性位点*GmHs*1-1不同等位变异分布进行研究，在195个地方品种中，186个品种含等位变异*Gmhs*1-1，9个品种含等位变异*GmHs*1-1，此研究结果于2015年发表于Nature Genetics；Sun等2014年利用SSR分子标记对平台提供种质大豆疫霉根腐病抗性进行全基因组关联定位分析，共鉴定出关联位点4个，研究结果发表于Journal of Genetics。

*GmHs*1-1，encoding a calcineurin-like protein，controls hard-seededness in soybean. Nature Genetics，2015，47：939-943.（利用微核心种质）

Association mapping for partial resistance to *Phytophthora sojae* in soybean〔*Glycine max*（L.）Merr.〕. Journal of Genetics，2014，93：355-363.（利用微核心种质）

Isoflavone content of soybean cultivars from maturity group 0 to VI grown in northern and southern China. Journal of the American Oil Chemists' Society，2014，91：1 019-1 028.（利用微核心种质）

Genetic diversity analysis of seed appearance quality of Chinese soybean mini core collection. Procedia Engineering，2011，18：392-397.（利用235份微核心种质）

Evolution and association analysis of *GmCYP78A10* gene with seed size/weight and pod number in soybean. Molecular Biology Reports，2014，doi：10.1007/s11033-014-3792-3.（所用材料中地方品种为微核心种质）

高纬度地区大豆蛋白含量及氨基酸组分表型鉴定与聚类分析，植物遗传资源学报，2014（6）：1 202–1 208.（提供240份标记，30多份东北核心种质）

中国大豆核心种质异黄酮含量的分析，中国粮油学报，2011（26）：5–8.（夏秋大豆核心种质）

代表性大豆种质异黄酮主要组分含量鉴定，植物遗传资源学报，2011（12）：921–927.（提供微核心种质）

高维生素C含量大豆芽芽用品种筛选，大豆科学，2012（31）：771–774.（177份大豆微核心种质）

南方大豆核心种质主要农艺及产量性状的表型多样性评价，大豆科学，2010（29）：580–585.（提供核心种质）

五、总结与展望

综上所述，通过“十二五”期间项目的实施，大豆子平台取得了一定的成绩，5年共宣传和培训人员722人次、提供实物资源56 853份次、农艺性状信息1 698条、标记信息1 100条、种质纯度鉴定相关信息363kb。共支撑科研项目16个、新品种9个、论文30余篇、成果和专利各1个，所提供了的种质纯度鉴定服务为品种选育及国家大豆品种审定提供了理论依据。

大豆子平台的项目实施中也存在问题。其一是部分利用单位在发表文章中未能及时或主动标注种质来源；其二是利用成效不能及时返馈，未能形成一个主动及时返馈的习惯或机制；其三是农业科研是一个周期性相对较长的实践活动，新品种的选育、成果的获得及论文发表均需要时间积累。在今后的项目实施过程中，要逐步制定或完善平台的服务机制，以使平台服务用户满意、平台服务成效显著。

“十三五”期间，大豆子平台将结合国家重点研发项目，向七大农作物育种专项子课题“大豆优异种质资源精准鉴定与创新利用”提供服务，包括向全国协作单位提供优异种质作为基础研究材料、育成亲本等，利用抗倒伏性、百粒重、结荚习性等大豆产量重要相关性状分子标记鉴定、筛选优异种质并提供利用。

国家农作物种质资源平台（小宗作物）发展报告

张宗文，张　京，陆　平，袁兴淼，吴　斌，郭刚刚，刘敏轩，高　佳

（中国农业科学院作物科学研究所，北京，100081）

摘要：小宗作物种质资源共享子平台主要任务是整合小宗作物种质资源，开展资源分发和供种服务以及针对国家重大需求开展小宗作物资源专题服务。在过去10年，本平台通过收集、鉴定、保护等研究活动，整合各类小宗作物种质资源13 500份，完善了农艺性状数据库，具备了充足的种子量。为110多个国内科研、大专院校和企业提供小宗作物资源22 000多份，有效支持了小宗作物基础研究、品种选育和产业发展。开展了多项专题服务，为啤酒企业提供了大麦种质DNA指纹数据库和相关技术培训，为内蒙古自治区赤峰市燕麦产业发展提供优异资源服务，创制和育出了早熟、优质燕麦新品种“赤燕7号”，并进行大面积推广应用。在“十三五”期间，将进一步整合小宗作物资源，根据用户需求提供各类优异资源服务，同时加强特色和专题服务，支持小宗作物特色产品和产业发展，促进产区农民增加收入和经济发展。

一、子平台基本情况

小宗作物种质资源子平台涵盖大麦、燕麦、荞麦、谷子、高粱和黍稷种质资源共享服务，平台面向全国用户，依托中国农业科学院作物科学研究所，参加人员8名，包括研究员3名，副研究员3名，助研3名，拥有国家小宗作物长期库和中期库，保存各类小宗作物种质资源8.58万份。子平台主要任务是收集、保护和整合各类小宗作物种质资源，鉴定挖掘优异种质资源，为育种、基础研究和产业开发的广大用户提供丰富的、优异的和先进的种质资源，以保障小宗作物研究与产业发展。

二、资源整合情况

整合小宗作物种质资源是本平台的重要任务之一。很多小宗作物起源于我国，如谷子、黍稷、荞麦、裸燕麦等，在长期生存实践中，农民、生产者和育种家积累了丰富的种质资源。我国小宗作物种质资源的收集、整理工作开始于20世纪50年代，特别是近10年来，在国家农作物种质资源共享平台及有关项目的支持下，平台单位组织开展了小宗作物资源考察、收集、鉴定、编目和入库工作，经过整理整合，新入库保存各类小宗作物种质资源13 500份，使我国保存的小宗作物种质资源数量有了大幅提升，

达到了8.61万份（表1），涉及物种41个，并形成了长期库和中期库相结合的保存与利用体系。

表1　我国收集保存小宗作物种质资源份数

作物名称	资源份数（万份）	物种数
大麦	2.26	5
荞麦	0.33	11
燕麦	0.51	21
谷子	2.84	2
高粱	2.07	1
黍稷	0.60	1
合计	8.61	41

与此同时，本平台组织开展了小宗作物种质资源系统鉴定评价和创新利用研究，建立了特性数据库和信息共享系统，筛选和创制出一批高产、优质、抗病、和抗逆的优异种质材料并提供利用。例如，通过杂交创制的大麦大穗种质，单穗粒重达5g以上，高产潜力巨大（图1）。

图1　创制的大麦大穗种质

通过多年多点鉴定，筛选出产量高、适应性强的“坝莜3号”等优异燕麦种质3份，可作为燕麦广适性育种的良好亲本材料。通过耐盐性鉴定，筛选出高耐盐燕麦种质7份；通过抗旱鉴定，筛选出高抗旱谷子5份，燕麦5份；通过抗病性鉴定，筛选出高抗谷瘟病材料3份。上述优异种质已向小宗作物产业技术体系、相关基础研究项目等提供利用。

三、共享服务情况

在过去10年中，小宗作物种质资源共享子平台为全国广大用户提供了大量种质资源服务。服务类型主要包括普通服务和专题服务，普通服务针对所有类型用户，包括科研机构、大专院校、企业和个人等。本平台向110多家用户分发各类种质资源22 000万多份次，服务数量和用户数量逐年增加，提供的种质资源主要用于基础研究、育种和生产。在专题服务方面，本平台重点支持了国家小宗作物产业技术体系项目的种质评价和创新需求，包括大麦产业体系、燕麦荞麦产业体系、谷子糜子产业体系、高粱产业体系；支持了国家科技支撑计划相关项目的种质评价和创新需求，包括特色小宗作物种质资源挖掘利用研究项目、青稞种质资源优异基因发掘与新种质创制项目等。同时也针对优势产区的发展需要，为内蒙古自治区赤峰市农牧科学院等提供优异种质资源评价和创新服务，培训当地农民500多人次。针对企业存在的关键问题，为啤酒企业提供种质纯度鉴别技术解决方案，提高了相关产品的质量和市场竞争力。

四、典型服务案例

（一）大麦种质DNA指纹数据库建立与产品纯度检测服务

围绕啤酒行业、食品企业生产和提高国产大麦原料竞争力的需要，本平台单位深入了解企业对国产大麦原料的品质和质量要求，在开展前期生产企业调研和咨询服务的基础上，组织力量开展技术研发，建立起一套大麦种质DNA指纹数据库，用于大麦品种纯度和真实性检测。服务方式是向企业技术人员讲解大麦麦芽纯度和品种真实性检测原理，并进行实验操作以及数据结果分析培训，同时开展国产优质啤酒大麦新品种推介，发挥平台专项服务的纽带作用，促进产业的良性发展。为相关企业提供技术培训6次，培训人数35人，实现了对企业培训零突破的目标，也使企业掌握了相关技术，提升了企业检测能力和水平。通过开展针对企业的专题服务，也逐步建立了育种家和企业技术人员沟通对接的桥梁。

（二）赤峰市燕麦优势产区的早熟优质种质创新利用

赤峰市位于高纬度高海拔的北部地区，无霜期短，生育期长的燕麦品种经常受到霜冻威胁。为了满足赤峰市高纬度高海拔地区燕麦产业发展需求，我们利用平台现有燕麦种质，筛选出一批生育期短，品质优异的燕麦种质资源，提供给赤峰市农牧科学院开展进一步的创新利用研究，以期培育出适应当地生产条件的优质早熟燕麦品种，为高纬度高海拔地区燕麦产业发展提供支撑。

本平台向内蒙古自治区赤峰市农牧科学院提供150份早熟、优质燕麦种质资源，通过对这些燕麦种质资源的深入鉴定评价，发现了生育期短（<65d）的燕麦种质资源3份，利用早熟、优异为育种材料，培育出“赤燕7号”新品种，参加了内蒙古自治区燕麦品种区域试验，平均亩产219.9kg，较对照品种增产7.4%，并且具有抗旱、抗倒伏特点。2013年通过了内蒙古自治区品种认定，并开始大面积推广应用。

五、总结与展望

在过去10年中，小宗作物种质资源共享子平台通过展示分发服务，为全国110多个单位提供小宗作物资源22 000多份，有效支持了全国的燕麦优异资源发掘、育种亲本材料选择和遗传多样性研究。通过专题服务，为广大啤酒企业提供了大麦种质DNA指纹数据库并进行了相关技术培训，有效提升了企业的麦芽纯度检测能力和产品质量；在燕麦早熟优质品种的培育研究中，为赤峰市农牧科学院提供了大量早熟优质资源，选育出了早熟、抗旱、抗寒“赤燕7号”等新品种。

本平台的“十三五”发展目标如下：① 通过收集引进、鉴定评价和保护创新等途径，进一步整合小宗作物种质资源，丰富小宗作物的物种和遗传多样性，在增加资源数量的同时，挖掘优异种质资源，提高种质的质量。② 通过优异资源分发和展示活动，加强小宗作物种质资源的供种服务。在满足各有关单位、个人一般性需求的同时，与小宗作物产区研究机构合作，建立优异小宗作物种质资源展示基地，向育种家、企业家、农民展示我国的优异小宗作物种质资源，并进行现场评价和选择。③ 通过支持国家重大产业需求，加强小宗作物种质资源专题服务。针对大麦、燕麦、荞麦、谷子、糜子产业技术体系研究需求，开展种质资源深入评价服务，创制和提供高产、优质、抗病、抗逆优质小宗作物种质材料，支撑这些体系的育种研究。针对小宗作物生产发展需要，选择1~2个重点产区为服务对象，与当地研究机构共同评价和创制新种质，培育新品种并进行推广利用，以提高小宗作物的生产水平。针对企业发展需求，提供基于种质DNA指纹的产品鉴定和检测技术，提供相关技术培训，提升企业产品质量和竞争力。

国家农作物种质资源平台（食用豆）发展报告

杨　涛

（中国农业科学院作物科学研究所，北京，100081）

摘要：“国家农作物种质资源平台—食用豆子平台”依托中国农业科学院作物科学研究所食用豆创新小组。以信息共享为先导，以实物共享为目标，在新品种选育、科学研究、政府决策、人才培养、种业发展等领域满足国家和社会各个层次对食用豆种质资源共享服务的需求。“十二五”期间资源繁种入长期库4 126份、中期库更新入库资源2 889份、新收集并初步鉴定评价资源9 263份。创制了以早熟高产鲜食豌豆G0006708、高抗豆象的绿豆中绿5号、粮用抗病的菜豆中芸3号等一批优异种质资源。“十二五”期间食用豆子平台累计提供服务219次，提供种子53 178份次，积极支持国家自然科学基金申请和研究、国家食用豆产业技术体系研究、博士硕士研究生培养等，积极参与全国农业种植业结构调整，推动了食用豆产业发展，取得了较好的社会效益和经济效益，同时为老少边穷地区的精准扶贫，农民增收等方面的工作，探索出了一条新路。

一、子平台基本情况

“国家农作物种质资源平台—食用豆子平台”位于北京市海淀区，依托中国农业科学院作物科学研究所食用豆创新小组。目前有在编研究人员10名，包括：研究员3名，副研究员4名，助理研究员3名；客座研究人员9名；学生10名，包括博士研究生3名，硕士研究生7名，是一个老中青相结合，甘于奉献，勇于创新的团队。

食用豆子平台是国家农作物种质资源平台的重要组成部分，立足于中国农业科学院作物科学研究所食用豆创新小组38年的研究基础，以信息共享为先导，以实物共享为目标，在新品种选育、科学研究、政府决策、人才培养、种业发展等领域满足国家和社会各个层次对食用豆种质资源共享服务的需求。

二、资源整合情况

食用豆种质资源包括：蚕豆、豌豆、绿豆、小豆、菜豆、鹰嘴豆、小扁豆、羽扇豆、山黧豆、豇豆、饭豆、多花菜豆、木豆、刀豆、利马豆、扁豆、黎豆和四棱豆。截至2015年年底，食用豆子平台在长期库保存的资源总计为34 995份。“十二五”期间资源繁种入长期库4 126份（其中，热季豆1 511份、暖季豆696份、冷季豆1 919份）。“十二五”期间中期库更新入库资源2 889份（其中，热季豆970份、暖季豆501份、冷季豆1 418份）。“十二五”期间新收集并初步鉴定评价资源9 263份（其中，热季豆2 165份、暖季豆1 858份、冷季豆5 240份）。

“十二五”期间创制品种如下。

1. 创制

1份极早熟高产鲜食豌豆G0006708，该资源纯合稳定，生育期93d，属于极早熟类型；株高适中，55cm左右，生长强势，茎秆坚韧，抗倒伏性强；鲜荚采收期荚果翠绿、饱满、外观形态好；双花双荚多，丰产性好；对根腐病有一定的抗性。

2. 创制1份高抗豆象的绿豆种质

中绿5号，它是由中绿1号和TC1966杂交，经6代自交，采用系谱法选育而成。具有早熟特性，夏播生育期为65d，植株直立，株高55cm；籽粒绿色饱满有光泽，品性好，百粒重7.8g；具有广适和高抗豆象的特点。

3. 创制1份粮用抗病的菜豆新种质

中芸3号。该材料早熟，生育期为90~95d，有限结荚习性，直立生长，幼茎色、出土子叶色为紫色，鲜茎色、叶脉色为绿色，花色为紫色，生长习性为直立有限。成熟荚色为紫斑纹色，主枝分枝数为5~6个，株高70~80cm，单株荚数为45~50个，荚形为镰刀型，荚面微凸，干荚长为8~9cm.宽为7~8mmm，单荚粒数6~7个，籽粒卵圆形、种皮黑色，脐白色，百粒重15.0g左右。干籽粒蛋白质含量25.05%，淀粉含量43.41%，直链淀粉含量12.29%，抗细菌性疫病，抗豆象。

三、共享服务情况

“十二五”期间食用豆子平台累计提供服务219次，提供种子53 178份次；去掉重复后，服务的单位有60家，其中高等院校8个单位、科研院所37个单位、政府部门9个单位、公司6个单位。值得一提的是：2014年应浙江省农业科学院要求，食用豆子平台为该院提供了363份浙江省原产蚕豆资源，协助该院重启了已经关闭了14年的蚕豆育种和研究课题。另外，为配合北京市农业种植业结构调整，推动食用豆产业发展，结合本平台的资源优势。针对北京市种子管理站百豆园展示项目的需求，我们开展了专题服务工作。人民网、北京电视台等多家主流媒体对百豆园进行了专题报道，取得了较好的宣传效果。

四、典型服务案例

文山壮族苗族自治州位于云南省东南部，属于滇桂黔石漠化区和老少边穷地区，贫困人口数量多、贫困程度深。该地区冬季气温较高，干旱少雨，急需引进适应当地气候条件的小春作物。2011年起，食用豆子平台尝试引进抗旱、高营养、高价值的新型豆种—鹰嘴豆，填补了文山地区小春作物的空白，取得了较好的社会经济效益。2015年9月29日，经云南省院士专家工作站管理委员会批准立项资助，食用豆子平台与南金穗种业有限责任公司合作，成立了“宗绪晓专家工作站”，这是当地政府对于食用豆子平台多年服务工作的肯定。

五、总结与展望

食用豆子平台在“十二五”期间整体运行服务效果良好且稳定增长。但是也存在一些问题和难点，比如：资源整合增速缓慢，资源鉴定评价和繁殖更新数目相对较少；技术推广等服务力度不够；服务企业用户比率相对较低。

“十三五”期间，食用豆子平台发展的总体目标：第一，继续加强科学研究，特别是基因型和表型的精准鉴定工作，为平台服务提供坚实的基础；第二，积极关注食用豆产业的重点难点问题，创新平台服务的方式方法，支撑产业健康发展。

“十三五”期间，食用豆子平台拟通过运行服务主要解决科研和生产上的重大问题：第一，为深入贯彻落实中央第六次西藏工作座谈会精神，推动西藏地区农牧科技快速发展，我们在“十三五”期间将重点开展对西藏的平台服务工作；第二，吉林省白城市及其周边地区，地处内蒙古自治区、吉林省、黑龙江省的交界地区，土壤盐碱化程度高、多丘陵山地、绝大部分为旱作农业区，理论上分析很适合于发展鹰嘴豆产业，但是当地至今并不存在鹰嘴豆育种、生产、加工产业。“十三五”期间，我们拟启动鹰嘴豆育种、推广项目，创建大粒鹰嘴豆产业，填补吉林省内空白，并带动周边地区共同发展。以期待形成鹰嘴豆产业南北方相互呼应的新局面。

国家农作物种质资源平台（品质）发展报告

么　杨，任贵兴，桑　伟

（中国农业科学院作物科学研究所，北京，100081）

摘要： 大豆、小豆、蚕豆、豌豆、燕麦、藜麦在我国均可作为粮食作物，具有重要的营养与功能价值，并且对于满足日益增长营养健康方面的需求也具有重要研究和开发价值。本子平台的研究分别从营养和功能的角度开展：① 不同品种大豆其营养及功能成分含量变化分析；② 不同品种小豆其营养及功能成分含量变化分析；③ 不同品种蚕豆、豌豆其营养及功能成分含量变化分析；④ 不同品种燕麦其营养及功能成分含量变化分析；⑤ 不同品种藜麦其营养及功能成分含量变化分析。通过以上研究旨在明确不同作物营养和加工特性，解析不同作物所含有的独特的功能成分及其应用前景，相关成果对于提升作物种植和加工产业科技水平具有重要理论和实际意义。

一、子平台基本情况

国家农作物种质资源平台.品质子平台依托中国农业科学院作物科学研究所，其中人员构成包括运行人员2名，技术职称人员2名，主要设施包括：氨基酸分析仪、液相色谱仪、高速冷冻离心机、酶标仪、冷冻干燥机、纤维含量测定仪器、全自动凯氏定氮仪、索氏脂肪抽提器、自动旋光仪、原子荧光分光光度计、原子吸收分光光度计、气相色谱仪等，本平台功能职责在于作物营养与功能成分测定，对于作物品质进行分析和研究，明确不同作物的优势资源，任务实施将为加工专用粮食作物品种筛选、潜在功能因子发掘奠定理论基础，从而提高粮食作物附加值。目标服务群体：大专院校以及科研机构进行作物品质分析与测定。

二、资源整合情况

2011年共完成250份大豆种植资源，140份小豆种质资源，共计1 030份（次）主要营养成分、功能成分的鉴定和评价，并新建了一种“绿豆籽粒牡荆素含量测定法”的实验室测定方法，其对于绿豆中牡荆素成分的提取、检测方法进行了优化，可用于实验室检测。

2012年完成100份大豆种质资源、120份燕麦种质资源共计660份（次）主要功能成分鉴定和评价，并新建了一种“紫薯花色苷含量测定法”的实验室测定方法，其对于紫薯花色苷的提取、纯化、检测方法均进行了优化，可用于实验室检测。

2013年400份大豆种质资源共计7 200份（次）主要营养成分和功能成分鉴定和评价，并新建立了2个检测方法标准分别为：《黑米中花青素含量的测定　高效液相色谱法》《大豆磷脂中磷脂酰胆碱、磷脂酰乙醇胺、磷脂酰肌醇含量的测定高效液相色谱法》，其对于黑米和大豆中检测成分的提取、纯化、检测方法均进行了优化，可用于实验室检测。

2014年完成250份蚕豆种质资源、250份豌豆种质资源和4份藜麦品种资源共计4 200份（次）主要营养成分的鉴定和评价，建立蚕豆、豌豆种质资源品质性状的快速鉴定方法模型2个。

2015年完成80份藜麦种质资源共计1 920份（次）主要营养成分的鉴定和评价，建立《藜麦米》质量标准一项。

具体情况如表1所示：

表1　平台资源整合情况

年份	收集鉴定品种及份数	检测指标	入库数据（条）	其他成果
2011	250份大豆、140份小豆	大豆中粗蛋白、粗脂肪、小豆中黄酮、多酚	1 030	《绿豆中牡荆素含量测定法》制定
2012	100份大豆、120份燕麦	大豆中BBI（胰蛋白酶抑制剂）、lectin（凝集素）、燕麦中生物碱、β-葡聚糖	660	《紫薯花色苷含量测定法》制定
2013	400份大豆	粗蛋白、水溶性蛋白、粗脂肪、异黄酮、低聚糖、元素	7 200	《黑米中花青素含量的测定 高效液相色谱法》《大豆磷脂中磷脂酰胆碱、磷脂酰乙醇胺、磷脂酰肌醇含量的测定 高效液相色谱法》
2014	250蚕豆、250份豌豆、4份藜麦	豌豆、蚕豆中蛋白质、淀粉、脂肪、总多酚，藜麦中氨基酸、元素、粗蛋白、粗淀粉、粗脂肪	4 200	蚕豆、豌豆近红外模型建立
2015	80份藜麦	粗蛋白、粗淀粉、粗脂肪、藜麦皂苷	1 920	建立《藜麦米》质量标准
“十二五”	不同种质共计1 594份	—	15 010	4个实验室标准，1个企业质量标准，2个近红外模型

从鉴定的藜麦资附中挖掘出数份优异资源。藜麦中主要的功能成分为皂苷，藜麦中含量最多的皂苷主要有两种，分别是：

皂苷1. 化学名称为3-O-β-d-Glucopyranosyl-（1→3）-α-l-arabinopyranosyl phytolaccagenic acid，其分子量为587.51；皂苷2. 化学名称为3-O-β-d-Glucopyranosyl oleanolic acid，其分子量为619.42。文献证明这两种皂苷分别具有抗真菌和抗炎活性。

在2015年所测定的80种藜麦中皂苷1国内品种中，含量最高的品种为：Hxsg-55（3.84mg/g）和Hxsg-77（3.48mg/g），国外品种中含量最高的品种为：QUINUA REAL Organic black（7.59 mg/g）和QUINUA REAL organic（7.11mg/g）；在2015年所测定的80种藜麦中皂苷2国内品种中含量最高的品种为：xsg-77（31.9μg/g）和yy-22（21.27μg/g），国外藜麦品种中均为检测到此皂苷。

综上所述，国内藜麦皂苷相比于国外藜麦皂苷品种具有更强的抗炎活性，具有开发成食品或者保健食品的潜力。

三、共享服务情况（表2）

表2　平台运行服务情况

年份	服务对象	服务内容	服务方式	份数、次数	认可程度
2011	布拉本德公司	提供大型仪器设备，进行操作人员培训	技术服务与成果推广	9次	
	Foss公司	提供大型仪器设备，进行技术人员、销售人员培训	技术服务与成果推广	2次	
2012	北京市粮食局	大米黏度检测	技术服务与成果推广	50份次	
2013	中国农业科学院作物科学研发所—大豆课题组	大豆粗蛋白含量	技术服务与成果推广	1 604份次	
	张家口市农业科学院	燕麦粗蛋白、淀粉、粗脂肪、水分含量测定	技术服务与成果推广	840份次	
	为山西省、山东省、河北省、通辽市、黑龙江省等大专院校、生产企业	上门或接待技术服务咨询	技术服务与成果推广	20次	

（续表）

年份	服务对象	服务内容	服务方式	份数、次数	认可程度
2014	北京市农林科学院	自然科学基金项目《提取和加工过程对花色苷分子结构和功能影响及其机理的研究》	为其他研究单位项目任务、课题规划提供其他技术服务	2次	项目获批
	黑龙江省农业科学院	共同撰写并获准国家支撑项目	为其他研究单位项目任务、课题规划提供其他技术服务	5次	项目获批
	山西省农业科学院加工所	撰写科技部支撑项目申请报告	为其他研究单位项目任务、课题规划提供其他技术服务	2次	
	张家口市农业科学院	国际合作项目并获准实施	为其他研究单位项目任务、课题规划提供其他技术服务	3次	项目获批
2015	张家口市农业科学院	燕麦粗蛋白、淀粉、粗脂肪、水分含量测定	技术服务与成果推广	1 200份次	
	山东省农业科学院	小麦粉质特性	技术服务与成果推广	40份次	
	中国农业科学院作物科学研发所—大豆课题组	大豆资源品质鉴定粗蛋白、粗淀粉、粗脂肪成分测定	技术服务与成果推广	696份次	
	山西亿隆藜麦公司	标准制定	技术服务与成果推广	1个	《藜麦米》（2015-7-10实施）标准号：LS/T 3245-2015

四、典型服务案例

1. 服务对象

山西省静乐县山西亿隆藜麦开发有限公司。

2. 服务方式

工厂实地调研实验与实验室精确分析实验相结合。

3. 服务内容

藜麦米加工精度的测试试验，包括藜麦籽粒的清洗、除杂等步骤在实际生产加工过程中设备的调试以及清洗、除杂后成品的加工精度测定，加工精度主要包括：样品的坏米率、杂质的含量、碎米率，等等。

4. 主要解决的问题

藜麦米精加工过程中如何保持藜麦米的完整性，从而有效降低碎米率、杂质含量等检测指标，更有效地提高产品的外观整齐性以及产品的食用质量。

5. 取得的成果

对于山西省静乐所生产的藜麦米进行加工精度测试，对于样品的生产过程中需要清洗除杂的部分进行了有效地加工度分析，将不同加工程度的样品收集并分别检测样品的坏米率、杂质的含量、碎米率等指标，最终确定了山西省亿隆藜麦开发有限公司本企业适用于的加工生产设备以及生产设备相对应的生产指标控制方法，对于山西亿隆藜麦开发有限公司本企业的员工进行培训，使得其对于生产过程中的问题能够进行处理，加工的指标控制方法进行对应掌握。

6. 产生的社会影响

本项技术服务案例最终促进了山西省当地企业的产品深加工处理方法的应用，对于当地的藜麦生产以及加工机具有积极的意义，另外促进了当地藜麦生产相应指标的制定，尤其具有亮点的是与企业和相关领域的专家共同制定了一个藜麦米的地方标准：LS/T 3245-2015藜麦米，此标准已于2015年7月10日实施，打破了国外对于藜麦米标准的垄断地位，从而为我国藜麦企业的产品规范化生产提供了依据，本次技术服务收到了良好的效果并且解决了企业实际生产的困难，受到了企业的充分肯定。

五、总结与展望

“十三五”子平台发展总体目标：综合自身优势，针对农作物资源进行整合，主要突出在于对于农作物自身的营养和功能指标检测，对于具有利用和发掘优势的品种资源进行系统研究，从而为事业单位科研研究及企业的产品研发提供可靠的理论依据。

国家农作物种质资源平台（抗病虫）发展报告

王晓鸣

（中国农业科学院作物科学研究所，北京，100081）

摘要：开展了小麦、玉米、大豆和食用豆种质对18种病虫害共计16 000余份次的抗性鉴定，获得了一批高抗病虫害的优异种质；为20余单位提供了8种作物新选育品种对25种病虫害的抗性鉴定服务10万份次；为国家农业产业技术体系（玉米和食用豆）提供了新材料和新品种的抗性鉴定服务；为8所高校和科研单位提供了643份抗性种质；做各类培训报告18次，培训1 000余人次；支撑了一批科技著作和研究论文的发表。

一、作物种质资源抗病虫鉴定工作主要进展

在2011—2015年期间，完成了小麦抗4种病虫害（纹枯病、白粉病、孢囊线虫病、麦长管蚜），玉米抗5种病害（瘤黑粉病、南方锈病、粗缩病、腐霉茎腐病、穗腐病），大豆抗4种病害（镰孢根腐病、菌核病、疫病、炭腐病）、食用豆作物绿豆抗绿豆象、枯萎病，菜豆抗绿豆象和炭疽病，鹰嘴豆抗壳二孢叶枯病，豌豆抗白粉病等抗性鉴定工作。共完成了6种作物对18种病虫害的16 000余份次种质资源的抗性鉴定，获得了一批高抗病虫害的优异种质，为高校、科研、企事业单位及个人、政府部门等提供了抗性优异的种质资源（表1）。

表1　作物种质资源抗病虫害鉴定种类及鉴定数量

作物种类	病虫害名称	鉴定份次
小麦	白粉病	3 200
	长管蚜	1 600
	纹枯病	550
	胞囊线虫病	100
玉米	粗缩病	1 200
	腐霉茎腐病	1 200
	穗腐病	1 200
	瘤黑粉病	800
	南方锈病	800

（续表）

作物种类	病虫害名称	鉴定份次
大豆	菌核病	900
	疫霉根腐病	1 200
	炭腐病	300
	镰孢根腐病	400
食用豆作物	绿豆抗豆象	200
	绿豆抗枯萎病	300
	菜豆抗炭疽病	200
	菜豆抗绿豆象	100
	鹰嘴豆抗壳二孢疫病	100
	豌豆抗白粉病	1 900

二、运行服务成效

（一）服务对象及数量

为20个单位（高校、科研院所及企业单位、政府相关部门）提供了8种作物对25种病虫害的抗性鉴定服务100 000余份次，并提供相关鉴定报告。

（二）专题服务

第一，为国家玉米和食用豆两个产业技术体系及玉米育种企业培育的新品种提供鉴定服务。通过抗性鉴定服务，从中发掘出一批具有突出抗性表型的品种600余份。

第二，为高校、科研及企事业单位提供抗性鉴定所需的病菌菌源。为16所高校和科研单位提供多种主要病害的病原菌菌株，包括玉米穗腐病致病镰孢菌、玉米茎腐病致病菌腐霉菌和镰孢菌、玉米瘤黑粉病菌、玉米大斑病菌、玉米灰斑病菌、蚕豆赤斑病菌、小麦白粉菌E03、E09、E11、B02、B06、B11、B13和小麦根腐病菌等。

第三，为8所高校和科研单位提供了抗性种质资源643份，包括玉米抗小斑病自交系、玉米抗南方锈病种质、小偃麦种质、人工合成小麦、小麦抗禾谷孢囊线虫种质、豌豆抗白粉病种质等优异资源。

第四，为基因资源研究相关单位提供了基础服务、抗性基因信息，提供了一些重要的基因资源，包括小麦抗白粉病基因资源、小麦抗胞囊线虫病基因资源、玉米抗南方锈病基因资源、玉米抗茎腐病基因资源、大豆抗疫霉根腐病基因资源、食用豆抗豆象基因资源、菜豆抗炭疽病基因资源、豌豆抗白粉病基因资源、绿豆抗枯萎病基因资源。

（三）培训服务

“十二五”期间抗病虫子平台相关专家参与了培训会18次，培训人次1 000余人。培训内容主要包括：玉米生产面临的主要病害问题及其控制策略、玉米抗病虫性鉴定技术、抗病虫育种技术、抗病性调查技术、玉米病害发生现状与防控措施、中国玉米病虫害发生动态与预测预报、食用豆病害发生现状等。

（四）支撑科技成果

第一，支撑出版了4本玉米及食用豆作物病虫害图谱及防治相关的著作：《玉米病虫害田间手册》《绿豆病虫害鉴定与防治手册》《食用豆类豆象鉴别与防治手册》，参与了《中国农作物病虫害》第三版的出版。

第二，支撑发表了病虫害相关学术论文10余篇。

第三，支撑申请并获得授权专利3项（表2）：蚕豆对绿豆象抗性鉴定的方法　专利号：ZL 201410041111.7；与大豆抗疫霉根腐病候选基因RpsWD15-1共分离的分子标记及其应用，专利号：ZL 201210509161.4.7；与大豆抗疫霉根腐病候选基因RpsWD15-2共分离的分子标记及其应用，专利号：ZL 201210484859.5。

表2　作物种质资源抗病虫子平台支撑的其他科技成果

领域和对象	支撑情况和效果
国家和地方科技计划	（1）973项目“主要农作物骨干亲本遗传构成和利用效应的基础研究”提供了部分小麦骨干亲本对条锈病、白粉病和赤霉病的抗性信息。 （2）粮食丰产科技工程：提供玉米抗南方锈病资源与品种的现状。 （3）国家玉米产业技术体系：掌握抗南方锈病、穗腐病的资源材料，为育种家提供抗病育种信息，为抗性遗传研究提供了材料。 （4）国家食用豆产业技术体系，鉴定了一批新出现的病害和抗性种质，为病害防治、育种及抗病资源的利用奠定了基础
企业创新	支撑种子企业等创新及效果 为有关玉米品种研发企业开展抗性鉴定提供了技术和方法支撑
民生科技	筛选出多样化的抗性品种，提高生产，丰富人民的生活
应急事件	爆发性病虫害的鉴定、生产恢复和应急提供技术咨询与指导，减少生产损失
科学普及	抗病虫图谱发放，使农民进一步了解病虫害相关知识

（五）宣传推广情况

第一，为玉米和食用豆产业技术体系、高校、科研及企业单位、政府相关部门等提供了提供病虫害鉴定及防治手册10 000余册。

第二，为高校、科研单位、企业、农户及政府部门提供病虫害鉴定技术咨询400多次。

三、典型服务案例（表3）

表3　典型服务案例统计

服务对象	服务时间	服务地点	服务内容
14个企业	2012—2015年：4—10月	北京市，黑龙江省，山西省，河南省	玉米新品种对未来推广区域主要病害的抗性鉴定
北京联创种业股份有限公司	2014—2015年：4—9月	海南省三亚市，辽宁省铁岭市，河南省郑州市	94 000余份次玉米单株对腐霉茎腐病、镰孢茎腐病、大斑病鉴定
国家玉米产业技术体系	2015年：7—9月	山西省忻州市	1 334份次玉米对腐霉茎腐病鉴定

四、抗病虫鉴定服务的部分图片展示（图1、图2、图3、图4、图5、图6、图7、图8和图9）

图1　玉米抗腐霉茎腐病鉴定接种

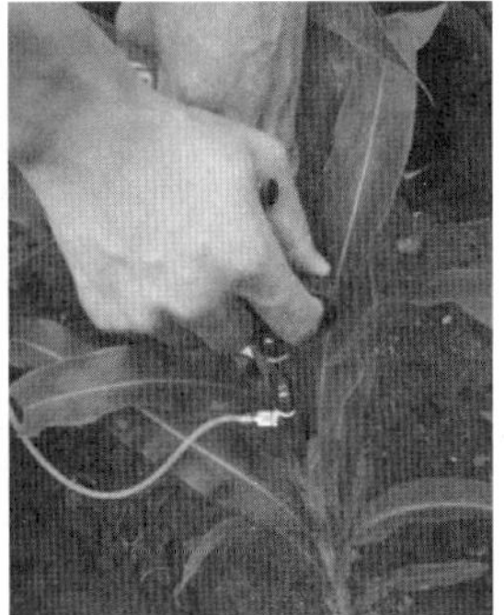

图2　玉米抗瘤黑粉病病原菌（左）及鉴定接种（右）

图3　玉米抗丝黑穗病鉴定：播种接种（左）及发病结果（右）

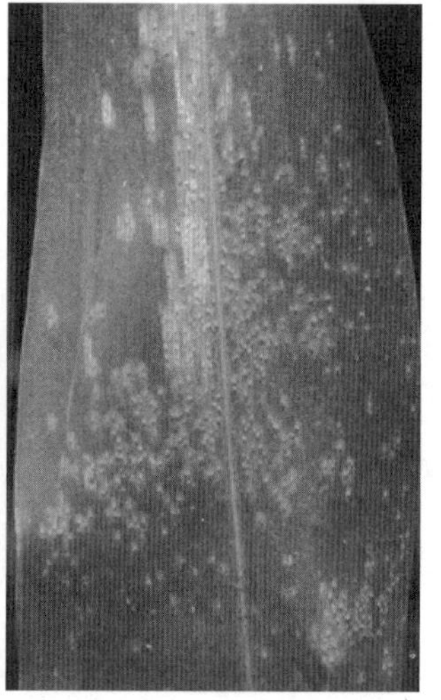

图4　玉米抗南方锈病鉴定接种（左）及发病结果（右）

图5　玉米品种抗粗缩病鉴定调查

图6　玉米品种抗灰斑病鉴定调查

图7　小麦抗白粉病鉴定调查

图8　小麦抗长管蚜鉴定调查

图9　大豆抗疫霉根腐病鉴定接种（左）及接种植株保湿（右）

国家农作物种质资源平台（抗逆）发展报告

张　辉

（中国农业科学院作物科学研究所，北京，100081）

摘要：国家农作物种质资源平台—抗逆子平台依托中国农业科学院作物科学研究所，“十二五”期间，完善人员队伍，提高技术支撑和共享服务人员素质，共收集抗逆种质资源3 609份，编目入国家种质资源库1 682份，完成4 070份（17 073份次）种质资源不同生育期的抗逆性性鉴定评价，筛选到高抗资源35份。对外提供种质资源抗逆性鉴定评价技术指导服务68次；抗逆种质资源分发利用服务1 312份次；种质资源鉴定评价服务32 374份次。并通过抗逆种质资源提供利用，种植及病虫害防控技术指导，产品特性宣传等方式，重点推出金藜麦助企惠农的典型服务，显著提高赤峰市喀喇沁旗干旱地区农民收入3倍以上。“十三五”期间，抗逆子平台加大科技创新力度，加强抗逆基因资源挖掘，通过基因编辑等技术创制抗逆新种质，并进一步加强抗逆优质特色资源的收集及共享服务，提高农民收入及我国贫瘠土地的利用效率，为保障我国粮食安全贡献力量。

一、子平台基本情况

国家农作物种质资源平台—抗逆子平台参加人员包括运行管理人员1名（在编研究员），技术支撑人员5名（在编助理研究员1名，聘用人员2名，其他人员2名），共享服务人员4人（在编助理研究员2名，聘用人员1名，其他人员1名）。抗逆子平台依托中国农业科学院作物科学研究所，利用位于河北省的农作物耐盐碱鉴定基地（包括水培鉴定池80个，盐碱土生长池105个，盐碱地50亩）、位于北京市的农作物耐盐碱鉴定基地（包括水培鉴定池216个，盐碱土生长池72个）及农作物抗逆性鉴定评价水培系统（图1）主要开展抗逆农作物种质资源的收集、鉴定评价、分发利用及共享服务等工作，为作物抗逆育种提供重要的抗逆种质及基因资源，服务科学研究；为干旱及盐碱地区农民提供抗逆优异种质资源，服务“三农”工作。

图1　抗逆性鉴定评价基地及设施

二、资源整合情况

“十二五”期间，抗逆子平台共收集抗逆种质资源3 609份，来源于稻属、大麦属、小麦属、黍属、狗尾草属、玉米属、大豆属等266个属（表1）。通过系统整理，编目入国家种质资源库1 682份，包括水稻、大豆、蔬菜、高粱、绿豆、小豆、牧草、谷子、小麦、大麦、玉米、野生大豆等共49种不同类别的资源，包括地方品种1 354份，育成品种182份，野生资源82份，国外引进资源10份，其他资源60份（表2）。

“十二五”期间完成新收集资源及其他课题提供资源4 070份（17 073份次）的芽期、苗期、全生育期等不同生育期的耐盐性鉴定评价（表3，图2），筛选到耐盐资源691份，高耐资源35份，如小麦新收集资源H12，苗期盐害指数仅为6.5%，全生育期耐盐指数85%，耐盐性高于耐盐对照品种茶淀红（苗期盐害指数为18.9%，全生育期耐盐指数76%）。目前，H12已作为小麦耐盐性鉴定评价的耐盐对照品种。再如，从国外收集的金藜麦资源，不仅具有抗旱、耐盐碱、耐瘠薄的抗逆特性，而且具有优良的品质，因其完美的氨基酸配比，金藜麦蛋白质品质能和牛奶媲美（金藜麦耐盐性分析及营养评价，植物遗传资源学报，2015，16（4）：700-707）。由于该种质资源具有突出的抗逆优质特性，一经宣传就备受农民、企业家的青睐，抗逆子平台已经将金藜麦种质资源分发给我国一些干旱种植区的农民利用。

表1　“十二五”期间收集抗逆种质资源

物种	收集数	物种	收集数	物种	收集数	物种	收集数
稻属	497	苜蓿属	25	胡麻属	21	决明属	17
大麦属	44	棉属	20	黄麻属	21	芹属	16
小麦属	30	高粱属	132	茄属	28	李属	15
黍属	21	甘蔗属	58	菠菜属	10	茼蒿属	14
狗尾草属	48	芸薹属	173	苋属	22	向日葵属	14
玉米属	66	番薯属	142	木薯属	20	杏属	14
大豆属	233	薯蓣属	15	葫芦属	29	枣属	14
豇豆属	496	萝卜属	33	辣椒属	30	碱蓬属	10
菜豆属	59	芭蕉属	56	葱属	38	木槿属	10
扁豆属	32	南瓜属	45	芋属	29	苹果属	9
蚕豆属	10	甜瓜属	45	橄榄属	24	葡萄属	9
落花生属	30	丝瓜属	35	龙眼属	21	叶下珠属	9
豌豆属	27	黄瓜属	16	莴苣属	20	其他	698
野豌豆属	14	芝麻属	25	杨梅属	20	小计	3 609

表2　入国家种子资源库保存抗逆种子资源

资源类别	份数	资源类别	份数	资源类别	份数
水稻	208	荞麦	19	树种	4
大豆	202	水果	19	芫荽	4
蔬菜	131	糜子	16	稗子	3
高粱	122	花卉	14	油料	3
绿豆	103	豌豆	14	菜豆	2
小豆	87	棉花	9	果树	2
牧草	54	绿肥	8	苏子	2

（续表）

资源类别	份数	资源类别	份数	资源类别	份数
谷子	53	小扁豆	8	甜菜	2
小麦	52	黄麻	7	鹰嘴豆	2
大麦	38	胡麻	6	油菜	2
玉米	33	蚕豆	5	多花菜豆	1
花生	29	大麻	5	木豆	1
芝麻	28	利马豆	5	山黧豆	1
野生大豆	24	普通菜豆	5	亚麻	1
饭豆	22	向日葵	5	烟草	1
黍稷	21	蓖麻	4	藜麦	8
扁豆	19	红麻	4	总计	1 670
资源类型					
地方品种：1 354份			野生资源：82份		
育成品种：182份			国外引进：10份		
其他类型：60份					

表3 “十二五”期间鉴定评价资源情况

资源来源	资源种类	资源份数	鉴定时期	鉴定性状
新收集资源	大豆、小麦、高粱、玉米、绿豆等	2 363	芽期、苗期、全生育期	耐盐性、抗旱性
国外引进资源	藜麦	8	芽期、苗期、全生育期	耐盐性、抗旱性
物种资源保护项目提供资源	大豆	1 309	全生育期	耐盐性
西北干旱区抗逆农作物种质资源调查项目提供资源	大豆	153	全生育期	耐盐性
国家大豆良种重大科研协作攻关项目提供资源	大豆	237	苗期、全生育期	耐盐性

图2　种质资源不同时期抗逆性鉴定评价

三、共享服务情况

国家农作物种质资源平台—抗逆子平台对外服务方式主要包括种质资源抗逆性鉴定评价技术指导，抗逆种质资源提供利用，种质资源抗逆性的鉴定评价等。在“十二五”期间抗逆子平台运行服务总体包括种质资源抗逆性鉴定评价技术指导服务68次；抗逆种质资源分发利用服务涉及12家单位，共1 312份次；种质资源鉴定评价服务32 374份次。服务对象主要包括中国农业科学院作物科学研究所、河北科技大学、河北省沧州市农业科学院、中国农业科学院果树研究所、山东省农业科学院、山东师范大学、广西农业科学院水稻所，江苏省农业科学院、广东省农业科学院水稻所、贵州安顺学院、江苏无锡俊坤科技有限公司、内蒙古自治区（以下简称内蒙古）赤峰市喀喇沁旗坤旺专业种植合作社等科研单位、公司和农民等。另外，各类抗逆资源用于抗逆基因挖掘，抗逆机理研究等科技创新研究工作，发表科研文章63篇。

四、典型服务案例

国家农作物种质资源平台.抗逆子平台筛选出抗逆优质藜麦资源—金藜麦（抗旱、耐盐碱、耐瘠薄），并将金藜麦资源与农民专业合作社“喀喇沁旗坤旺种植专业合作社”共享利用，通过该合作社在内蒙古自治区赤峰市喀喇沁旗干旱地区推广种植金藜麦120多亩。抗逆子平台向农民提供金藜麦种子，种植方法，并帮助农民解决种植过程中遇到的关于栽培管理、病虫害防治、粮食加工和仓储等方面相关的问题，保障种植金藜麦的当地农民顺利收获金藜麦（图3）。

为了保障农民收入，国家农作物种质资源平台—抗逆子平台还为金藜麦收购及销售企业提供关于金藜麦抗逆特性、品质特点等相关咨询服务，协助企业完成面向消费公众的关于金藜麦来源产地、食用方法、营养价值等的宣传活动，提高企业金藜麦的销量，间接保障了种植金藜麦农民的收入。通过金藜麦的种植、销售，当地种植金藜麦的农户，每亩地和原来种植玉米相比，收入提高了3~4倍。

该服务活动，受到当地农民的一致好评。通过国家农作物种质资源平台—抗逆子平台优异抗逆优质金藜麦资源的共享及相关咨询服务，解决了内蒙古自治区赤峰市喀喇沁旗干旱地区农民收入非常低的现实困难，帮助企业和农民增加收入，产生了重大的经济效益。

图3　金藜麦在内蒙干旱山区种植情况

国家农作物种质资源平台·抗逆子平台服务反馈信息单

喀喇沁旗坤旺种植专业合作社于2014-2015两年间，申请种植国家农作物种质资源平台·抗逆子平台提供的金藜麦资源；并多次邀请到抗逆子平台相关专家对内蒙古赤峰市喀喇沁旗干旱地区种植金藜麦的农户进行技术指导，具体包括金藜麦种植技术指导、金藜麦栽培管理、病虫害防治技术指导、金藜麦加工仓储技术指导等服务，使得农户顺利收获、加工、仓储金藜麦，大大提高了农户的收入。该项服务受到种植农户的高度赞扬，普遍认为国家农作物种质资源平台是真正为农民谋福利的高科技含量的平台，特别感谢平台为他们多次提供的免费、高科技含量的技术服务。

具体服务内容等见下表：

序号	服务时间	服务方式	服务内容	服务对象
1	2014年-今	资源共享	金藜麦种子提供	喀喇沁旗坤旺种植专业合作社
2	2014年4-5月	技术咨询	金藜麦种植技术指导	喀喇沁旗坤旺种植专业合作社-农户
3	2014年5-9月	技术咨询	金藜麦栽培管理、病虫害防治技术指导	喀喇沁旗坤旺种植专业合作社-农户
4	2014/10-2015/4	技术咨询	金藜麦加工、仓储指导	喀喇沁旗坤旺种植专业合作社-农户
5	2015年4-9月	技术咨询	金藜麦种植、栽培管理、病虫害防治技术指导	喀喇沁旗坤旺种植专业合作社-农户

特别感谢国家农作物种质资源平台·抗逆子平台提供的金藜麦资源及相关技术服务！

喀喇沁旗坤旺种植专业合作社

2015-11-1

附：

喀喇沁旗坤旺种植专业合作社 法人代表 张凤英 联系方式 15048688116

国家农作物种质资源平台·抗逆子平台服务反馈信息单

无锡市郡坤科技发展有限公司于2014-2015两年间，就金藜麦资源多次咨询国家农作物种质资源平台·抗逆子平台的相关专家，具体咨询内容包括金藜麦来源、国内外种植形式、营养特点、抗逆特点、食用方法等相关问题。使得消费者迅速准确了解金藜麦，大大提高了金藜麦的销售速度。该项服务受到消费者的高度赞誉，通过专家的科学介绍，消费者购买和消费金藜麦的信心增加，也给无锡市郡坤科技发展有限公司带了了巨大的经济效益。通过技术指导，无锡市郡坤科技发展有限公司2015年金藜麦网站运行，参加金藜麦大型展销会4次，网上金藜麦宣传3次，销售藜麦5000斤，预定销售3万斤。产生经济效益150万元。特别感谢国家农作物种质资源平台·抗逆子平台有关专家免费提供的金藜麦相关技术咨询，也特别感谢国家农作物种质资源平台，这个创制、共享优异资源，提供高科技含量服务的平台。

具体服务内容等见下表：

序号	服务时间	服务方式	服务内容	服务对象
1	2014年7月-8月	技术咨询	坤旺金藜麦产品说明书-金藜麦介绍咨询	无锡市郡坤科技发展有限公司
2	2014年6月-今	技术咨询	坤旺金藜麦网站-金藜麦产地、特性介绍咨询	无锡市郡坤科技发展有限公司
3	2015年6月	技术咨询	坤旺金藜麦展销-金藜麦特性介绍咨询	无锡市郡坤科技发展有限公司/北京展览馆会场
4	2015年1月-今	技术咨询	坤旺金藜麦微店-金藜麦特性介绍咨询	无锡市郡坤科技发展有限公司
5	2015年9月	技术咨询	坤旺金藜麦展销-金藜麦特性介绍咨询	无锡市郡坤科技发展有限公司/上海农博会会场
6	2015年11月	技术咨询	坤旺金藜麦特性介绍咨询	无锡市郡坤科技发展有限公司/上海蔬爱文化传播有限公司

无锡市郡坤科技发展有限公司

2015-11-10

附：

无锡市郡坤科技发展有限公司 法人代表 陈志军 联系方式 13915271115

五、总结与展望

目前，农民或育种家面对直接利用的抗逆种质资源匮乏情况，建议加强国内外抗逆种质资源收集及精准鉴定，并加强平台间合作，将高产优质等资源提供给抗逆子平台，在此资源基础上筛选抗逆资源。

在优异的资源背景下筛选抗逆性状，有利于抗逆+优质+高产的优异种质资源的直接利用。另外，面临国外种质资源难引进，而国内抗逆种质资源缺乏的现状，“十三五”子平台拟通过科技创新，加强抗逆基因资源挖掘，通过基因编辑等技术创制抗逆新种质。进一步加强抗逆优质稀缺种质资源的收集、宣传和共享，在我国干旱、盐碱地区种出特色产品，提高当地农民收入，提高我国贫瘠土地的利用效率，为保障我国粮食安全贡献力量。

国家农作物种质资源平台（国家作物种质库）发展报告

何娟娟，李　培，王鸿凤，张金梅，尹广鹍，辛　霞，陈晓玲，卢新雄

（中国农业科学院作物科学研究所，北京，100081）

摘要：国家农作物种质资源平台——国家作物种质库（以下简称国家库）子平台，承担任务包括全国农作物种质资源长期保存与技术研发、主要粮食作物种质资源中期保存以及保存资源的供种分发等。“十二五”期间国家库子平台整合长期保存42种（类）作物43 961份，中期保存25种（类）作物30 829份。长期保存资源总数达404 690份，中期保存资源总数达224 186份；新增无性繁殖作物种质试管苗365份，茎尖、休眠芽和花粉形式超低温保存140份。国家长期库向中期库、原送存单位等供种4 482份；中期库对外分发共享52 205份，比“十一五”提高了104%；该子平台还承担保存了新品种权和审定品种标准样品16 854份，依据要求提供标准样品47 619份次；子平台向国内外机构单位和个人提供种质库建设、管理咨询、保存技术培训、科普宣传推介共计5 294人次。

国家农作物种质资源平台——国家作物种质库子平台中国农业科学院作物科学研究所国家作物种质库。子平台包括国家作物种质库（长期库）和国家农作物种质保存中心（国家粮食作物种质中期库）两座种质库保存设施。国家作物种质库长期库是全国农作物种质资源长期保存与种质安全保存技术研发中心，主要功能任务包括：一是承担全国作物及其近缘野生植物种质资源的长期战略保存，并向10个国家中期库提供繁种种源以及向青海复份库提供备份资源的任务；二是研究发展各类新物种资源入低温种子库、试管苗库和超低温库保存技术与标准规范，以及库存种质资源长久安全保存技术与标准规范，为新资源入库保存及库存资源的长久安全保存提供技术支撑；三是承担我国主要粮食作物水稻、小麦、玉米等种质资源中期保存、供种分发与信息共享服务；四是研究制定种质保存技术与管理规范并向国内相关单位实现共享，以促进全国植物种质资源保存水平的提高。国家作物种质库于1986年10月落成，总建筑面积3 200m^2，贮藏面积300m^2，保存容量40万份，贮藏温度−18℃±1℃，相对湿度≤50%。国家农作物种质保存中心于2002年11月落成并投入使用，总建筑面积5 377m^2，贮藏面积1 733m^2，包括5间长期库和12间中期库。长期库贮藏温度−18℃±2℃，相对湿度≤50%，保存容量20万份；中期库贮藏温度−4℃±2℃，相对湿度≤50%，保存容量40

万份。该子平台研究团队人员62人，固定人员16人，其中研究员2人，副研究员1人，具有博士学位3人，具有硕士学位3人，长期聘用人员46人。

5年来，子平台取得进展如下：

（一）资源整合情况

1. 长期库

新整合水稻、小麦、玉米等42种作物43 961份资源，比原来增加12.19%。保存总数达220种（类）作物404 690份资源，居世界第二位。

2. 中期库

新整合水稻、小麦、玉米等25种作物30 829份资源，比原来增加15.94%。保存总数达224 186份，为进一步实现种质资源共享服务奠定坚实基础。

3. 无性繁殖

通过进一步优化试管苗保存技术体系，将国外引进和国内新考察采集的无性繁殖作物种质资源收集到国家库妥善保存，从而避免了这些宝贵资源的得而复失。目前整合保存了马铃薯、菊芋等35种作物365份无性繁殖作物种质资源入国家库进行试管苗集中保存。此外，还建立了以茎尖、休眠芽、花粉为保存载体的超低温保存技术，对桑树、苹果、马铃薯等15种无性繁殖重要作物的140份资源进行超低温长期保存。

在此基础上，还整合农业部、科技部、国际交流项目国外引进项目21 611份和考察收集3 276份资源入库保存，并提供给中期库繁种更新与共享利用。

（二）共享服务情况

2011—2015年向全国科研院所、大专院校、企业、政府部门、生产单位和社会公众提供了农作物种质资源实物共享和信息共享服务，开展了以面向种子企业的定向服务。

1. 长期库和中期库供种分发

为了解决供种量不足问题和对国家重大项目课题的支撑作用，在农业部的批准下，长期库向中期库、原送存单位及973项目等提供外界绝种的29种作物4 482份材料。与所里资源中心各课题配合，中期库向全国科研院所、大专院校、企业、政府部门、生产单位和社会公众提供68类作物种质资源52 205份，是前5年（25 532份）的2.04倍。分发的材料主要用于科研、育种、教学、生产、技术研发和标本制作等。

2. 新品种和审定品种服务

因国家库子平台具有良好的保存设施条件、成熟的保存技术以及规范的管理措施，因而成了植物新品种保藏中心，并从2000年3月开始接收保藏植物新品种繁殖材料以及DUS测试标准样品。另外，受农业部委托，从2011年开始接收保藏审定品种标准样品。5年分别入库保藏43种植物新品种保护标准样品8 408份和6种作物审定品种标准样品8 446份。截至2015年年底，已入库保藏植物新品种保护标准样品合计22 158份。接收保藏的农业植物新品种和审定品种标准样品，主要用于品种权侵权纠纷鉴定、转基因和指纹图谱的检测以及市场抽查测定，促进了我国农业植物新品种保护工作和种子市场的健康发展。5年间已向法院及其他鉴定机构提供新品种标准样品45 569份次和用于市场抽查测定的审定品种标准样品2 050份，合计47 619份次。

3. 技术服务

5年来共为20余家单位提供种质库立项、设计、建设、种子入库、种质库管理的技术咨询或指导50余次，培训种质资源入库技术人员15人。

4. 参观接待

国家库也是重要科普宣传教育基地，据不完全统计，5年间共接待466个团次的国内外来宾、学生5 294人次。

（三）典型服务案例

1. 背景

为了帮助种子公司实现种子短期节能储藏目的，在保障种子安全储藏的前提下，尽量降低运行成本，与“北京中农科信机械设备有限公司”合作开展“作物种子节能储藏技术条件的研究”，探索储藏温度、湿度、包装方式等对粮食、豆类和蔬菜种子短期储藏效果的影响，以研发种子短期储藏技术和标准。

2. 目标

通过控制种子高生活力、种子储藏前处理、种子储藏条件控制，在降低能耗的基础上，实现种子短期安全保存，解决种子公司节能储藏的问题。

3. 对象

北京中农科信机械设备有限公司。

4. 所用资源

平台的小麦、水稻、玉米、大豆和蔬菜种子；种子发芽箱、种子干燥箱、烘箱、包装机、条形码打印机等仪器设备和种子储藏室。

5. 服务开展过程

（1）与服务单位北京中农科信机械设备有限公司（简称“公司”）商讨实验方案。

（2）种子准备和仪器设备的安装、调试。作物包括小麦、水稻、玉米、大豆和蔬菜，共18个品种。由公司进行库房设备安装和调试。

（3）种子前处理。种子含水量经“双十五”条件平衡，分别用铝箔袋抽真空、编织袋（蛇皮袋）、纸袋包装，进行储藏实验。

（4）种子贮藏和温湿度监控。进行以下4种条件方式的储藏：一是库温15~25℃，不控制湿度；二是库温6~12℃，不控制湿度；三是库温15~25℃，控制湿度30%~50%；四是库温15~25℃，控制湿度40%~70%。

（5）种子贮藏质量检测。储藏过程中定期检测种子质量并撰写质量评估报告。每年检测2次（其中一次为生产上的播种期）。检测方式包括室内发芽检测和田间出苗检测。

（6）数据整理分析，提出种子短期贮藏的技术指标和条件标准。

6. 服务成效

对比发现储藏2年后，室温库储藏种子间一致性明显降低，而节能库储藏效果则与0~2℃冷库基本一致。同等条件下节能库比0~2℃冷库节能47.68%。因此认为本研究所采用的试验库可以实现短期节能储藏目标。本研究所获得主要技术指导参数，包括不同类型作物适宜的保存温度和湿度，种子起始发芽率、包装方式和活力监测方案等，可以用于指导种子企业进行种子短期安全节能储藏。

（四）总结与展望

5年来，通过资源整合，新增物种数55个，资源增量共计100 182份，其中入长期库保存种质总数达到404 690份，保存总量稳居世界第二位，极大地丰富了资源多样性，为作物育种储备了雄厚的物质基础。同时，长期库向中期库提供繁殖补充种质约4 482份，保证了中期库的分发资源数量，大大促进了供种分发，使分发量达52 205份次。

子平台作为牵头单位，协调全国农作物种质资源编目、入库（圃）长期保存资源合计52 945份，其中入国家种质库保存43 961份，入43个国家种质圃保存8 984份。新增物种数385个，实现了我国作物种质资源在质与量方面的同步提升。在第三次全国农作物种质资源普查与收集行动中，子平台作为主要牵头协调单位，保证了新收集资源的及时入库和妥善保存。

依托子平台，通过整合资源，促进了新的保存技术的发展，提升了我国保存技术的研究水平，在种子活力丧失预警技术和无性繁殖作物离体保存技术方面取得重要进展。研发的基于MOT和电子鼻的种子活力无损、快速检测新技术可以减少对库存种质资源的消耗，有效地提升库存种子活力检测效率。构建了试管苗保存技术体系，确保新收集、引进无性繁殖资源的妥善保存，避免了新收集、引进资源的“得而复失”，使试管苗保存种质种类和数量实现了飞跃式增长。另外，也为国家新种质库试管苗库的建设进行了技术储备。研发和优化了以茎尖、休眠芽段和花粉3种保存载体的超低温保存技术体系，拓宽了保存载体类型，完善了我国农作物种质资源保存技术体系。

总之，5年来，国家库子平台不但在保存技术、研究水平和管理水平上均得到了很大提高，而且通过接待其他单位人员的参观学习，促进了全国作物种质资源保存研究和管理水平的提高。

目前该子平台库容严重不足，随着考察收集、引进、编目、新品种保护和审定品种标准样品入库数量的增加，剩余空间越来越少。子平台将积极推进国家新种质库的建设工作，以增加库容。另外，将加强库存种质生活力监测与繁殖更新研究工作，确保库存资源的长期安全保存；加强种质资源多样化的保存技术研究，为保存资源数量和物种多样性的快速增长奠定坚实基础；进一步完善种质资源服务体系，如种质分发的登记制度（包括材料利用效果、信息反馈等）、可分发种质的网络公布制度，变被动式共享为主动性共享。

国家水稻种质资源子平台发展报告

魏兴华，袁筱萍，王　珊，牛小军，孙燕飞，王一平，
徐　群，余汉勇，冯　跃，杨窑龙

（中国水稻研究所，杭州，310006）

摘要：国家水稻种质资源子平台位于浙江省富阳市中国水稻研究所试验基地，依托于中国水稻研究所国家水稻种质资源中期库，配备有固定人员16人。子平台遵遁“积极收集、妥善保存、深入挖掘、共享利用”的原则，保存有各类稻种资源7.5万余份，承担全国水稻种质资源的保护、交流和利用等国家自然科技资源基础性工作。“十二五”期间，子平台完善70 000余份保存资源基本信息的维护，繁殖更新5 783份低发芽率水稻资源，引进东南亚各类抗性或优质新种质676份，完成新种质主要农艺性状以及稻瘟病、白叶枯病抗性的评价，分发水稻种质9 831份次，促进了水稻科技创新和产业发展。“十三五”期间，子平台将以专题服务坚持需求导向、问题导向，专题服务内容坚持精品意识，专题服务方式坚持联合为核心，为我国水稻生产和科学研究提供优良种质资源。

一、子平台基本情况

国家水稻种质资源子平台位于浙江省富阳市中国水稻研究所试验基地，依托于中国水稻研究所国家水稻种质资源中期库，建筑面积2 658m²，1991年1月正式启用，由短期库、中期库Ⅰ和中期库Ⅱ3个主要功能库组成，总库容量为95万份，其中中期库I：32.6m²，温度−10℃ ± 2℃，RH40 ± 5%；中期库II：85.3m²，温度0℃ ± 2℃，RH40 ± 5%；短期库：101.9m²，温度17℃ ± 2℃，RH50 ± 5%。子平台配套有种子收发作业室、清选室、熏蒸室、发芽室、干燥包装室、配电室、空调机房以及相应设备，配备有固定人员16人，其中遗传育种、农学、种子学、植物病理学等专业人员10人，合同制辅助技术工人6人。

国家水稻种质资源子平台遵遁“积极收集、妥善保存、深入挖掘、共享利用”的原则，承担全国水稻种质资源的保护、交流和利用等国家自然科技资源基础性工作，其任务是按照国家要求，负责全国水稻种质资源的收集、整理、中期保存、特性鉴定、繁殖更新、交流和分发利用等各项工作；保证国家水稻种质资源中期库安全运转和各项任务的完成，为我国水稻生产和科学研究提供优良种质材料。

二、资源整合情况

目前，国家水稻种质资源子平台保存有各类稻种资源7.5万余份，包括国内的地方品种、选育品种、杂交稻资源（三系、两系）、国内外野生稻资源、国外优异资源、遗传测验材料、突变体以及稻属野生近缘种，年引进国内外水稻新种质500份左右，并每年向全国各水稻科研单位及个人分发种质1 500份次左右，服务于我国水稻科学研究和育种利用。子平台主要开展种质考察收集、保存与野生种保护、主要优异特性评价鉴定、遗传多样性评估、种质创新以及有利基因挖掘等研究工作。

“十二五”期间，子平台完善7万余份保存资源基本信息的维护，繁殖更新5 783份低发芽率（发芽率≤60%）水稻资源，引进东南亚各类抗性或优质新种质676份，并完成新种质主要农艺性状以及稻瘟病、白叶枯病抗性的评价，以便以更精准的信息服务于水稻育种和科学研究。

优异水稻种质IRBB 5（WD17202，图1），引自国际水稻研究所，中籼，全生育期139d，分蘖力强，株高90cm左右，米质优，米粒细长，糙米率78%，精米率71%，垩白米率10%，直链淀粉17%，糊化温度6.2级，胶稠度88mm，粗蛋白含量8.9%，抗稻瘟病和白叶枯病，耐旱。

图1　水稻优异种质IRBB 5（左：植株；右：籽粒）

三、共享服务情况

国家水稻种质资源子平台服务内容为各类水稻种质资源的种子实物和表型数据，其服务方式为社会共享方式，以协议规范双方责、权、利。

“十二五”期间，子平台年服务对象25~47个（合计180个），合计分发水稻种质

9 831份次（表1），分发种质支撑了水稻科技创新和产业发展，其中，为“973”项目分发种质240份次，“863”项目分发374份次，国家自然科学基金分发893份次，水稻产业体系分发206份次。另外，子平台多彩的种质资源支持了创意农业的兴起。2012年9月6—7日，子平台在浙江省杭州市中国水稻研究所富阳基地，选择优质、病虫抗性、耐逆、三系杂交稻保持系、三系杂交稻恢复系等种质共分发319份，进行田间观摩展示，共75家单位170余人参加观摩，并完成10 000余份次的种质共享服务。

表1　2011—2015年国家水稻种质资源子平台服务数和用户数

年份	2011年	2012年	2013年	2014年	2015年	合计
服务种质数	1 833	2 231	2 178	2 229	1 360	9 831
服务用户数	37	47	38	25	33	180

四、典型服务案例

水稻起源、驯化过程的研究一直是学术界的研究热点，同时也一直困扰着植物界。研究材料的代表性是探求该难题的基础，我们在形态学、等位酶以及SSR研究的基础上，选择多样的水稻资源提供水稻驯化研究。中国科学院韩斌研究员项目组利用提供的1 083份栽培稻和部分普通野生稻资源，以全基因组SNP变异精细图为基础，认为水稻驯化从中国南方地区的普通野生稻开始，经过漫长的人工选择形成了粳稻；对驯化位点的进一步分析发现，表明广西（珠江流域）更可能是最初的驯化地点；处于半驯化中的粳稻与东南亚、南亚的普通野生稻杂交而形成籼稻。该研究解开了困扰植物学界近百年的栽培稻起源之谜，证明了中国古代农业文明的辉煌，同时阐明了栽培稻的驯化过程对今天利用基因组技术改良作物有重要意义，相关成果于2012年10月4日在《Nature》在线发表（A map of rice genome variation reveals the origin of cultivated rice. Nature，2012，490：497-501.）。

五、总结与展望

（一）专题服务坚持需求导向、问题导向

水稻种质资源子平台的运行是国家战略需求，其性质的公益性和基础性，决定了子平台专题服务需坚持国家需求导向、水稻产业问题导向，善于在水稻科学研究、育种创新活动中把握需求，以解决问题为己任，以利用促保护。

（二）专题服务内容坚持精品意识，重视数量更注重质量

资源（种子实物和信息）的精准是种质高效利用的关键，在做好现有种质收集、整理、繁殖更新的同时，积极开展对种质的充分、精准鉴定、有利基因发掘与利用以及创新等各项工作，如结合基于全基因组关联分析和遗传图谱的基因发掘、基因型鉴定、等位基因发掘、分子标记辅助选择进行种质创新等，全方位提高种质质量。

（三）专题服务方式坚持联合

种质资源的专题服务是一项长期工作，但鉴于种质利用的时效性，每年开展类似主题的专题服务，不一定具有很好的效果，实践中，“十二五”期间，我们已采用同一主题多家单位联合开展的方式，既扩大了影响，又提高了效率。

（四）共享利用的法规化管理

由于目前种质资源管理体制、经费渠道等方面的问题，仍影响着种质共享能否高效运行。法制化、规范化建立全国性的种质共享体系，创新共享机制，协调各相关部门，明确分工和责权利，仍然是种质资源共享的一个重要课题。

国家棉花种质资源子平台发展报告

贾银华，杜雄明，孙君灵，王立如

（中国农业科学院棉花研究所，安阳，455000）

摘要： 国家棉花种质资源子平台拥有集干燥、冷藏于一体的现代化种质库300m²，固定人员9人，收集保存有棉花四大栽培种10 116份。“十二五”期间新收集国内外棉花种质资源1 220份，鉴定、编目、入库棉花种质资源1 460份，筛选出抗病、耐旱、耐盐碱、优质的优异种质128份，挖掘纤维色泽、矮秆、抗旱耐盐等基因21个。通过三次田间展示、网络及期刊的宣传，向全国123家单位发放棉花种质11 191份次；支撑127项重要项目的研发；支撑形成论文、专利、品种、省部级奖等重要成果191项；接待国内外专家来访85人次；开展了“棉花种植区域新布局形势的棉花种质资源研究与利用专题服务”。

一、子平台基本情况

国家棉花种质资源平台，位于河南省安阳市高新技术开发区。平台依托于中国农业科学院棉花研究所，拥有固定工作人员9人，其中研究员1人，副研究员2人，助理研究员4人，平台设立专人负责中期库种质更新、发放、信息反馈和网上信息填报，以及在配套经费、软硬件保障等方面的落实情况。平台目前所拥有的种质库为2001年重建，设计库温为0℃±5℃，相对湿度为50%±7%，库房面积50m²，库容1万份，种子可安全保存15年。2011年6月又建成一座集干燥、冷藏于一体的现代化种质库，库房面积300m²，库容5万份，2013年投入使用。平台主要开展棉花种质资源的收集、保存、鉴定、整理整合工作，同时面向全国棉花研究单位提供棉花种质资源实物及数据查询等共享服务，强有力的支撑我国棉花耕作栽培、遗传育种、功能基因组学、蛋白质组学等研究。

二、资源整合情况

（一）资源整合的整体情况

截至2015年12月，国家棉花种质中期库共保存来自世界53个产棉国棉花种质资源10 116份，其中陆地棉8 620份、海岛棉918份、亚洲棉561份、草棉19份，国内资源

6 359份、国外资源3 757份，资源总量同比增加14.1%。

2011—2015年期间，平台新收集国内外棉花种质资源1 220份，其中陆地棉986份、亚洲棉58份、海岛棉176份，所收集种质均已入国家中期库保存。“十二五”期间开展了国内西南地区、南部沿海岛屿等地棉花种质资源的普查，收集到分布在该地区的亚洲棉、海岛棉、陆地棉地方品种及退化陆地棉品种（系）244份，基本查清了棉花种质资源在地区的分布情况；在全国棉花主栽省份征集棉花推广品种、育种家中间品种或品系及基础研究者创新的种质424份；在世界范围内广泛开展合作，同棉花种质资源富集国进行棉花种质资源的交流与交换，引进塔吉克斯坦、吉尔吉斯斯坦、乌兹别克斯坦、哈萨克斯坦、俄罗斯、美国、巴西、埃及、澳大利亚和巴基斯坦等国优异种质资源552份，占总收集的45.2%。

2011—2015年期间，鉴定、编目、入库棉花种质资源1 460份，其中国内种质782份、国外引进种质678份，选育品种189份、地方品种37份、遗传材料48份，并对300份陆地棉、200份亚洲棉进行了多点的精准鉴定，制定了陆地棉、海岛棉种质资源鉴定评价技术国家标准（图1）。通过鉴定筛选出低酚材料5份（种子利用）、抗旱及耐盐碱材料23份（有利于棉花种植区向盐碱地转移）、耐高温材料5份（减少高温天气对产量和品质的影响）、抗黄萎病材料12份（减轻棉花主要病害对产量和品质的影响）、高衣分材料26份（有利于产量的提高）、纤维品质优异材料47份（提高棉花品质），这些优异种质的筛选有利于目前棉花主产区的北上西移（新疆维吾尔自治区、内蒙古自治区等），服务耐盐碱、抗黄萎病、耐高温、纤维品质优异、抗旱等特性新品种的选育与创新或理论研究。利用分子手段鉴定了我国陆地棉基础种质，分析了我国陆地棉和亚洲棉群体遗传结构，明确了我国棉花的遗传基础；发掘纤维色泽相关基因11个、矮秆基因4个、抗旱基因3个、耐盐基因3个，并建立了紧密连锁分子标记（图2）。

左图为在广西大新县板价屯收集彩色亚洲棉品种；右图为在云南勐腊县关累镇收集亚洲棉地方品种

左图为在广东湛江硇洲岛收集蓬蓬棉；右图为云南勐海收集多年生海岛棉品种

图1　2012—2015年分别西南地区及南部海岛收集棉花种质资源

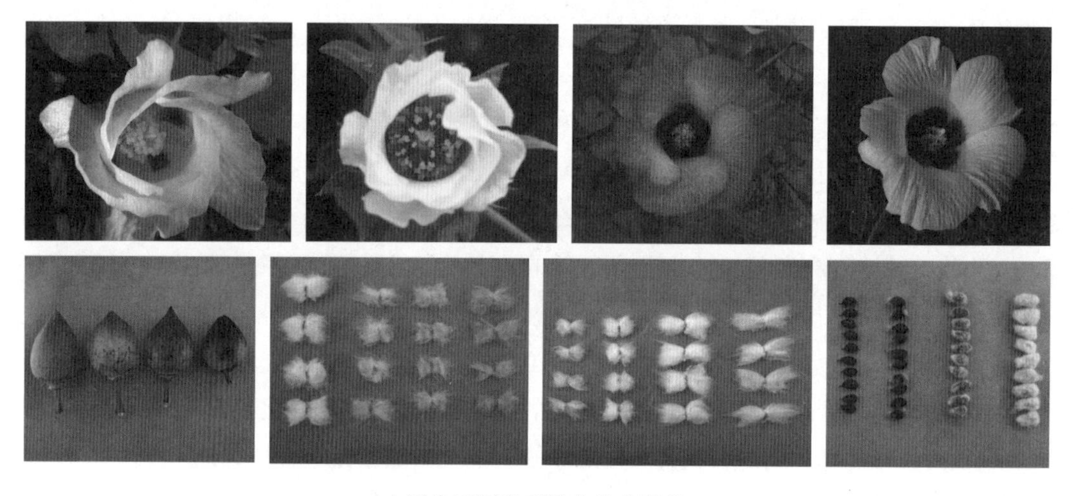

上图为不同类型棉花花朵形状
下图为不同类型棉花花蕾形状

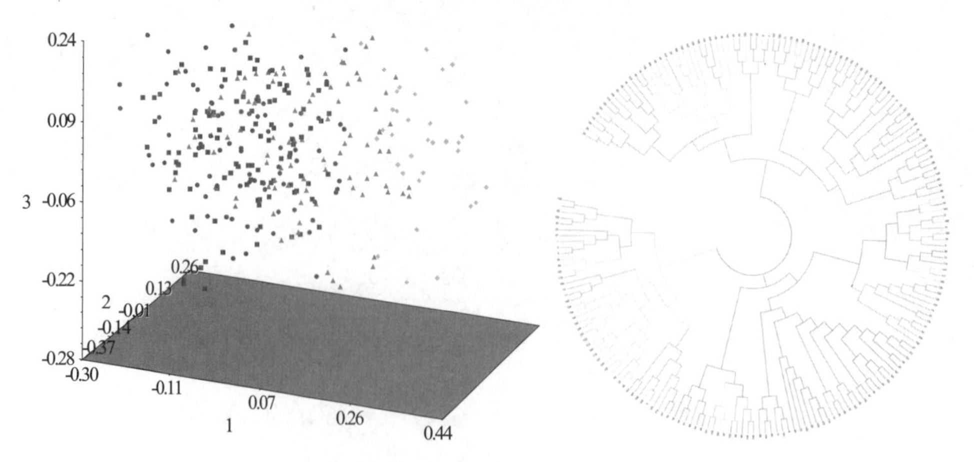

图2　**鉴定的不同类型的种质资源和陆地棉、亚洲棉遗传多样性及遗传结构分析**

（二）优异资源简介

图3　筛选到的优异种质资源10008

10008：高水分、大铃、丰产、抗黄萎病等特性。资源提供给湖北省种子集团有限公司等26家单位，其中企业单位8家；支撑了国家棉花产业体系、“863”计划以及省部级科技等16个项目。各单位利用该种质进行新品种选育或基础研究，对现有品种的水分和丰产性的改造起到重要作用（图3）。

三、共享服务情况

2011—2015年期间，国家棉花种质资源平台以种质发放、数据查询、接待来访等服务形式，通过田间展示、网络及期刊宣传、会议报告等方式，向全国123家科研、企业、大学等单位494人次提供了服务。通过服务，发放种质11 191份次，其中海岛棉880份次、亚洲棉283份次、草棉38份次、陆地棉遗传材料492份次，为棉花抗逆、抗病、彩色棉、低酚、优质等研究提供了服务；利用种质的单位包括23家企业、45家高校、68家科研单位；为四家单位提供了平台数据库棉花种质农艺性状信息；接待国内外专家来访85人次。发放的种质对国家自然科学基金、“973”计划、“863”计划、国家产业技术体系、支撑计划、转基因重大专项、各省部级项目等127项重要项目进行了支撑。接待平台支撑下发表SCI论文61篇、核心期刊论文111篇、获得专利5项、获得省部级奖1项、制定标准2项、培育品种11个。

为了主动配合国家棉花产业结构调整及棉花产业战略性转移等政策，平台开展了“棉花种植区域新布局形势下的棉花种质资源研究与利用”的专题服务，通过网络、会议、期刊宣传，不定期发布筛选到的优异种质资源信息，邀请专家到田间现场选种，全方位、多角度的为种质利用者提供服务（图4）。2012年、2014年和2015年在河南省安阳市白壁镇进行了3次田间现场展示，累计展示了具有纤维品质优异、早熟、丰产、高水分、大铃、抗黄萎病、抗旱、耐盐碱、耐高温等性状的国内外种质1 150多份，来自新疆维吾尔自治区、河南省、河北省、湖南省、湖北省、安徽省、江苏省、辽宁省、山东省等14个省市72家单位的189名棉花科研、高校、生产、推广等领域的专家参加了展示会，累计发放展示新种质3 962份次。

来自中棉所的报道

棉花优异种质田间展示会在河南安阳召开

为了增强国家棉花种质资源中期库的供种能力，提高种质资源利用效率和水平，[illegible]快、更好的应用于育种和基础研究，中国农业科学院棉花研究所建立了棉花品种资源收集、鉴定评价和发放利用的网络体系。在农业部农作物种质资源保护项目“棉花种质资源保护收集、编目与繁种入库”和科技基础条件平台建设项目“棉花种质资源中期库平台整合与服务”的支持下，2012年9月1日，项目组对国外引进200份、国内收集320份以及创新50份优异种质在河南省安阳市进行了田间现场展示，来自新疆、辽宁、河北、山东等14个省市67家单位的145名棉花科研、高校、生产、推广等领域的专家参加了展示会。

本次展示的种质包括了优质、丰产、大铃、抗黄萎病、抗旱、耐盐、耐高温等各种性状类型。项目主持人杜雄明研究员在现场介绍了项目来源及展示材料特性，并邀请参会专家填写自己感兴趣的优异种质预发放表，课题组将在2013年3月31日前完成发放。

此次展示会得到了与会专家的充分肯定，取得了良好的展示效果。

种质资源课题组 供稿

当前位置 本所新闻 >> 棉花优异种质田间展示会在河南安阳召开

棉花优异种质田间展示会在河南安阳召开

来源：品种资源室 作者：孙君灵 访问统计：390 添加日期：2012-09-07

在农业部农作物种质资源保护项目“棉花种质资源保护收集、编目与繁种入库”和科技基础条件平台建设项目“棉花种质资源中期库平台整合与服务”的支持下，为了加快收集或创新种质的利用，2012年9月1日，项目组对国外引进200份、国内收集320份以及创新50份优异种质在我所老所部马路西试验地进行了田间现场展示，来自新疆、山东、江苏等14个省市67家单位的145名棉花科研、高校、生产、推广等领域的专家参加了展示会。

本次展示的种质包括优质、丰产、大铃、抗黄萎病、抗旱、耐盐、耐高温等各种性状类型，项目主持人杜雄明研究员详细介绍了项目来源及展示材料情况，并邀请与会专家填写自己感兴趣的优异种质预发放表，种质资源课题组将在2013年3月31日前完成发放。

此次展示会得到了与会专家的充分肯定，取得了良好的展示效果。（摄影：张聚明）

图4 田间展示、接待国内外专家来访及媒体网络宣传情况

四、典型服务案例

（一）典型服务案例1：棉花种植区的转移和机采棉种质资源研究与利用

1. 服务对象、时间及地点

全国棉花科研、高校、生产、推广等领域专家，2014年8—9月，河南省安阳市白壁镇中棉所试验地、新疆阿拉尔地区等。

2. 服务内容

会议报告和给全国棉花科研、高校、生产、推广等领域的专家发电子邀请函参加田间现场展示会。国外内收集或创新的具有耐盐、早熟、纤维品质优异、抗病、丰产等性状的500多份优异种质进行性状鉴定评价（适宜机采）与发放利用。

3. 具体服务成效

通过鉴定评价，筛选出适宜机采种质80多份，向全国60多个单位133人次发放种质2 329份次，其发放服务项目包括有“973”计划、“863”计划、国家自然基金、国家产业技术体系、国家支撑计划、转基因重大专项等38项（图5）。通过种质发放利用，对棉花纤维发育、耐盐碱、抗高温、抗虫性和纤维品质与丰产性等进行了研究，发表相关论文27篇。

左图为棉花学会介绍棉花优异种质资源，右图为田间展示优质种质资源

图5　2014年针对棉花种植区的转移及机采棉研究开展服务

（二）典型服务案例2：棉花基因组测序

1. 服务对象、时间及地点

中国农业科学院棉花研究所、北京大学、华中农业大学、浙江大学、河北农业大学，2011—2015年，地点河南省安阳市。

2. 服务内容

繁殖并提供高质量的陆地棉标准系品种TM-1、亚洲棉标准系品种石系亚1号。

3. 具体服务成效

为基础研究单位提供高纯度的标准系品种，是陆地棉、亚洲棉两大栽培种的基因组测序工作顺利开展，在此基础构建了陆地棉、亚洲棉覆盖率较高的物理图谱，并挖掘到纤维品种、植株色素腺体等相关的重要基因，相关结果分别发表在Nature Biotechnology（Genome sequence of cultivated Upland cotton（Gossypium hirsutum TM-1）provides insights into genome evolution，2015，33（5）：524–530）和Nature Genetics（Genome sequence of the cultivated cotton Gossypium arboreum，2014，46：567–572）上。

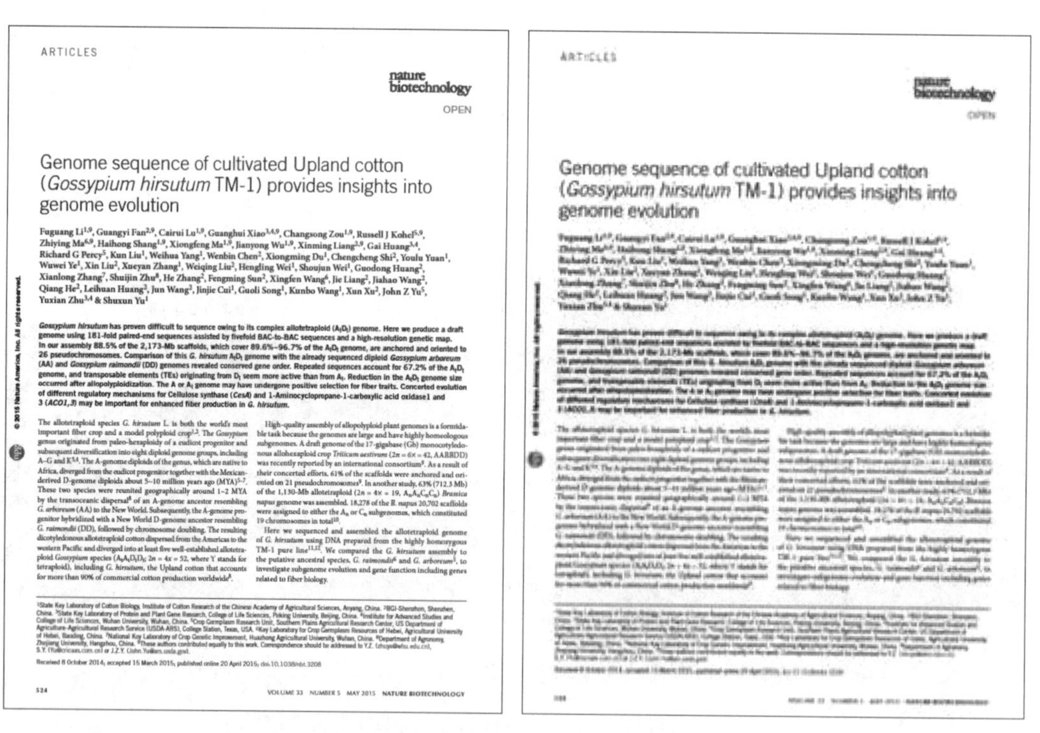

ARTICLES

nature biotechnology

OPEN

Genome sequence of cultivated Upland cotton (*Gossypium hirsutum* TM-1) provides insights into genome evolution

Fuguang Li[1,9], Guangyi Fan[2,9], Cairui Lu[1,9], Guanghui Xiao[3,4,9], Changsong Zou[1,9], Russell J Kohel[5,9], Zhiying Ma[6,9], Haihong Shang[1,9], Xiongfeng Ma[1,9], Jianyong Wu[1,9], Xinming Liang[2,9], Gai Huang[3,4], Richard G Percy[5], Kun Liu[1], Weihua Yang[1], Wenbin Chen[2], Xiongming Du[1], Chengcheng Shi[2], Youlu Yuan[1], Wuwei Ye[1], Xin Liu[2], Xueyan Zhang[1], Weiqing Liu[2], Hengling Wei[1], Shoujun Wei[1], Guodong Huang[2], Xianlong Zhang[7], Shuijin Zhu[8], He Zhang[2], Fengming Sun[2], Xingfen Wang[6], Jie Liang[2], Jiahao Wang[2], Qiang He[2], Leihuan Huang[2], Jun Wang[2], Jinjie Cui[1], Guoli Song[1], Kunbo Wang[1], Xun Xu[2], John Z Yu[5], Yuxian Zhu[3,4] & Shuxun Yu[1]

Gossypium hirsutum has proven difficult to sequence owing to its complex allotetraploid (A_tD_t) genome. Here we produce a draft genome using 181-fold paired-end sequences assisted by fivefold BAC-to-BAC sequences and a high-resolution genetic map. In our assembly 88.5% of the 2,173-Mb scaffolds, which cover 89.6%–96.7% of the A_tD_t genome, are anchored and oriented to 26 pseudochromosomes. Comparison of this _G. hirsutum_ A_tD_t genome with the already sequenced diploid _Gossypium arboreum_ (AA) and _Gossypium raimondii_ (DD) genomes revealed conserved gene order. Repeated sequences account for 67.2% of the A_tD_t genome, and transposable elements (TEs) originating from D_t seem more active than from A_t. Reduction in the A_tD_t genome size occurred after allopolyploidization. The A or A_t genome may have undergone positive selection for fiber traits. Concerted evolution of different regulatory mechanisms for Cellulose synthase (_CesA_) and 1-Aminocyclopropane-1-carboxylic acid oxidase1 and 3 (_ACO1,3_) may be important for enhanced fiber production in _G. hirsutum_.

The allotetraploid species *G. hirsutum* L. is both the world's most important fiber crop and a model polyploid crop[1,2]. The *Gossypium* genus originated from paleo-hexaploidy of a eudicot progenitor and subsequent diversification into eight diploid genome groups, including A–G and K[3,4]. The A-genome diploids of the genus, which are native to Africa, diverged from the eudicot progenitor together with the Mexican-derived D-genome diploids about 5–10 million years ago (MYA)[5–7]. These two species were reunited geographically around 1–2 MYA by the transoceanic dispersal[8] of an A-genome ancestor resembling *G. arboreum* (AA) to the New World. Subsequently, the A-genome progenitor hybridized with a New World D-genome ancestor resembling *G. raimondii* (DD), followed by chromosome doubling. The resulting dicotyledonous allotetraploid cotton dispersed from the Americas to the western Pacific and diverged into at least five well-established allotetraploid *Gossypium* species ($A_tA_tD_tD_t$; $2n = 4x = 52$, where 't' stands for tetraploid), including *G. hirsutum*, the Upland cotton that accounts for more than 90% of commercial cotton production worldwide[8].

High-quality assembly of allopolyploid plant genomes is a formidable task because the genomes are large and have highly homeologous subgenomes. A draft genome of the 17-gigabase (Gb) monocotyledonous allohexaploid crop *Triticum aestivum* ($2n = 6\times = 42$, AABBDD) was recently reported by an international consortium[9]. As a result of their concerted efforts, 61% of the scaffolds were anchored and oriented on 21 pseudochromosomes[9]. In another study, 63% (712.3 Mb) of the 1,130-Mb allotetraploid ($2n = 4\times = 19$, $A_nA_nC_nC_n$) *Brassica napus* genome was assembled. 18,278 of the *B. napus* 20,702 scaffolds were assigned to either the A_n or C_n subgenomes, which constituted 19 chromosomes in total[10].

Here we sequenced and assembled the allotetraploid genome of *G. hirsutum* using DNA prepared from the highly homozygous TM-1 pure line[11,12]. We compared the *G. hirsutum* assembly to the putative ancestral species, *G. raimondii*[6] and *G. arboreum*[5], to investigate subgenome evolution and gene function including genes related to fiber biology.

[1]State Key Laboratory of Cotton Biology, Institute of Cotton Research of the Chinese Academy of Agricultural Sciences, Anyang, China. [2]BGI-Shenzhen, Shenzhen, China. [3]State Key Laboratory of Protein and Plant Gene Research, College of Life Sciences, Peking University, Beijing, China. [4]Institute for Advanced Studies and College of Life Sciences, Wuhan University, Wuhan, China. [5]Crop Germplasm Research Unit, Southern Plains Agricultural Research Center, US Department of Agriculture-Agricultural Research Service (USDA-ARS), College Station, Texas, USA. [6]Key Laboratory for Crop Germplasm Resources of Hebei, Agricultural University of Hebei, Baoding, China. [7]National Key Laboratory of Crop Genetic Improvement, Huazhong Agricultural University, Wuhan, China. [8]Department of Agronomy, Zhejiang University, Hangzhou, China. [9]These authors contributed equally to this work. Correspondence should be addressed to Y.Z. (zhuyx@whu.edu.cn), S.Y. (Yu@cricaas.com.cn) or J.Z.Y. (John.Yu@ars.usda.gov).

Received 8 October 2014; accepted 15 March 2015; published online 20 April 2015; doi:10.1038/nbt.3208

ARTICLES

nature biotechnology

OPEN

Genome sequence of cultivated Upland cotton (*Gossypium hirsutum* TM-1) provides insights into genome evolution

图6 利用平台提供的陆地棉和亚洲棉标准系发表在Nature Biotechnology及Nature Genetics上的文章

五、总结与展望

“十三五”期间棉花种质资源平台将配合国家棉花产业转移政策，积极为国家重点研发计划“棉花种质资源精准鉴定”“棉花杂种优势利用技术与强优势杂交种创制”“西北内陆优质机采棉的研发利用”及重大专项关于棉花抗旱、耐盐、优质等基因研究提供服务，支撑棉花主产区重要品种的研发、基础研究领域高水平论文的研究、重大成果的形成。以此为目标，平台将新增棉花实物资源500份，资源发放利用5 000份次，不同种质数据信息查询25人次，提供图书、图像、数据等信息10人次以上，筛选优质种质资源200份，培训服务300人次。

国家麻类种质资源子平台发展报告

栗建光[1]，戴志刚[1]，陈基权[1]，杨泽茂[1]，龚友才[1]，路　颖[2]，谢冬微[2]，宋宪友[2]，祁建民[3]，徐建堂[3]，洪建基[4]，金关荣[5]，潘滋亮[6]，杨　龙[7]

（中国农业科学院麻类研究所[1]，长沙，410205；黑龙江省农业科学院经济作物研究所[2]，哈尔滨，100190；福建农林大学[3]，福州，350002；福建省农业科学院亚热带农业研究所[4]，漳州，363005；浙江省萧山棉麻研究所[5]，杭州，330109；信阳市农业科学院[6]，信阳，464000；六安市农业科学研究院[7]，六安，237009）

摘要：本平台以中国农业科学院麻类研究所为依托，有6家单位参与，现有专职研究人员12名。5年间收集国内外麻类种质1 204份，资源拥有量增至10 970份，居世界第一位；农艺性状鉴定2 804份，优质、抗病虫、抗逆等特性鉴定挖掘出优异种质51份，创制新种质11份；种质分发服务2 952份次、年均约590份次，资源信息咨询1 000份次，优异种质展示50份、150份次，累计参观人数923人次，现场预订种质材料243份次，大幅提高了资源利用效率，资源利用成效显著。支撑国家农业产业技术体系2个、各类科技计划课题49个，育成麻类新品种25个，支撑成果奖励5项，培养博士研究生2名、硕士研究生14名。

一、子平台基本情况

国家麻类种质资源子平台，于2014年11月在依托单位中国农业科学院麻类研究所挂牌成立，座落在湘江西岸、岳麓山西北侧的湖南省长沙市国家级高新技术产业开发区麓谷工业园内。现有专职研究人员12名，其中研究员4名，副研究员4名，助理研究员4名，其中具有博士学位5人，40岁以下人员占66.7%。常年有客座研究人员2~3名，研究生2~3名，以及实验师和田间高级技工3~4名。

该平台以国家麻类种质资源中期库为技术支撑，建筑面积1 300m^2。拥有办公室、数据信息室、可控温温室、植物组织培养室、种子清选室、种子烘干室、活力检测室、种子接纳室和种子晒场，以及2个面积为150m^2、库容10万份的种子低温库房等基础设施。库温为−5～−15℃，控温波动度±1℃；相对湿度为45%±5%，种子寿命15年以上。

国家麻类种质资源子平台属国家公益性、基础性科技服务平台，是国家农作物种质资源平台的重要组成部分。负责我国麻类种质资源考察收集、国外引进、整理保存、编目入库、鉴定评价、繁殖更新、创新利用、监测管理，以及信息共享数据库系统的构建与维护等工作，以实现为我国麻类科研、育种、教学和生产等提供优质服务为目的，以构建我国麻类资源研究、资源共享、人才培养和国际交流等国家级基础性、公益性、战略性平台为最终目标。

二、资源整合情况

（一）资源概况

5年来，经整理整合、繁殖更新与入库保存。截至2015年12月，麻类子平台整理保存有4科6属44种（含亚种或变种）10 970份种质，国外引进种质3 718份，约占33.89%，是当今世界上保存数量最大，资源种类齐、类型多，遗传多样性最为丰富的麻类种质资源研究平台。其中亚麻6 008份、黄麻2 149份、红麻2 004份、大麻450份、青麻280份、黄秋葵79份。

（二）考察收集

通过国内考察收集和国外引种，新征集麻类种质资源12个物种1 204份。

组建资源考察队对海南省、福建省、广西壮族自治区等15个省、自治区的考察收集，征集育成品种、地方品种、野生资源及遗传材料899份。如高产优质、抗倒伏红麻种质FHH992，黄麻菜用种质福农5号，黄秋葵地方品种鄱阳秋葵，保健型大麻地方品种巴马火麻，北京朝阳野生青麻等；通过多种途径和方法，从俄罗斯、加拿大、波兰37份、法国等10个国家引进麻类种质305份。其中亚麻187份、红麻63份、黄麻48份、大麻5份、青麻2份。

新增3个种（或变种）：大麻亚种野生变种（*Cannabis Sativa* spp. *Sativa* var. spontanea）、青麻近缘种泡果苘[*Abutilon crispum*（Linn.）Medicus]和亚麻荠[*Camelina sativa*（Linn.）Crantz]，进一步丰富了我国麻类种质资源的遗传多样性。

（三）鉴定与挖掘

1. 农艺性状鉴定

在海南省三亚市、湖南省沅江市、福建省福州市、甘肃省兰州市、黑龙江省哈尔滨市开展农艺性状鉴定评价。对2 804份（红麻901份、黄麻472份、亚麻800份、胡麻511份、大麻80份、青麻40份）种质资源的生育期、形态特征和经济性状进行调查和记载。采集鉴定数据约10万个，鉴定数据经整理后补充完善了麻类种质资源性状鉴定数据库，并提交国家作物种质信息中心。

2. 特性鉴定与评价

开展了麻类优质、抗病虫、抗逆等特性鉴定与评价，挖掘出优异种质51份。

（1）红麻：28份。其中，高产、光钝感材料3份（d15-012、d13-048、d13-104），纤维支数超过310公支的4份[K-223、泰红763（全叶）、H134（B）、K419]，茎表光滑、抗倒的2份（d13-005、d08-058），强抗倒性的3份（d13-202、ACC-NO-1589、ACC-NO-4685），红麻根结线虫高抗种质11份和免疫种质5份（表1）。

（2）黄麻：23份。强耐旱种质15份[Y\134Co、Y\105Co、甜麻、红黄麻、印度205、IJO20、SM\070\CO、179（9）、179（1）、Y\143、D154、闽革4号、龙溪长果、黏黏菜、闽麻5号]，强耐盐碱（耐盐浓度为0.3%~0.5%）种质5份（摩维1号、O-1、C2005-43、C-1、中黄麻1号），重金属吸附力强的3份（Y05-02、中黄麻3号、中黄麻4号）。

表1　红麻抗根结线虫优异种质资源

种质编号	田间病情指数	盆栽病情指数	抗性分级	种质编号	田间病情指数	盆栽病情指数	抗性分级
5	0	3.57	高抗	101	0	5.71	高抗
6	0	0	免疫	102	1.71	46.15	中抗
16	0	0	免疫	110	0.92	11.43	高抗
19	0	1.19	高抗	117	0.17	2.72	高抗
21	2.04	1.30	高抗	118	0.18	0	免疫
26	0	0	免疫	122	0	0	免疫
65	0	0.79	高抗	195	0.78	16.07	高抗
72	0.93	15.38	高抗	209	4.46	28.57	中抗
83	0.15	18.29	高抗	212	0.65	23.81	高抗
85	0.71	37.36	中抗	感病对照（红引135）	—	73.46	感病

备注：少数种质田间和盆栽病情指数有差异，抗性分级暂以盆栽病情指数为依据

（四）新种质创制

利用自然变异、辐射诱变、远缘杂交等手段开展种质创新。经5年的鉴定筛选，创制优异新种质11份。其中，红麻高产（纤维产量270kg/667m²以上）、优质、抗倒伏的3份（d057、d09-005、d13-196），高产、晚熟（长江流域生育期210d以上）、抗倒伏

的2份（d15-016、d13-200），高产、强光钝感（低纬度地区生育期150d以上）的2份（DG13-203、DG053）；黄麻高产、优质、耐盐碱种质2份（Y05-02、TC008-41），高产、重金属吸附力强的2份（如J011，J045）。

（五）优异资源

1. 红麻优异种质：DG13-203

利用光钝感野生资源H094和优异种质T17-2有性杂交，在后代群体中发现强光钝感突变株d038。以高产、强光钝感为创新目标，经过6年12代的连续选择，于2013年在海南三亚获得表现整齐一致的高产、强光钝感优异种质DG13-203。2013年至2015年，在湖南沅江和海南三亚进行了品系比较试验，表现稳定，一致性好。在海南三亚现蕾日数78d、工艺成熟日数130d，分别比红引135（CK）晚43d和87d，表现强光钝感，适宜三亚等热带地区推广利用（图1和图2）。

图1　DG13-203　红引135（CK）

图2　DG13-203群体（海南三亚）

2. 黄麻优异种质：摩维1号

该种质绿茎、茎秆圆筒型，叶披针形、叶柄绿色、与主茎夹角较小，有腋芽与托叶；花萼绿色，长果筒形、五室、种子灰褐色，在华南地区鉴定，全生育期190d左右，为晚熟品种（图3）。在湖南以北地区不能收到成熟种子；植株高可达360.0cm以上，分枝少、分枝位高324.9cm左右，茎粗1.5cm、皮厚1.12mm、精洗率58.68%，纤维支数达398公支，纤维强力达280N，中抗黄麻炭疽病。前期生长快，后期不早衰。具有高产、晚熟、污水重金属吸附能力强的特点。适宜在长江流域、黄淮海流域、华东、华南麻区，尤其是沿海滩涂盐碱地种植。

图3　摩维1号大田长势（湖南沅江）

三、共享服务情况

（一）服务总体情况

秉着“开放供种、高效利用”的原则，不断加强与提高资源提供利用的服务意识和质量。2011—2015年，向国内42家单位（企业25家）150人次分发利用种质2 952份次（年均约590份次）、资源信息咨询1 000多份次，种质利用效率有了明显提高。为麻类基础研究、育种、环境保护、生产和教学提供原始创新材料或优异种质材料。

（二）田间展示

红麻和黄麻在海南省三亚市、湖南省长沙市和沅江市（图5）、福建省漳州市和莆田市（图4）、浙江省杭州市、江苏省大丰市（图6）、安徽省六安市、河南省信阳市，亚麻在黑龙江省哈尔滨市（图7）和兰西市等10个展示点，结合多点综合鉴定评价，向种质利用者展示了高产、优异、强耐盐碱、耐旱、功能型新材料等特性的麻类种质资源50份（150份次），现场累计参观人数达923人次，现场预订种质材料243份次，取得了良好的效果。

图4 福建莆田，红麻

图5 湖南沅江，黄麻

图6 江苏大丰，红麻

图7 黑龙江哈尔滨，亚麻

（三）支撑成效

国家麻类种质资源子平台为基础研究、育种、环境保护、生产和教学等利用者提供的原始创新材料或优异种质材料，支撑了“国家麻类产业技术体系”（nycytx-19）和“国家胡麻产业技术体系”（nycytx-22）2个；科技创新工程、国家科技支撑计划、国家自然基金项目、农业行业专项、省（部）级科技计划项目，以及地方市级科技项目49项；育成麻类新品种25个，支撑成果奖励5项，培养博士研究生2名、硕士研究生14名，发表重要论文18篇（SCI4篇），产生了良好的社会、经济和生态效益。

（四）专题服务

黄麻重金属吸附专用种质支撑企业创新与服务“三农”。

随着工业的发展，产生大量重金属废水污染水体环境，如何治理重金属废水并回收有价金属是当今环境保护工作面临的突出问题。黄麻重金属吸附剂对含重金属离子污水处理，具有吸附效果好、沉降速度快、淤泥含量少、无二次污染、可再生等诸多优点。

2011—2015年，国家麻类种质资源子平台为长沙棉农麻类科技有限公司与索尼凯美高电子（苏州）有限公司提供重金属吸附专用种质摩维1号、甜黄麻及其配套高产栽培、初加工技术，开展黄麻重金属吸附剂的应用研究。并借助麻类资源子平台的资源和人才优势，在湖南省沅江市黄茅洲、草尾等乡镇30多户农民种植黄麻近350亩，生产黄麻全秆重金属吸附剂原料近350吨。种植黄麻纯收入高达每亩4 000元，麻农增收120多万元；每吨黄麻全杆增收6 000元，为企业创收210万元。

四、典型服务案例

红麻黄麻资源对育种教学及基础研究的长期支撑。

2000—2015年，国家麻类种质资源平台向福建省农林大学祁建民研究员团队提供红麻、黄麻种质资源累计近1 000份次，并提供相关数据信息。经过10多年的创新、选育与基础理论研究。获得了一批优异的育种材料，认定20多个红麻、黄麻新品种，发表相关论文100多篇、其中近5年发表学术论文60篇（SCI9篇），培养博士、硕士36名。近3年成果推广应用增创经济效益5.25亿元（图8）。其中，红麻黄麻种质创新与光钝感优势杂交红麻选育及多用途研究和应用获得了2015年福建省科技进步二等奖。

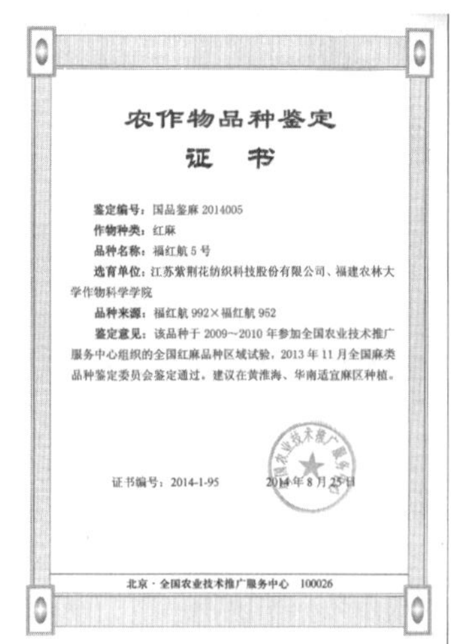
农作物品种鉴定
证　书
鉴定编号：国品鉴麻 2014005
作物种类：红麻
品种名称：福红航 5 号
选育单位：江苏紫荆花纺织科技股份有限公司、福建农林大学作物科学学院
品种来源：福红航 992×福红航 952
鉴定意见：该品种于 2009~2010 年参加全国农业技术推广服务中心组织的全国红麻品种区域试验，2013 年 11 月全国麻类品种鉴定委员会鉴定通过，建议在黄淮海、华南适宜麻区种植。
证书编号：2014-1-95　　2014 年 8 月 25 日
北京·全国农业技术推广服务中心　100026

农作物品种鉴定
证　书
鉴定编号：国品鉴麻 2014008
作物种类：黄麻
品种名称：福黄麻 1 号
选育单位：福建农林大学
品种来源：梅峰 2 号×粤圆 5 号
鉴定意见：该品种于 2011~2012 年参加全国农业技术推广服务中心组织的全国黄麻品种区域试验，2013 年 11 月全国麻类品种鉴定委员会鉴定通过，建议在全国黄麻适宜区种植。
证书编号：2014-1-98　　2014 年 8 月 25 日
北京·全国农业技术推广服务中心　100026

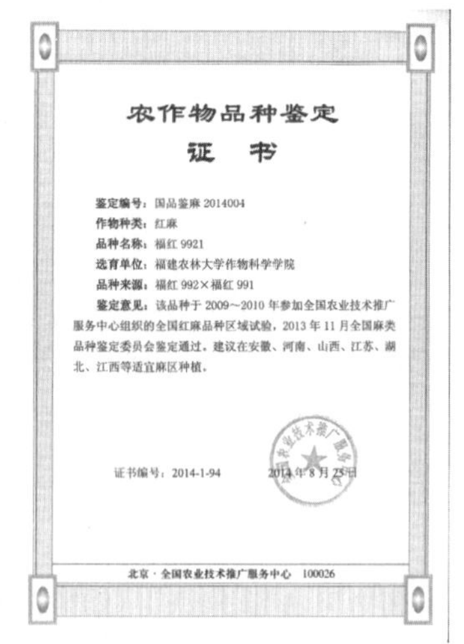
农作物品种鉴定
证　书
鉴定编号：国品鉴麻 2014004
作物种类：红麻
品种名称：福红 9921
选育单位：福建农林大学作物科学学院
品种来源：福红 992×福红 991
鉴定意见：该品种于 2009~2010 年参加全国农业技术推广服务中心组织的全国红麻品种区域试验，2013 年 11 月全国麻类品种鉴定委员会鉴定通过，建议在安徽、河南、山西、江苏、湖北、江西等适宜麻区种植。
证书编号：2014-1-94　　2014 年 8 月 25 日
北京·全国农业技术推广服务中心　100026

奖　状
授予
黄/红麻种质创新与光钝感强优势杂交红麻选育及多用途研究和应用　项目
二〇一四年度福建省科学技术进步奖
二等奖
主要完成单位：
福建农林大学、江苏紫荆花纺织科技股份有限公司、安徽省种子协会、中国农业科学院麻类研究所、福建省农业科学院甘蔗研究所、信阳市农业科学院

为表彰福建省科学技术进步奖获得者，特颁发此证书。
获奖项目：黄/红麻种质创新与光钝感强优势杂交红麻选育及多用途研究和应用
获奖者：祁建民、刘国忠、李爱青、林荔辉、粟建光、洪建基、潘兹亮
奖励等级：二等奖
奖励日期：2015 年 2 月 26 日
证书编号：2014-J-2-030-5

图8　获奖证书

五、总结与展望

（一）总体目标

扩大种质资源的收集数量及种类，促进实物与信息共享，提高资源的利用效率，完善麻类种质资源信息数据系统，构建健全的麻类种质资源共享利用平台，实现资源安全化保存、标准化整理、数字化表达和远程化服务。建设国际一流的麻类种质资源研究平台。

（二）拟开展的工作

1. 加强考察收集，进一步拓宽遗传基础

我国麻类作物种类多、分布广、地域性强，遗传多样性十分丰富，且许多为我国起源。加大种质资源调查、收集力度，特别是地方品种、特色和野生近缘资源的搜集。这样才能进一步拓宽我国麻类基因库的遗传基础。

2. 发掘新基因，满足多领域需求

为了满足当前麻类作物育种和多用途的需求。积极发掘新基因，满足多领域需求。如红麻高产光钝感、高蛋白饲用、强抗旱和耐盐碱种质；黄麻高钙高硒菜用、纤维品质优异种质；亚麻高长麻率、高亚油酸种质；大麻低THC含量和雌雄同株种质；玫瑰麻光敏感、黄秋葵食用等优异、特异种质。

3. 加强资源维护与管理

实物资源和信息资源的日常维护，确保库存资源安全；定期监测资源活力与遗传完整性，及时更新，满足分发需求，并开展性状数据的补充与完善；完善种质资源分类管理标准。

4. 整合专业化人才队伍

在全国范围内吸收优势参加单位构建协作攻关网络；培训一支专门从事资源收集、整理、保存和服务的人才队伍。

5. 健全资源共享利用体系

完善麻类种质资源利用效益跟踪与反馈工作平台；提供网上查询、申请、获取服务，定期发布优异种质目录，及优异种质展示与分发；探索资源运行服务绩效考核评价方法。

国家油料种质资源子平台发展报告

伍晓明，闫贵欣，姜慧芳，张秀容，严兴初，
陈碧云，周小静，张艳欣，王力军

（中国农业科学院油料作物研究所，武汉，430062）

摘要： 国家农作物种质资源平台—油料种质资源子平台依托中国农业科学院油料作物研究所，主要开展油料种质资源包括油菜、花生、芝麻和特种油料作物苏子、红花、向日葵等的收集、引进、鉴定、评价和共享服务等工作，截至2015年12月31日，共整合入中期库7种油料作物种质资源32 217份，其中国外引进资源7 668份，包括物种（含亚种）共30个，其中国外引进20个，“十二五”期间，收集引进以上种质资源共2 232份，鉴定资源1 830份，挖掘优异资源42份，繁殖更新4 092份。向全国科研单位、育种企业、个人等169个单位或用户提供油料种质资源共计8 044份次。油料种质资源子平台支持包括国家重点研发计划项目、国家“973”计划、国家自然科学基金等各级项目74项，发表论文72篇论文，其中含SCI 论文45篇，7项国家发明专利，有效地促进了我国油料种质遗传改良的突破和基础理论研究的进步。

一、子平台基本情况

油料种质资源子平台位于武汉市武昌区徐东二路，依托中国农业科学院油料作物研究所和油料作物种质资源库（武汉），以及与中期库配套的种子准备室间、实验室间、资源鉴定试验田40亩，有工作间380m^2，晒场1 500m^2，旱棚400m^2，杂交后代鉴定池400个，冷库40m^2，实验田地及灌溉系统、气象观测站，挂藏室等，基础设施完善，是具有安全保存、繁殖更新、鉴定评价和提供利用能力的综合性农业研究试验基地，“十二五”期间共整合入中期库7种油料作物种质资源6科11属17种的种质32 217份，含国外引进种质资源7 668份。目前，该平台具有一支高水平的研究和管理人员，目前拥有专业人员19人，其中研究员4人、副研究员5人、助理研究员10人，负责平台管理、运行、维护与服务工作。

二、资源整合情况

（一）油料种质资源收集、整理整合与安全保存

截至2015年年底，共整合入中期库7种油料作物种质资源32 217份，其中从国外

引进资源7 668份，包括物种（含亚种）共30个，其中从国外引进有20个。含油菜种质资源8 437份，花生资源8 440份，芝麻6 149份，特种油料种质资源9 191份，其中蓖麻2 719份、向日葵3 026份、红花2 917份、苏子529份。“十二五”期间新增收集保存2 232份种质（油菜790份、花生817份、芝麻330、向日葵94份、蓖麻11份、红花190份），分属29个物种；其中从国外引进938份（油菜405份、花生149份、芝麻89、向日葵94份、蓖麻11份、红花190份），分属20个物种。“十二五”期间新增由国外引进的油菜野生近缘物种7个，分别是野生甘蓝*Brassica villos*、*Brassica incana*、*Brassica cretica*、*Brassica robertian*、*Brassica maurorum*、*Brassica macrocarpa*、*Sinapis arvensis* L.；新增由国外引进的芝麻物种数2个（*Sesamum rediatum*、*Sesamum mulayanum*）。

（二）油料种质资源评价鉴定与优异种质发掘鉴定

1. 油菜

对全球488份甘蓝型油菜种质在武汉进行两年的鉴定与评价，获得了12个产量与农艺性状、10个品质性状的表型数据并分析了其遗传变异。共发掘出3份高产、3份大粒、2份多角、2份多粒、3份高油、5份高蛋白、4份高油酸、1份高亚油酸、2份高亚麻酸、2份高花生烯酸、2份高芥酸、2份低棕榈酸、2份低硬脂酸、28份双低（低硫甙与低芥酸）的优异基因资源，同时鉴定出2份小粒、3份少角、3份少粒、2份高秆、3份矮秆的特异遗传材料。利用illumina公司开发的60K芸苔属SNP芯片对472份材料进行全基因组扫描。在分析了群体结构、亲缘关系和连锁不平衡水平的基础上，基于24 256个SNP的基因型数据，结合上述的表型数据，对上述22个表型性状进行了全基因组关联检测。共有7个农艺性状（分枝高度、收获指数、主轴有效角果数、一次分枝数、小区产量、全株角果数、千粒重）检测到关联SNP位点共计19个，共有8个品质性状（硫甙含量、棕榈酸含量、硬脂酸含量、油酸含量、亚油酸含量、亚麻酸含量、花生烯酸含量、芥酸含量）检测到关联SNP位点共计113个。

优异资源介绍案例1。

抗菌核病野生甘蓝优异资源：在国外专家的大力协助下，对欧洲大西洋沿岸的珍稀野生甘蓝进行了考察收集，在明确了野生甘蓝在其原生境的分布规律、形态和生长习性和环境特征的基础上，收集到原始野生甘蓝资源145份。对145份野生甘蓝资源进行了抗菌核病离体叶接种鉴定，结果显示，分别有3份野生甘蓝（C1-5、C1-1、C1-4）和1份野生甘蓝（C2-1）与对照相比菌核病抗性差异达到极显著和显著水平，表现出比对照品种具有更强的菌核病抗性。初步筛选到3份极高抗菌核病野生甘蓝种质（图1）。

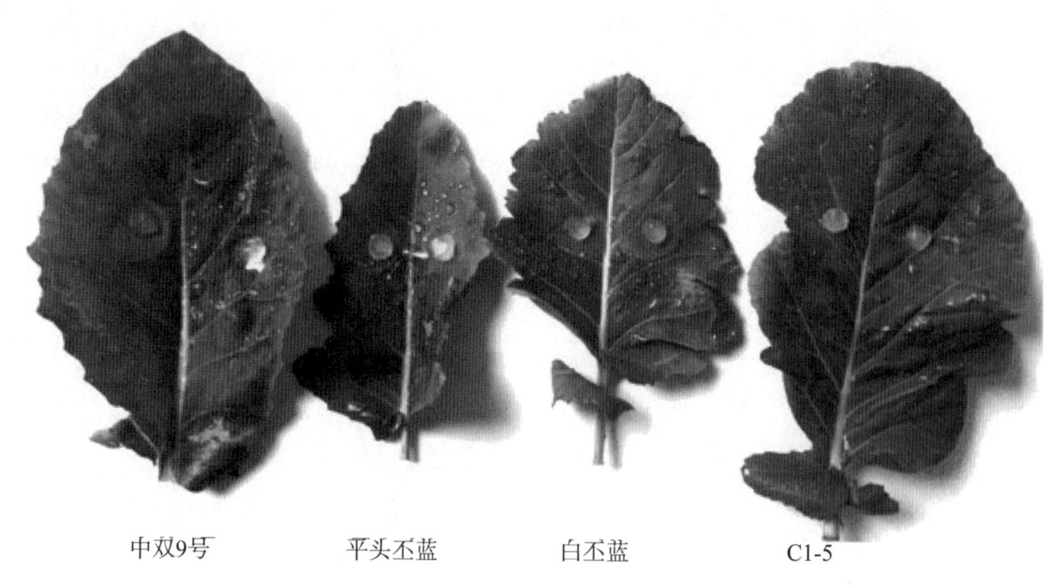

图1　对照与甘蓝、野生甘蓝接种24h后的病斑大小

2. 花生

对花生种质资源进行抗病性包括黄曲霉、抗青枯病、品质和农艺性状等性状鉴定，得到抗黄曲霉侵染的材料6份（豫花4号、天府7、美引选41033、豫花5号、特21、泰花）、抗黄曲霉病毒的材料有12份（贺油12号、天府7、豫花4号、山花9号、徐州402、花31、冀油2号、中花9号、开农白2号、天府18号、桂花166、如东碗儿青）、高抗青枯病的材料3份（闽花8号、仲恺花2号、梧油1号）。发掘出高含油量（≥58%）的材料2份（Zh.h3617、Zh.h4664）、高油酸含量（≥64%）的材料2份（Zh.h2288、Zh.h2645），此外，发掘出农艺性状优异、抗病性（青枯病和黄曲霉侵染）强、品质优良（油量和油酸）的材料6份（开农60、开农H03-3、开农8号、鄂花2号、睢宁二窝、徐州402）。

3. 芝麻

多年多点精准鉴定芝麻种质抗逆、抗病、品质、产量等重要育种目标性状11 087项次，从中评选出优异种质93份，包括耐湿5份、抗旱7份、抗病15份、高油（>58%）14份、高芝麻素（>0.8%）3份、高油酸（>50%）7份、高蛋白质（>24%）5份，大粒（千粒重>3.5g）19份，兼具2个以上优异性状的种质18份。

4. 特种油料

向日葵：对115份向日葵种质进行耐盐碱和品质特性鉴定，鉴定出耐盐碱的种质1份（ZXRK0215）、高含油率种质1份（ZXRK0230）。

5. 蓖麻

对30份蓖麻种质进行抗灰霉病、抗倒伏性鉴定，鉴定出高抗灰霉病的种质1份（ZGBM1112），高抗倒伏性的种质1份（ZGBM1099）。

6. 红花

对15份红花种质进行抗锈病鉴定，鉴定出抗锈病的种质1份（ZGHH0200）。

三、共享服务情况

油料种质资源子平台向从事油料种质资源研究与利用的科研院所、高校、企业、政府部门和个人等提供种质、种子、枝条、花粉、DNA等实物资源、基因信息、分子标记、鉴定评价技术等服务，主要的服务方式有田间观摩推介、提供技术培训、科普宣传、主动分发和用户索取、种质表型信息和基因信息共享、二维码信息共享等，实现了服务内容和形式的多样化。“十二五”期间，向106家科研院所、32家高等院校、1个政府部门、8家种子公司、19个人、其他单位3家，合计共169家单位和个人，且89.94是非平台参建单位，累计提供种质资源8 044份次，其中油菜资源2 426份次，花生资源2 488份次，芝麻资源1 262份次，特种油料资源1 868份次。并通过芝麻种质资源数据库和基因信息数据库向国内科研单位和高校提供了大量的资源信息和基因信息，其中基因组数据库2015年被访问3 000多次。

提供各类培训服务693人次，包括为约200人次通过“第三次全国农作物种质资源普查与收集行动”提供农作物种质资源鉴定评价和编目入库技术培训，为50人次提供“第三次全国农作物种质资源普查与收集行动—湖南区培训”油料种质资源鉴定评价和育种利用培训；向20人次提供了培训资料，10人次提供技术培训，413人次的农业科技人员及农民专业合作社、农民进行了科普宣传；在武汉市、石家庄市、驻马店市等地展示芝麻种质3 000多份次，开展技术培训5次。

油料种质资源子平台支持包括国家重点研发计划项目、国家“973”计划、国家自然科学基金等各级项目74项，发表论文72篇论文，其中含SCI论文45篇，7项国家发明专利，培养研究生15名。油料种质资源子平台向中小企业科技创新、资源展示、科普、改善民生、基础科研等提供专题服务27项，其中油菜7项、花生10项、特油1项、芝麻9项。

专题服务举例。

（一）创建首个油菜基因资源超市，为育种输送新鲜血液

针对油菜育种家们的育种新需求，油料种质资源子平台精选了来源于我国和世界28个国家的488份油菜遗传多样性优异基因资源，于2012年1月6日，在中国农业科学院

油料作物研究所阳逻基地创建了首个油菜基因资源超市，使油菜种质资源分发利用效率突破性地提高，为油菜育种补充新鲜的血液。当日，来自全国30多个省市的100多位专家争相进入试验地，挑选了自己心仪的基因资源，来源广泛，遗传多样性丰富，性状突出的优异资源让专家们兴奋不已，早熟、大粒、高油、抗倒伏，氮磷高效、抗病虫等种质受到广大专家的特别青睐，初步统计显示，他们预订了超过1 500份（次）的基因资源，这批优异基因资源可望在今后育种中发挥关键作用（图2和图3）。本次公益性工作受到社会各界重视和好评，《光明日报》《科技日报》《中国科学报》《人民日报》《农民日报》《长江日报》《湖北日报》湖北电视台和农业部网站等大量报道，起到良好的科普效果。

图2　百名油菜专家精选心仪的油菜基因资源

图3　傅廷栋院士考察油菜基因资源超市

（二）服务和推进加工型花生选育，促进花生增值增效

针对四川丘陵地区的特点，发展加工型花生是提高花生产值及附加值最有效方法，我们开展了四川省加工型花生的选育与利用的专题服务。从1999年开始，先后提供加工型花生品种50余份，育成天府系列花生天府22、天府26等，累计推广200万亩，获得经济效益4亿元。亲本：中花4号，中粒偏小，抗叶部病害，抗青枯病，抗旱，适合加工。亲本：中花8号，中粒偏大，种子平均含油量55.37%，蛋白质含量25.86%，抗旱性、种子休眠性强。育成品种：天府26号，荚果大小适中，丰产潜力大、稳产性好，抗叶部病害，抗青枯病种子休眠性强。育成品种：天府22号，荚果大小适中、丰产潜力大、稳产性好、中抗叶斑病、中抗锈病、抗旱性和抗倒性中等。

四、典型服务案例

（一）利用多彩油菜特异资源，打造乡村旅游新产业

面对油菜花的赏花经济发展良好势头，各地政府坚持以提升生态旅游品位为核

心，以示范基地为依托，以建设社会主义新农村为抓手，制定切实有效措施，大力种植油菜。在武汉市黄陂区木兰乡政府、江西省婺源县农业局、四季花海旅游开发有限公司、九江市农业科学研究所、重庆市农业科学院、金华市农业科学研究院、四川省广汉市西高镇农业服务中心、珠海市现代农业发展中心、重庆市秀山自治县农业技术服务中心、安义县农业局、广西壮族自治区柳州市农业技术推广中心等各地政府与技术推广中心的大力支持下，油料种质资源子平台为各单位提供油菜特异种质，包括不同花色、生育期长、晚开花等品种，并进行现场指导，拓宽种质资源的利用途径，为培植百里“油菜花”景观带，发展“油菜花经济”，着力打造“百里油菜花”工程，促进油菜产业、旅游业发展和农民增收添砖加瓦（图4和图5）。目前，已经产生了一定的社会和经济效益。特别是在湖北省黄陂木兰德兴村种的多彩油菜相继被楚天都市报、湖北日报、农民日报、长江商报、好农资招商网报道，相关讯息被湖北省人民政府网、央视网、华夏经纬网、国际在线网等网站转载。

图4　湖北省黄陂木兰试验示范中的多彩高产观光油菜

图5　广西壮族自治区柳州市柳北区试验示范中的多彩高产观光油菜

（二）提供优异种质，选育重大品种

我国是世界上最大的花生生产、消费和国际贸易国，但是黄曲霉毒素污染问题十分严重。花生黄曲霉毒素的致癌能力比二甲基硝胺还高75倍，特别与肝癌的诱发有关，也能引起人及动物的其他消化系统疾病和急性中毒死亡。花生黄曲霉毒素污染对国内消费者健康构成越来越大的威胁，对经济和社会发展的长远影响不容忽视。培育和利用抗黄曲霉花生品种是解决毒素污染最为经济有效的途径。本平台通过向油料所花生育种课题提供抗黄曲霉花生资源台山珍珠，育成了花生抗黄曲霉优质高产品种中花6号，该品种通过湖北省审定。黄曲霉抗性资源鉴定和遗传分析作为“花生抗黄曲霉优质高产品种的培育与应用”的创新点获得2015年湖北省科技进步一等奖。

（三）服务基础科研

1. 油菜

支撑多个项目，包括“973”项目“油料作物优异亲本形成的遗传基础和优良基因资源合理组配与利用—油菜杂种品种优异亲本形成的遗传解析与应用”（2011—2015）、国家基金（31100911“甘蓝型油菜叶绿体基因组特定区域高分辨率单倍型图谱的构建与分析”2012—2014）、国家基金（31100236“DNA甲基化在油菜小孢子胚胎发生过程中的调控机制研究”2012—2014）等，提供488份全球多样性油菜资源12个产量及农艺性状的表型数据（35 136个数据项）、10个品质性状的表型数据（29 280个数据项），472份材料基于24 256个SNP的基因型数据并用于关联分析，发表DNA Research、Theor Appl Genet，Plant Biotechnol. J.等高水平期刊论文。

2. 芝麻

提供来自世界29个国家的705份芝麻种质资源给中国农业科学院油料研究所和中国科学院国家基因研究中心，56个主要农艺性状的表型鉴定和全基因组重测序，发掘出540万个SNP位点，构建了首张芝麻单倍型图谱，全基因组关联分析得到549个关联位点，鉴定出46个候选基因，发掘出一批有利基因位点和基因资源，揭示了世界芝麻种质驯化规律，研究结果发表于国际权威期刊《Nature Communications》，引起国内外同行广泛关注，是迄今芝麻学术领域发表的影响因子最高的论文，极大的提升了我国的国际影响力。

五、总结与展望

第一，加强平台规范运行，实时监测与更新，确保每份种质资源安全，为长期服务奠定基础，进一步完善信息数据库，拓展服务的广度与深度。

第二，加强资源的收集：因为很多油料作物并不是起源于我国，例如甘蓝型油菜、芝麻等，需加大力度进一步加强野生种、近缘种、优异国外种质资源的考察收集，面对未来的育种需求，需要进一步提高油料作物的产量、含油量、抗病性、抗逆性、适于机械化操作等，通过资源的精准鉴定筛选、挖掘优异的种质资源，并通过杂交、回交、诱变、转基因、基因编辑等多种技术创制和种质创新，发掘和创制出可供育种有效利用的种质资源。

第三，有效提高优异种质基因型和遗传基础的解析进程，发掘优异农艺性状、品质性状和特性性状的调控基因和优异等位基因，并开发分子标记，提供鉴定与检测的方法提供合作单位利用，完善资源服务的服务形式和内容，使信息、技术服务成为主导服务内容。

国家蔬菜种质资源子平台发展报告

李锡香，王海平，宋江萍，沈　镝，邱　杨，张晓辉

（中国农业科学院蔬菜花卉研究所，北京，100081）

摘要：“十二五”期间，蔬菜种质资源子平台以国家蔬菜种质资源中期库和国家无性繁殖及多年生蔬菜资源圃为支撑，进行了种质活力跟踪检测，为种质更新提供了依据；研制出版百合、黄花菜、山药和枸杞种质资源描述规范和数据标准，为规范蔬菜种质资源的收集、整理和保存创造良好的条件；收集新资源2 000份，新增入库（圃）长期保存资源3 200份，采集各种数据及图片逾期10万个；鉴定1 000多份瓜类和胡萝卜资源，初步获得较抗根结线虫资源18份和耐抽薹胡萝卜资源3份。整理提交平台4 250份资源信息。通过创新服务模式，开展多种形式的服务，向80个研究和教育单位提供种质及相关信息143批次42种蔬菜作物共7 244份资源；支撑各类科研项目91项，发表论文34篇，包括Nature Genetics、Plant Cell和Plos One等国际核心杂志，获得专利1项、科技成果3项。提供技术咨询服务20人次，培训人员300多人。平台接待35批次205人员来访，为长江大学、北京农学院等大学39名大学生提供实习培训机会，培养2名西部之光人才。提升资源安全管理和研究水平，增加资源的信息量和辨识度，提高资源服务质量和利用效率。

一、子平台基本情况

国家蔬菜种质资源子平台是国家科技基础条件平台的重要组成部分，位于北京市海淀区中关村南大街12号，依托中国农业科学院蔬菜花卉研究所，现有科研和运维工作人员16名。该平台以“国家蔬菜种质资源中期库”和“国家无性繁殖及多年生蔬菜资源圃”为支撑，集资源保护、科学研究、示范推广、社会教育与社会服务于一体，其主要功能职责是维护资源库（圃）及资源鉴定编目等基础性工作的正常运转，建设蔬菜种质资源重要性状鉴定评价和数据整理整合技术标准及其基于物联网的信息系统，通过日常性服务、针对性服务、全方位服务、引导性服务、跟踪性服务为政府决策部门、行政管理部门、新品种保护和品种审定机构、科研和教学单位、各类企业的管理人员、研究人员、技术推广人员等提供种质资源实物和信息服务以及相关咨询服务。主要目标是提升蔬菜种质资源的管理和研究水平，保障资源保存的安全性和供给的有效性；增加资源的信息量和辨识度，提高资源服务质量和资源利用效率。

始建于1986年的国家蔬菜种质资源中期库及其配套设施总建筑面积594m^2，其中，

种质库和机房的建筑面积85m²，种质库有效使用面积39.7m²，有效使用容积119m³，种质贮量依每份种质的保存量不同约为5万～6.5万份。配套的实验室包括25m²种质接纳和分发室、25m²的组培室、50m²的种质资源繁殖和保存生物学实验室、50m²种质创新和优异基因挖掘实验室、25m²的遗传多样性评价实验室、25m²种子干燥和包装室、25m²种质信息处理和网络室以及40m²的试验材料前处理室。另外，两间使用面积为25m²的中期库管理办公室。约70m²的标本室现保存有干制标本60份，浸泡标本206份。经历30年的发展，至今收集保存有性繁殖蔬菜132种（变种）资源3.3余份。始建于2002年的国家无性繁殖及多年生蔬菜资源圃有控温温室1栋，日光温室2栋，大棚9栋，田间保存槽以及露地近30亩；另外，有低温离体库2个，带报警液氮超低温保存罐2个。至今保存112种一年生和多年生无性繁殖蔬菜种质960多份。研制出34种主要蔬菜作物种质资源描述规范和数据标准，在基本农艺性状鉴定的基础上，完成了1.6万余份资源的评价和标准化整理。建成了拥有3万多份资源、近100万数据的信息系统。每年接待国内外参观访问者数百人次；累计向国内外234个资源系统外科教和生产单位提供种质资源798多批次，涉及80多个种（变种）2.6万多份次，同时为系统内科教单位提供资源2.5万余份次，极大地促进了我国蔬菜科学研究和产业的发展。

表1　国家蔬菜种质资源子平台人员构成

子平台/课题承担单位	国家蔬菜种质资源子平台/中国农业科学院蔬菜花卉研究所					
			负责人			
	姓名	年龄	职务、职称	专业	为本项目工作时间（月）	本项目中承担的主要工作
	李锡香	55	研究员	蔬菜学	5	主持全面工作
			主要工作人员			
1	沈　镝	46	研究员	蔬菜学	6	新资源收集整理，基本农艺性状鉴定与信息采集。规程规范制定
2	王海平	41	副研究员	蔬菜学	6	无性繁殖资源圃设施和数据库维护，资源健康状况检测，资源鉴定与多样性信息采集。相关技术推广服务，包括专题服务
3	宋江萍	44	科研助理	蔬菜学	7	有性繁殖蔬菜资源库和数据库维护管理，资源活力检测，资源分发和利用效果跟踪调查。相关信息填报
4	邱　杨	37	副研究员	蔬菜学	5	新资源收集和基本农艺性状鉴定与信息采集。优良资源展示

（续表）

子平台/课题承担单位		国家蔬菜种质资源子平台/中国农业科学院蔬菜花卉研究所			
			负责人		
	姓名	年龄	职务、职称	专业	为本项目工作时间（月）	本项目中承担的主要工作
	李锡香	55	研究员	蔬菜学	5	主持全面工作
			主要工作人员			
5	张晓辉	33	副研究员	蔬菜学	5	资源繁殖与种源保障。资源及其相关技术推广服务
6	高俭德	57	副研究员	蔬菜学	3	平台运行科研管理保障
7	李瑞云	52	研究员	农学	3	资源鉴定基地保障
8	魏　民	48	高级农艺师	蔬菜学	3	资源圃保存基地保障
9	杨丛林	43	副主任	管理	3	资源库圃后勤服务保障
10	马　达	60	高级技师	机电一体	6	资源库圃动力保障
11	徐　力	49	高级会计师	财务管理	3	平台运行财务监督
12	蔡　路	40	技师	管理	3	信息服务网络管理
13	吕丽萍	55	副研究员	管理	3	档案管理
14	路盖涛	29	科研助理	农学	7	资源鉴定和信息采集，离体资源保存及维护
15	汪精磊	25	科研助理	蔬菜学	5	微信公共平台建设管理和维护

二、资源整合情况

5年来，研制出版百合、黄花菜、山药和枸杞种质资源描述规范和数据标准，为整合全国相关蔬菜种质资源，规范蔬菜种质资源的收集、整理和保存等基础性工作，创造良好的条件。标准被产业体系、行业项目、资源和育种支撑项目广泛采用，也成为DUS测试标准指南研制的重要参考资料。

在此期间，子平台收集新资源2 000份。新增入库（圃）长期保存资源3 200份，并完成了3 200份资源的基本特征特性的鉴定，采集各种数据及图片10万多个。整理整合资源4 250份。拓展了资源库圃蔬菜物种和遗传多样性，丰富了其信息量。

对中期库保存的胡萝卜、花椰菜、韭菜、芹菜资源进行种子活力跟踪检测，了解了库内保存种质的种子活力状况，为种质资源更新提供了科学依据。

根据全国和科研单位对瓜类抗根结线虫资源的迫切需要，对1 000份瓜类资源进行了苗期抗根结线虫鉴定，初步获得抗病的中国南瓜资源10份，瓠瓜资源18份，如表2和图1所示。

表2　瓜类种质资源抗根结线虫资源筛选

作物种类	编号	抗根结线虫级别性	作物种类	编号	抗根结线虫级别性
中国南瓜	II5Bb0166	抗	瓠瓜	II5G0057	抗
中国南瓜	II5Bb0195	抗	瓠瓜	II5G0061	抗
中国南瓜	II5Bb0241	抗	瓠瓜	II5G0072	抗
中国南瓜	II5Bb0310	抗	瓠瓜	II5G0080	抗
中国南瓜	II5Bb0409	抗	瓠瓜	II5G0083	抗
中国南瓜	II5Bb0957	抗	瓠瓜	II5G0090	抗
中国南瓜	II5Bb1060	抗	瓠瓜	II5G0092	抗
中国南瓜	II5Bb1063	抗	瓠瓜	II5G0102	抗
中国南瓜	II5Bb328	抗	瓠瓜	II5G0105	抗
中国南瓜	II5Bb329	抗	瓠瓜	II5G0117	抗
瓠瓜	II5G0006	抗	瓠瓜	II5G0198	抗
瓠瓜	II5G0014	抗	瓠瓜	II5G0204	抗
瓠瓜	II5G0020	抗	瓠瓜	II5G0209	抗
瓠瓜	II5G0021	抗	瓠瓜	II5G0842	抗

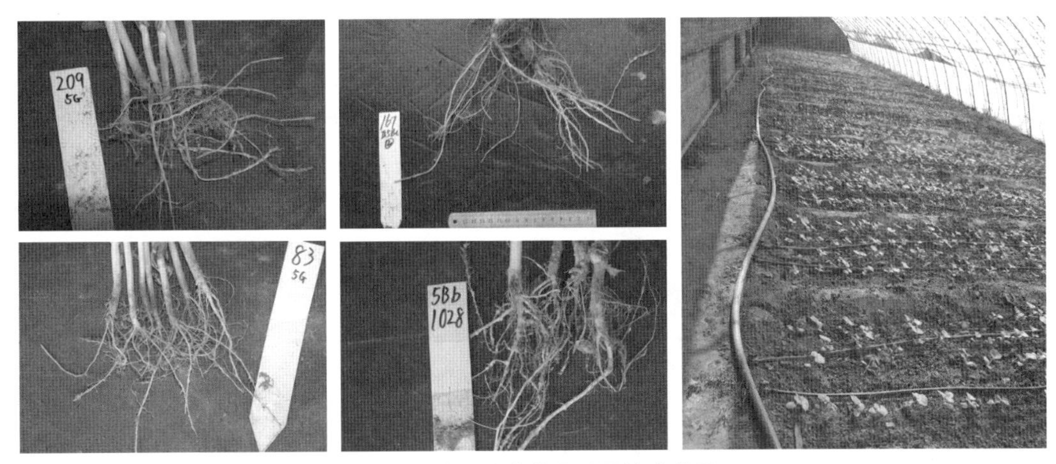

图1　瓜类抗线虫鉴定以及抗感种质

利用蔬菜种质资源子平台提供的胡萝卜资源76份，对其耐薹性进行田间鉴定，发现供试种质的耐抽薹性表现差异较大，黄色和紫红色肉质根种质的耐抽薹性较差，桔色肉质根种质的耐抽薹性较好，其中有3份种质表现较为突出，它们是V01B0008、V01B0108、V01B0166）。

优异资源名称：鞭杆红V01B0008、杞县胡萝卜V01B0108和黄胡萝卜V01B0166（图2）。

图2　胡萝卜优异种质

三、共享服务情况

（一）服务数量

截至2015年年底，子平台通过电话咨询、网络查询和引种申请、专家现场指导等方式对资源引进单位进行资源和信息服务。中期库向80个科研单位、大专院校及企业提供有性繁殖蔬菜种质资源和信息资源，包括129批次44种作物共6 811份蔬菜资源。支撑各类科研项目91项，包括“973”项目2项，“863”项目3项，国家自然基金9项，省部级项目46项，国家科技支撑项目9项，国际合作项目1项，其他科研和开发项目21项。引种单位以资源库圃资源为支撑发表论文34篇，获得专利1项、科技成果3项。资源圃为全国8个单位科研院所及生产部门提供无性及多年生资源14批次433份次。

（二）服务形式

除了电话咨询、网络查询和引种申请、专家现场，还采用新媒体积极宣传子平台，扩大子平台的影响和知名度（图3）。尤其是建立了国家蔬菜种质资源子平台微信公众号，旨在介绍我国蔬菜种质资源搜集、保存及遗传多样性保护状况，宣传蔬菜基因资源挖掘和创新利用研究新进展，推介蔬菜优异种质资源。提升全社会对蔬菜资源的保护意识，为广大高校、科研院所和企业的蔬菜科研和育种服务，推动我国蔬菜科技创新和产业升级并在园艺学会上散发宣传单进行宣传。

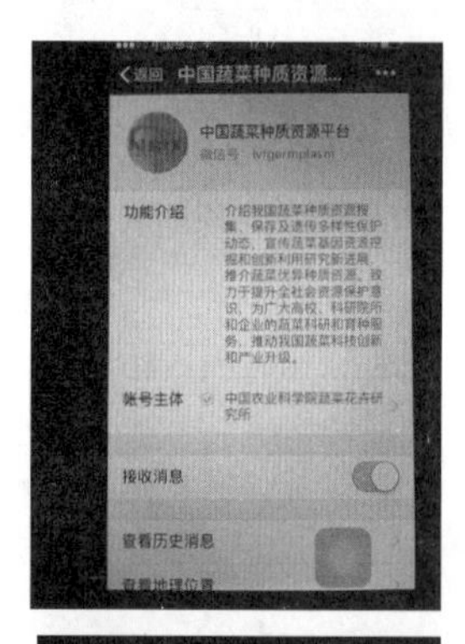

国家蔬菜种质资源子平台

国家蔬菜种质资源子平台是国家科技基础条件平台的重要组成部分，该平台依托中国农业科学院蔬菜花卉研究所，以‘国家蔬菜种质中期库’和‘国家无性繁殖及多年生蔬菜资源圃’为支撑。‘国家蔬菜种质中期库’至今收集保存有性繁殖蔬菜132种（变种）3万余份资源；国家无性繁殖及多年生蔬菜资源圃至今保存112种910多份资源。该平台是一个集资源保护、科学研究、社会教育与社会服务于一体的“国家蔬菜多样性保护、研究与示范推广中心”，平台建成以来累计向234个系统外科教和生产单位提供种质资源798多批次，涉及80多个种（变种）26359份次，同时为系统内科教单位提供资源2.5万余份次，极大地促进了我国蔬菜科研和产业的发展。

服务内容

- 日常性服务：根据普通用户需要和有关政策法规，随时提供农作物种质资源信息和实物。
- 针对性服务：针对重点科研基地、项目、团队等服务对象开展优质咨询式服务。
- 全方位服务：针对国家重大需求、突发事件、重大科研项目等提供一站式参与性全方位服务。
- 引导性服务：围绕国家食品安全、生态安全、农民增收、人类健康等前瞻性需求，引导用户利用具有特异性状的蔬菜作物种质资源，提供超前服务。
- 跟踪性服务：主动联系用户，跟踪分发资源，了解服务效果，获得反馈信息。

服务对象

政府决策部门、行政管理部门、新品种保护和品种审定机构、科研和教学单位、各类企业的管理人员、研究人员、技术推广人员等。

服务方式

用户可登录“中国作物种质信息网”在线查询蔬菜作物种质信息，或直接与中国农业科学院蔬菜花卉研究所种质资源课题组联系。

联系我们

微信号：请扫描右侧二维码获得更多信息

引种联系人：

国家蔬菜种质资源中期库，宋江萍，电话：010-82105942，Email:songjiangping@caas.cn.

国家无性繁殖及多年生资源圃，王海平，电话：010-82105942，Email：wanghaiping@caas.cn.

INSTITUTE OF VEGETABLES AND FLOWERS CHINESE ACADEMY OF AGRICULTURAL SCIENCES

图3　微型公众号的建立和宣传

积极开展技术培训和技术服务，种质资源库为全国科研院所资源科技工作者以及企业和生产单位提供研发和技术咨询服务15人次，培训人员300多人（图4、图5和图6）。资源圃提供技术研发服务3项，成果推广服务2项，培训人员30多人次（http://www.caas.net.cn/ysxw/kyjz/61289.shtml，http://hnnyzyjy.xiaobao.haedu.cn/2011-04-26/show_15748.htm，http://www.ddcpc.cn/2012/08/31/56814.html，http://www.he.xinhuanet.com/zfwq/fengrun/news/news/2016-10/28/c_1119808884.htm 等）。

图4　赴西藏开展资源平台对接和服务

图5　李锡香研究员赴江苏盐城指导黄秋葵资源利用服务

图6　王海平副研究员为昌邑农村合作社提供生姜资源利用服务

另外，资源库圃接待国内外政府管理人员、科研人员和学生等来访团体及个人35批次205人；子平台为长江大学、北京农学院等大学39名大学生提供实习培训机会；为2名湖北恩施和西藏西部之光人才培养提供技术指导（图7）。

图7　子平台接待国内外各界专家学者参观访问

（三）服务模式

除了日常性服务，我们有针对性地重点开展了引导性、跟踪性和全方位行性的专题服务，取得了显著的成效。如：

专题服务1：服务于北京市科技项目“生菜周年安全高产生产关键技术研究与应用”获2013年北京市科学技术二等奖（图8）。

北京市叶用蔬菜团队首席北京农学院范双喜教授及其团队分别于2007年和2009年先后从本子平台引种叶用莴苣资源约100份。利用平台提供的资源，系统地研究了生菜的生育规律，包括生菜水肥吸收特性、生菜光合与蒸腾特性、生菜生理失调防控、生菜有机栽培研究，为高效优质栽培奠定理论基础；研究生菜资源的高温耐受性，确定生菜耐热鉴定形态指标以及生理生化辅助指标，研究了热激蛋白及差异表达蛋白变化以及热胁迫叶用莴苣HSP家族基因的协同表达机制，为耐热品种选育提供了辅助技术。基于以上研究结果，于2003年获北京市科学技术奖二等奖。

图8　专题服务1　获奖证书

专题服务2：江苏省扬州大学园艺与植物保护学院的杨旭老师团队为完成国家自然基金项目“全基因组关联分析结合转录组测序发掘茄子黄萎病抗性QTL”（31171954），从蔬菜种质资源子平台引进茄子资源66份。对所利用茄子种质进行了苗期黄萎病抗性鉴定，病情分级标准和抗性分级参照《茄子种质资源描述规范和数据标准》，初步鉴定筛选耐病48份；中抗3份；中感8份；抗病2份。应用这些资源开展了苗期接种抗性表型鉴定与基因型鉴定。

专题服务3：为河南省科技开放合作项目“韭菜抗灰霉病优异基因资源挖掘与种质创新利用”提供专题服务（图9）。

2014—2016年向平顶山市农业科学院申报项目提供业务咨询和韭菜种质资源，最终促使项目申报成功。先后向平顶山市农业科学院韭菜研究所提供韭菜地方品种139份，并提供了相关信息服务。在资源的试种、鉴定、优异种质筛选和展示过程中，平台负责人和科研骨干赴现场进行实地指导。具体服务过程：2013年1—4月，对引种意向单位在韭菜育种和研究中存在的问题进行研讨，提出解决方案；2014年4—6月，针对需求，选择相应种源进行供种；2015年9—12月，专家现场指导；2016年3—6月，进一步提供种源43份。

经过专题服务，在以下两个方面的成效显著：

第一，通过研讨了解了韭菜种质创新和创新研究进展，找出了存在的问题，并提出了优化韭菜种质创新研究的对策。

第二，通过提供种源，进一步拓展了服务对象单位育种材料的遗传背景，为韭菜育种，特别是抗病育种和相关科研奠定了材料基础。

图9　专题服务3　韭菜资源田间示范效果和专家现场指导

四、典型服务案例

典型服务案例1：为国家杰出青年科学基金“蔬菜种质资源与遗传育种学”（31225025）以及863项目“黄瓜果实品质性状的基因组学研究”（2010AA10A108）提供重点服务。国家蔬菜种质资源子平台团队与中国农业科学院蔬菜花卉研究所黄三文研究员团队合作，为后者提供国家蔬菜资源种质库保存的1500份黄瓜资源以及本团队考察收集的所有特有西双版纳黄瓜资源构建黄瓜微核心种质，期间本平台提供了黄瓜资源数据库的所有信息，而且专门组织2名工作人员和学生进行所有材料育苗、取样和DNA提取，并参与了部分试验分析工作。联合在Plos One发表论文一篇，题目为“Genetic diversity and population structure of cucumber（*Cucumis sativus* L.）。之后利用该核心种质开展黄瓜变异组学研究，挖掘高胡萝卜素基因和性别控制基因等。在nature genetics 上联合发表论文1篇，题目为“A genomic variation map provides insights into the genetic basis of cucumber domestication and diversity”（图10）。此外，黄三文研究员团队还在Plant Cell上发表论文1篇，题目为Genome-Wide Mapping of Structural Variations Reveals a Copy Number Variant That Determines Reproductive Morphology in Cucumber。

OPEN ACCESS Freely available online

PLOS | ONE

Genetic Diversity and Population Structure of Cucumber (*Cucumis sativus* L.)

Jing Lv[1 ¶¤a], Jianjian Qi[1 ¶], Qiuxiang Shi[1 ¶], Di Shen[1 ¶], Shengping Zhang[1 ¶], Guangjin Shao[1], Hang Li[2,3], Zhanyong Sun[4], Yiqun Weng[5], Yi Shang[1], Xingfang Gu[1¤b], Xixiang Li[1], Xiaoguo Zhu[1], Jinzhe Zhang[1¤c], Robbert van Treuren[6], Willem van Dooijeweert[6], Zhonghua Zhang[1], Sanwen Huang[1*]

1 Institute of Vegetables and Flowers, Chinese Academy of Agricultural Sciences, Sino-Dutch Joint Lab of Horticultural Genomics, Opening Lab of Genetic Improvement of Agricultural Crops of Ministry of Agriculture, Beijing, China, **2** Middlebury College, Middlebury, Vermont, United States of America, **3** High School Affiliated to Renmin University of China, Beijing, China, **4** East-West Seed International Ltd., Nanning, Guangxi, China, **5** United States Department of Agriculture (USDA), ARS, Vegetable Crops Research Unit, Department of Horticulture, University of Wisconsin, Madison, Wisconsin, United States of America, **6** Centre for Genetic Resources, The Netherlands, Wageningen University and Research Centre, Wageningen, The Netherlands

Abstract

Knowing the extent and structure of genetic variation in germplasm collections is essential for the conservation and utilization of biodiversity in cultivated plants. Cucumber is the fourth most important vegetable crop worldwide and is a model system for other Cucurbitaceae, a family that also includes melon, watermelon, pumpkin and squash. Previous isozyme studies revealed a low genetic diversity in cucumber, but detailed insights into the crop's genetic structure and diversity are largely missing. We have fingerprinted 3,342 accessions from the Chinese, Dutch and U.S. cucumber collections with 23 highly polymorphic Simple Sequence Repeat (SSR) markers evenly distributed in the genome. The data reveal three distinct populations, largely corresponding to three geographic regions. Population 1 corresponds to germplasm from China, except for the unique semi-wild landraces found in Xishuangbanna in Southwest China and East Asia; population 2 to Europe, America, and Central and West Asia; and population 3 to India and Xishuangbanna. Admixtures were also detected, reflecting hybridization and migration events between the populations. The genetic background of the Indian germplasm is heterogeneous, indicating that the Indian cucumbers maintain a large proportion of the genetic diversity and that only a small fraction was introduced to other parts of the world. Subsequently, we defined a core collection consisting of 115 accessions and capturing over 77% of the SSR alleles. Insight into the genetic structure of cucumber will help developing appropriate conservation strategies and provides a basis for population-level genome sequencing in cucumber.

Citation: Lv J, Qi J, Shi Q, Shen D, Zhang S, et al. (2012) Genetic Diversity and Population Structure of Cucumber (*Cucumis sativus* L.). PLoS ONE 7(10): e46919. doi:10.1371/journal.pone.0046919

Editor: Tianzhen Zhang, Nanjing Agricultural University, China

Received May 16, 2012; **Accepted** September 6, 2012; **Published** October 12, 2012

Funding: This study is supported by National Program on Key Basic Research Projects in China (The 973 Program: 2012CB113900), National High Tech Research Development Program in China (The 863 Program: 2010AA10A108), Chinese Ministry of Finance (1251610601001), The National Natural Science Foundation of China (31071797) and Chinese Academy of Agricultural Sciences (seed grant to Sanwen Huang). The funders had no role in study design, data collection and analysis, decision to publish, or preparation of the manuscript.

Competing Interests: Jing Lv is now at the Tobacco Research Institute of Chinese Academy of Agricultural Sciences/Key Laboratory of Tobacco Biology and Processing, Ministry of Agriculture, Qingdao, and thus receives tobacco funding. However this work was carried out at the Institute of Vegetables and Flowers, Chinese Academy of Agricultural Sciences, thus the research was not funded by TRI Zhanyong Sun is an employee of East-west Seed International, but this does not alter the authors' adherence to all the PLOS ONE policies on sharing data and materials. There are no patents or marketed products related to this work.

* E-mail: huangsanwen@caas.net.cn

¶ These authors contributed equally to this work.

¤a Current address: Tobacco Research Institute of Chinese Academy of Agricultural Sciences/Key Laboratory of Tobacco Biology and Processing, Ministry of Agriculture, Qingdao, China

¤b Current address: State Key Lab Crop Stress Biol Arid Areas, Coll Plant Protect, Northwest A&F University, Yangling, Shaanxi, China

¤c Current address: National Laboratory for Protein Engineering and Plant Genetic Engineering, Peking-Yale Joint Research Center for Plant Molecular Genetics and AgroBiotechnology, College of Life Sciences, Peking University, Beijing, China

Introduction

Commonly known as cucurbits or gourds, the botanical family Cucurbitaceae includes a number of cultivated species of global or local economical importance [1]. Cucumber (*Cucumis sativus* L.) is the fourth most important vegetable worldwide [2]. As the first in cucurbits, the cucumber genome sequence elucidated chromosomal evolution in the genus *Cucumis* and afforded novel insights into several important biological processes such as biosynthesis of cucurbitacin and "fresh green" odor. Cucumber is being developed as a new model species in plant biology due to its small number of genes, rich diversity of sex expression, suitability for vascular biology studies, short life cycle (three months from seed to seed), and accumulating resources in genetics [3,4] and genomics [5,6].

The rapid advance of Next Generation Sequencing (NGS) technologies makes it affordable to re-sequence multiple genotypes of a given species to generate a haplotype map that displays the genome-wide patterns of genetic variation at a single base resolution [7,8,9]. However, such population sequencing requires

LETTERS

nature genetics

A genomic variation map provides insights into the genetic basis of cucumber domestication and diversity

Jianjian Qi[1,12], Xin Liu[2,12], Di Shen[1,12], Han Miao[1,12], Bingyan Xie[1,12], Xixiang Li[1,12], Peng Zeng[2], Shenhao Wang[1], Yi Shang[1], Xingfang Gu[1], Yongchen Du[1], Ying Li[1], Tao Lin[1], Jinhong Yuan[1], Xueyong Yang[1], Jinfeng Chen[3], Huiming Chen[4], Xingyao Xiong[1,5], Ke Huang[5], Zhangjun Fei[6], Linyong Mao[6], Li Tian[7], Thomas Städler[8], Susanne S Renner[9], Sophien Kamoun[10], William J Lucas[11], Zhonghua Zhang[1] & Sanwen Huang[1]

Most fruits in our daily diet are the products of domestication and breeding. Here we report a map of genome variation for a major fruit that encompasses ~3.6 million variants, generated by deep resequencing of 115 cucumber lines sampled from 3,342 accessions worldwide. Comparative analysis suggests that fruit crops underwent narrower bottlenecks during domestication than grain crops. We identified 112 putative domestication sweeps; 1 of these regions contains a gene involved in the loss of bitterness in fruits, an essential domestication trait of cucumber. We also investigated the genomic basis of divergence among the cultivated populations and discovered a natural genetic variant in a β-carotene hydroxylase gene that could be used to breed cucumbers with enhanced nutritional value. The genomic history of cucumber evolution uncovered here provides the basis for future genomics-enabled breeding.

Ensuring an adequate and high-quality food supply for the expanding worldwide human population requires more effective plant breeding. To this end, it is critical to obtain a comprehensive understanding of the genetic variation within crop germplasm—the raw material of plant breeding[1]. Next-generation DNA sequencing technologies now permit cost-effective genome sequencing at a population scale, which has resulted in the construction of genome-wide variation maps for several major crops[2–8] as well as for the model plant *Arabidopsis thaliana*[9,10]. The cucumber (*Cucumis sativus* L.) is indigenous to India[11], where its wild form *Cucumis sativus* var. *hardwickii* still exists. To characterize patterns of genetic variation in cucumber, we previously sampled a core collection of 115 cucumber lines that capture 77.2% of the total genetic diversity estimated for 3,342 accessions from a wide geographic distribution[12] (**Fig. 1a** and **Supplementary Table 1**). For the present study, we generated a variation map of the cucumber genome at single-base resolution by performing deep resequencing of all 115 lines, and we also sequenced the wild cucumber genome *de novo* and compared it to the genome of cultivated cucumber[13]. These genomic resources generate new insights into the genetic basis of domestication and diversity for this important crop.

Resequencing of the 115 lines generated a total of 7.275 billion paired-end reads (632 Gb of sequence), with average depth of 18.3× and coverage of 95.2% (**Supplementary Table 1**). Through comparison with the reference genome of the inbred cucumber line 9930 (refs. 13,14), we detected a total of 3,305,010 SNPs, 336,081 small insertions and deletions (indels; shorter than 5 bp) and 594 presence-absence variations (PAVs) (**Table 1**, **Supplementary Figs. 1–4**, **Supplementary Tables 2–4**, **Supplementary Note** and **Supplementary Data Set**). We also carried out *de novo* sequencing and assembly of the wild cucumber accession PI183967 (CG0002) (**Supplementary Tables 5** and **6** and **Supplementary Note**), a well-studied *C. sativus* var. *hardwickii* accession[15,16]. The total length of the assembly was 204.8 Mb, and the N50 lengths of the contigs and scaffolds were 119 kb and 4.2 Mb, respectively. We predicted a total of 23,836 genes in the wild genome. By aligning the assembly against the genome for the cultivated accession 9930, we identified 21,021 orthologous genes. The accuracy of SNPs and genotyping inference was estimated to be 98.9% by PCR and Sanger sequencing of 400 randomly selected SNPs in 4 individual lines (**Supplementary Table 7** and **Supplementary Note**). We identified 74,166 nonsynonymous SNPs in 19,087 genes, including 1,713 nonsense SNPs in 1,516 genes causing start codon changes, premature stop codons or elongated transcripts. These variants are likely important in the functional evolution of cucumber genes and deserve further investigation.

The 115 cucumber lines we resequenced can be divided into 4 geographic groups (**Fig. 1a,b**). The Indian group consists of 30 lines mainly from India, including 13 lines identified morphologically

[1]Institute of Vegetables and Flowers of the Chinese Academy of Agricultural Sciences, Key Laboratory of Biology and Genetic Improvement of Horticultural Crops of the Ministry of Agriculture, Sino-Dutch Joint Laboratory of Horticultural Genomics, Beijing, China. [2]BGI-Shenzhen, Shenzhen, China. [3]State Key Laboratory of Crop Genetics and Germplasm Enhancement, College of Horticulture, Nanjing Agricultural University, Nanjing, China. [4]Hunan Vegetable Research Institute, Hunan Academy of Agricultural Sciences, Changsha, China. [5]Hunan Provincial Key Laboratory for Germplasm Innovation and Utilization of Crop, Horticulture & Landscape College, Hunan Agricultural University, Changsha, China. [6]Boyce Thompson Institute for Plant Research, US Department of Agriculture (USDA) Robert W. Holley Center for Agriculture and Health, Ithaca, New York, USA. [7]Department of Plant Sciences, University of California, Davis, Davis, California, USA. [8]Plant Ecological Genetics, Institute of Integrative Biology, Eidgenössische Technische Hochschule (ETH) Zurich, Zurich, Switzerland. [9]Department of Biology, University of Munich, Munich, Germany. [10]The Sainsbury Laboratory, Norwich Research Park, Norwich, UK. [11]Department of Plant Biology, University of California, Davis, Davis, California, USA. [12]These authors contributed equally to this work. Correspondence should be addressed to S.H. (huangsanwen@caas.cn) or Z.Z. (zhangzhonghua@caas.cn).

Received 7 April; accepted 20 September; published online 20 October 2013; doi:10.1038/ng.2801

The Plant Cell, Vol. 27: 1595–1604, June 2015, www.plantcell.org

Genome-Wide Mapping of Structural Variations Reveals a Copy Number Variant That Determines Reproductive Morphology in Cucumber

Zhonghua Zhang,[a,1] Linyong Mao,[b,1,2] Huiming Chen,[c,1] Fengjiao Bu,[a,d,1] Guangcun Li,[a,e,1] Jinjing Sun,[a] Shuai Li,[a] Honghe Sun,[b] Chen Jiao,[b] Rachel Blakely,[b] Junsong Pan,[f] Run Cai,[f] Ruibang Luo,[g] Yves Van de Peer,[h,i,j] Evert Jacobsen,[k] Zhangjun Fei,[b,l,3] and Sanwen Huang[a,d,3,4]

[a] Institute of Vegetables and Flowers, Chinese Academy of Agricultural Sciences, Key Laboratory of Biology and Genetic Improvement of Horticultural Crops of the Ministry of Agriculture, Sino-Dutch Joint Laboratory of Horticultural Genomics, Beijing 100081, China
[b] Boyce Thompson Institute for Plant Research, Cornell University, Ithaca, New York 14853
[c] Hunan Vegetable Research Institute, Hunan Academy of Agricultural Sciences, Changsha 410125, China
[d] Agricultural Genomic Institute at Shenzhen, Chinese Academy of Agricultural Sciences, Shenzhen 518124, China
[e] Shandong Academy of Agricultural Sciences, Jinan 250100, China
[f] Shanghai Jiaotong University, Shanghai 200240, China
[g] Department of Computer Science, University of Hong Kong, Hong Kong 999077, China
[h] Department of Plant Systems Biology, VIB, 9052 Ghent, Belgium
[i] Department of Plant Biotechnology and Bioinformatics, Ghent University, 9052 Ghent, Belgium
[j] Genomics Research Institute, University of Pretoria, Pretoria 0028, South Africa
[k] Deparment of Plant Sciences, Laboratory of Plant Breeding, Wageningen University and Research Centre, 6700AA Wageningen, The Netherlands
[l] USDA-ARS Robert W. Holley Center for Agriculture and Health, Ithaca, New York 14853
ORCID ID: 0000-0002-8547-5309 (S.H.)

Structural variations (SVs) represent a major source of genetic diversity. However, the functional impact and formation mechanisms of SVs in plant genomes remain largely unexplored. Here, we report a nucleotide-resolution SV map of cucumber (*Cucumis sativas*) that comprises 26,788 SVs based on deep resequencing of 115 diverse accessions. The largest proportion of cucumber SVs was formed through nonhomologous end-joining rearrangements, and the occurrence of SVs is closely associated with regions of high nucleotide diversity. These SVs affect the coding regions of 1676 genes, some of which are associated with cucumber domestication. Based on the map, we discovered a copy number variation (CNV) involving four genes that defines the *Female* (*F*) locus and gives rise to gynoecious cucumber plants, which bear only female flowers and set fruit at almost every node. The CNV arose from a recent 30.2-kb duplication at a meiotically unstable region, likely via microhomology-mediated break-induced replication. The SV set provides a snapshot of structural variations in plants and will serve as an important resource for exploring genes underlying key traits and for facilitating practical breeding in cucumber.

INTRODUCTION

Genomic structural variations (SVs), including deletions, insertions, inversions, and duplications, represent an important source of genetic diversity (Alkan et al., 2011; Baker, 2012). SVs have been associated with a range of human disorders such as autism (Sebat et al., 2007; Pinto et al., 2010), schizophrenia (Stefansson et al., 2008; McCarthy et al., 2009), and neuroblastoma (Diskin et al., 2009). In plants, SVs are related to numerous phenotypic variations such as leaf size (Horiguchi et al., 2009), fruit shape (Xiao et al., 2008), and aluminum tolerance (Maron et al., 2013). Initially, for different species such as human (*Homo sapiens*) (Iafrate et al., 2004), rice (*Oryza sativa*) (Yu et al., 2013), soybean (*Glycine max*) (McHale et al., 2012), and barley (*Hordeum vulgare*) (Muñoz-Amatriaín et al., 2013), the majority of SVs were detected by microarray-based comparative genomic hybridization. However, array-based technology can only detect SVs with sequences that are homologous to probes and cannot determine the exact copy number or breakpoint. These disadvantages have hampered the detection of new SVs, as well as the exploration of the mechanism and functional impacts of SVs. Recent advances in next-generation sequencing (NGS) technologies have allowed nucleotide resolution mapping of SVs on a large scale, which further provides necessary information that can be used to explore SV formation mechanisms and to investigate their functional impact, as has been shown in human (Mills et al., 2011; Yang et al., 2013), mouse (*Mus musculus*) (Yalcin et al., 2011, 2012), and fruit fly (*Drosophila melanogaster*) (Zichner et al., 2013) studies. In

[1] These authors contributed equally to this work.
[2] Current address: Department of Biochemistry and Molecular Biology, Howard University, 520 W. Street NW, Washington DC, 20059.
[3] These authors contributed equally to this work.
[4] Address correspondence to huangsanwen@caas.cn.
The authors responsible for distribution of materials integral to the findings presented in this article in accordance with the policy described in the Instructions for Authors (www.plantcell.org) are: Zhangjun Fei (zf25@cornell.edu) and Sanwen Huang (huangsanwen@caas.cn).
www.plantcell.org/cgi/doi/10.1105/tpc.114.135848

图10　典型服务案例1　发表重要论文

典型服务案例2：支撑云南省农业科学院园艺作物研究所的“辣椒育种”项目，提供辣椒资源178份，用于新品种选育。经过鉴定和利用，发现其中V06C0081综合性状优良，分枝性强，坐果率高，一般配合力高；V06C0185品质优良，一般配合力高；V06C0296红色素色价较高，配合力较高；V06C0352分枝性强，坐果率高，制干后果实饱满、光滑，一般配合力高。利用这些品种育成辣椒品种云干椒3号、云干椒4号、云辣椒1号、云干椒6号。其中，育成的干制辣椒品种云干椒3号，作为“云南干制辣椒安全高效生产关键技术研究与应用”的重要内容之一，荣获云南省人民政府于2015年度颁布的云南省科技进步三等奖（图11）。

云南省科学技术奖励

证　书

为表彰云南省科学技术奖获得者，特颁发此证书。

奖励类别：科学技术进步奖

项目名称：云南干制辣椒安全高效生产关键技术研究与应用

奖励等级：三等

获 奖 者：龙洪进

2016年2月6日

证书号：2015AC053-R-001

品种登记证书

由云南省农业科学院园艺作物研究所申请的辣椒品种“云干椒6号”，经云南省第一届非主要农作物品种登记委员会第三次会议审核通过，准予登记。

云南省农业厅公告2014年第17号。

特发此证书

云南省非主要农作物品种登记委员会

2014年11月　日

编　号：滇登记辣椒2014048号

申报登记名称	云干椒6号
亲本及组合	352-3-2-1×$113^{\#}$-1-1（10-16）
申请者	云南省农业科学院园艺作物研究所

品种来源： 父本 $113^{\#}$-1-1 是从我省地方品种资源中经单株选择而成，母本 352-3-2-1 是从省外引入的辣椒资源中经多代单株选择而成。

特征特性： 干椒专用型品种。中熟，生长势中等；果实长指型，果长10厘米，横径0.7厘米，单果重2克，老熟果鲜红色；座果率高，丰产性及外观商品性好，果味香辣，干椒果面光滑，干果饱满，抗病毒病、疫病和炭疽病。

产量表现： 亩产干椒300～350公斤。

适宜区域： 适宜我省文山、曲靖、昭通、楚雄等干椒主产区及海拔在2500米以下的小果干椒类型地区栽培。

图11　典型服务案例2　品种登记和获奖证书

五、总结和展望

（一）目前仍存在的主要问题和难点，解决措施和建议

蔬菜种质资源子平台在过去5年间，不仅保障了资源库（圃）的正常运转和资源的安全保存，而且拓展了资源库（圃）的蔬菜遗传多样性，丰富了资源的信息量，夯实了子平台的基础。充分利用传统媒体，积极开发利用新媒体，通过多种途径，采用多种形式，宣传子平台，开展资源和信息服务，取得了显著的成效。

同时，平台工作仍然存在一些难点问题。最重要的是，资源平台的定位和管理机制问题。缺乏对资源平台与时俱进的新认识和有效管理机制。绝大多数人认为资源是国家的，资源平台就应该义务和无偿为全国人民服务。殊不知平台的运维要靠资源工作者的辛勤劳动，平台的服务必须赋予其实物和信息具体内容。就像石油、矿产等都属于国家的，国家提供很多优惠政策支持产业的发展，那中石油和五矿等集团要是完全不顾企业自身利益，免费为全国人民提供服务，能有今天可观的资源利用效率吗？借鉴企业，要让在隶属转制所的蔬菜资源子平台的工作人员不为自己的岗位津贴发愁，同时把服务工作搞好，除了国家给予基本运维工作经费支持，需要明晰种质资源平台与被服务对象的责、权、利，理清资源平台与全国各类科研项目之间的关系，在提供免费基本服务的同时，鼓励多种形式的合作、联合、服务模式，避免资源、信息、利益的单项输送和交流。真正让子平台和用户在互相需求和互相服务中在这个平台上和谐地舞起来。

此外，平台自身建设问题：任何平台不能是空中楼阁，必须要有坚实的支撑条件。资源和信息作为平台工作和服务的核心和载体，其数量和质量尚不能满足有效供给的需要。一方面是因为资源的鉴定缺乏前瞻性和针对性；另一方面由于过去鉴定技术方法的有效性、科学性和规范化不够，鉴定数据的可靠性有限；某些鉴定工作重量轻质，缺乏系统性。因此，资源的信息量不足导致对资源的辨识度低。建议合理规划和布局，做好各类项目任务的衔接，拓展资源的引进渠道和收集面，不断提高资源库（圃）的资源存量和供给有效性；系统深入鉴定评价丰富资源信息、提升资源特性及其利用价值的信息的有效性。

（二）“十三五”子平台发展总体目标

进一步加强国外蔬菜资源的引进。加强资源表型特征特性的系统鉴定，通过信息的不断积累，提高资源的辨识度和分发效率。加强重要目标性状的深度评价和挖掘，满足生产和育种对优质、抗病、抗逆等优异种质不断变化的需要。开拓创新，搭建子平台与用户间更为畅通的桥梁。涉猎重要用户，进行规模分发或特异种质的合作研发，建立蔬菜种质资源利用效果的长效跟踪和评价机制。

（三）“十三五”期间拟通过运行服务主要解决科研和生产上的重大问题

“十三五”期间拟通过运行服务主要解决蔬菜生产中瓜类作物根结线虫为害严重、十字花科蔬菜根肿病流行，育种和生产中瓜类蔬菜抗根结线虫、十字花科蔬菜抗根肿病育种材料严重匮乏的重大问题，以及都市农业发展中对蔬菜多样性和绿色蔬菜的迫切需求。在开展广泛服务的同时，着力重点用户和国家重点项目，提供专题和跟踪服务。

国家西瓜、甜瓜种质资源子平台发展报告

马双武，王吉明，尚建立，李　娜，周　丹

（中国农业科学院郑州果树研究所，郑州，450009）

摘要：“十二五”期间子平台整理整合了2 034份西瓜、甜瓜种质资源的共性数据，并完成了1 702份次种质的抗性鉴定数据、130份种质的抗性基因型数据，以及1 002份种质的全基因组遗传位点信息的采集与整理整合；新收集野生甜瓜种质资源110份，繁殖更新180份，对53个单位和个人等提供1 972份次种质资源实物分发利用和种质信息服务，为1项国家科技进步二等奖、39项科研项目、22篇研究论文提供了重要支撑；先后为郑州大学、河南农业大学、河南牧业经济学院等高校在校学生和宁夏中青农业、周口太康县、郑州中牟县等产区瓜农开展专业和技术培训537人次；针对西瓜甜瓜生产中的重大需求，子平台精心组织和实施，开展了“早春耐低温弱光西瓜新品种选育服务”“薄皮甜瓜优异种质的分发利用”等专题服务，取得了显著的服务成效。

一、子平台基本情况

国家西瓜、甜瓜子平台（以下简称子平台）位于河南省郑州市管城区港湾路28号，依托于中国农业科学院郑州果树研究所，现有高、中级科研人员5名，辅助人员2名，拥有干燥（空气相对湿度40%以下）、低温（±5℃）型种质保存冷库1座，冷库面积为69.71m^2，种质保存容量超过10 000份，可安全保存西瓜、甜瓜种质资源20年以上，并配备有数据处理室、种子处理室、抗性鉴定室、分子鉴定室等附属建筑200m^2，配备有种子数粒仪、种子净度仪、种子干燥箱、人工气候箱、PCR仪、高速冷冻离心机等种子处理和鉴定仪器20余台（套），另建有玻璃温室700m^2，用于特殊种质的繁殖更新和鉴定材料的种植。子平台以种质资源共享、开放为核心，旨在根据我国农业生产、科学研究和人才培养的发展需求，收集、保存、鉴定、创新和利用西瓜甜瓜种质资源，对种质信息进行标准化采集、加工和整理整合，构建西瓜、甜瓜种质资源信息大数据，面向全国提供全方位的西瓜、甜瓜种质资源的实物和信息服务，为政府决策、新品种选育、科学研究、人才培养和农业发展提供重要的支撑。

二、资源整合情况

“十二五”期间子平台重点加强种质资源的整理整合，保存种质资源2 978份，其

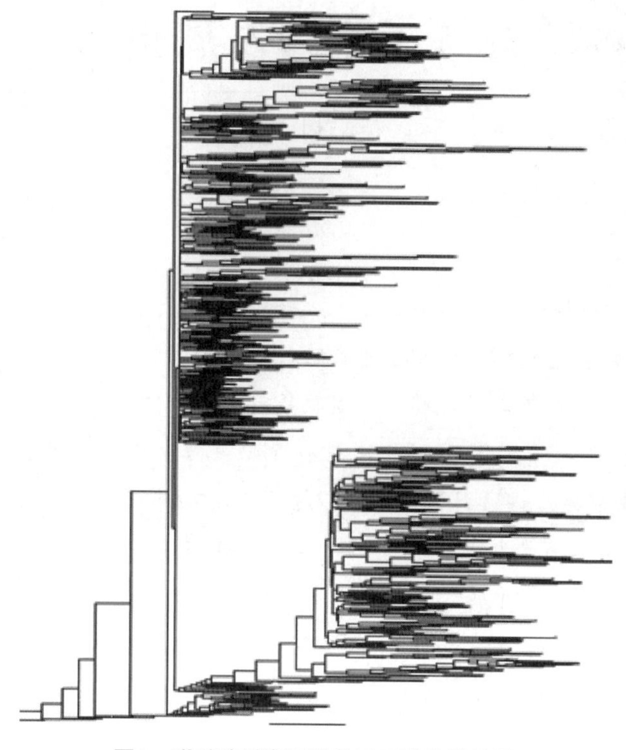
图1　甜瓜种质资源的分子系统分类结果

中西瓜1 664份，甜瓜1 314份，完成了1 124份西瓜、910份甜瓜种质资源的共性数据整合与目录开放，资源类型包括育成品种、地方品种、野生种质和特殊遗传材料等，新收集野生甜瓜种质资源110份，繁殖更新种质180份，收集前子平台仅有2份野生甜瓜，收集后增加到112份，弥补了我国野生甜瓜种质稀少的缺憾，优化了子平台种质资源的遗传结构。

进行了种质资源抗性数据和遗传信息的采集、提取与整合。对1 702份次西瓜种质进行了枯萎病、病毒病抗性鉴定与数据整合，首次在我国西瓜地方品种中发现高抗枯萎病种质，打破了我国西瓜资源中无抗枯萎病种质的传统观点；采用二代高通量测序技术，对1 002份甜瓜种质资源进行了全基因组重测序（5X），提取了丰富的遗传位点SNP信息，完成了甜瓜种质资源分子系统分类，将甜瓜种质资源分为近缘、野生、薄皮和厚皮4大类，为甜瓜种质资源的综合利用提供了重要的科学数据（图1），同时根据分子系统分类结果构建了核心种质，将遗传信息、分类数据和核心种质数据进行了整理整合；对130份西瓜种质进行了抗性基因型鉴定，获得抗性基因型数据并整合到子平台数据中，初步整合的枯萎病抗性基因型数据显示，我国西瓜地方品种中抗性基因型比例较高（61.7%），远高于试验种质平均水平（34.6%），说明我国西瓜地方品种具有特殊的抗性遗传背景，为指导客户开展枯萎病抗性机理研究、种质创新以及新品种选育提供了重要的信息。

优异种质简介。

1. 西瓜优异种质96B41

该种质品质极优，具有抗病、耐低温弱光等优点，是选育早春耐低温新品种西瓜的良好材料（图2），曾提供给北京市农林科学院蔬菜研究中心，选育出西瓜新品种京欣7号，成为京欣继代新品种。

图2　西瓜优异种质96B41

2. 甜瓜优异种质“广州蜜”

该种质具有品质优、口感好和早熟等优点，目前已对湖南省农业科学院、中国农业科学院蔬菜花卉研究所、甘肃省农业科学院等单位提供利用（图3）。

图3　甜瓜优异种质“广州蜜”

三、共享服务情况

“十二五”期间子平台采取多种方式，积极对社会提供种质资源实物和信息分发、技术指导、现场服务等，共对53个单位和个人等提供1 972份次种质资源实物分发利用和信息服务。在提供服务的对象中，高等院校有15个，包括华中农业大学、东北农业大学、西北农林科技大学等；科研院所19个，包括北京市农林科学院蔬菜研究中心、湖南省农业科学院、黑龙江省农业科学院等；以及企业9个，政府部门3个，个人及民间组织7个，先后派人到北京市农林科学院蔬菜研究中心、东北农业大学、黑龙江省农业科学院、湖南省农业科学院、北京市蔬菜研究中心、长春大富农种业、丰乐种业、宁夏中青农业、西域种业等客户进行现场指导、交流和探讨，考察和听取客户对种质资源的需求，以更好发挥子平台的支撑作用。

根据现有的反馈信息，“十二五”期间子平台支撑各类科研项目39项，其中国家级课题9项，省部级课题12项，其他课题18项；支撑国家科技进步二等奖1项，为“西瓜优异种质创制与京欣系列新品种选育及推广”，获奖单位为北京市农林科学院蔬菜研究中心，获奖时间为2014年；支撑研究论文22篇，重点支撑了核心种质和指纹图谱构建、种质资源亲缘关系、种质资源遗传多样性等研究。

充分发挥了子平台的展示和培训功能，“十二五”期间接待领导、专家和外宾参观交流40人次以上，对在校大学生（郑州大学、河南农业大学、河南牧业经济学院）和产区瓜农（周口太康县、郑州中牟县等）进行培训537人次，重点培训西瓜、甜瓜种质资源遗传多样性、种质资源安全保存、西瓜、甜瓜嫁接及栽培管理等方面的专业知识和技术。

以子平台保存和创新的优异种质为亮点，“十二五”期间在国内专业期刊《中国瓜菜》上以彩页广告方式介绍和宣传种质资源4次，取得了良好的宣传效果。

四、典型服务案例

（一）案例1：早春耐低温弱光西瓜新品种选育服务

服务对象：北京市农林科学院蔬菜研究中心。

重大需求：早春西瓜栽培在我国西瓜栽培中占据较大的比例，可以实现提早上市、满足消费需求和提高经济效益的目的，但早春西瓜栽培常面临低温、阴雨天气而导致开花坐果不良、品质低劣等重大生产问题，因此利用优异种质选育耐低温的早熟、优质西瓜品种成为西瓜早春栽培的重大需求。

服务内容：子平台多年精心挑选耐低温弱光西瓜优异种质提供给北京市农林科学院蔬菜研究中心，用于选育早熟、优质西瓜新品种，双方进行不定期的交流和探讨，以满足客户的种质需求。

服务成效：客户利用提供的优异种质96B41选育出西瓜新品种京欣7号，目前推广面积2万亩以上，成为京欣继代新品种，与京欣系列一起获得了2014年国家科技进步二等奖（图4）。

国家科学技术进步奖

证 书

为表彰国家科学技术进步奖获得者，特颁发此证书。

项目名称：西瓜优异抗病种质创制与京欣系列新品种选育及推广

奖励等级：二等

获 奖 者：北京市农林科学院

证书号：2014-J-201-2-03-001

图4 早春耐低温弱光西瓜新品种选育服务成效

（二）案例2：薄皮甜瓜优异种质的分发利用

服务对象：湖南省农业科学院等。

重大需求：我国是薄皮甜瓜起源国家，在长期的栽培过程中形成了许多高度适应当地气候的地方品种，具有耐高湿、生育期短、风味独特等优点，但由于商业品种的大量推广，造成了许多薄皮甜瓜品种的流失，因此利用优异薄皮甜瓜复壮和选育薄皮甜瓜新品种成为甜瓜生产中的一重大需求。

服务方式：子平台从薄皮甜瓜种质资源中精心挑选优质薄皮种质提供给平台客户，并提供跟踪服务和技术指导。

图5 薄皮甜瓜优异种质的分发利用成效

服务成效：平台客户以提供的优异种质“南昌雪梨”其为核心种质，选育出薄皮甜瓜新品种组合，具有成熟期早，品质优、耐高湿等优点，目前正在进行示范推广（图5）。

五、“十三五”期间工作展望

（一）“十三五”期间子平台发展总体目标

在继续做好整理整合、服务运行等工作的前提下，进一步深化对优异种质性状的评价利用深度，提高子平台的服务水平，包括基于全基因组信息水平构建西瓜和甜瓜的核心种质，挖掘种质资源信息大数据；通过GWAS和构建分离群体分析，对重要性状进行定位，开发与目标性状紧密连锁的分子标记作为分子辅助手段，创新优异种质等。

在运行服务目标上，重点针对我国无籽西瓜（3X）和南方早春保护地西瓜品种抗病性差，以及甜瓜白粉病为害严重等重大生产问题等开展相应的专题研究与服务，确保对我国西瓜、甜瓜栽培面积的稳定增加和可持续发展起到显著的支撑和引领作用。

（二）问题与建议

子平台成绩的取得主要得益于平台项目好的顶层设计，首先，后补助经费的使用方式具有很高的灵活度，经费使用的效率更高，其次专题服务的自主设置具有很强的针对性，对产业的支撑作用更明显，但由于种质资源对科研、育种和生产的支撑效果有一定的迟效性，不仅要求子平台无私提供最好的资源和技术信息，而且还要被用户正确理解和应用才能发挥作用，这一过程需要经过长时间积累和沉淀才能表现出来，短期内难以形成众多的利用成效亮点，因此进一步加强子平台稳定的公益性岗位建设和提高研究水平非常必要。

国家甜菜种质资源子平台发展报告

崔　平，兴　旺，潘　荣

（中国农业科学院甜菜研究所，哈尔滨，150501）

摘要：国家农作物种质资源平台甜菜子平台依托单位是中国农业科学院甜菜研究所（位于黑龙江省哈尔滨市呼兰区），现已收集、保存、鉴定来自波兰、美国、日本等24个国家的甜菜种质资源1 542份，资源类型有二倍体、四倍体、单粒种、多粒种、糖用甜菜、食用甜菜、饲料甜菜以及经济类型中丰产、高糖和抗病等多种资源材料。“十二五”期间为全国甜菜育种科研单位及高等院校提供丰产、高糖、抗褐斑病等甜菜资源625份次。支撑国家和地方科技计划总项目（课题）15项，接待参观550余人次。今后，甜菜子平台将会在总结“十二五”的基础上更加高效的做好甜菜子平台的运行服务工作。

一、子平台基本情况

国家农作物种质资源平台甜菜子平台依托单位是中国农业科学院甜菜研究所，位于黑龙江省哈尔滨市呼兰区（黑龙江大学呼兰校区院内），距哈尔滨市中心区约30km，其地理位置为北纬46°，东经126° 36′，海拔127m。该区属于温带大陆性气候，冬季长且寒冷干燥，夏季短而炎热并潮湿多雨且日照时间长。年降水量426mm，其中6—8月降雨量379mm；年平均温度4.9℃，其中1月最冷平均温度−19.6℃，7月最热平均温度23.2℃，≥10℃的积温2 625℃，全年无霜期150d，能够满足甜菜生长需要；5—9月日照时数1 250h，有利于甜菜光合作用；8—9月气温日较差12.7℃，有利于甜菜糖份积累。该区土壤属于黑土，肥力较高，种植甜菜历史悠久，是中国甜菜种植主产区。

国家甜菜种质资源子平台工作研究人员由崔平、兴旺、潘荣、肖春林等4人组成。主要设施由冷库库房、制冷机组间和种子入库前处理间组成。此外还有功能较完备的甜菜母根窖、网室、检疫圃、温室等基础设施。冷库分中期种质保存库和短期种质保存库。中期种质库面积为32.34m²（6.6m × 4.9m），其温度保持在0 ~ 5℃、相对湿度控制在55% ± 2 %；短期种质库面积为28.665m²（5.85m × 4.9m），其温度保持在10 ~ 15℃，相对湿度控制在55% ± 2 %。冷库内有专用种子密集架保存种质材料。种子密集架由滑道控制伸缩，为移动种子架。中期种质保存冷库种子架为10排4架9层，短期种质保存冷库种子架为7排4架。设计容量为可以保存1.2万份甜菜种质资源材料。

二、资源整合情况

甜菜种质资源子平台的运行保证了甜菜种质资源得到安全妥善保存。现已收集、保存、鉴定来自波兰、美国、日本等24个国家的甜菜种质资源1 542份。资源类型有二倍体、四倍体、单粒种、多粒种、糖用甜菜、食用甜菜、饲料甜菜以及经济类型中丰产、高糖和抗病等多种资源材料。比较优异的丰产兼高糖型优异种质ZT000702号780016B/19种质其块根产量（41.7t/hm²）比对照增产28.3%，含糖率（19.26%）比对照提高2.76度，产糖量（8.03t/hm²）增产49.5%。还有从美国和俄罗斯引进可以提取天然红色素的食用红甜菜种质资源，可以为我国的饮食和医药服务行业提供利用，进行加工天然红色素的食品和医药类产品（图1和图2）。

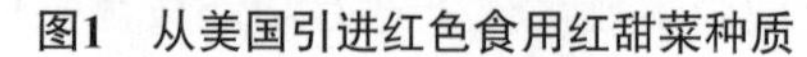

图1　从美国引进红色食用红甜菜种质

图2　丰产兼高糖型优异资源780016B/19

三、共享服务情况

2011—2015年在甜菜种质资源子平台运行服务的过程中为全国甜菜育种科研单位及高等院校提供丰产、高糖、抗褐斑病等甜菜资源625份次。为国家及支撑主要项目：国家甜菜现代农业产业技术体系项目、农业部糖料产品质量安全风险评估项目、国家自然基金项目“不同基因型甜菜根际土壤有机氮矿化特征及影响机理”、国际合作项目“抗旱、耐盐碱能源甜菜品种选育与栽培技术研究”、国家科技支撑项目子课题“耐盐碱能源甜菜种质创新与新品种培育技术，支撑主要课题研究：甜菜抗盐碱种质创新及品系选育、东北区甜菜种质资源鉴定筛选与创新、甜菜种质资源亲缘关系分析、甜菜丰产抗病种质创新及新品种选育、甜菜种质资源特意性状鉴定筛选、甜菜DNA指纹图谱构建、甜菜不育系种质资源及单胚品种选育、甜菜品质及生长环境动态研究、东北区甜菜害虫防控、甜菜耐盐碱机制研究、甜菜产业基础信息数据库构建、甜菜耐盐种质资源发掘及渗透调节机制研究。

服务对象有农业部甜菜品质检测质检中心、新疆石河子甜菜研究所、吉林省农业科学院经济植物研究所、吉林省农业科学院农村能源与生态研究所、黑龙江省动植物检疫局、东北农业大学、黑龙江大学农作物研究院生物技术课题组、耐盐碱能源甜菜选育课题组、土肥课题组和国家自然基金项目、国际合作项目、国家科技支撑项目及国家甜菜产业化项目、农业部“糖料产品质量安全风险评估”项目等15个单位（课题组）及40个广大农民甜菜种植用户。接待黑龙江大学农业资源与环境学院大三和大四学生参观国家甜菜种质中期库和甜菜资源观察圃550余人次。

通过工作人员的前期调研及对黑龙江农垦总局哈尔滨分局肇东四方山农场的考察，为了探讨和研究盐碱地甜菜耐性及解决盐碱地甜菜产量和含糖率降低等问题，甜菜种质资源子平台对四方农场进行了专题服务，专题服务情况主要通过对600份甜菜种质资源进行耐盐筛选与鉴定，筛选出耐盐碱种质资源35份。经过初选和复选试验得到6份耐盐碱性强的材料。将筛选出来的甜菜耐盐种质资源在东北甜菜生态区肇东盐碱地区中度盐碱地（含盐量平均0.68%）进行甜菜耐盐碱试验，示范为区400亩，甜菜根产量达到55.4t/hm^2（对照为41.8t/hm^2），含糖率15.4%（对照为14.6%），产糖量达到8.532t/hm^2（对照为6.103t/hm^2）。在东北肇东盐碱地区重度盐碱地（含盐量平均1.12%）进行甜菜耐盐碱试验，示范区为120亩，甜菜根产量达到43.6t/hm^2（对照为31.5t/hm^2），含糖率15.8%（对照为14.9%），产糖量达到6.889t/hm^2（对照为4.694 t/hm^2）。使当地农民的经济效益得到了很大提高。

四、典型服务案例

吉林省农业科学院农村能源与生态研究所利用中国农业科学院甜菜研究所甜菜品种资源课题组提供国家甜菜中期库编号为2-3-8-16的资源材料，统一编号为ZT001166号的丰产兼高糖型优异甜菜种质“742新选系”做为选育甜菜新品种的亲本材料，配制成的优良杂交组合，正在参加吉林省甜菜品种区域试验及生产示范，试验结果表现非常突出，有希望通过审定命名。

新疆石河子甜菜研究所利用中国农业科学院甜菜研究所甜菜品种资源课题组提供国家甜菜中期库编号为1-1-2-1的资源材料，统一编号为ZT000171号的丰产、抗病类型优异甜菜种质“7412/82”做为选育甜菜新品种的亲本材料，配制成的优良杂交组合，试验结果表现非常突出，有希望选育出适应于西北生态区的甜菜新品种（图3）。

附件 2 作物种质资源共享利用典型案例

作物名称：甜 菜

种质名称：742 新选系

优异性状：该种质具有丰产兼高糖等特性

种质图像：

提供单位：中国农业科学院甜菜研究所

利用单位：吉林省农业科学院农村能源与生态研究所

利用过程：利用该种质的丰产兼高糖等特性，作为育种亲本材料，配制出优良的杂交组合。

利用效果：在 2010～2011 年参加吉林省甜菜品种区域试验及生产示范，试验结果表现非常突出，有望通过审定命名。

种质利用单位盖章：　　种质利用者签名：　　2012 年 9 月 5 日

3

附件 3 作物种质资源共享利用典型案例

作物名称：甜 菜

种质名称：7412/82

优异性状：该种质具有丰产、抗病、适应性好等特点

种质图像：

提供单位：中国农业科学院甜菜研究所

利用单位：石河子甜菜研究所

利用过程：利用该种质的丰产、抗病、适应性好等特点，作为育种亲本材料，配制出优良的杂交组合。

利用效果：利用该种质的具有丰产、抗病、适应性好等特点，可作为育种亲本材料，配制成优良杂交组合。有希望选育出适应于西北生态区的甜菜新品种。

种质利用单位盖章：　　种质利用者签名：　　2015 年 10 月 19 日

图3　吉林省农业科学院农村能源与生态研究所和新疆石河子甜菜研究所利用典型案例

五、总结与展望

“十二五”期间，国家农作物种质资源平台甜菜子平台发挥了平台的应有作用，满足了国内甜菜科研育种单位及大中专院校对甜菜种质资源的需求，但仍存在需要改进的地方，在“十三五”期间将进行改进，第一，在宣传方面将加大宣传力度，借助媒体、大型会议、宣讲会等形式让甜菜子平台发挥更大的作用。第二，在进行专题服务前会组织人员做好认真调研工作，切实的了解需求单位的具体情况，做好详细的服务计划，有针对性的服务及对服务进行实时跟踪，确保服务的完整性、时效性及高效

性。第三将扩大科普人员范围，接受中小学生对甜菜资源子平台的参观学习，同时可以到田间进行实践活动。

在“十三五”期间国家甜菜种质资源子平台将会继续做好多方面的基础工作，发展总体目标如下：

第一，完成繁殖更新甜菜种质资源300~400份，进行标准化整理整合及数字化整理甜菜种质资源300~400份，并将数字化整理后种质资源进行网上共享。完成甜菜种质资源图像采集300份和600张图像数据。

第二，针对需求进行认真调研，继续为全国甜菜科研育种及教学研究单位提供甜菜种质资源，其中提供分发甜菜种质资源不少于500份次，进行技术研发服务2~3项。接待农业大、中专院校学生及甜菜科研单位研究人员参观国家甜菜种质中期库和资源圃不少于500人次。

第三，在甜菜种质资源子平台运行服务的过程中支撑国家和地方科技计划项目及课题10~12项。

第四，创造新型优异种质资源20~30份。进行科技技术专题服务2~3项，其中将会继续跟踪服务支持过的单位和项目，对提高甜菜产量、含糖率及抗病性等方面的研究将会重点支持，进行有针对性的服务。

第五，构建甜菜核心种质资源库，并对核心种质进行分子鉴定，为甜菜育种家提供用种时不仅可以提供表型数据同时提供分子数据。

国家烟草种质资源子平台发展报告

张兴伟，王志德，冯全福，杨爱国，戴培刚，任　民，佟　英，刘国祥

（中国农业科学院烟草研究所，青岛，266101）

摘要：国家农作物种质资源平台烟草种质资源子平台于2014年正式挂牌，隶属于科技部，依托单位是中国农业科学院烟草研究所。其前身国家烟草种质资源中期库“十二五”期间在自身能力建设、烟草种质资源共享服务等方面做了大量卓有成效的工作，烟草种质资源利用率不断提高，烟草种质资源共享成效显著。通过平台建设，有力推动了烟草育种工程的实施，为“烟草基因组计划”重大专项提供基因组测序材料，为“低危害烟叶开发”筛选低焦油种质，为各地方库烟草种质资源的收集和保存提供了有力支撑。在促进重要性状鉴定评价、新品种选育及科学研究发挥了重要作用。

关键词：烟草；种质资源；子平台；共享服务

一、子平台基本情况

国家农作物种质资源平台烟草种质资源子平台位于山东省青岛市。主管部门是中国农业科学院，依托单位是中国农业科学院烟草研究所。现有固定人员4人，其中高级职称2人，博士3人。子平台现拥有中期库房、临时库房、温室、信息室、物理实验室、生化实验室、分子实验室、标本室等。烟草种质资源保存能力达到2万余份，可扩展保存能力达4万余份，保存和检测设施齐全，为烟草种质资源长期安全保存提供了重要保障。现已形成由烟草种质资源收集编目、保存监测、繁殖更新、鉴定评价、种质创新与分发利用6大系统构成完善的研究体系。成为学科先进、人才集中、技术雄厚、优势突出、布局合理，研究水平较高的国家级烟草种质资源基础性研究平台。

二、资源整合情况

截至2015年12月，国家烟草中期库共保存来自世界各地的烟草种质资源5 377份，其中国外引进种质796份，包括烤烟、晒烟、白肋烟、香料烟、雪茄烟、黄花烟以及部分野生种，总保存数量居世界第1位。其中，新增加的一份野生种是*N.benthamiana*，此种质抗根黑腐病、白粉病及TMV（图1）。

“十二五”期间完成1 100份烟草种质资源的更新。对375份编目种质进行了黑胫病、青枯病和病毒病（TMV、CMV和PVY）的抗性鉴定，结果表明，黑胫病抗性种质

有15份，青枯病抗性种质有10份，TMV抗性种质较多，其中免疫种质有24份，抗性种质有54份，CMV抗性种质只有10份，PVY抗性种质只有5份。

图1　*N.benthamiana*

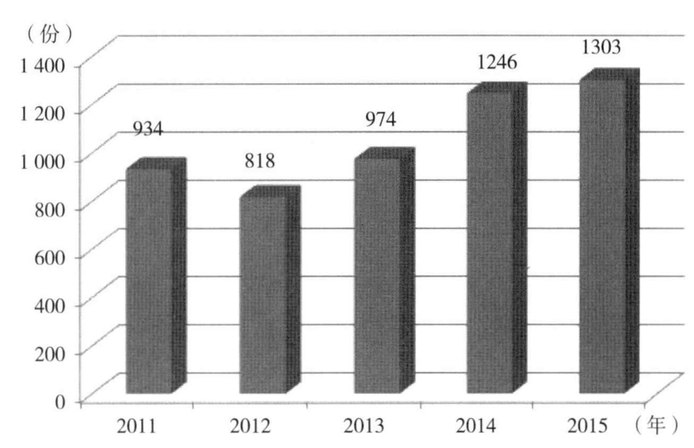

图2　“十二五”期间烟草种质资源分发利用情况

三、共享服务情况

“十二五”期间国家农作物种质资源平台烟草种质资源子平台运转良好，共享服务成效显著。有力推动了烟草育种工程的实施，为“烟草基因组计划”重大专项提供基因组测序材料，为“低危害烟叶开发”筛选低焦油种质，为各地方库烟草种质资源的收集和保存提供了有力支撑。在促进重要性状鉴定评价、新品种选育及科学研究发挥了重要作用。年分发数量由之前的500~600份次提高到目前的1 000份次左右，向全国研究单位及大专院校提供种质利用共计5 275份次（图2和图3）。服务对象结果表明，其次数多少依次为青州所、行业烟草所及试验站、烟草公司、大学、科研院所等（图4）。对平台参加单位以外的服务数量占总服务数量的32.87%。“十二五”期间服务各级各类科技计划（项目/课题）总数达到88个，比“十一五”期间增加15.79%，其中省部级科技计划为22个，国家自然基金项目13项。

图3　烟草种质资源用种申请表

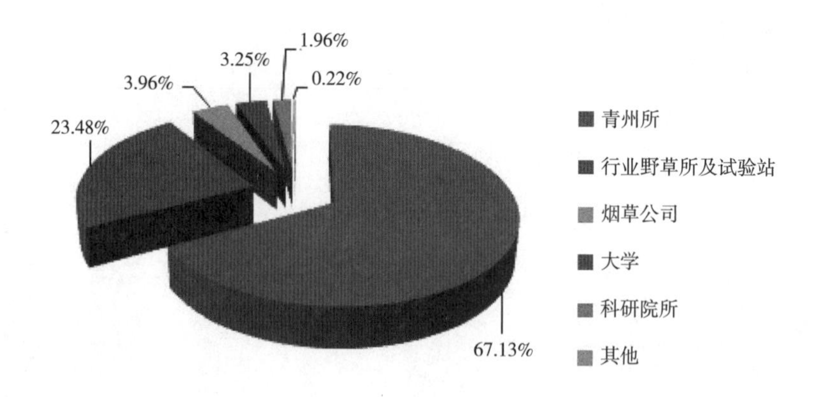

图4　分发利用单位统计

针对国家烟草专卖局烟草基因组计划和低危害烟叶开发等重大专项的需要，重点开展了野生烟及低焦油烟草种质资源精准鉴定和深度挖掘的专题服务，筛选出低焦油种质资源5份，二倍体野生种2份，进行专题服务6次。有力保障了该项目的实施。随着绒毛状烟草及林烟草等二倍体野生种种质精细图的完成，标志着烟草研究从此全面进入基因组时代。利用所提供种质育成烟草新品种50多个，推广面积累计达80多万hm²。出版著作10部，发表论文200余篇。授权专利3项，发布行业标准3项。针对各级各类科技计划实施的要求，主动邀请用户，开展了名、特、优烟草种质资源田间展示等服务4次，展示资源130份，参加田间展示人员200多人次，对提高烟草种质资源利用率起到了非常好的效果（图5和图6）。

图5　烤烟优异种质田间展示

图6　野生烟温室展示

四、典型服务案例

典型服务案例1：利用所提供的珍稀种质绘制二倍体烟草野生种的基因组精细图（图7）。服务对象、时间及地点：国家烟草专卖局重大专项烟草基因组计划（2012年、青州所）。服务内容：提供普通烟草的2个二倍体野生种（绒毛状烟草和林烟草）。具体服务成效：完成了绒毛状烟草和林烟草基因组精细图的绘制。绒毛状烟草和林烟草全基因组序列图谱的完成，具有重要的科学价值和战略意义，将开创烟草科学研究和技术发展的新纪元，是烟草科学发展的一个重要里程碑，标志着烟草研究从此全面进入基因组时代。

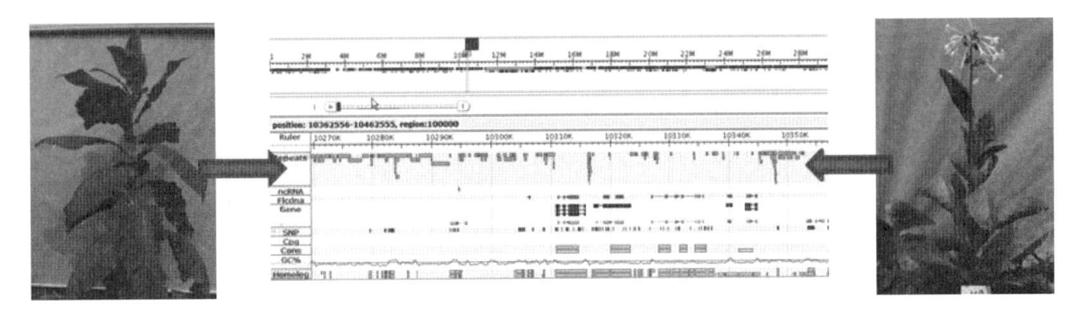

图7　利用所提供种质绘制二倍体烟草野生种基因组精细图

典型服务案例2：低焦油烟草种质资源的精准鉴定（图8）。服务对象、时间及地点：国家烟草专卖局重大专项特色优质烟叶开发（2012年及2013年，四川省、山东省、黑龙江省、吉林省及辽宁省）。服务内容：对低焦油烟草种质资源进行了两年5点的精准鉴定。具体服务成效：发现了5份焦油含量较低的烤烟种质资源（P3、大白筋0551、红坊7208、黔南七号和窝里黄0782），满足“中式卷烟”减害降焦的需求。

满足中式卷烟减害降焦的需求

图8　精准鉴定低焦油种质

五、总结与展望

“十二五”期间，烟草种质资源子平台取得了不少成绩，但也存在一些问题，主要表现在以下几个方面。

（一）资源公益属性国家已明确，但行业及单位保障措施不清

种质资源工作属于公益性基础性工作，但国家每年投入的经费非常有限。另外，烟草研究所在中国农业科学院属于拟转企单位，每年事业费严重不足。资源的公益属性在烟草行业和烟草所并没有得到落实，资源从业人员收入深受影响。建议资源平台牵头单位出台相关办法，保障公益属性得到真正落实。

（二）资源考核机制亟待调整

烟草种质资源子平台在共享服务方面做了许多卓有成效的工作，承担了很大的服务管理功能。这部分很难用文章、专利、标准、著作等成果来进行考核，建议增加一项考核标准，即以种质资源服务的数量和质量来对资源进行考核，或者作为加分项。

（三）鉴定不深入

一是性状鉴定缺乏系统性，导致低水平重复研究，造成资源浪费；二是遗传研究主要基于表型鉴定和分析，缺乏分子水平上的鉴定和深入研究；三是种质创新和野生

烟优异基因发掘力度不够。针对这些问题，首先是对筛选的优异种质重要性状（如品质、优异性状、主要抗病抗逆性状等）进行精准鉴定，研究重点农艺性状、品质特征、抗病、抗逆性等重要性状的遗传规律，开展分子标记、基因定位研究，挖掘其优异基因，以实现优异种质的高效利用。

烟草种质资源子平台"十三五"发展总目标如图9所示，首先要建立资源平台长效运行机制，在继续做好烟草种质资源收集编目和鉴定评价的基础上，搞好日常服务、展示服务和专题服务，做好前瞻鉴定，进而做好引导服务，真正做到种质资源引领育种不断前进，不断提高共享服务水平。

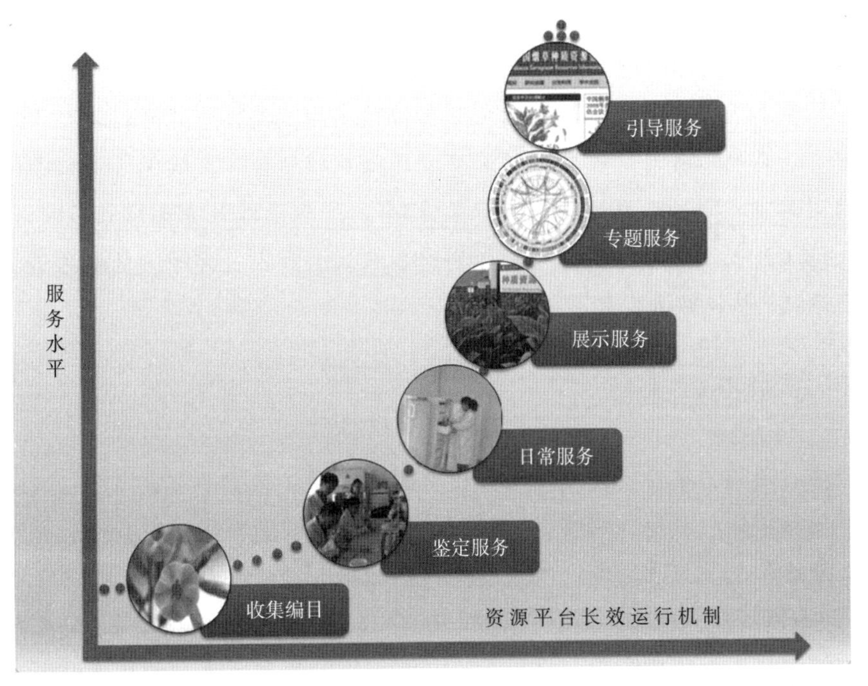

图9　烟草种质资源子平台"十三五"发展路线

国家绿肥种质资源子平台发展报告

白金顺，曹卫东

（中国农业科学院农业资源与农业区划研究所，北京，100081）

摘要：绿肥种质资源子平台建设是实现我国绿肥种质资源安全保存和有效利用的重要基础，也是培育绿肥作物新品种和推动我国绿肥恢复发展的有力保障。“十二五”期间，通过野外考察搜集、国外引进和已有资源的繁殖更新等多种手段相结合，完成了平台资源的整合工作，平台现保存绿肥种质资源达2 550份，确保了平台资源的数量和质量；平台以全国绿肥科研协作网为主要抓手，通过绿肥资源分发、展示和培训等常规服务与绿肥新品种选育专题服务相结合，在确保资源服务的数量与覆盖度的同时重点服务选育绿肥作物新品种4个；平台资源服务支撑省部级科技奖励5项，发表论文20篇，有效增强了政府、科研和农业生产人员的绿肥资源意识，有力助推了我国绿肥的快速恢复发展。

一、子平台基本情况

绿肥种质资源子平台主要由绿肥种质资源中期库、绿肥种质资源圃和绿肥种质资源管理办公室组成，其运行和维护的依托单位为中国农业科学院农业资源与农业区划研究所，地址位于北京市海淀区中关村南大街12号，现有平台管理、服务和支撑人员各1名，种质资源室内低温保存设施面积20m^2，位于不同生态区的田间资源圃面积合计10 000余m^2。平台的功能职责是：在国家农作物种质资源平台的总体框架下，专门负责对我国不同来源（野外考察收集、国外引进和国家长期种质库保存）的绿肥种质资源进行标准化整合与安全保存，通过不断创新平台运行机制和服务模式，借助信息化、网络化手段面向全国开放共享绿肥种质数据与实物资源，主动积极为绿肥作物新品种选育、相关科学研究和绿肥产业发展等多元需求提供专业化服务。平台的目标定位是：全国最大的绿肥作物种质资源保存子中心、最完备的绿肥作物种质资源数据信息子中心、全国一流的绿肥种质资源服务和对外交流子中心。

二、资源整合情况

“十二五”期间，平台坚持“量质并重，安全保存”的资源整合原则，有效夯实了平台资源基础。平台新整合通过野外考察和国际交流获得苕子、紫云英、山黧豆等绿肥资源697份，截至2015年12月平台保存绿肥种质资源2 550份，其中国外引进1 422份；以“绿肥种质资源描述规范和数据标准”为依据，获得了325份北方冷凉型、短期速生型和南方越冬型豆科绿肥资源连续2年的性状鉴定数据和图像信息，并建立了绿肥作物种质资源ACCESS数据库；依托田间资源圃，累积完成了绿肥资源子平台1 048份次资源的繁殖更新，确保了平台保存资源的种子活力（图1）。

肥饲兼用优异绿肥资源—青苕1号（0903）简介：该资源是以国家种质资源库中获得“苏联毛苕”等15份毛叶苕子资源材料为基础，通过生长和品质等特异性状的筛选鉴定，获得的适应青海地区的优异毛叶苕子资源，具有早发性好、生长快和产量高等优良特性，于2015年通过青海省农作物品种审定委员会审定，定名为青苕1号，审定编号为青审苕2015001，经2011—2014年区域与生产试验表明，该资源较对照“青海毛苕”增产幅度为10.2%～25.8%，亩产干草499.2kg，最高可以达到812.2kg。

品种合格证

审定编号：青审苕 2015001

毛苕子青苕 1 号品种，经审定合格，可在青海省 2300 米以下河湟灌区复种推广种植。特向品种育成单位青海省农林科学院土壤肥料研究所及主要育种人颁发《品种合格证书》。

主要选育人：张宏亮、韩 梅、曹卫东、张振霞、陈 英、马学民、马鸿宾、赵恒武、许韶全、何建兰、谢洪福、马德林

青海省农作物品种审定委员会

二〇一五年四月二日

图1　肥饲兼用优异绿肥资源青苕1号田间长势和品种审定证书

三、共享服务情况

“十二五”期间，绿肥资源平台通过常规性服务与专题性服务相结合的方式面向国内科研院所、高等院校等多种用户开展了大规模的资源实物共享和信息共享服务。累积分发资源3 734余份次，开展田间展示服务35次，接待2 932人次，技术培训19次，培训2 005人次。针对重点科研项目（公益性农业科研专项项目、国家有机质提升项目、国家科技支撑计划项目等）开展资源服务20次；针对绿肥新品种选育和优异特性资源筛选重大需求，进行专题服务17次；服务用户以科研院所、政府部门和高等院校为主，三者服务数量共占服务总量的84%（图2）。通过展示、科普、技术培训等资源服务工作现场“资源平台”的标牌和在各类媒体、网站上发布与资源有关（国家农作物种质资源平台”“国家科技基础条件平台”）的新闻报道，开展资源服务宣传推广

工作11次。共享服务取得显著的科技支撑效果和社会效益，支撑各类省部级科技奖励5项，发表科技论文20篇，育成绿肥新品种4个，有效突破绿肥品种资源严重退化导致绿肥生物量低而不稳的生产限制，同时通过绿肥资源的大规模分发、展示、培训和专题服务，有效增强了政府、科研和农业生产人员的绿肥资源意识，有力支撑了我国绿肥的快速恢复发展（图3）。

国家绿肥种质资源库

绿肥种质资源利用情况登记表

种质名称	弋阳紫云英、宁波大桥、湘肥1号、湘肥2号、湘肥3号、闽紫84（13）、闽紫84（28）、闽紫82、辛闽紫83（4）、闽紫84（10）、闽紫1号、闽紫2号、闽紫3号、闽紫4号、闽紫5号、闽紫6号、浙紫5号、浙紫71-107、浙紫62-18、萍宁3号、萍宁4号、萍宁72号、宁绿1号、宁绿2号				
提供单位	国家绿肥种质资源库	提供日期	2013-9	提供数量	24克
提供种质类型	地方品种√□ 育成品种√□ 高代品种√□ 国外引进品种□ 野生种□ 近缘品种□ 遗传材料□ 突变体□ 其他□				
提供种质形态	植株（苗）□ 果实□ 籽粒√□ 根茎（插条）□ 叶□ 芽□ 花（粉）□ 组织□ 细胞□ DNA□ 其他□				
统一编号		国家中期库编号			
国家种质圃编号		保存单位编号			
提供种质的优异性状及利用价值： 不同紫云英种质间在产量、抗性、品质间存在较大差异，可以利用种质优异性状间的差异进行杂交育种，作品种选育的亲本材料。					
利用单位	信阳市农业科学院	利用时间	2014年		
利用目的	作为育种材料，培育紫云英新品种。				
利用途径： 针对生产中紫云英品种种子产量或鲜草产量不高、抗性低等突出问题，通过现代育种技术手段，通过杂交育种把分散在不同亲本上的优异性状组合到杂种之中，对其后代进行培育选择，田间比较鉴定，获得遗传性稳定、符合育种目标的紫云英新品种。					
取得实际利用效果： 以上述24份紫云英种质资源为父本，2014年共配制了41个杂交组合，然后通过对杂交后代的单株选择，田间株系比较鉴定，选育种子产量和鲜草产量高、品质优、抗性强的紫云英新品种。					

种质利用单位盖章　　种质利用者签名：　2014年10月15日

（1、提供单位统一写国家绿肥种质资源库。2、除单个典型、有成效的资源外，如果是利用一批资源，也用此表，填写种质名称等信息，编号等可省略。）

图2　绿肥资源分发证明和展示性服务现场

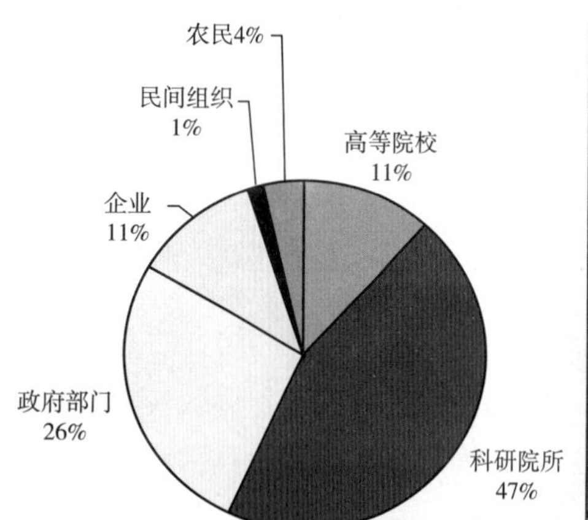

图3　绿肥平台资源共享服务用户统计和科技支撑奖励证书

四、典型服务案例

稻区抗逆、广适紫云英系列新品种的选育与示范典型服务案例：

本服务以南方稻区湖南省绿肥生产中面临的水稻接茬绿肥品种缺乏的重大需求为导向，于2011—2015年开展了依托绿肥种质资源平台，以全程、系统服务为原则，指导、规范资源评价，参与新品种选育过程中的植物学和生物学特性信息评价，跟踪新品种应用于生产实践的成效与建议反馈为内容的绿肥种质资源针对性专题服务。

本专题服务通过提供国家库45份紫云英实物及相关数据资源，并协助开展了“湘紫”系列紫云英新品种的选育，分别获得适应湖南稻区具有“早花、适产”特性紫云英新品种3个，分别通过湖南省农作物品种审定委员会审定登记，该系列新品种全生育期较当地资源英品种湘肥2号平均缩短3~9d，成功解决了水稻移栽期提前的绿肥接茬难题。新选育品种在湖南30多个县市累积推广38.1万亩，双季稻区种植可减少化肥用量20%~40%，提高稻谷产量10%~20%，每亩节约成本40~60元，增加效益150~250元（图4）。

湖南省非主要农作物品种
登记证书

品种名称：湘紫4号
作物种类：紫云英
引育单位：湖南省土壤肥料研究所，中国农业科学院农业资源与农业区划研究所
登记编号：XPD015-2015
登记日期：2015年6月2日

2015年6月2日

图4　湘紫4号田间长势、登记证书和双季稻—紫云英生产模式照片

五、总结与展望

如何保持平台资源的量质齐增是始终持续保障平台战略地位不断提升的物质基础。“十二五”期间平台在资源整合和共享服务均取得明显进展，但仍存在后续资源增量不足、资源鉴定手段落后等限制资源服务成效的关键问题。因而，“十三五”期间绿肥平台的工作原则是：一方面“持续整合资源，有效夯实平台”，持续开展野生和国外绿肥资源的引进、搜集和资源整合工作；在稳定开展国家库绿肥种质资源繁殖更新的同时，着力加大国外引进和新搜集野生绿肥资源的扩繁力度。另一方面“深入资源鉴定，扩大服务成效”。重点开展资源的特性鉴定和优异资源的筛选工作，着力加强针对性和需求性服务，同时不断加大宣传力度、层次。主要的工作重点与预期成效是，针对国家“两减”重点研发计划专项、农业部现代农业产业体系对绿肥资源对品种创新和优异资源的重大需求，不断延伸服务链条，加强服务成效跟踪，切实提高绿肥资源平台在国民经济主战场的基础地位。

国家农作物种质资源平台青海复份库子平台发展报告

李高原

（青海省农林科学院，西宁，810016）

摘要： 国家作物种质复份库，是我国政府出于重要农作物种质资源免受意外灾害的长期战略考虑，同时借助于青海省深居内陆且冷凉干燥的自然环境优势，主要以实体种子形式存放的作物种质资源长期储存库。是国家生物资源保护体系的重要组成部分，是为国家重要的战略资源提供安全保护的社会公益性服务机构。

国家作物种质复份库位于青海省西宁市宁大路253号。依托青海省农林科学院，隶属于农业部管辖，业务上接受中国农业科学院的指导，行政上由青海大学青海省农林科学院管理。复份库的维护运行纳入国家科技部“资源共享平台”专项以及农业部“种质资源保护”项目统筹。国家作物种质复份库目前拥有固定专业技术人员5名。其中研究员1名，副研究员2名，中级专业技术员1名，另外聘用长期临工2名。

国家作物种质复份库总建筑面积2 021.5m²。分为长期库、中期库、工作库以及种子预处理、分拣、包装、中控、配电、资源展示及种质鉴定实验室等功能部分。其中保温库面积400m²。主要包括200m²长期库一座［（≤−18±2）℃、相对湿度50%］，进口制冷除湿机9台（其中1台为应急制冷除湿机，配套发电机1台）；60m²库中期库一座（−4℃、相对湿度50%），进口制冷除湿机2台；60m²库工作库一座（10~15℃、相对湿度50%），国产制冷机2台；缓冲间40m²。容量可保存种质100余万份。国家作物种质复份库具备双回路10kV专用供电线路、双回路10kV专用配电室以及380伏应急备用汽柴油发电机组设备各1台。

国家作物种质复份库在运行安全方面：配备了内外的温度和湿度进行自动监测系统；在消防安全方面，配备了完整的消防器材，各个关键部位醒目位置均配备了消防器材。并对消防器材进行不定期检查以及每年更换。多次被当地消防部门以及青海大学保卫处评为先进消防单位；安全监控方面，配备有多方位全天候录像监控系统16套。安全通信方面，除保证正常办公通信全体下，在各个低温库内安装了有线和无线通信系统，确保工作人员的安全。

国家作物种质复份库，是我国政府出于重要农作物种质资源免受意外灾害的长期战略考虑，完善我国种质资源的保存体系，提高我国种质资源保存的安全保险系数。

同时借助于青海省深居内陆且冷凉干燥的自然环境优势，主要以实体种子形式存放的作物种质资源长期复份储存库。

国家作物种质复份库截至2016年年底共计保存41.146 5万份的作物种质资源材料。具体统计如下：

其中，

1993年1月5日入库11.64万份；

1993年12月27日入库12.813万份；

1994年12月22日入库4.861 4万份；

1995年11月2日入库0.862 1万份；

2001年2月26日入库2.592 7万份；

2008年3月15日入库2.918 6万份；

2011年1月12日入库0.954 4万份；

2012年12月12日入库0.8045 万份；

2013年1月27日入库0.760 9万份；

2014年1月13日入库0.954 2万份；

2015年1月8日入库1.086 8万份；

2016年12月11日入库0.897 4万份。

国家作物种质复份库借助于国家作物种质复份库平台，立足于高原生态，着眼于青海抗逆种质的创新利用，进行多物种、多生态的地方种、野生种及外来种的广泛考察与收集，并妥善入库保存。同时积极参与和承担国家相关科研攻关（协作）项目。开展种质特性评价、分子鉴定、核心种质构建以及功能基因挖掘等方面的研究工作。获得多项科研成果。为地方农业的可持续发展、高原生态的维护与建设、农业科技合作交流和农业科技人员的培养提供强有力的支撑服务。

国家农作物种质资源平台上海子平台发展报告

龙 萍，杨 华，林 田，王国军，张前荣，石群芳，
魏仕伟，王 飞，龙 渡，罗利军*

（上海市农业生物基因中心，上海，201106）

摘要：上海子平台包括4个功能部门，分别负责种质资源的考察收集与鉴定评价、繁种与入库保存、数据库与网络共享和种质资源的分发和服务。根据种质资源的性质不同分别保存于低温低湿库、超低温库和田间基因库。为加强对种质资源的有效管理，构建了以种质库库位为核心的“库位管理系统”，实现了对资源从收集保存到分发利用各个环节的动态跟踪。截至2016年年底，共保存21.8万份资源，近5年来为102家单位和个人提供利用46 575份。这些资源广泛应用于基础研究和品种选育，促进了相关学科的发展，选育的品种有利于产业结构调整，提升了相关种源企业的产业竞争力。有关种质资源的保存和利用研究分别获2014年度上海市技术发明二等奖和2015年度上海市科技进步一等奖。

一、子平台基本情况

国家农作物种质资源平台上海子平台（简称上海平台，下同）依托上海市农业生物基因中心，该中心是一个从事农业生物基因资源研究的公益性科研单位，其主要任务是进行农业生物基因资源的收集保存、研究评价、繁育创新和开发利用及发展相关技术，为我国乃至全球农业的持续发展准备种质基础。

上海平台4个相对独立而又紧密联系的部门组成：种质资源的考察收集与鉴定评价、种质资源的繁种与入库保存、种质资源数据库与网络共享和种质资源的分发和服务。种质库包括低温低湿库、超低温库和田间基因库，共收集保存21万余份农业基因资源。

平台拥有工作人员共16名，其中研究员3名。近5年来，立足于种质资源的库位管理系统建设，实现了种质资源从收集、鉴定、种子处理、入库、贮存、监测到分发利用的有效管理和全社会共享，取得了巨大的社会经济效益。

二、资源收集与整合

鉴于上海市在农业资源拥有量极少，而科研力量相对较强以及对外合作相对广泛的基本情况，上海平台主要立足于在全部收集保存上海本地资源的基础上，着重全球范围内收集保存具有重大科学意义或重要应用前景的基因资源。2011—2015年，平台致力于开发一套现代化的种质资源库库位管理系统，对资源进行信息化管理，取得了明显的效果。

（一）资源收集

在国家平台、地方财政以及相关科研项目的支持下，上海平台一直通过多种形式进行种质资源的考察收集工作。在国家“863”项目的资助下，系统地进行水稻遗传材料的收集，已成为全球保存水稻遗传资源最多的种质库；近5年来，地方财政每年安排一定的资金立项支持上海平台与其他省市的合作考察与收集活动。先后与西藏大学、江西农业大学、湖南省农业科学院、中国水稻研究所等单位合作，进行特色资源的收集；同时，积极开展国际合作，从国外收集种质资源，其中，近3年来通过与美国农业部合作，共收集生菜资源982份。

（二）资源鉴定与整理

对所收集的资源，进行系统的鉴定、整理、数据整合。一方面，对新收集的资源，在整合分析产地数据的基础上，根据国家农作物种质资源描述规范，进一步进行特征特性鉴定，剔除重复。另一方面，结合繁种入库，对资源进行性状补充鉴定，特别重要的是，借助于现代图像技术，重点对部分资源进行数据采集。2011—2015年间共繁殖水稻、瓜类等资源10 776份，获取图像4 702幅。

（三）资源保存

通过系统的鉴定、整理、编目，在规范的条件下进行种子处理和入库保存。截至2016年年底，共保存93科360种共21.8万份种质资源，其中，低温库共保存21.8万份，主要包括农作物、牧草和蔬菜等；超低温库共保存448份，主要包括花卉、微生物和动物；田间基因库共保存10 179份，主要为林木花卉。其中，近5年新来增资源10 776份。

（四）资源管理

为实现种质资源从收集保存到分发利用的有效管理，构建了“库位管理系统”，该系统通过入库资源的唯一编码，可以快速而准确地定位基因资源在存储容器中的具体位置和动态变化以及保存预警，实现了从资源信息登记、条形码标签、位置信息记录，活力测试与繁种，查询检索、资源入出库的规范化管理。

（五）优异资源举例 — 水稻抗旱资源IRAT09

IRAT109是笔者20世纪末从国际热带农业研究所引进的粳型旱稻资源。本平台科学家联合国内相关科学家对这一资源进行了系统的研究，在理论研究和育种利用上取得了重要进展，该资源以及利用该资源获得的创新后代可进一步提供利用。

（1）明确了IRAT109的抗旱性类型：通过对该品种在不同水分条件下的主要农艺性状、生理特性研究，表明IRAT109属于典型的避旱性材料，其抗旱性主要表现在有很强的扎根能力和根长，有利于吸收深层地下水，而该品种耐旱性相对较弱。

（2）利用IRAT109作为抗源，进行抗旱相关基因的定位与功能基因发掘，已定位了一批主效QTL，克隆了10余个抗旱候选基因。目前，该品种已完成二代和三代测序，基因组组装基本完成，正在进行蛋白组和代谢组学分析，大量的相关数据将尽快通过上海平台发放。

（3）利用IRAT109进行新品种选育：近年来，IRAT109已被广泛应用于水稻抗旱育种之中。作为亲本，已育成沪旱3号通过国家审定，沪旱48号通过湖北省审定，沪旱7号、沪旱61号通过上海市审定。育成沪旱2B配制的全国第一个粳型杂交节水抗旱稻旱优8号通过上海市审定。

三、共享服务情况

上海子平台秉持主动服务的理念，搭建了先进的共享服务系统，为全国102家单位或个人提供了资源服务，2011—2015年共提供资源46 575份。共为45项重要科研项目和22家企业有针对性地提供资源服务，共获成果6项，获专利授权13项，企业获得经济效益7.3亿元。

上海平台所保存的种质资源中占绝大多数为水稻遗传材料，主要包括水稻突变体、导入系等资源，基于这一特点，开展了系统的针对国家“863”重点项目“水稻功能基因组研究”和“绿色超级稻新品种选育”的专题服务。

专题服务取得显著成效：在基础研究上，项目参加单位大力开展对水稻有利基因的发掘和功能基因组研究、定位、克隆了一批重要的功能基因，如华中农业大学系统地对水稻米质性状的分子生物学机理进行了深入的研究，研究结果连续二次发表于国际顶尖刊物《Nature Genetics》（影响因子29.6）居国际领先水平。在种质创新与育种上，项目参与单位构建了一大批聚合了多个绿色性状的种质资源，如以旱恢3号等26个恢复系为受体，聚合抗稻瘟病、抗白叶枯病、抗旱等基因，选育出不同世代，同时具有2个以上绿色性状材料5 500余份；以沪旱1B等12个保持系统材料为受体，聚合抗稻瘟病、抗白叶枯病、抗旱等绿色基因，选育出不同世代，同时具有两个以上绿色性状材料850余份；选育出五丰优1573、旱优73等品种在生产上大面积推广。

四、典型服务案例

一是为科研院所服务。华中农业大学利用本平台提供的资源进行水稻抗旱基因鉴定和功能研究，获得2013年度湖北省自然科学一等奖；江西农业大学进行水稻抗旱性状相关基因的定位研究，获2013年度江西省自然科学二等奖；上海市农业生物基因中心进行水稻抗旱基因挖掘和节水抗旱稻创制研究，获2013年度国家技术发明二等奖。

二是为企业服务。一方面，为企业提供技术支持，例如：为中国种子集团公司、安徽荃银高科等企业进行种质资源的抗旱性鉴定，正确评价这些企业提供的资源的抗旱性；另一方面，向企业有针对性地提供资源。如上海天谷科技公司与本平台合作，育成节水抗旱新组合旱优113和旱优73，分别通过广西壮族自治区和安徽省审定，在生产上大面积推广。育成的常规粳稻品种沪旱61号，在产量与目前大面积推广的水稻品种相当甚至增产，稻米品质提升1~2个档次的前提下，不但可减少灌溉用水50%以上，减少化肥30%以上，而且大幅度地减少农业面源污染和碳排放，其中，减少氮肥排放71.2%、农药排放88.5%、甲烷排放80%。

五、总结与展望

通过5年的建设，上海平台在种质资源收集、保存和管理上取得了明显的进展，一部分资源已获得广泛的应用。随着平台工作的展开，目前面临最主要的问题是如何建立相应的技术平台，实现对资源性状的精准化鉴定，加快实物资源的数据化，以更好地实现网络共享和有针对性的服务，促进资源的有效利用。

根据目前的进展，上海平台“十三五”的总体目标为：① 进一步加强种质资源的科学管理，完善“库位管理系统”；② 与平台依托单位和国内相关科研院所合作，有针对性地建立1~3个资源表形精准鉴定技术体系；③ 加快实物资源数据化进程，大力充实现有数据库并同步网络共享；④ 根据国家农业发展需求，提供生产上急需的种质资源，形成服务特色；⑤ 加强农业种质资源样品保存标准制定。

国家农作物种质资源平台甘肃子平台发展报告

祁旭升，陈伟英，苟作旺，王兴荣，张彦军，李　玥

（甘肃省农业科学院作物研究所，兰州，730070）

摘要：“十二五”期间，甘肃子平台收集39种作物，共新增种质1 040份；更新繁殖、鉴定种质资源4 527份。春小麦新品种陇春28号、大豆新品种陇中黄601通过甘肃省品种审定委员会审定，2014年获得甘肃省科技进步二等奖1项，制定地方标准2项，发表研究论文11篇，承担各类科研项目27项，总经费891.6万元。在运行服务成效方面，甘肃子平台向省内外24家单位提供16种作物共计2 360份资源，较“十一五”期间增加11.4%。支撑国家级项目36项（次）、省部级项目13项（次）、其他项目13项（次）、企业创新4项（次）；支持获得省部级奖励8项、制定地方标准11项、申请专利4项、育成作物新品种9个、发表研究论文20多篇。向科研人员、在校学生、种植户等各级社会人士举办学术报告、科普知识和技术服务40余次，培训人员2 000余人次。通过子平台引出的种质资源所育成品种大面积推广，新增经济效益近22亿元，取得了重大的社会、经济和生态效益。总结甘肃子平台在“十二五”期间取得的成绩成效及存在的问题，提出了相应的“十三五”发展建议。

一、子平台基本情况

国家农作物种质资源平台——甘肃子平台，位于甘肃省兰州市安宁区农业科学院新村1号，依托单位为甘肃省农业科学院作物研究所，由作物研究所品种资源研究室管理，现有科技人员6人，其中正高1人、副高1人、中级3人、初级1人。目前拥有装配式低温种质保存库2间，库容量可达3.0万份，现保存了来自81个国家和地区的63种作物资源1.4万余份；建立了种质资源信息数据库，实现了种质信息网络化社会共享；在兰州市、张掖市、敦煌市建立3个种质资源收集鉴定基地，试验用地面积80亩；建有总面积150m²的种质创新实验室2个，仪器设备总价值350万元左右。

甘肃子平台立足甘肃、面向全国，以主要农作物基因资源的收集鉴定、保存利用、种质创新和信息共享为重点研究内容，以优异种质资源收集保存为主攻方向，通过鉴定种质资源农艺性状、发掘抗逆种质和创制育种中间材料等工作，获得优异种质和观测数据，将所获数据信息按照农作物种质资源数据规范建立相应的数据库，建成

甘肃省农作物种质资源信息网，实现资源、信息、技术共享服务。到“十三五”末，完成甘肃抗逆农作物种质资源调查，新增资源500～550份，从中筛选出抗旱、耐瘠、耐盐碱种质40～45份，完成现存资源更新3 500份，并补充鉴定缺失农艺性状，确保资源存量逐渐增加、现存资源得以更新，制定技术标准1项，审定或登记新品种1～2个。

二、资源整合情况

（一）农作物种质资源收集

“十二五”期间甘肃子平台共收集省内外农作物种质资源1 040份，主要包括玉米、小麦、大豆等粮食作物，亚麻、油菜、棉花等棉油作物，普通菜豆、辣椒、茄子等蔬菜作物，大豆、亚麻野生资源等39种作物类型。这些资源均为首次收集，在增加了库存量的同时丰富了种质资源类型，为种质资源的保护、研究、利用提供了基础材料。

（二）农作物种质资源繁殖更新及鉴定

通过国家农作物种质资源平台和甘肃省农业科学院的经费支持，对新收集的1 040份种质资源进行了性状鉴定和种子扩繁，对超过库存年限、种子量低于库存要求的3 487份资源进行了繁殖更新和缺失性状补充鉴定。将收获的种子重新存入低温库、采集的信息录入数据库，确保超期保存资源的安全性，同时进一步增加信息量，以便更好地为作物育种和科技创新服务。

（三）农作物种质资源创新

创新的丰产、抗锈、紧凑型春小麦新品种陇春28号，2011～2013年在甘肃省、新疆维吾尔自治区、内蒙古自治区、青海省、宁夏回族自治区累计推广150.7万亩，平均亩增21.5kg，新增粮食3 327.1万kg，新增产值8 600.3万元，获得经济效益5 672.6万元。创新的大豆新品种陇中黄601，粗蛋白质（干基）含量41.94%，粗脂肪（干基）含量20.09%，在甘肃省大豆区域试验中，较陇豆2号增产17.13%，在生产试验中较对照增产6.69%。

（四）取得的成绩

2011年，春小麦新品种陇春28号通过了甘肃省品种审定，2015年，大豆新品种陇中黄601通过甘肃省品种审定委员会审定。“丰产抗锈紧凑型春小麦新品种陇春28号选育及应用”2014年获得甘肃省科技进步二等奖，制定地方标准2项，发表研究论文11篇，承担各类科研项目27项，总经费达891.6万元。

（五）优异资源简介

农家品种和尚头小麦主要分布在永登、皋兰、白银区、景泰等地，在当地表现出了耐瘠薄、耐盐碱等优良性状，主要种植在旱砂田中，在当地口碑甚好，据史料记载，明清时期作为贡品，供皇室家族享用，在西北地区享有较高的声誉，距今已有500多年的历史（图1）。其面粉质量好，尤其是蛋白质含量高，具有滑润爽口、味感纯正、面筋强、食用方便等特点，民间用和尚头小麦面粉做“长寿面”，烧制的“烧锅子”是当地人民喜爱的食品。

白银市武川区中山村的和尚头小麦（采集编号：2013621034，图2）生育期109d，株高110.1cm，穗长8.4cm，小穗个数16.1个，穗粒数30.6粒，千粒重40.88g。经鉴定，全生育期抗旱性达到一级，在播深15cm条件下出苗率达到80%，具有强抗旱性和耐深播性。粗蛋白质含量为14.99%，湿面筋为33.6%，达强筋标准，面条评分85，可用于制作面条、烧锅子等食品。

图1　和尚头小麦生长环境

图2　和尚头（2013621034）

三、共享服务情况

通过提供种质实物、举办学术报告会、现场观摩会、科普和技术培训会、示范推广和网络宣传推广，甘肃子平台向省内外24家单位提供16种作物共计2 360份资源，较“十一五”期间增加11.4%。支撑国家级项目36项（次）、省部级项目13项（次）、其他项目13项（次）、企业创新4项（次）；支持获得省部级奖励8项、制定地方标准11项、申请专利4项、育成作物新品种9个、发表研究论文20多篇。

为甘肃农业大学、兰州农业职业技术学院在校学生，兰州市少年儿童提供科普服务7次，参加人员近500人，讲解农作物种质资源的重要性、种类及收集、鉴定、保存与利用的技术方法，并参观了资源库和田间试验。25名甘肃籍大学生参观了农作物种质资源库和榆中高原夏菜基地，并提交作品参加“共享杯”大学生科技资源共享服务竞赛活动，其中2人获得优秀奖。近200人次在敦煌现场观摩了农作物种质资源抗旱鉴定试验，提供了300余份次抗旱种质资源。通过我院门户网站、引种种子袋、现场悬挂横幅等方式大力宣传国家农作物种质资源平台的重要性。

联合综合开发项目、“三区”项目和精准扶贫工作，在甘肃省镇原、敦煌、和政、会宁、平川、徽县、两当7县（区）开展“三农”专题服务活动，举办科技培训34期，培训群众1 500余人（次），发放作物新品种2 000多kg、技术资料4 500余份，取得了显著的社会效益和经济效益。

四、典型服务案例

（一）抗寒油菜—陈家嘴种质利用

甘肃农业大学孙万仓教授，以地方资源—陈家嘴油菜为亲本，育成的陇油6号、7号、8号超强抗寒冬油菜品种，可抵御-30℃的极端低温，使我国冬油菜种植北界从北纬35°（甘肃天水）移至48°（新疆阿勒泰），结束了我国北纬35°以北不能种植冬油菜的历史。系列品种累计示范推广1 500万亩，新增纯效益21亿元，取得了重大社会、经济和生态效益。

“超强抗寒冬油菜品种陇油6号选育及应用”2012年获甘肃省科技进步一等奖，“超强抗寒系列冬油菜品种的选育与应用”2013年获得中华农业科技一等奖。

（二）CIMMYT小麦种质利用

甘肃省农业科学院与CIMMYT建立了长期合作关系，CIMMYT每年提供不少于100

份小麦种质资源，其中优异资源被直接应用于农业生产或是通过配制杂交组合选育新品种。

“十一五”期间直接利用2个（陇春22、陇春23），间接利用1个（陇春20），获得甘肃省科技进步二等奖2项；“十二五”间接利用2个（陇春28、陇春34），获得甘肃省科技进步二等奖1项。

以CIMMYT种质为亲本育成的小麦品种陇春28号，新增产值8 600.3万元，获得经济效益5 672.6万元，获得2014年度甘肃省科技进步二等奖。

五、总结与展望

全面回顾“十二五”甘肃省农作物种质资源基础研究工作，总结甘肃子平台取得的成绩成效及存在的问题，展望甘肃子平台“十三五”发展规划，提出了相应的发建议。

（一）“十三五”展望

一是改变以往坐等种质用户上门引种的被动服务方式，通过科技宣传、资源展示、优异种质推荐等方式方法，主动向广大用户提供优质服务。

二是通过数据库和物联网，大幅度提高种质信息发布量，提升种质利用效率。

三是联合市（州）农业科学院，建立全省农作物种质资源整合和利用体系，盘活资源存量，使资源平台运行成效提高10%以上。

四是根据国家和省部级科技重大需求、产业发展及“三农”问题，力求每年支撑国家和省部级项目不少于15项、举办科技宣传和培训10场（次）。

（二）发展建议

一是将省级种质资源库（圃）建设及运行纳入国家财政预算，给予长期、稳定支持，进一步改善研究保存条件。

二是改革从事基础性、长期性、公益性研究人员的年度考核、绩效评价、职称晋升等制度，让科技人员自愿、自觉、安心、有盼头地持续做好资源工作。

三是建立健全资源研究和经费支持的长效机制，解除科技人员的后顾之忧，使其潜心深入研究。

四是建立资源利用效果及时反馈制度，以便统计、分析、研究优异种质的再利用价值和潜力。

国家农作物种质资源平台河北子平台发展报告

孙　娟，耿立格，王丽娜

（河北省农林科学院粮油作物研究所，石家庄，050035）

摘要：河北省农作物种质资源平台共收集保存了57种作物52 637份种质资源，基本囊括了河北省主要作物地方品种资源。“十二五”期间收集入库种质资源31 744份，鉴定、编目种质资源2 112份，种质活力监测4 451份，繁殖更新种质2 692份，种质资源实物共享服务1 525份次。“十二五”期间完成了河北省农业生物资源保存中心建设，改善了农业生物资源保存和研究条件；搭建国际合作交流平台，开展了作物种质资源规模化快速高效基因型鉴定评价技术体系联合研究。“十三五”期间，河北子平台将有目的的进行特异种质资源收集，重点开展主要农作物种质资源规模化基因型鉴定，获得种质资源分子指纹图谱信息，有针对性的提供利用，提高种质资源的利用率。加强国际、国内合作，拓宽农业生物资源收集保存和合作研究渠道，提高种质资源的研究水平。

一、子平台基本情况

河北省农作物种质资源平台（河北子平台）是国家农作物种质资源平台的子平台，座落于河北省石家庄市，依托河北省农林科学院粮油作物研究所。目前，河北子平台科研团队共有32名研究人员，其中种质资源保存固定科研人员4人，种质资源鉴定评价、创新利用科技人员28人。河北子平台目前拥有农业生物资源保存中心设施1座，占地1 304.34m^2，使用面积2 570m^2，包含种子低温保存长期库180m^2、中期库140m^2、短期库150m^{2}以及试管苗库、超低温库、入库前处理设施、种质鉴定评价实验室、资源信息网络室等，中心库容量达到保存20万份种质的能力。拥有种质资源收集保存、鉴定评价仪器设备110余台套。

河北子平台为地区性农业生物资源保存中心。河北子平台定位：立足河北省、面向全国，与国际接轨，建设具有农业生物资源安全保存能力、快速高效基因型鉴定评价能力和具备完善的信息共享服务体系、并与种质创新团队和育种单位紧密衔接的农业生物资源保存中心。

二、资源整合情况

截至2016年12月，河北子平台共保存了57种作物52 637份种质资源，基本囊括了河北省主要作物地方品种资源。保存种质资源总量较“十一五”末，增加31 744份。鉴定、编目种质2 112份，活力监测种质资源4 451份，繁殖更新种质资源2 692份，保障了种质资源的安全保存。

“十二五”期间，河北子平台从美国、印度等国家收集小麦、棉花、豇豆等特异种质资源120份。优异种质资源的收集，丰富了库存种质资源的多样性，同时必将在今后的资源创新、品种改良研究中发挥重要作用（图1、图2和图3）。

图1　高感材料

图2　高抗蚜虫豇豆IT97K

图3　抗蚜虫豇豆IT98K

三、共享服务情况

20多年来，河北子平台向全国的160多个单位提供农作物、蔬菜资源10 000多份次，用于作物育种、优异基因挖掘、遗传研究及评价利用等。

提供服务类型主要以资源实物和信息服务为主，“十二五”期间作物种质资源实物共享服务1 525份次。服务对象为河北省农林科学院粮油研究所、谷子研究所、遗传研究所、经济作物研究所、旱作研究所，河北农业大学，廊坊市农业科学院，中国科学院遗传育发育生物所农业资源中心，以及冀丰玉米公司、春秋种业、冀兴种业等16家科研单位和种子公司。

“十二五”期间，河北子平台支撑各级各类课题26项，主要开展作物育种、资源鉴定创新、基因挖掘等研究；开展专题服务7项，分别为国家芝麻产业体系育种课题、河北省棉花育种、河北省抗枯萎病芝麻种质资源创新、利用远缘杂交构建小豆抗豆象遗传群体、大豆种质资源抗除草剂鉴定、抗谷瘟病谷子种质资源筛选与利用、棉花种质资源规模化快速高效基因型鉴定技术体系建立等，专题服务类型从最初的单一向作物育种、资源创新提供利用模式，开始对种质资源进行基因型鉴定，逐渐向有针对性的提供利用转变。

专题服务一：

服务名称：抗谷瘟病谷子资源筛选与利用。

服务对象：河北省农林科学院谷子研究所。

服务时间：2013年。

服务地点：河北省农业生物资源保存中心。

服务内容：向河北省农林科学院谷子研究所提供谷子资源132份，用于抗谷瘟病资源筛选和利用。

具体服务成效：筛选出3个中抗谷瘟病种质（疙毛黄、紫花谷和沙谷），目前中抗材料已投入谷子抗谷瘟病资源创新中（图4、图5、图6和图7）。

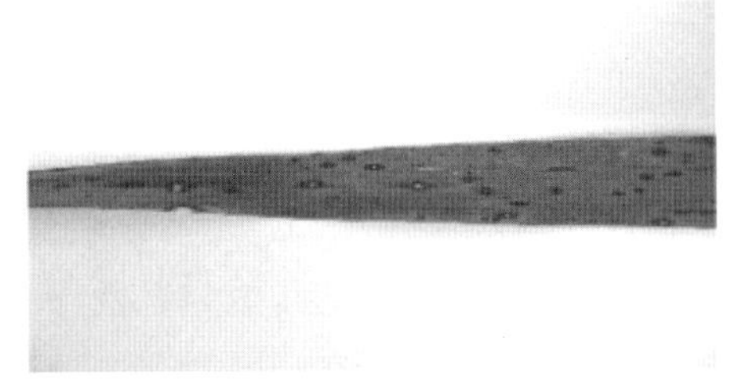

图4　高感谷瘟病材料叶片

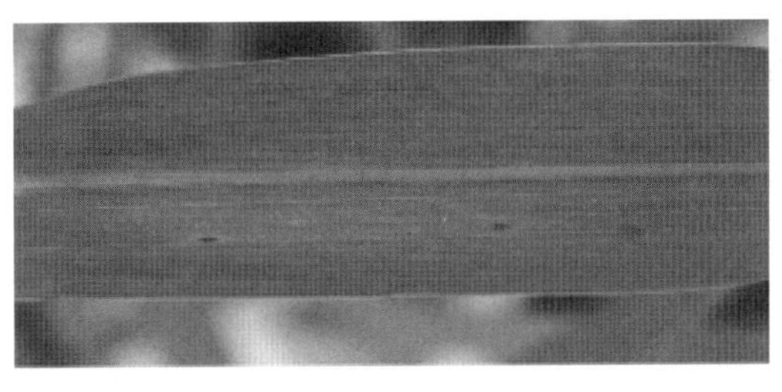

图5　中抗谷瘟病材料1

图6　中抗谷瘟病材料2

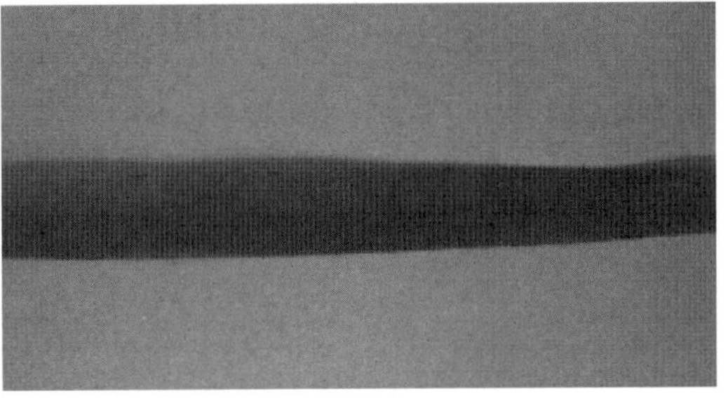

图7　中抗谷瘟病材料3

专题服务二：

服务名称：大豆资源抗除草剂鉴定。

服务对象：河北省农林科学院粮油作物研究所大豆研究中心。

服务时间：2012年。

服务地点：河北省农业生物资源保存中心。

服务内容：向河北省农林科学院粮油作物研究所大豆研究中心提供大豆种质材料1 128份，用于抗除草剂研究。

具体服务成效：鉴定出四级以上抗除草剂大豆材料109份，目前这些材料正用于抗除草剂大豆种质资源创新、抗除草剂大豆新品种选育中（图8、图9、图10和图11）。

图8　敏感大豆1　　图9　敏感大豆2

图10　耐性大豆1　　图11　耐性大豆2

四、典型服务案例

（一）典型服务案例1

资源名称：胭脂稻。

资源特点、特性：稻米味腴、气香、微红、粒长，煮熟后红如胭脂，“色微红而粒长，气香而味腴”被称做御田胭脂米，民间则称之为红稻米，过去因是皇宫贡米而闻名。胭脂米粒呈椭圆柱形，内外均暗红色，顺纹有紫红色线，煮熟之后，异香扑鼻，味道极佳，可谓“一家煮饭，四邻飘香”。且回锅三次色香犹存。称“三伸腰”米。具有出饭率高特点。

随着人们对生活品质的要求不断提高，人民从以吃饱穿暖为目标转向更具品质的生活。2012年4月提供唐山市南区王兰庄镇王一村种植，并提供了胭脂稻的种植注意事项等，安排专人跟踪胭脂稻的繁种情况。

资源提供利用情况及成效：目前，胭脂稻的种植面积已达60亩，中央电视7台拍摄为短片进行宣传，已与唐山市红脚印电子商务公司签订了销售合同。

图12 胭脂稻生长

（二）典型服务案例2

种质名称：大青秸。

优异性状：与青狗尾草组配群体，后代分离呈多样性。

利用单位：河北省农林科学院谷子研究所。

利用过程：使用谷子研究所青狗尾草与大青秸杂交，后代分离呈多样性。

利用效果：谷子研究所使用青狗尾草N10与大青秸杂交，后代分离，群体呈多样性，可对多个谷子或青狗尾草性状进行标记，群体已经到F_5代，基本稳定，利用SSR已对分蘖性、落粒性等多个性状进行了标记（图13）。

特点：后代出现种性的差异，性状差异极大，适于对落粒性、分蘖性、不育性、穗、粒性状等植物学性状的遗传研究。

F_2：狗尾草×谷子（N10×大青秸）

图13 大青秸生态结构

五、总结与展望

（一）“十二五”总结

“十二五”期间，河北子平台建设了河北省农业生物资源保存中心，改善了种质资源保存条件，依托建设项目购置了种质资源收集保存、评价鉴定仪器88台套，科研条件得到了提升。

河北子平台在做好资源收集保存基础工作的同时，承担了抗蚜豇豆资源创新、花生种子老化过程中遗传完整性变化、棉花种质资源规模化快速高效基因型鉴定技术体系建立等研究课题。通过河北省国际合作项目“棉花种质资源规模化快速高效基因型鉴定技术体系联合研究”的实施（图14），逐渐建立起主要农作物种质资源规模化快速高效基因型鉴定技术体系，种质资源研究由表型数据向分子指纹数据深入。

图14　美国农业部农业研究服务局遗传和可持续农业研究中心Jack McCarty 博士和Dewayne Deng博士到河北子平台参观

（二）存在的问题

第一，农业生物资源保存工作是一项具有基础性、公益性和长期性的事业，河北省农业生物资源保存中心的正常运转经费还没有落实，设备运行和日常维护，以及种质资源收集入库、监测、分发等基础工作的开展无法得到保障。

第二，收集保存的种质资源因为得不到深入的鉴定评价，无法有针对性的向需种单位提供，限制了种质资源的高效利用。

（三）“十三五”期间主要研究方向和工作计划

1. 主要研究方向

（1）继续开展河北省优异作物资源收集保存、繁殖更新、分发利用等基础性工作。

（2）开展种子安全保存技术和遗传完整性基础研究。

（3）利用现代分子生物技术对种质资源进行全面、深入的鉴定评价。

（4）完善河北省作物种质资源信息共享网络系统。

2. “十三五”工作计划

建成4个平台，完善1个体系。

（1）开展优异种质资源的收集，进行低发芽率种质繁殖更新，立足河北、面向全国，与国际接轨，建设具有省级先进水平的农业生物资源保存中心（资源平台）。

（2）建立主要农作物种质资源规模化快速高效基因型鉴定评价体系，为河北省农作物种质资源安全保存、鉴定评价及利用研究提供科技创新平台（技术平台）。

（3）不断补充完善已建农业生物资源信息数据共享服务系统，为农业科研和生产提供快速翔实的种质资源信息，为政府决策提供参考（信息平台）。

（4）与国际、国内研究中心和有关种质资源保存研究机构建立良好的合作关系，拓宽农业生物资源的收集保存和合作研究渠道，提高种质资源研究水平（交流平台）。

在资源保存中心和各科研院所资源研究基础上建设河北省的农业生物资源保存和利用运行体系，保障资源收集、保存、繁殖更新等工作顺利开展，同时开展资源广泛深入的鉴定评价，为育种提供丰富的基础材料，促进资源的高效利用。

国家农作物种质资源平台黑龙江子平台发展报告

魏淑红，王 强

（黑龙江省农业科学院作物育种研究所，哈尔滨，150086）

摘要： 国家农作物种质资源平台（黑龙江）建设依托单位为黑龙江省农业科学院作物育种研究所，“十二五”国家农作物种质资源平台（黑龙江）很好的完成了资源整合工作，同时，面对个人、种植大户、企业、事业单位、大学、科研院所等展开服务工作，资源服务、技术服务、专题服务等取得了良好的公益效应。

一、子平台基本情况

国家农作物种质资源平台（黑龙江）建设依托单位为黑龙江省农业科学院作物育种研究所，平台管理人员2人，参加平台资源服务人员18人。涉及服务作物包括食用豆、大豆、玉米、谷子和高粱等。面对科研院所、高等院校、企业、民间组织等展开平台共享服务，针对国家科技、经济、社会发展等领域的相关需求，开展专题服务。

二、资源整合情况

“十二五”期间共收集各类资源256份，其中包括：国外资源、农家品种、育成品种等。目前，子平台保存可共享资源数量6 000余份。“十二五”期间，平均每年整理、更新、鉴定、评价种质资源150份以上，其中包括已保存资源、收集资源、更新资源、创新资源等。“十二五”期间，创新资源66份，其中包括食用豆36份、高粱资源15份、小麦资源8份、谷子资源7份。在优异种质中，芸豆龙芸豆5号表现突出，在黑龙江省杂粮生产中占有重要作用，龙芸豆5号（图1）属中熟品种，出苗至成熟生育日数90～95d，需≥10℃活动积温1 900.0℃左右，株高60cm左右，直立型，秆壮不倒伏，分枝3～4个，单株结荚25～30个，单荚粒数5.1个，成熟荚皮黄白色，籽粒白色，椭圆形，百粒重20g左右，籽粒含粗蛋白27.73%，粗脂肪1.22%，粗淀粉38.32%，2年区试平均增产18.5%，生产试验平均公顷产量2 204.8kg，较对照品种龙芸豆3号增产24.2%。

图1　龙芸豆5号

三、共享服务情况

如表1所示，“十二五”期间，子平台服务对像主要包括个人、种植大户、企业、事业单位、大学、科研院所等，服务对象466个，提供实物资源数量3 738份次，提供技术服务349次。黑龙江省是中国杂粮生产、出口大省，黑龙江子平台目前掌握了丰富的种质资源，其中，芸豆、谷子、高粱等资源较为丰富，因此，“十二五”期间，围绕“东北粮食主产区”这个主题，开展了“东北杂粮新品种新技术推广利用”“优异芸豆资源的服务、利用”“东北区芸豆新品种新技术推广利用”等专题服务。服务期间，提供优异资源28份，示范面积500亩以上，辐射周边地区万亩以上，开展各类培训活动12次，培训人数达到1 500人以上，发放技术资料2 000余份。通过专题服务，新品种、新技术累计推广面积60万亩，新增经济效益9 000余万元，经济效益和社会效益显著。

表1　共享服务

服务对象	服务对象数量（个）	提供实物资源数量（份次）	提供技术服务数量（次）	主要服务内容	主要服务方式
种植大户	180	351	94	提供优异种质资源直接利用推广、技术指导服务	技术培训、田间观摩、电话咨询
个人	265	439	202	提供优异种质资源直接利用推广、技术指导服务	技术培训、田间观摩、电话咨询

（续表）

服务对象	服务对象数量（个）	提供实物资源数量（份次）	提供技术服务数量（次）	主要服务内容	主要服务方式
企业、事业单位	14	268	37	提供优异种质资源直接利用推广、科学研究	技术培训、电话咨询
大学、科研院所	7	2 680	16	提供资源、科学研究	电话咨询、技术支持

四、典型服务案例

“十二五”期间，展开了“东北区芸豆新品种新技术推广利用”专题服务。

（一）专题服务开展的背景

黑龙江省是中国芸豆的主要产区之一，全省年均芸豆种植面积约300万亩左右，主要分布在黑龙江省西部、西北部及北部区域的齐齐哈尔、嫩江、讷河、黑河、大兴安岭等地区。芸豆是商品效益较高的经济作物之一，随着种植业结构的调整和效益型农业的发展，黑龙江省芸豆的种植面积逐年呈上升趋势，黑龙江省是中国种植和发展芸豆最适宜的区域之一，芸豆生产为农户创造了较高的经济效益，也为黑龙江省农业增收增效和出口创汇做出了较大贡献。虽然黑龙江省芸豆分布广，种质资源丰富，但在生产上也存在一些问题，尤其是品种退化、混杂，产量及商品质量下降表现最为突出。黑龙江省芸豆生产上存在的主要问题是良种化程度低，品种退化、混杂、缺乏配套技术等表现最为突出。针对以上问题，开展“东北区芸豆新品种新技术推广利用”专题服务。国家农作物种质资源平台黑龙江子平台目前掌握了丰富的种质资源，其中芸豆资源较为丰富，依托单位黑龙江省农业科学院作物育种研究所拥有从事芸豆研究的专业团队，具有10余个优良品种及配套技术，因此，开展“东北区芸豆新品种新技术推广利用”专题服务具有良好基础。

（二）专题服务目标及对象

本次专题服务主要针对目前东北地区黑龙江省芸豆生产上最为迫切的需求而展开的一项专题服务。通过对新品种新技术的推广利用服务，解决农户和生产经营单位的迫切需求，广大农户需要优良种质进行更新换代，同时掌握先进的配套技术，使其经济收入最大化。芸豆经营商及企事业单位为了适应国际、国内市场的需求，迫切需要优良种质进行生产经营，提升品牌效应，保持竞争力。

（三）专题服务成效

1. 资源服务

在芸豆资源库中选取具有代表性的品种品芸2号、龙芸豆5号、龙芸豆6号、龙芸豆10号进行新品种及其配套技术的展示、推广、利用等服务。

2. 提供技术服务

建立2个芸豆新品种新技术展示园区—克山县新品种示范园区（图2）、引龙河新品种示范园区（图3），组织田间课堂，现场观摩，现场培训（图4），培训会议受到了当地领导的高度重视，辐射周边地区农户参观，农户学习的积极性很高，培训、示范期间，前来参观、学习的人员累计达到600人以上，发放技术资料500份；同时开展了“新品种试验示范推广及技术”两次专题培训服务，培训技术人员30人，培训农户200人以上，通过理论学习，加深了资源利用效果，扩大了国家农作物资源平台服务人群及社会影响。

图2　克山县新品种展示园区

图3　引龙河新品种展示园区

图4　田间课堂、现场观摩、技术培训

五、总结与展望

“十二五”国家农作物种质资源平台（黑龙江）很好的完成了各项工作，专题服务等取得了显著的公益效应。在“十二五”工作的基础上，继续加大服务力度，计划提供优异实物资源服务1 000份次以上，提供技术研发服务100次以上，提供技术与成果推广服务5次以上，面对科研院所、高等院校、企业、民间组织等展开平台共享服务，开展专题服务3次以上，进行平台资源整合，征集、收集、整理、鉴定、评价保存种质资源500份次以上。

国家农作物种质资源平台江苏子平台发展报告

杨　欣，蔡士宾，朱　银，颜　伟

（江苏省农业科学院种质资源与生物技术研究所，南京，210014）

摘要：江苏子平台紧紧围绕农业科技创新和产业发展需求，以促进资源共享利用为目的，积极引进收集优异资源，深入开展抗病（逆）、优质、高产等特色资源的发掘评价与创新利用研究，按照“以用为主、重在服务”的原则，强化资源共享服务，转变工作思路，深入分析用户需求，有针对性地提供信息、资源、技术等多维度的共享服务，促进优异特色资源的开发利用，推进江苏农业科技创新和产业发展。“十二五”期间，江苏子平台收集引进国内外农作物资源21 691份，围绕小麦白粉病抗性等重要目标性状开展资源鉴定评价研究，筛选出Tabasco等优异资源784份，创制宁麦资66等优异新种质78份，整合资源信息10 777条，使资源数据增加到44 696条，共享服务系统查询人数突破5.3万人次，共享分发资源18 226份次。不完全统计，以江苏子平台提供的优异种质资源为亲本，相关单位共培育作物新品种117个，累计推广应用2.81亿亩，平台在支撑现代农业品种创新与产业发展中发挥了重要作用。

一、子平台基本情况

平台坚持立足江苏省，服务全国。紧紧围绕江苏省现代农业发展目标和育种需求，开展种质资源保护和利用研究，充分发挥地处沿海和横跨长江的区位优势，面向全国提供资源与信息共享服务。争取在“十三五”期间将平台建成国内一流的省级农业种质资源共享服务平台。

平台依托单位为江苏省农业科学院是具有80多年历史的综合性农业科研机构，现有科技人员2 170人，其中高级职称科技人员898人，全院共有13个专业研究所和11个农区所，建有省部级以上科研平台30个，截至“十二五”末，全院累计获得部省二等奖以上重大成果奖励333项，其中国家级成果奖励27项，为推动江苏省和全国农业生产，保障粮食安全和农产品有效供给发挥了巨大作用。

江苏子平台现有科技人员21人，其中研究员5人，副研究员7人。团队中具有博士、硕士学位人员占90%以上，初步形成了以研究员为核心，博士、硕士为骨干的科研团队。平台建有农作物种质资源中期库，库容824m^3，可容纳种质资源40万份，配备智能化库管系统，建有种质前处理工作室、活力检测室和鉴定评价实验室，配置了谷物近红外分析仪、自动化学分析仪等专用仪器设备80余台套。拥有标准试验田250多亩，配套试验用房120m²，购置了拖拉机、小区收割机、小区播种机、自动气象站等机械装备。平台具备开展种质资源收集保存、鉴定评价和共享利用的基础条件。

图1　种质资源库大楼全貌

图2　中期库库房内部

图3　田间设施

二、资源整合情况

（一）资源整合与储备情况

江苏子平台以建立资源的共享机制为核心，以特色资源的系统整合、有效共享为原则，整合全省种质资源，构建开放共享的农业种质资源保护与利用体系。初步形成了库圃结合、覆盖全省的农业种质资源保存设施体系。经过“十二五”的建设发展，平台种质资源储备得到显著增加，截至2016年12月底，江苏省农作物种质资源中期库已收集保存包括水稻、小麦、棉花、玉米、豆类等52个作物47 342份种质资源，“苏麦3号”等抗赤霉病资源、“潘氏小麦”“太湖粳稻”等特色资源世界闻名。“十二五”期间，平台通过“走出去”战略，与美国、欧盟、澳大利亚、泰国等国家和地区开展学术交流和合作研究，积极引进国外优异特色资源，使江苏省的种质资源遗传多样性得到显著增加，与2010年相比资源储备增加了1.2倍。平台建成了“江苏省农业种质资源信息共享服务系统”，整理整合资源信息记录10 777条，使资源数据总量增加到44 696条（份），共享特征数据超过136万条（份），与2010年相比增加了31%，涉及粮食、蔬菜、经济作物等35个物种，为信息查询与种质共享奠定了坚实基础。

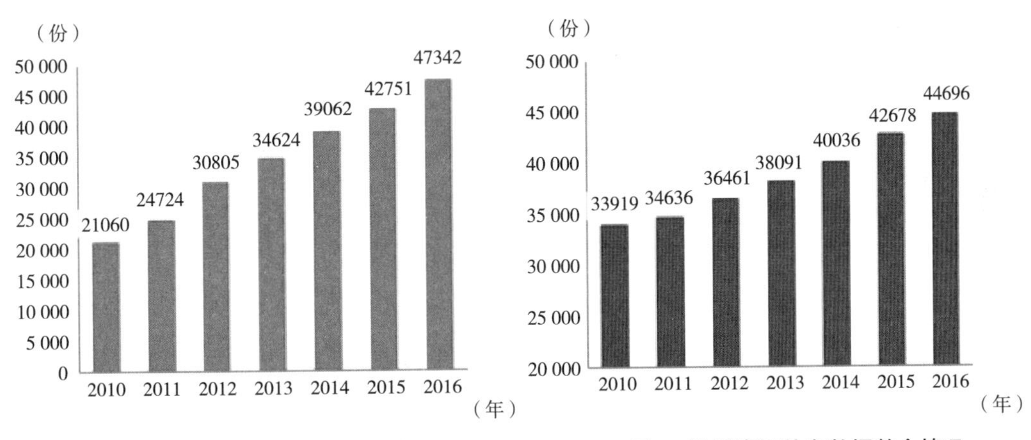

图4　种质资源储备变化情况　　**图5　种质资源信息数据整合情况**

（二）资源鉴定评价与创新

平台根据江苏省作物育种和产业发展需求，对水稻、小麦、玉米、大豆等13种作物、41 438份次种质资源的抗病性、抗逆性、品质、产量等51项重要性状进行了鉴定评价，筛选出具有重要应用价值的优异种质资源784份。例如：抗条纹叶枯病种质“静系46”、优良食味种质“关东194”、弱筋耐湿抗梭条花叶病种质“西风小麦”、抗豆象绿豆资源“V2709”等；利用现代分子生物学技术，对抗病、抗逆、优质等29个相关性状进行了遗传分析和基因定位，发掘出抗白粉新基因*Pm*46等控制重要农艺性状的新基因或*QTL*123个；利用远缘杂交、轮回选择等技术手段创制出目标性状突出的优异新种质78份。

（三）代表优异资源

1.Tabasco

从欧洲引进的小麦品种中筛选出抗白粉病新资源，对江苏省现有的白粉病所有生理小种表现免疫。从中发掘抗白粉病新基因*Pm*46（图6）。已分发利用，将在江苏省抗白粉病育种中发挥重要作用。

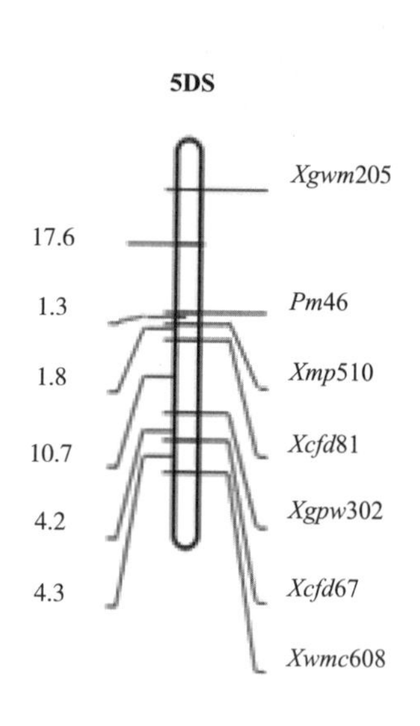

图6　Tabasco抗白粉病小麦和分子结构

2. 关东194

从引自日本的品种中筛选出的优良食味品质水稻资源，鉴定出含半糯性基因Wxmq，表现优质、抗条纹叶枯病，分发育种利用。江苏省农业科学院利用“关东194”选育了“南粳46”等系列优良食味水稻新品种，在江苏省大面积推广种植。

3. V2709

从引自泰国品种中筛选出抗豆象绿豆资源。含有抗豆象基因D123。江苏省农业科学院利用V2709为亲本，选育出抗豆象绿豆品种苏绿2号、苏绿5号，为根除豆象为害，保障食品安全发挥了重要作用。

三、共享服务情况

（一）日常性服务

1. 信息服务精细化

江苏子平台积极收集鉴定评价数据进行整理整合，同时创新思路，对开放的公共数据资源进行搜集挖掘和规范化整理，5年间平台信息数据增加了31%。为了提高信息查询效率和服务质量，利用数据挖掘技术对庞杂的后台数据进行系统整理，加工开发出适合不同需求的信息产品。“江苏省主要农作物品种系谱追溯系统”可以帮助育种家清楚了解骨干亲本的特点特性和形成规律，在选择亲本资源时做到有的放矢，大大提高了资源的使用效率。“关键目标性状数据库”针对江苏省极为关注的小麦赤霉病抗性等性状，广泛搜集资源信息，通过加工、分析和整合，系统展示与关键目标性状相关的系列数据，节省了用户的查询和整理时间，增强了信息服务的针对性和可读性。江苏子平台还对共享服务系统的各版块进行了优化，突出了种质分类检索、特色资源等栏目，并积极与专业网站进行合作，通过交换链接、增加宣传服务版块等方式加强信息共享服务系统的宣传，“十二五”期间系统用户数量增长迅速，截至2016年平台共享服务系统点击率超过5.3万人次，较2010年增加近3.3万人次。

2. 梳理用户，精准服务

江苏子平台积极转变方式，“变在家等为主动送上门”，对平台服务对象进行梳理，将用户细化为高校、科研院所、政府及推广部门和企业等几个类别，分析其不同需求，制定相应服务方案，使服务更有针对性和科学性。分析研究发现：高校对资源的共享需求主要是一些地方资源和选育品种，主要作为相关研究的科学试材；科研育种单位主要需求是骨干亲本、创新种质和筛选的优异资源；政府及推广部门的需求主要是咨询服务和品种鉴定服务；企业主要需求是技术和品种，近年来随着企业育种工作的展开对骨干亲本资源和创新种质的需求非常强烈，针对不同用户提供相应的服务内容和方式。平台用户数量持续增长，共享用户超过120家，“十二五”期间向中国农业科学院作物科学研究所、南京农业大学、江苏省里下河地区农业科学研究所、云南省农业科学院、中种集团等单位提供实物资源共享18 226份次。

3. 优异资源展示

为了扩大宣传，提高资源的使用效率，江苏子平台针对育种和产业需求，积极组织优异种质资源展示活动，通过集中种植充分展示其的优良特性，供省内外用户选择利用，在开花、灌浆、成熟等关键时期，主动邀请科研、教学和企业用户现场观摩，推介优异种质资源。“十二五”期间江苏子平台共举办优异资源展示活动10场，使育种科研单位对种质资源研究和共享服务工作有了深入了解，客观上也促进了资源的开发利用（图7和图8）。

图7　2015年5月16日在南京市六合区举办小麦优异种质资源展示会

图8　2014年9月15日在徐州市沛县举办的玉米优异种质资源展示会

（二）专题服务

1. 定点帮扶，提升种业创新能力

随着商业化育种逐渐向企业转移，江苏子平台特别注重对企业的服务，主动深入调研种业公司需求，从3个方面对企业的科技创新进行重点帮扶，首先是人才培养，通过技术培训帮助公司培养自己的育种队伍；其次是提供育种材料，提供亲本资源和创新种质；最后是开展技术服务，帮助制定育种方案，指导开展品种创新，提供专业技术服务，例如杂交配租、定向创制材料、抗病性鉴定等。从无到有，平台已经与江苏高科种业、润扬种业、瑞华农业科技等12家种子企业建立服务合作关系。

2. 围绕特定需求，开展针对性服务

“十二五”期间江苏子平台围绕重点研发计划、国家重大战略部署和育种迫切需求开展了针对性的服务。为配合国家公益性（农业）行业科技专项“灰飞虱传播的病毒病综合防控技术研究与示范”、国家科技支撑计划“耐盐水稻新品种选育及配套栽培技术研究”重大科技项目实施，江苏子平台从提供资源、鉴定技术等多方面进行针对服务；江苏省沿海滩涂开发被上升为国家战略，平台积极组织科技力量开展作物耐盐种质资源的收集、发掘与评价研究，为沿海滩涂农业开发和品种创新提供了必要的技术依托和种质储备。

3. 为抗性育种提供核心抗源，支撑育种创新

小麦赤霉病、纹枯病和白粉病是江苏省小麦生产的三大主要病害，江苏子平台围绕产业和育种需求积极开展资源筛选、创新和共享服务，宁麦资25等抗性种质的分发利用基本解决了白粉病为害的问题，*Fhb*1基因资源的普及利用使江苏省淮南麦区的赤霉病为害也得到有效控制，抗纹枯病资源Niavt 14（含Qse.jaas-2B1等）正在小麦抗纹枯病育种发挥作用。豆象是绿豆储藏过程中造成损失的主要害虫，为害极大，化学防治对食品安全构成严重威胁，江苏子平台从泰国引进的资源材料中筛选到V2709等3份抗豆象资源，并分发利用，江苏省农业科学院蔬菜研究所利用V2709为亲本，选育出抗豆象绿豆品种苏绿2号、苏绿5号，为根除豆象为害，保障食品安全作出了贡献。

4. 开展引导性服务，引领产业发展

江苏子平台通过分析产业现状和发展需求，为作物育种提供有潜在利用价值的新资源、新种质，引导育种单位开展前瞻性的育种创新。例如面粉生产厂家为了增加面粉白度在面粉中添加过氧化苯甲酰（BPO）等增白剂，增白剂主要通过氧化作用来漂白面粉，长期食用对健康有害。2011年5月1日起，国家全面禁止在面粉中添加增白剂。江苏

子平台通过引进、筛选低多酚氧化酶资源，创制高白度面粉小麦新种质，对控制低多酚氧化酶活性基因进行研究和分析，向育种单位推荐高白度低多酚氧化酶活性种质，引导小麦产业通过遗传改良提高面粉白度，为确保食品安全提供了新的技术支撑。

（三）服务成效

平台在支撑农业科技创新和产业发展中发挥了重要作用，据不完全统计，以江苏子平台提供的优异种质资源为亲本，相关单位共培育作物新品种117个，累计推广应用2.81亿亩，有效支撑和引领了现代农业品种创新。江苏省里下河地区农业科学研究所等单位以“宁麦资25”等抗病种质为亲本，育成“扬麦13”等系列抗病品种，累积推广6 867万亩，有效解决了白粉病的危害。相关单位以“西风小麦”为核心种质，选育出宁麦9号等11个小麦新品种，促进了江苏省弱筋小麦产业的发展。“关东194”的发现与利用，为优良食味水稻品种的选育奠定了基础，使江苏省优质水稻育种跨上了新台阶。全糯型糯小麦新品种“宁糯麦1号”培育成功为我国小麦淀粉品质改良掀开了新的一页。综合抗性好的高配合力玉米自交系“苏95-1”分发利用，为江苏省玉米品种自给奠定了基础。平台通过资源共享服务在保障江苏省粮食安全方面作出了重要贡献。

平台还在人才培养和在基础研究方面发挥了作用。以平台提供的优异种质资源为研究材料，获得国家自然科学基金项目7个，省自然科学基金项目9个；发掘定位优异基因或QTL123个，发表专业论文221篇，其中SCI论文45篇，培养种质资源相关专业博士研究生2名，硕士研究生19名。

“十二五”期间积极举办科普宣传活动，深入企业调研开展技术培训12场次，参加推介展会3次，通过走访与江苏省13家农业科研单位建立长期合作关系，定期编辑《平台简报》报送相关主管部门和科研育种单位。举办公众开放活动3次，接待市民350多人次。为南京农业大学、南京市弘光中学、孝陵卫中心小学提供科普教育3场次，在报纸、电视和网络媒体开展宣传报道16次，扩大对平台的宣传，平台的知名度和社会影响力得到明显提升。

四、典型服务案例

（一）抗白粉病基因资源的发掘与共享利用

白粉病曾是江苏省及周边地区小麦生产的最主要病害，白粉病菌专化性很强，品种抗性极易丧失，先前的品种主要以1B/1R易位系和代换系的衍生种为主，90%的品种携带Pm8，由于抗源的单一，随着Pm8抗性的丧失，导致了长达10年的白粉病大流行。平台蔡士宾研究团队从美国和欧洲搜集了一批小麦抗白粉病资源，通过基因推导明确了不同抗性基因，并在此基础上，通过基因累加创制了一批二线抗源，并向全省科研单位发放，经过相关育种团队的精心培育，一批携有不同抗性基因的抗病品种相继选育成功并推广，江苏省里下河地区农业科学研究所以“宁麦资25”等种质为亲本，育成“扬麦13”等抗白粉病小麦新品种5个，累计推广6 867万亩。一举扭转了局面，小麦白粉病不再是制约生产的主要病害。平台蔡士宾研究团队发掘出的Maris Dove（*Pm*2+*Mld*基因）、Yuma/*8Chancellor（*Pm*4*a*基因）、TP114和CI12633（*Pm*2+*Pm*6基因）等抗白粉病资源和创制“桥梁亲本”宁麦资25在其中发挥了重要作用。针对白粉病菌专化性的特点，平台科技人员未雨绸缪，从引自欧洲的材料中筛选出一份对江苏省所有生理小种免疫的新抗源Tabasco，并已将抗性基因定位到小麦染色体5D短臂上，研究发现该基因是一个新的抗白粉病基因，被命名为Pm46，相关创新种质已经向江苏省的主要育种单位发放，Pm46作为备用抗性基因将在未来的小麦生产中发挥重要作用。

（二）优良食味水稻种质发掘与创新支撑了江苏省稻米产业发展

针对江苏省优质水稻产业发展中存在的稻米口感品质次和抗病性不过硬等技术难题，江苏省农业种质资源中期库王才林研究团队从引自日本的水稻资源中筛选出含半糯性基因*Wx-mq*的“关东194”等优质、抗病资源，分发育种利用。相关单位利用*Wx-mq*基因培育出“南粳46”等系列优良食味水稻新品种，有效解决了高产与优质、抗病的矛盾。优异种质“关东194”的半糯性基因Wx-mq的发掘利用，有力支持了江苏省优良食味水稻品种的创新。江苏双兔公司等10多家稻米企业开发“南粳系列”高端大米品牌13个，“最好吃的大米”叫响江苏省优质大米品牌，使江苏省一跃成为中国优质稻米的主产地，有力地促进了江苏省优质稻米产业的发展。

（三）骨干亲本的分发利用有效支撑了品种创新

长期以来，江苏省玉米育种进展缓慢，江苏省玉米生产长期徘徊不前。优良骨干自交系“苏95-1”的培育成功打破了僵局。相关单位以“苏95-1”为亲本已经育成6个优良玉米杂交种，在江苏省或东南沿海玉米产区广泛推广。累计种植面积达1 500多万亩，有效推进了江苏省玉米育种和产业的发展。江苏省苏中及沿海地区是弱筋小麦优势生态区，非常适合弱筋小麦的生长，但江苏省潮湿多雨的气候条件很难选择品质优、抗性强的小麦品种。江苏子平台从资源筛选入手，筛选出抗纹枯病、赤霉病，耐湿的弱筋种质“西风小麦”，江苏省主要小麦育种单位以为“西风小麦”骨干亲本，分别育成宁麦9号、宁麦13、扬麦18等11个综合抗性优异的系列品种，累计推广2 650万亩。

五、总结与展望

江苏子平台坚持以科学发展观为指导，积极创新服务方式，努力促进资源共享，有力支撑了江苏省农业科技创新和产业发展。然而，面对农业发展的新形势和新要求，平台工作还存在许多不足，如服务方式单一，优异基因资源缺乏，服务理念保守等问题。“十三五”是中国现代农业进入加速发展的阶段，在推进农业现代化进程中，平台将以推动现代种业科技发展为主线，以全面提升农业科技创新能力和增强国际竞争力为目标，根据现阶段农业发展特点和现代种业的发展要求，破解发展难题，厚植优势。一是积极开展优异特色种质资源的收集引进；围绕重要目标性状开展精准鉴定；针对育种和产业需求开展优异种质创新，努力推进种质资源“供给侧”改革，以提供“适销对路”的新种质、新基因为目的，着实提高共享服务能力。二是转变思路，走出传统发展模式，在服务方式和服务内容上大胆创新，瞄准产业前沿，积极提供资源、信息和技术服务，全方位提升种业企业创新能力。三是推进精准服务，积极提高服务质量，建立用户管理数据库，细化客户需求，提供个性化的定制服务，促进资源的有效共享，引领作物育种创新，支撑现代种业发展，推动农业持续稳定发展。江苏子平台将以人才队伍建设为基础，以共享服务体系建设为抓手，以提升创新能力为核心，统筹资源，将子平台打造成省级作物种质资源管理、研究和服务的多功能平台。

国家农作物种质资源平台山西子平台发展报告

乔治军，秦慧彬

（山西省农业科学院农作物品种资源研究所，太原，030031）

摘要：山西作物子平台依托山西省农业科学院品种资源所建立。“十二五”期间，依托山西作物子平台完成了16 551份次的种质资源提供利用服务，对山西小宗作物研究的项目、论文、专利、奖项的产出起到了支撑作用。并通过深入基层服务“三农”专题服务，为基层的农村工作者和广大农民送去信息、送去种子和化肥，为种质资源服务工作起到了很好的宣传推广作用。通过跟踪服务和主动服务，我们资源服务的典型案例“燕麦核不育材料创新及杂交育种技术改进”项目经科技成果鉴定达国际先进水平。“十三五”期间本平台将在已有工作的基础上，通过建立健全平台运行管理制度和专业的资源队伍，更好的发挥主观能动性，积极提供资源实物与信息的利用服务，建成标准化整理、规范化评价、数字化表达、网络化共享、制度化管理和专业化服务的农作物种质资源共享服务平台，为育种与农业生产服务。

一、子平台基本情况

山西省农作物种质资源子平台位于山西省太原市，依托山西省农业科学院农作物品种资源研究所。该所为农作物种质资源专业研究所，拥有谷子、糜子、燕麦、荞麦、高粱、食用豆等山西特色小宗作物的专业种质资源研究人员。围绕山西子平台工作的固定团队有11人，其中研究员1人、副研究员1人、博士研究生2人、硕士研究生7人。山西子平台依托山西省种质资源库进行种质资源的收集保存、鉴定更新和服务利用工作，旨在为育种和农业生产服务。主要研究作物有小麦、玉米、高粱、谷子、大豆、黍稷、燕麦、荞麦、大麦和食用豆等，以山西丰富多彩的小宗作物种质资源为特色。

山西省种质库从兴建至今将近30年来，一直运转正常。2014年，新建一座面积有263.3m²的作物种质资源中期贮存库。其中，−18℃长期库1间，面积为69m²；−28℃长期库1间，面积为42.4m²；−4℃中期库3间，面积为分别41.7m²、45.9m²和56.5m²。资源保存方式多样，除低温库保存外还有液氮超低温保存、试管苗库保存等。拥有价值2 500余万元的仪器设备，如高效液相色谱仪、气质联用仪、近红外扫描分析仪、原子吸收仪、全自动凯氏定氮仪、脂肪索氏提取仪、PCR仪、全自动电泳仪、凝胶成像系统等可用于资源品质的鉴定、资源遗传多样性分析和分子辅助育种的研究。

山西作物子平台的目标定位：立足于山西省，面向全国。通过建设农作物种质资源共享与服务利用平台，构建公益性、基础性、服务性的农作物种质资源信息共享和资源分发利用系统。深入开展农作物种质资源征集、鉴定、保存、数据共享、资源服务利用等工作，提高农作物种质资源的利用效率，为山西省农业发展提供物质支撑。发展目标为实现平台建设科学化、管理制度化、服务常态化。最终形成资源收集更新鉴定、数据共享和实物分发利用的良性运行体系。

二、资源整合情况

山西省农作物子平台保存了谷子、黍稷、高粱、大豆、玉米、燕麦、荞麦、食用豆、小麦、大麦、花生、向日葵、芝麻、蓖麻、胡麻、芥菜、棉花、水稻、油菜、番茄和柠条等30余种农作物种质资源共计近4万份，其中“十二五”期间通过收集和购买等方式新增大麦、小麦、柠条、食用豆、谷子、糜子等作物共计2 586份；保存山西省农业科学院各研究所的作物材料19 230份，其中“十二五”期间新增944份。

在“十二五”期间，山西作物子平台依托单位通过构建“农业部黄土高原基因资源与种质创制重点实验室”“杂粮种质资源发掘与遗传改良山西省重点实验室”等平台，也为种质资源品质鉴定、抗性鉴定、遗传多样性分析和分子辅助育种研究提供了良好的实验室条件和仪器设备条件。通过对资源农艺性状、品质、抗逆、抗病虫鉴定与评价，获得了大量的科学数据，同时还发现了一批优异种质资源。这些优异资源，有的已用于生物技术研究和育种，有的已在生产中直接推广种植，大大促进了农作物品种的更新换代，推动了特色农业产业化的发展，取得了较好的社会经济。

（一）一级抗虫大豆资源：抗线虫4号小种

1. 资源特点、特性

抗病植株，该植株多次自交后代中均存在对大豆胞囊线虫4号小种的抗病植株（图1）。

2. 资源提供利用情况及成效

提供对250份野生大豆种质进行胞囊线虫4号小种的抗性鉴定评价，筛选出1株抗病植株，该植株多次自交后代中均存在对大豆胞囊线虫4号小种的抗病植株。

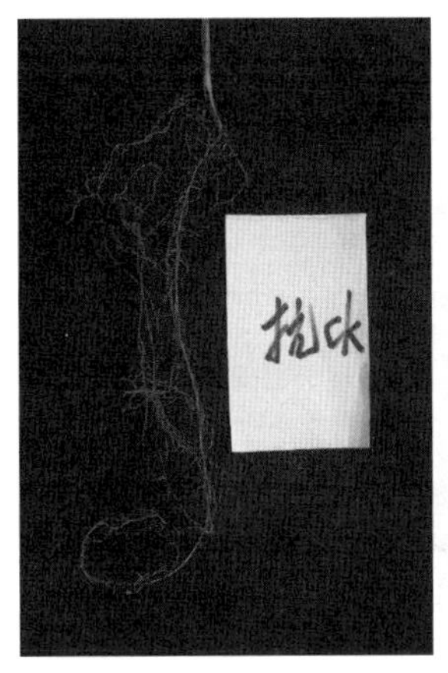

图1　抗线虫4号小种

（二）一级抗旱大豆资源：鸡腰子豆

采集于山西省临汾市隰县的鸡腰子豆，耐贫瘠，生育期125d，株高97.3cm，粒色双色，直立生长，粒型椭圆，百粒重17.4g。全生育期一级抗旱（图2）。

资源提供利用情况及成效：依靠山西子平台大豆资源支撑发展起来的杂交大豆繁种技术，繁种、制种现已达到国内领先水平。

（1）繁种异交率达80%~100%，在200亩繁种田亩产量达75~85kg。

（2）制种异交率达68%~92%，在300亩制种田亩产量达65~80kg。

（3）在已建立的9个基地，面积500亩，可以为山西省、黄淮海夏播区，陕西省、内蒙古自治区、宁夏回族自治区、新疆维吾尔自治区春播区繁种制种。

图2　鸡腰子豆

（三）一级抗旱谷子资源：小红谷

采集于山西省忻州市五台县的小红谷，耐盐碱，生育期137d，穗呈纺锤形，粒色红色，米色黄色，刺毛很长，穗形松散。全生育期一级抗旱（图3）。

图3　小红谷

（四）一级抗旱胡麻资源：长沟胡麻

采集于山西省大同市灵丘县的长沟胡麻，生育期97d，中熟，株高73.8cm，分枝多，株型紧凑，千粒重6.1g，形态一致。全生育期一级抗旱（图4）。

图4　长沟胡麻

（五）一级抗旱玉米资源：白马牙

采集于山西省忻州市五台县的白马牙，耐贫瘠，生育期115d，株高250.1cm，穗呈锥形，种子硬粒型，白色，穗长，千粒重352.7g。全生育期以及抗旱（图5）。

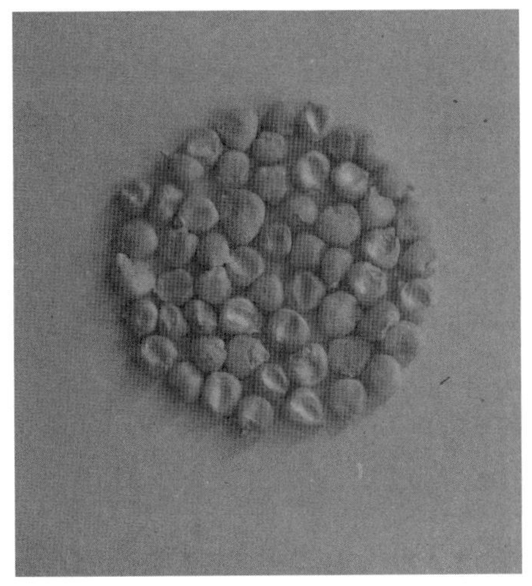

图5　白马牙

三、共享服务情况

山西作物子平台的服务类型包括：日常资源服务、专题服务、典型案例服务、培训服务等。主要针对大专院校和科研院所的育种和基础科研人员的需要提供资源信息服务和资源实物提供利用服务。

“十二五”期间资源服务数量为16 551份次，服务用户包括山西大学、山西农业大学、山西省农业科学院作物科学研究所、山西省农业科学院棉花研究所、山西省农业科学院生物研究中心、新疆维吾尔自治区农业科学院农作物品种资源研究所、山西省农业科学院高粱研究所、山西省农业科学院经济作物研究所、山西省农业科学院现代研究中心等14家科研院所。支撑项目共计81项，支撑发表论文126篇，支撑授权专利12项，支撑获奖成果11项，支撑品种审定19个。

山西作物子平台在“十二五”期间每年组织深入基层服务“三农”科技下乡服务。为了将新品种、新技术更好的服务“三农”，国家农作物平台山西子平台科研人员赴阳高、神池、河曲和岢岚等地，开展“送种子、送肥料、送技术科技服务”培训活动。当地农业局、科技局、合作社、种粮大户、农民参加此次培训活动。通过“集中培训、个别对话”将近年山西省农业科学院农作物品种资源研究所培育的杂粮新品种和制定的栽培技术规程向当地农民进行讲解，广大农民积极提问，平台科研人员热情解答农民朋友提出的问题，对于个别不能详细解答的问题，与会人员一一记录，请教相关专家后及时予以反馈。广大农民渴望新品种、新技术能够给他们的生产带来实效，培训活动得到的地方政府和农民的好评。2015年6月2日，国家农作物平台山西子平台科技人员在定襄县上零山村举办了“农民科技日”培训活动。参加活动的有定襄县涉农部门和乡村干部及技术人员。科技人员给当地农民详细讲解了谷子、食用豆、糜子、荞麦和玉米的栽培技术要点，并为农民发放了良种和化肥。

另外，山西子平台在科普和宣传方面也做了大量的工作，引起了山西省委领导和研究人员的重视。“十二五”期间山西子平台接待国内外客人参观服务达到50次（图6、图7和图8）。

图6　2014年12月19日，山西省委副书记楼阳生到山西作物子平台依托单位山西省农业科学院品种资源研究所参观

图7　2015年7月7日，西南林业大学领导、吕梁市委市政府各级领导100多人参观了山西作物子平台承担单位山西省农业科学院农作物品种资源研究所山西省种质库

图8　2015年10月13日，英国皇家学会院士、诺丁汉大学原副校长Donald Grierson教授，山西农业大学李红英教授一行到山西作物子平台参观交流

四、典型服务案例

山西子平台提供燕麦资源支撑“燕麦核不育材料创新及杂交育种技术改进”项目经科技成果鉴定达国际先进水平。

1. 服务对象

国家现代农业产业技术体系燕麦分子育种岗位专家崔林。

2. 服务方式

提供燕麦种质资源并跟踪服务。

3. 服务内容

国家农作物平台山西子平台为国家现代农业产业技术体系燕麦分子育种岗位专家崔林提供燕麦种质资源，经多年选育发现一株核不育株系。

4. 受到的评价

2015年6月12日，山西省科技厅组织有关专家对山西省农业科学院农作物品种资源研究所完成的“燕麦核不育材料创新及杂交育种技术改进”项目进行了科技成果鉴定（图9）。鉴定委员会听取了项目组的汇报，审阅了相关资料，经质疑、讨论，一致认为：项目组首次发现了皮燕麦雄性核不育材料，明确了不育性状由一对隐性核基因控制；研究出燕麦开放式渐进杂交新技术，使杂交结实率由原来的5%左右，提高到50%以上；创新出多种类型的皮燕麦、裸燕麦核不育材料；育成“品燕2号”和“品燕3号”裸燕麦新品种。

该项成果对提高燕麦育种水平具有重要的实践意义，在同类研究中达到国际先进水平。

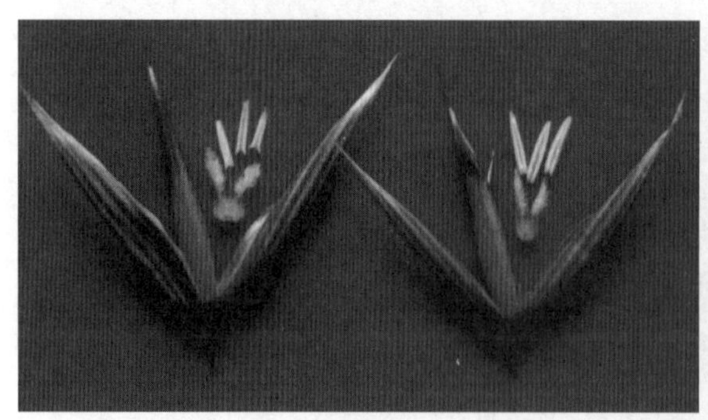

图9　山西省科技厅测品专家进行成果鉴定

五、总结与展望

目前山西子平台还存在小宗作物种质资源的研究不够深入，无法系统精确的为育种家提供服务的问题。在“十三五”期间，山西作物子平台将围绕农业科技原始创新和现代种业发展的重大需求，以“广泛收集、妥善保存、深入评价、积极创新、共享利用”为指导方针，以安全保护和高效利用为核心，突出系统性、前瞻性和创新性，统筹规划，分布实施，集中力量攻克种质资源保护和利用中的科学问题和技术难题，进一步增加山西省种质库库存种质资源保存数量、丰富多样性，发掘创制优异种质和基因资源，为选育农作物新品种、发展现代种业、保障粮食安全提供物质和技术支撑。

加强种质资源的深入研究和特色作物的精准鉴定，在燕荞麦、谷子、糜子和食用豆有优势的小作物上下功夫。利用在2011—2016年间《西北干旱区农作物种质资源征集》项目执行中积累的宝贵经验和做好“十一五”起就开始执行的《国家农作物种质资源保护和利用专项》《国家农作物种质资源共享服务平台——山西子平台、黍稷子平台》等与国家队合作的种质资源项目和工作，紧跟国家队的步伐，在思路上技术上引领山西种质资源研究。依托国家项目组织山西省农业科学院各研究所形成种质资源研究联盟。将山西省农业科学院专业研究所中保存的种质资源纳入山西种质资源研究的创新联盟中。由资源引领育种，进而影响产业的发展，通过“十三五”资源工作的努力，让山西省资源的研究和服务“三农”的工作再上一个台阶。

国家黍稷种质资源子平台发展报告

王　纶，王星玉，王海岗，陈　凌，王君杰，曹晓宁，刘思辰

（山西省农业科学院农作物品种资源研究所，太原，030031）

摘要：“十二五”期间，黍稷子平台共收集黍稷种质资源612份，编目入国家长期库559份，总量达9 459份，繁殖更新并入国家中期库752份，总量达7 617份；向国家数据库新提供相关鉴定数据27 950个；鉴定筛选出不同性状的单项优异种质270份。创新选育出品黍1号、品黍2号、品糜1号、品糜3号等新种质在生产上大面积推广；对341份单项和多项优异种质进行了多点集中展示，向全国25个科研院所、企业和种植单位发放6 490份种质，为黍稷科研、教学提供了支撑材料，为黍稷生产、育种、加工提供了优异种质；“中国黍稷种质资源收集、保护、创新与共享利用”通过成果鉴定，达国际先进水平；参编著作2部，发表相关论文20余篇，在理论上也填补了黍稷研究的多项空白。

一、子平台基本情况

黍稷（*Panicum miliaeum* L.）属禾本科黍属（*Panicum* L.），是起源于我国最古老的作物。在漫长的农耕历史中形成了众多丰富多彩的种质资源。国家黍稷种质资源子平台依托位于山西省太原市的山西省农业科学院农作物品种资源研究所，它是黄土高原区域唯一从事农作物种质资源收集、保存、鉴定、评价和创新利用的专业研究所，拥有国内一流的试验基地、低温种质库和实验室条件。该所黍稷课题组历时30余年，对中国黍稷种质资源的收集、保护、创新和共享利用做了大量全面、系统的研究工作。从2004年起黍稷种质资源子平台纳入国家农作物种质资源平台开始建设，2011年转入运行服务。平台现有博士2人、硕士5人开展黍稷种质资源收集保护、整理整合、鉴定评价，共享利用等相关研究与服务工作。

二、资源整合情况

（一）黍稷种质资源收集、保存和繁殖更新

“十二五”期间黍稷种质资源收集和引进的重点放在稀有和濒临灭绝种质、新育成品种、野生种和国外资源上。课题组深入山西省、陕西省、内蒙古自治区、河北省等地的边远山区开展收集活动，收集到濒临灭绝的黍稷种质384份；从10省（区）16个

单位收集到新育成种34份、品系121份，稀有种质（双粒种）5份，从海南省搜集到43份黍稷野生近缘种（包括黍稷亚族的1个种质和黍稷属的7个种），从俄罗斯等国引进种质资源25份，共计612份。2013年，在河北省张家口市坝上地区崇礼县长城岭附近原始森林边缘，还发现生长有成片的野生黍稷群落（图1）。

图1　2013年在河北省坝上地区发现野生黍稷群落

对收集到的各类种质要重新繁殖，完成各项农艺性状调查和多项农艺性状鉴定；晾晒到含水率12%以下并进行人工粒选后。由主持单位进行编目，编目过程中对同种异名、同名同种的种质进行核实和归并，最后统加总编号和保存单位编号后一并送交国家种质库和数据库。2011—2015年共编目入国家长期库种质559份；对752份黍稷种质进行了繁殖更新并入国家中期库保存，在繁种更新过程中，农艺性状鉴定数据由原目录的16项增加到50项。同时进一步核实纠正了原目录中的一些数据，特别是质量性状，例如粒色、穗型、粳糯性等，同时建立由植株、穗子、籽粒组成的图像数据库。为黍稷种质资源的发放和利用，提供了充足的物质基础和保障。

项目的执行抢救了一批濒临灭绝的黍稷种质资源，丰富了我国黍稷种质资源基因库，使国家长期库累计保存黍稷种质资源数量达9 459份，国家中期库黍稷种质的保有量达到7 617份。

（二）黍稷种质资源的鉴定评价

“十二五”期间，通过农艺性状鉴定和特性鉴定评价，鉴定筛选出丰产优异种质49份、高蛋白种质48份、高脂肪种质44份、高赖氨酸种质55份、优质种质32份、高耐盐和耐盐种质26份、高抗和抗黑穗病种质16份，共计270份；同期对山西省的1 192份黍稷种质资源进行了抗倒性鉴定，筛选出71份0级高抗倒种质，对山西有代表性的90份黍稷种质，进行了营养品质和口感品质的鉴定评价，筛选出7份高营养品质种质、15份高口感品质种质和3份双高种质，对20份抗旱性强的黍稷种质资源进行了全生育期抗旱性综合鉴定评价，结果表明农家种“黄糜子”抗旱性最强（D = 0.87）。通过相关研究论文以及国家自然资源平台系统发布信息，和每年进行的黍稷优异种质资源展示活动，使这些种质在黍稷育种、生产和加工中得到广泛利用。

（三）黍稷种质资源多样性图谱编制

黍稷种质资源多样性图谱以175张彩色图片描述了黍稷作物的16种类型，从植物学形态方面展现了黍稷作物的遗传多样性。

（四）黍稷种质资源的创新

“十二五”期间，山西省农业科学院品种资源所采用GPIT生物技术和等离子辐射的创新手段，创新选育出品黍1号、品黍2号、品糜1号和品糜3号等新品种，已在生产上大面积推广利用。

（五）典型优异黍稷种质资源

1. 优质、丰产、高抗倒种质“气死风”

株高155㎝，茎粗抗倒，穗长43㎝，千粒重9g，比一般品种重2～3g，籽粒品质优，粗蛋白含量15.27%，粗脂肪含量4.13%，赖氨酸含量0.22%，可溶性糖含量2.42%，均高于一般种质。生育期95d，是集丰产、优质、抗倒为一体的优异种质（图2）。

图2　优质、丰产、高抗倒种质“气死风”和相邻地块品种倒伏情况

2. 优质、丰产、抗病种质“品黍2号”

株高150㎝左右，主茎节数8.7个，有效分蘖1.6个，主穗长35.7㎝，茎秆和花序绿色。穗分枝与主轴夹角大，属侧散穗型。籽粒大呈卵形、褐色，千粒重8.7g。米色淡黄，糯性。粗蛋白含量为14.08%，粗脂肪含量为3.88%，赖氨酸含量为0.23%，可溶性糖含量为2.38%。抗旱、耐瘠，适应性广，高抗黑穗病、红叶病等病虫害。正茬播种生育期90～95d，是丰产、优质、抗病优异种质（图3）。

图3　优质、丰产、抗病种质“品黍2号”

三、共享服务情况

（一）服务类型与方式

黍稷具有抗旱、耐瘠和生育期短的特点，特别是通过鉴定筛选出的各类型优异种质，遇大旱或多灾年份以及在盐碱地的开发利用中均能发挥重要作用。平台每年向社会和育种家提供丰产、抗旱、耐盐和救灾补种优异种质的展示服务，通过直观展示黍稷种质的优异性状，以提供生产和育种利用。

2011—2015年在山西省农业科学院东阳试验基地对筛选出的丰产种质（107份）、高蛋白种质（107份）、高脂肪种质（44份）、高赖氨酸种质（11份）、优质种质（11份）、抗黑穗病种质（3份），耐盐种质（58份），共计341份优异种质资源进行了集中展示，同时在山西省岢岚试验基地、山西省河曲试验基地、山西省阳高试验基地安排了综合性状优异的种质进行展示（图4和图5），通过开现场会的形式，接待来自全国的国家谷子糜子产业技术体系岗位专家、试验站站长以及黍稷研究育种单位、种质资源研究同行、食品加工企业以及主产区农户等500余人进行了田间观摩，现场达成供种意向。

图4　向体系岗位专家集中展示黍稷优异资源

图5　盖钧镒院士和美国客人参观黍稷优异种质资源

在推广优异种质资源的同时，积极深入到黍稷主产地区开展培训活动，对优异种质进行了广泛的宣传，包括配套技术、栽培措施等。多年来，在各地培训的技术骨干和种植代表共计5 825人（次），发放资料20 000余份（图6）。

图6　课题组深入到黍稷主产地区开展培训活动

（二）服务用户与数量

2011—2015年，向全国25个科研院所、企业和种植单位共提供利用6 490份（次）种质。分发的黍稷种质为国家谷子、糜子产业技术体系、国家科技支撑计划、国家自然基金等科研项目提供了支撑材料。

（三）服务成效情况

在研究利用上，以科研院所和大专院校为主。例如，农业部黄土高原作物基因资源与种质创制重点实验室，利用项目提供的黍稷种质资源及数据，进行遗传多样性和细胞、基因学的研究。发表相关研究论文20余篇，培养博士、硕士5名。中国科学院植物遗传研究所利用提供的野生资源正在开展细胞核型分析以及多基因系统进化分析等相关"研究。

筛选出的优异种质资源向全国黍稷育种单位提供利用后，培育出综合性状优异的黍稷新品种16个，在生产上得到广泛利用；鉴定筛选出的26个高耐盐和耐盐种质，为生物治理盐碱地发挥了重要作用，例如：红糜子、紫盖头、大青黍等在2011年山西省启动的百万亩盐碱地开发治理项目中，被列为生物治理盐碱地的主栽品种；鉴定筛选出的特早熟种质，例如：小青糜、小红黍等，在2013年我国北方部分地区春旱救灾补种中以及二季作物中也发挥了重要作用；鉴定筛选出的抗旱种质黄糜子在甘肃敦煌、山西忻州等年降水量不足300㎜的干旱地区推广利用后，仍获得较好的产量；鉴定筛选出抗病种质，例如：紫穗糜、韩府红燃等，在河北省张家口市、山西省大同市等黑穗病高发区推广利用后，全生育期不用农药，生产有机、绿色农产品，保证了食品安全；鉴定筛选出的优异种质，例如：高蛋白、高脂肪、高赖氨酸和优质种质，作为优良的加工原料，在食品加工上也得到广泛利用。

2014年3月2日，由山西省科技厅组织，刘旭院士任主任委员的鉴定委员会，对山西省农业科学院农作物品种资源研究所主持完成的"中国黍稷种质资源收集、保护、创新与共享利用"项目进行了科技成果鉴定（图7）。鉴定委员会一致认为：该成果丰富了黍稷种质资源并得到有效保存，提升了研究与共享服务水平，广泛应用于生产实际，在同类研究中总体达到国际先进水平。

图7　2014年"中国黍稷种质资源收集、保护、创新与共享利用"项目通过成果鉴定

四、典型服务案例

（一）黍稷优异种质资源的加工利用

如全国著名的企业双合成食品加工有限公司，利用黍稷子平台提供的“晋黍7号、达旗黄秆大白黍、雁黍8号”等优异资源，配合相应的科技服务，建立了1 000亩的优种原料生产基地。产品“娘家粽”用特定的专用黍稷品种，品质上好，远销全国各地。从2006—2015年止，在每年举行的粽子文化节上，蝉联十届金奖。通过黍稷种质资源研究与黍稷育种、生产、加工、市场紧密结合，延伸了产业链，提高了附加值，提升了黍稷的经济效益、社会效益和生态效益。

（二）黍稷优异种质资源在救灾补种和盐碱地的开发利用

2012年7月20日，在山西省吕梁市方山县有2 000hm²的农田遭受毁灭性特大冰雹灾害，平台及时提供特早熟、丰产、优质种质小青糜、小红黍等进行补种，仍然获得了1 500kg/hm²的较高产量，减少了灾害带给农民的损失；2013—2015年山西省忻州市定襄县滹沱河流域的宏道、河边等乡镇1 500hm²的中度、重度盐碱地，种植高耐盐、丰产种质紫盖头、大青黍等，每公顷平均产量达2 250kg左右，在生物治理盐碱地和盐碱地开发利用中发挥了重要作用。

五、总结与展望

黍稷是小作物，研究水平相对较低，还有许多工作有待于我们今后持续坚持和深入发展下去，例如：黍稷野生近缘种属的研究；黍稷细胞、分子生物学水平的深入研究；黍稷耐盐碱、耐旱等抗逆资源的开发利用；原生境野生黍稷群落的发现、保护和深入研究；黍稷深加工利用如何深度发展等众多研究课题。“十三五”期间黍稷种质资源子平台通过进一步加强种质资源的收集引进，强化黍稷种质资源的服务，对黍稷种质资源资源进行深度挖掘。进一步提高黍稷种质资源的利用效率和服务水平，实现黍稷种质资源充分共享和高效利用的目的。

国家农作物种质资源平台西藏子平台发展报告

廖文华，高小丽

（西藏自治区农牧科学院农业研究所，拉萨，540000）

摘要：西藏子平台“十二五”期间，紧密围绕西藏高原作物良种科技创新和农业产业化发展需求，努力加强资源平台基础设施和人才建设，积极开展特色资源的搜集、引进、鉴定、创新与共享服务。新引进农作物种质资源共有1 803份，新搜集西藏特色农作物种质资源有163份，展示农作物优异新品种（系）和优异资源有78个，开展农民技术培训1 900余人（次），支撑国家、自治区重点科技项目30余项，支撑育成和审定农作物新品种3个，支撑发明专利2项，为西藏高原极端环境的农业科研、生产和产业化加工提供了强有力的支撑。

一、子平台基本情况

西藏子平台位于西藏自治区拉萨市，依托单位为西藏自治区农牧科学院农业研究所，平台现有科技人员10人（其中研究员3人，副研究员2名，助理研究员4名，研究实习员1名），技术工人2名，公益性岗位3名。

西藏子平台目前共有农作物种质资源短、中、长期库各1座，设计资源储存容量11万份，设计保存年限8~50年。拥有农作物种质资源综合楼1 020m^2，含检测、鉴定等实验室和办公、会议室等。另拥有考挂室300m^2，温室300m^2，晒场1 500m^2，网室1 440m^2，农机库120m^2。

西藏子平台是以西藏农牧科学院农业研究所农作物基因资源与种质创制西藏科学观测实验站和西藏农作物种质资源库为依托，集特有资源收集保存、精细观察鉴定、科学检验检测、特异种质创制、优异资源共享等于一体的作物基因资源集成创新共享平台，是西藏作物资源研究领域人才培养、研究开发、国际合作等的重要基地。平台重点开展西藏本地特色品种资源和野生近源种的考察与搜集，开展国内外高原地区作物种质资源的引进与利用；开展特色作物资源的检测、鉴定和新种质创制利用研究以及资源服务、科普宣传等。

二、资源整合情况

西藏农作物种质资源平台目前共保存各类作物资源共计14 538份，其中，包括大麦、小麦、豌豆、扁豆、荞麦、油菜、蚕豆、燕麦、花生、蓖麻、苏子、向日葵、红花、芝麻、谷子、大豆、玉米、水稻、鸡爪谷、萝卜、芫根、辣椒、马铃薯、葱、芝麻和籽粒苋等作物。2011—2015年共繁殖更新青稞、小麦、油菜、豌豆等农作物种质资源7 399份，并全部整理入中期库保存（其中，青稞5 965份、小麦1 000份、油菜99份和豌豆300份）。

“十二五”以来，与“十一五”期间保存的7种作物12 572份资源相比，共新增作物种类19种，新增资源1 966份。其中，新引进农作物种质资源1 803份（其中，燕麦535份、荞麦195、豌豆50份、青稞823份、花生50份、蓖麻20份、苏子5份、向日葵10份、红花15份、油菜50份和芝麻50份）；新搜集西藏地方和野生、半野生农作物种质资源115份，在西藏自治区林芝、昌都、山南等地收集大麦地方及其野生、半野生种19份，玉米9份、水稻7份、鸡爪谷5份、燕麦及其野生种11份、谷子2份、豌豆11份、大豆和花生各3份、其他豆类9份、油菜10份、萝卜1份、芫根1份、苦荞7份、甜荞1份、野生荞麦4份、辣椒4份、马铃薯5份、葱、芝麻以及籽粒苋各1份；新搜集保存西藏冬小麦优异中间材料48份。

（一）优异资源简介

资源名称：藏青2000。

资源特点、特性：该品种高产、高秆、抗倒伏，与西藏自治区目前生产上主推品种“藏青320”和“喜玛拉19号”相比较，每亩增产25kg以上，株高平均高6cm以上，因其较高的产量和抗逆性深受群众的欢迎。

（二）资源提供利用情况及成效

自西藏子平台2014年为西藏圣科种业提供了优质青稞资源“藏青2000”后。该公司利用该品种开展青稞良种加工与销售，生产规模逐年扩大，截至2015年共加工销售“藏青2000”良种150万kg，实现销售收入960万元，同时为西藏自治区“藏青2000”的规模示范和推广提供了良种支撑，取得了较大的经济社会效益。

三、共享服务情况

2011—2015年西藏子平台共累计为区内外的16家农业科研院所、农产品加工企业、大学、社会团体等提供了资源服务，共提供实物资源服务3 600余份（次），提供资源信息服务1 900余MB，为国家、自治区30余个重点科技项目提供了资源服务和科技支撑，支撑育成审定新品种3个（2011年育成审定豌豆新品种“藏豌1号”、2013年育成审定春小麦新品种藏春11号，2013年育成审定甘蓝型油菜新品种“京华165”）；支撑发明专利2项（“一种从青稞中提取母育酚的方法”专利号ZL 201110374850.4和“一种红曲发酵青稞咀嚼片及其制备方法”专利号ZL 201110374848.7）。展示农作物优异新品种（系）和优异资源78个，培训农民1 900余人（次），分别在《西藏日报》《新华网》《西藏新闻联播》等媒体对平台的服务情况和成效进行了宣传和报道。

同时，平台针对西藏自治区农业科研和生产存在的主要问题和需求，在青稞核心种质资源构建和重要基因的挖掘利用、青稞产业化生产和加工、种质资源精准鉴定等领域开展了专题服务，完成贮藏蛋白、IJS和SSR分析，鉴定筛选青稞特异品质、抗性材料共20份，为企业提供了优质青稞原料品种，研发了新产品，促进了种植和产业化发展，精准鉴定了西藏自治区优异青稞资源300余份，完善了农作物种质资源数据库，为下一步精确资源服务奠定了基础。

四、典型服务案例

（一）典型案例1

1. 服务对象

《西藏作物科学数据共享分中心运行服务》项目组。

2. 服务方式

资源数据信息。

3. 取得的成效

将西藏农作物种质资源数据库实现互联网共享，形成了具有西藏地方特色的作物科学数据服务平台。让区内外资源用户能通过网络充分了解西藏自治区种质资源保存和各资源的数据信息情况，并从中选出所需的各种基础资源。有效解决了西藏自治区以往由于信息通讯渠道不畅通所导致的资源用户不知道从哪里获取资源，平台拥有大量资源却无法找到更多的资源用户的现状。使平台能为用户提供更加便捷有效的资源服务。

（二）典型案例2

1. 服务对象

《青稞红曲等系列食饮品开发与利用》项目组。

2. 应用资源

拉萨黑青稞。

3. 服务方式

实物资源服务。

4. 取得的成效

平台从2013年为《青稞红曲等系列食饮品开发与利用》项目组提供了6份深色籽粒青稞资源进行选择，后又根据加工工艺要求最终确定优质青稞资源“拉萨黑青稞”作为原料品种，该品种富含B-葡聚糖、γ－氨基丁酸、膳食纤维和复合B族维生素等多种保健功能组分，具有较高的营养保健功效，该项目组利用该资源于2014年成功开发出了青稞红曲酒、2015年又先后开发出了青稞红曲醋、青稞酥、青稞手工曲奇等系列产品，为促进西藏自治区青稞深加工和特色产业发展发挥了重要作用。

五、总结与展望

回顾西藏子平台“十二五”期间的工作，虽取得了一定的成绩，但仍存在很多的问题和不足。具体表现在以下四个方面

（一）资源的精准鉴定不足

西藏种质资源平台目前对农作物种质资源的田间农艺性状的鉴定开展较多，而品质、抗病、抗逆性等精深鉴定相对不足，“十三五”期间子平台科技人员将通过各种渠道积极争取资源精准鉴定项目与资金，使资源的鉴定与评价工作开展的更加深入，完善西藏农作物种质资源数据库、为西藏农作物育种科研提供更加精准的资源服务。解决西藏农作物育种中优异亲本缺乏，育种进程缓慢，生产上良种更换周期长的现状。

（二）高原特色农作物种质资源种类不多、数量不足

目前西藏自治区虽然保存的种质资源数量较多，但真正原产地为国内外高山高原地区的品质资源并不多，优势不突出、特色不明显。“十三五”期间将有针对性地加

强国内外高山高原地区资源的引进收集与鉴定评价，使西藏自治区逐步成为收集高原地区农作物种质资源种类最全、数量最多的地区之一，不断充实西藏自治区农作物种质资源库高原特色资源数量、拓宽西藏自治区作物种质资源领域研究广度、深度和综合服务能力。为青藏高原特殊生态区作物遗传改良提供更加丰富的资源服务。

（三）加大专业人才的引进和培养

目前西藏自治区从事农作物种质资源收集保存的专业人员较为缺乏，尤其是开展野外资源考察收集时能够准确鉴别各类作物地方资源和野生近缘种名称种类的植物分类学人才还为空缺。因此“十三五”期间必须在加大现有人员培训的基础上，引进相关技术人才以满足子平台需求，同时加强内地相关院所的合作与交流，利用他们的人才优势联合开展项目实施，在共同实施项目的过程中培养和锻炼本地技术人员，不断充实子平台的科技力量。

（四）加强合作与交流，拓宽资源服务对象领域

由于与内地的合作与交流不足，西藏子平台目前的资源服务对象相对较单一，绝大多数为西藏自治区本地的农业科研院所、院校和加工企业，而与内地相比，西藏自治区农业产业化水平相对较低，从事农产品加工的企业数量有限，规模较小。限制了西藏子平台资源服务对象的数量和质量，服务效果不够明显，效益不太显著。

建议加强与各子平台的横向合作与交流，实现各子平台间的的资源、信息、用户的协作共享，以不断拓宽种质资源保护、利用和服务的深度和广度。

“十三五”期间，子平台将重点从上述国内外高原特色资源搜集引进、优异资源的精准鉴定、专业人才的引进培养和拓宽资源服务对象与领域4个方面开展相关工作，逐步解决平台目前存在的主要问题和不足，为西藏自治区农业生产发展提供更加强有力的支撑。

国家农作物种质资源平台新疆子平台发展报告

马艳明[1]，徐　麟[1]，肖　菁[1]，王　莉[1]，宋　羽[1]，郭　君[2]

（1.新疆农业科学院农作物品种资源研究所，乌鲁木齐，830091；
2.新疆农业科学院农业经济与科技信息研究所，乌鲁木齐，830091）

摘要：新疆农作物种质资源十分丰富，尤以野生近缘种为最。目前拥有可容纳10万份作物种质资源的可调低温低湿保存库一座，现保存有世界40多个国家和地区、中国20多个省市自治区和新疆的主要农作物品种资源57种作物2.3万份。近年来已开展了大量的研究工作，但还存在许多不利的影响因素，制约着新疆农作物种质资源研究的发展。本文依据新疆农作物种质资源整合情况、共享服务现状及研究现状，分析了影响发展的不利因素，提出了“十三五”研究重点，包括资源收集、资源共享利用、深入开展鉴定评价、进行种质创新等。

一、子平台基本情况

新疆因其干旱荒漠区特殊的气候环境背景，以及各有特色的多种少数民族土著文化，不仅拥有大量的作物遗传资源及栽培习惯，而且分布有大量的作物野生种质资源，是我国作物遗传资源最为丰富的省区之一。新疆农业生物资源相对其他省区具有稀有性、独特性、代表性、受胁性、丰富度和生态作用等诸多特点。新疆子平台依托于新疆农业科学院农作物品种资源研究所，该所是新疆最早开展农作物种质资源收集、保存与利用评价的单位，从1953年就已开始农作物品种资源的收集、保存与鉴定评价工作。现有专职资源工作者22人，其中研究员5人，副研究员4人；具有博士学位1人，硕士学位10人，在读博士4人。新疆子平台设主任1名，秘书1名；种质库管理人员1名；数据库网络平台管理人员2名。

新疆子平台主要设施包括农作物种质资源保存库、种质资源鉴定实验室、新疆农作物种质资源科学观测试验站和新疆农作物种质资源数据库网络共享平台。新疆农作物种质资源库总面积150m²，为2个独立库房，均为可调低温低湿保存库，现保存有新疆、国内其他省（区）及世界50多个国家的农作物种质资源2.3万余份。

（一）功能职责

围绕农业科技原始创新和现代种业发展的重大需求，新疆子平台以“广泛收集、妥善保存、深入评价、积极创新、共享利用”为指导方针，其主要功能职责：一是广泛收集和保存新疆及其周边中亚国家的农作物种质资源，并实现长期安全保存；二是对收集的种质资源进行深入鉴定与评价，尤其是适应新疆农业生态区的抗旱、耐盐碱、耐寒性鉴定评价；三是坚持资源共享与产权保护相结合，切实提高农作物种质资源保护与利用的能力和效率。

（二）目标定位

重点开展新疆特色农作物及其野生近缘植物种质资源的收集、保存和大规模表型精准鉴定、基因型鉴定及功能基因深度发掘，尤其是有关作物产量、品质、抗逆性、养分高效利用等性状鉴定和基因发掘，并进行功能验证，创制出高产、优质、高效、广适、适合机械化等目标性状突出，并有育种价值的新种质。在鉴定评价和功能基因研究的基础上，建立快速、简便、高效的信息和实物共享技术平台，择优向作物育种、农业生产和其他研究机构提供优异种质，充分发挥优异作物种质资源的生产潜力。

二、资源整合情况

新疆子平台经过多年资源考察收集，现保存世界50多个国家和地区、全国20多个省市和新疆主要农作物品种资源57种作物2.3万份种质资源。包括现代育成品种、古老的农家品种、国外品种资源及农作物野生近源植物资源，种质类型包括麦类、豆类、棉花、玉米、黍稷、油菜、红花、向日葵、西瓜、甜瓜、麻类、蔬菜和香料等57种。

“十二五”期间承担了科技部科技基础性工作专项课题“新疆干旱区抗逆农作物种质资源调查”（2011—2016年）、农业部“引进国际先进农业科学技术”重点项目“种质资源收集与创新利用平台建设”（2011—2015年）、科技部国际科技合作项目“中亚特有生物资源引进与联合研究”（2011—2014年），收集、引进新疆和周边中亚国家农作物资源4 000余份。这些资源的收集与保存极大地丰富了新疆农作物种质资源的多样性和种质资源保存数量。

（一）优异资源简介

1. 资源名称

棉花新品种新陆早50号和新陆早57号。

2. 资源特点、特性

丰产、对落叶剂敏感、吐絮集中、宜机采。

近年来，新疆北疆地区大力推广棉花机械化采收，以降低不断上涨的棉花人工采摘成本，保障棉农的经济收益。在这种形势下，新疆农业科学院经济作物研究所主持的新疆自治区重大成果转化专项资金项目“优良棉花新品种及配套高产技术集成示范”，利用新疆农作物种质资源平台提供的陆地棉种质资源，经过多年精心筛选和生产实践，培育出具有较好的适应性、抗逆性和丰产性的2个棉花新品种：新陆早50号和新陆早57号。

（二）新品种优良特性

在北疆地区多点多次实地测产鉴定下，均表现出较好的丰产性，且吐絮期叶片自然下垂、对落叶剂敏感、落叶性好，吐絮集中、吐絮畅、含絮性好，表现出其适宜机采的优良特性。在2014年北疆经受多次极端气候条件下，在北疆广大区域仍表现出优异的抗逆高产性状，尤其是具有优异的适宜机采性能，符合棉花全程机械化发展需求，可大力推广应用。

三、共享服务情况

新疆农作物种质资源数据库网络平台点击率已超过6万人次，信息库查询量达到2万次以上。提供实物资源68 040份，资源信息服务283GB，培训服务17 204人次，服务科技项目150项、科技论文253篇、专著4部、科技成果23项、国家专利和标准各11项。

平台提供的优异种质资源对促进植物资源保护、共享和利用，发展优质抗性农作物育种、特色林果业、城市生态园林、生态保护工程建设、科普教育等领域中有着广泛的用途和市场前景；为农业基础研究和应用基础研究相关的国家、省级科技计划、科普宣传提供了大量的实用信息，对进一步开展研究提供了技术支撑。

四、典型服务案例

（一）适宜新疆南疆地区果/棉、果/粮等间套作模式的粮、棉品种筛选

随着新疆林果产业的发展，果树与农作物争地的矛盾日益突出，特别是在人均耕地面积较少的南疆，随之出现的是果/棉、果/粮等间套作模式，如何通过果树与农作物间作结构配置的优化，达到林果生产与农作物生产协调发展，是亟待解决的重要科学技术问题。

在这种形势下，新疆维吾尔自治区的农业科研单位及南疆各地区农业单位利用新

疆种质资源平台提供的小麦、玉米、棉花、花生等种质资源，开展了适宜果粮间作的农作物品种筛选、种植模式及栽培关键技术试验研究，构建适宜新疆南疆三地州种植的小麦、玉米超吨粮、果粮、果棉高产高效种植模式，开展种植模式、农作物品种及栽培等技术的研究和示范。筛选出了适宜果棉间作的小麦、棉花、玉米、花生等农作物品种6个；建立了果树与农作物复合种植模式综合效益评价指标体系和评价模型，根据当地生产实际合理配置作物种类和适宜品种，增加了农民收入和农业生产经济效益。

研究成果累计示范推广面积为1 562.1万亩，累计新增纯效益43.2亿元，节本增效1.4亿元。果树产量提高34.14%~63.82%，粮棉果效益提高25.02%~39.37%。将对南疆和相似生态区粮棉果间作一体化栽培推广起到积极的促进作用。项目技术成熟、产品质量很好，应用价值很大，经济和社会效益很大（图1、图2和图3）。

图1　果粮间作增产栽培模式：枣树种在沟里，小麦种在垄上

图2　果棉间作高效种植模式

图3　核桃与花生间作栽培模式

（二）花生种质资源给新疆农业带来新希望

为适应减棉增效农业结构调整，引种花生种质资源，找到棉花的替代优势作物，保障农民增收。从引进的200多个花生品种中筛选出6个适宜新疆种植的高产、高油品种，在新疆表现出花生种植优势产量高、品质好、全程采收机械化，集中连片，发展前景好的态势。2015年，在南北疆种植花生近万亩，南疆除春播外，还在麦收地复播，其中鲁花18号在高产创建田亩产达到550kg，大田单产达到500kg以上，使花生成为新疆减棉增收的主导作物。图4为有关科研机构领导在疆察看花生生产试验情况。

图4　山东省农业科学院万书波副院长一行来新疆维吾尔自治区察看花生生产试验情况

五、总结与展望

（一）存在的主要问题和难点

1. 种质资源收集不全

对新疆农作物种质资源未进行过系统考察与收集，还有相当多的种质资源没有完成收集，特别是新疆的作物野生近缘植物资源、近年来新疆引进并推广种植的国内其他省区的作物育成品种以及周边中亚国家的农作物种质资源收集工作还很薄弱。

2. 种质资源鉴定评价研究滞后，资源创新利用能力弱

仅对保存的部分种质资源进行了主要农艺性状鉴定，极少数进行了主要病虫害、逆境和品质鉴定，对种质资源缺少综合鉴定评价和利用研究。通过研究筛选出的具有突出利用价值的优异种质很少，能够拥有自主知识产权的功能基因资源更少，迫切需要对已保存农作物种质资源的性状基因进行鉴别，发掘对作物育种和农业生产有益的基因。

3. 种质利用服务范围小

对新疆种质资源的宣传力度不足，加之研究挖掘结果不显著，致使资源利用仅局限于新疆农业科学院所属科研院所，而针对国内及疆内其他农业科研单位、育种企业的服务量相对较少。

（二）“十三五”子平台发展总体目标

1. 持续性加强资源收集工作，不断增大资源保存数量

争取新收集国内外农作物种质资源5 000份，重点收集新疆本土和周边中亚国家的农作物种质资源；新疆农作物种质资源数据库新增数据和图像信息达到300GB。加强种质库资源管理，制定繁种计划，繁殖更新种质库资源5 000份。

2. 深入开展主要作物种质资源抗逆性鉴定与评价

针对入库（圃）作物种质资源的产量性状、品质性状及抗逆性进行鉴定和评价，加强极端环境条件下的农作物野生近缘植物特异性状的鉴定。重点进行抗旱、耐寒、耐高温、耐盐碱性鉴定与评价，筛选抗逆性强的种质资源，进一步获得与优异基因紧密连锁的分子标记，为育种提供一批重要的中间材料。

3. 加大资源宣传力度，提高资源利用效率

根据新疆农业发展需要，在不断加强资源收集、鉴定和挖掘的同时，注重加大对优异资源的宣传力度，实现资源创新利用，扩大种质资源服务数量和服务范围，增强资源服务农业、服务科技的能力。

国家农作物种质资源平台云南子平台发展报告

蔡　青，伍少云，雷涌涛，隆文杰，周国雁

（云南省农业科学院生物技术与种质资源研究所，昆明，650223）

摘要：国家农作物种质资源平台（云南）子平台，依托云南省农业科学院生物技术与种质资源研究所，拥有种质资源保存库。“十二五”期间，整理整合并保存资源23 000余份，提供利用6 200余份次、服务用户116个，服务8个国家重大课题和13项科技计划，发表论文14篇，支撑课题获得省级二等奖1项、三等奖1项，为云南腾冲现代农业生态景观建设提供了专项服务并取得了良好成效。“十三五”期间，将建立新的“云南省作物种质资源保存库”，进一步整理整合资源，使云南作物子平台的建设发展具有更广阔的应用前景和发展空间，更好地服务于社会。

一、子平台基本情况

国家农作物种质资源平台（云南）子平台，位于云南省昆明市，依托云南省农业科学院生物技术与种质资源研究所，拥有作物种质资源保存库（温度−10℃，湿度<30%，50m²）及相关配套设施。截至2016年，共保存稻类、玉米、小麦、大麦、燕麦、大豆、普通菜豆、红花、花生、荞麦、薏苡及藜麦等40多个物种23 000余份资源。目前，子平台拥有科技人员5人，承担云南省农业科学院作物种质资源入库保存、繁殖更新和提供利用等工作，并组织相关课题开展收集引进、鉴定评价、种质创新、繁殖更新及数据库建设等任务；负责管理全院种质资源的入库/圃、对外交流合作审核等工作。自2012年始，在科技部、财政部国家科技基础条件平台建设项目支持下，整理整合全院资源，建立了“云南农业生物资源数据库与信息共享系统”，编目资源2.5万份，为支撑各类基础研究、资源利用和种质创新提供了物质保障，每年为全国科研和生产单位提供种质利用500余份，为各类基础和应用基础研究、国家重大专项等提供研究材料、基因资源和科学数据，实现了云南作物种质资源的安全保存，保障了种质资源鉴定评价、分发利用和信息共享等基础性工作的规范化和持续、稳定开展。

二、资源整合情况

（一）资源收集保存

“十二五”期间，通过对我国云南省及周边及南亚、东南亚国家和地区种质资源的收集和引进，整理整合并入库保存各类种质资源3 191份（表1）。

表1　云南作物子平台“十二五”整理整合资源任务及完成数量

年份	项目指标（份）	完成情况（份）	整理整合作物种类
2012	500	860	稻类、麦类、薯类、魔芋、食用菌、微生物
2013	500	816	稻类、麦类、苦荞、薯类、魔芋、食用菌等
2014	200	257	稻类、麦类、玉米、荞麦、薯类、魔芋
2015	200	504	稻类、麦类、玉米、荞麦、薏苡、薯类
2016	500	754	稻类、麦类、玉米、荞麦、薯类、豆类
合计	1 900	3 191	

云南子平台在整理整合种质资源，保持一定增量的同时，注重质量，有针对性地开展如“四路玉米”等特异、优异种质资源的收集、鉴定与繁育保存研究。“四路玉米”是云南特有的糯玉米地方群体，是研究玉米糯性基因起源与演化的重要基础材料。云南子平台通过对库存“四路玉米”的繁育与整理，发现2009年以前在勐海、孟连县采集到的“四路玉米”与在瑞丽对岸缅甸境内采集到的“四路玉米”，在形态上存在很大的差异。为此，本子平台开展了云南勐海、孟连“四路玉米”的专项考察与收集工作，共采集到样品7份。通过田间种植鉴定与甄别发现：不同来源的“四路玉米”在秆高、抽雄抽丝期方面存在较大差异，其中缅甸“四路玉米”的株高最矮，抽雄抽丝最早，也最早成熟，勐海“四路玉米”、孟连“四路玉米”的株高差异不大，但孟连的两份材料的抽雄抽丝及成熟期最晚。与新收集到的样品相比，库存勐海“四路玉米”（231272）的种子较杂。为此，子平台对其进行了繁殖更新和提纯复壮，更好地提供育种和相关研究利用（图1）。

图1　云南作物子平台“十二五”整理整合种质资源

（二）资源维护与更新

“十二五”期间，云南子平台维护种质库资源23 000千余份，并持续开展了繁殖更新工作，累计更新库存资源5 597份，为保障子平台资源的共享利用提供了物质基础（表2）。

表2　云南作物子平台“十二五”繁殖更新资源任务及完成数量

年份	项目指标（份）	完成情况（份）	繁殖更新作物种类
2012	—	1 967	稻类、麦类、玉米、籽粒苋
2013	—	1 119	稻类、麦类、玉米、苦荞、薯类、食用菌

（续表）

年份	项目指标（份）	完成情况（份）	繁殖更新作物种类
2014	—	740	稻类、麦类、玉米、荞麦、薯类
2015	300	598	稻类、麦类、玉米、薯类
2016	410	1 173	稻类、麦类、玉米、荞麦、薯类、豆类
合计	710	5 597	

（三）资源信息整合与提交

“十二五”期间，云南子平台整理整合存量和新增农业生物资源实物25 472份，包括：稻类7 690份、麦类1 142份、豆类500份、玉米和杂粮3 208份、油料3 103份、薯类45份、果树1 136份、蔬菜1 060份、甘蔗2 115份、茶叶920份、药用植物498份、食用菌300份、热果2 000份、热作1 442份和寒带作物313份，建立了“云南农业生物资源信息系统”，配合平台管理办公室开展了资源信息管理系统的试点建设工作，提交了整合资源的目录数据和鉴定评价数据。主要信息数据项包括种质名称、科名、属名、种名或亚种名、原产地（采集地）、原产省、原产国、来源地、资源类型、主要特性、主要用途、保存单位、库编号、圃编号、引种号、采集号、保存资源类型、保存方式和联系方式等共性数据，以及根据不同作物制定的特性鉴定评价数据项目（表3）。

表3　云南作物子平台“十二五”资源信息整合与提交的资源份数

现有资源总份数	25 472
提交共性数据整理份数	4 009
提交E平台份数	4 009
特性数据整理提交份数	1 881

三、共享服务情况

“十二五”期间，云南子平台为科研、教学及基层农业技术推广站等单位提供了大量的种质资源服务与共享利用（表4），累计发放种质资源实物材料6 200余份次、服务用户量116个（其中，服务于子平台单位以外的用户98个、企业用户13个）、服务国家科技重大课题8项、科技计划项目13项、支撑发表论文14篇、获得云南省科技进步二等奖1项、三等奖1项。同时，围绕产业需求，有针对性地为特异资源研究利用、育种和生产等特殊需求的用户开展专题服务19次。2013年6月，在以“生物资源、产业机遇”为主题的第七届中国生物产业大会在昆明国际会展中心举行期间，云南子平台向其提供了具有云南特色的小麦、玉米、水稻、豆类等种质资源，并为大会制作了品种资源展示墙，吸引了各类专业人士、媒体和广大普通参观者的关注。

表4　云南作物子平台“十二五”资源共享服务情况

服务类别	服务内容	2012年	2013年	2014年	2015年	2016年	合计
1.资源服务量	实物资源服务量	1 539	1 240	821	1 097	1 592	6 289
2.服务对象	服务用户单位的总数量	61	18	18	15	4	116
	服务平台参建单位以外的用户单位数量	53	16	15	11	3	98
	服务企业用户单位的数量	8	2	2	1		13
3.服务国家科技重大专项、重大工程情况	服务国家科技重大专项项目（课题）数量		4	1	3		8
4.服务科技计划项目（课题）的数量	服务科技计划数量	3	6		3	1	13
5.科技支撑效果	支撑发表论文论著数量		2	3	7	2	14
	支撑科研成果获奖数量			省奖1		省奖1	2

四、典型服务案例

“生态休闲观光农业”是融合了旅游功能、生态功能、经济功能、社会功能于一体的新型农业产业。腾冲是云南省著名的旅游地区，其独特的生态优势、自然景观、人文景观，吸引了大批中外游客，到腾冲“洗肺、保湿、静心、养老”的品牌形象深入人心，被评为大中华区最美人文休闲旅游名县。云南子平台通过调研，针对腾冲县大力发展现代农业生态景观的建设需求，结合《云南省贫困地区、民族地区和革命老区人才支持计划科技人员专项》计划，开展了“云南腾冲现代农业生态景观建设”服务，在腾冲和顺、界头、马站等休闲农业观光园区，在当地主栽品种中进行彩色水稻、彩色油菜、荞麦等特色农作物种质资源的种植。依托国家农作物平台，云南子平台牵头、组织联合油料种质资源子平台和水稻种质资源子平台，根据腾冲市当地的气候、土壤、及传统农业生产方式，按照将田园风光、农业生产过程做成富有美丽乡村风貌特色的观光农业思路，与腾冲市农科所、和顺镇农科站和观光农业协会等单位共同策划，设计和配置了荞麦品种云荞1号、油菜品种美农601和美农801（国家农作物油料种质资源子平台提供）、水稻品种轮回1号和紫叶选2（国家农作物水稻种质资源子平台提供）等特色作物品种并提供了栽培技术服务。经过一年示范试种，丰富了当地油菜品种的花色和特色水稻品种，对带动和拓展腾冲休闲农业与乡村旅游观光农业的发展，初见成效，为下一步将特异花色种质资源创新研究成果转化为生产力奠定了良好的物质贮备和技术基础。

五、总结与展望

通过多年的培育和发展，国家农作物种质资源平台（云南）作物子平台基本建立了规范的资源管理和共享机制。“十二五”期间为科研、教学和生产等单位提供了较好的种质资源服务。然而，本平台所依托的种质资源实物保藏机构——建立于20世纪90年代的云南省农业科学院作物种质资源中期保存库，在2013年因院部整体改造，搬迁至现址成为临时过渡库，面积小、容量低。为此，云南省农业科学院在“十三五”事业发展规划中设立了建设“云南省作物种质资源保存库”专项，并争取到省级财政专项资金资助，计划于“十三五”期间，在新建的院部科研创新大楼，恢复重建新的种质资源保存库，为云南农作物种质资源子平台的发展奠定更好的基础。为此，本平台在“十三五”期间，将围绕社会需求，面向现代种业发展、科技创新和农业可持续发展，进一步整理整合云南作物种质资源，完善信息平台建设，形成布局合理、功能齐全、开放高效、体系完备的信息共享服务体系，更好地提供种质资源共享利用与服务。具体包括以下4个方面。

第一，研究制定种质资源加工、整理、保藏和挖掘等方面的标准和技术规范，提升子平台保存种质资源的质量。

第二，盘活存量种质资源，加强种质资源的鉴定、评价、利用和研究，提供“有用”“易用”和“有效”的优异种质资源。

第三，建立种质资源信息汇交的长效机制，面向用户需求开展种质资源的持续整合与汇交，有针对性地拓展种质资源整合的途径和范围，解决好在科技创新活动中存在的重复、分散、封闭、低效等问题，提高种质资源整合的有效性，保证种质资源与需求的匹配。

第四，建立规范化的平台运行管理及服务制度，以规范化、正规化的管理方式，及合作共享、交换共享、公益共享等形式向全国有关单位提供种质资源实物及信息服务，使种质资源得到规范化、合理化的利用，促进云南省农业生物资源的收集、整理、保藏与利用向标准化、信息化、一体化与现代化方向发展，全面提升云南省农业种质资源开发与应用的深度、广度和显示度，为政府决策与宏观管理提供科学基础数据和动态信息，为科研和生产提供规范化的种质资源利用服务。

国家农作物种质资源平台湖北子平台发展报告

邱东峰，张再君

（湖北省农业科学院粮食作物研究所，武汉，430064）

摘要：湖北子平台主要开展作物种质资源的收集、保存、繁殖更新、鉴定评价和创新利用等研究，为相关单位提供种质资源的实物共享和技术服务，为相关企业提供技术支撑和资源共享服务。现有湖北省作物种质资源中期库一座，库存各类资源共计2.4万余份。“十二五”期间，共整合资源2 649份，其中包括水稻1 362份、玉米580份、豆类434份、甘薯26份、辣椒247份，更新繁殖各类资源9 300余份。为科研单位、大专院校和相关企业，以种质资源实物共享方式服务54次，发放资源材料3 900余份，以信息共享、信息咨询方式服务企业38次，开展科普、宣传与技术培训5场，发放技术手册300余份。支撑用户发表SCI论文5篇，中文核心期刊25篇，审定品种10个，直接或间接利用资源推广面积1 675万亩，新增产值18.52亿元，带领农户增产增收8 000万元。

一、子平台基本情况

湖北子平台位于湖北省武汉市，依托单位是湖北省农业科学院粮食作物研究所，由品种资源研究室承担。湖北子平台现有专职研究人员11人，辅助工人3人，其中高级职称5人，具有博士学位4人，硕士学位5人，分别从事水稻、豆类、玉米资源的保护、种质创新及相关分子生物学基础研究。拥有国家产业体系岗位科学家1人，硕士导师2人。已经建成省级平台——湖北省作物种质资源信息与实物共享信息平台http://www.hbcgr.com。这为实现湖北省农作物种质资源共享奠定了很好的基础。每年有固定的财政支持的湖北省农作物种质资源中期库运转费30万元。湖北子平台主要开展作物种质资源的收集、保存、繁殖更新、鉴定评价和创新利用等研究，为相关单位提供种质资源的实物共享和技术服务，为相关企业提供技术支撑和资源共享服务。

二、资源整合情况

湖北子平台现有湖北省作物种质资源中期库一座，库存资源包括水稻资源11 181份、小麦资源2 500份、大麦1 410份、玉米2 400份、棉花500份；小豆、豇豆、蚕豆、饭豆、绿豆、四棱豆、小扁豆、豌豆、多花菜豆、普通菜豆、黎豆、利马豆等各种食用豆类4 356份，高粱、黍谷、粟谷、荞麦、籽粒苋等各种小杂粮1 615份，牧草150多份。共计2.4万余份。“十二五”期间，湖北子平台共整合资源2 649份，其中包括水稻1 362份、玉米580份、豆类434份、甘薯26份、辣椒247份，更新繁殖各类资源9 300余份。

对引进的部分优异资源开展了创新性研究，创制新材料196份，其中，水稻61份、小麦3份、玉米43份、棉花7份、辣椒35份、豆类35份、甘薯7份。改良或选育作物新品种10个，其中，水稻5个、棉花4个、辣椒1个。

创制的水稻优异资源部分品系米质达国标一级，创制的玉米资源农科糯1号和蜜脆68通过湖北省审定，创制绿豆资源75-3、鄂绿4号通过湖北省认定。其中，创制的水稻优异三系不育系资源18A，具有茎秆粗壮，分蘖力强，株型松散适宜，耐肥抗倒，剑叶长，繁茂性好，穗大粒多，柱头发达外露，异交结实率高，株叶青秀，综合抗性好，生育期短，配合力高，宜配制早晚稻组合，以18A配制的18A/R547作早稻栽培，比对照增产10%以上，米质和抗性均优于对照；配制的18A/R203作中稻栽培，在湖北省区域试验中表现优异。

三、共享服务情况

“十二五”期间，湖北子平台为科研单位、大专院校和相关企业，以种质资源实物共享方式服务54次，发放资源材料2 000余份，以信息共享、信息咨询方式服务企业38次，开展科普、宣传与技术培训5场，发放技术手册300余份。

针对主要用户有：武汉大学、华中农业大学、广西大学、长江大学、湖北大学、南京农业大学、安徽省农业科学院、广东省农业科学院、浙江省农业科学院、中国科学院华南植物园、上海基因工程中心、中国热带农业科学院、贵州省农业科学院、湖北省农业科学院、福建省三明市农业科学院、黄冈市农业科学院、襄阳市农业科学院、宜昌市农业科学院、恩施市农业科学院、荆州市农业科学院、咸宁市农业科学院、孝感市农业科学院、随州市种子管理局、湖北省种子集团、武汉金丰收种子公司、恩施巴东土家人农产品公司、湖北康宏粮油有限公司、湖北蕲春中健米业公司、浠水金磊粮油有限公司、荆州晶华种业、敦煌种业、惠华三农种业、武大天源种业、荆州方新科技公司、神农架小蓝天饮食有限公司等共35家。

支撑用户发表SCI论文5篇，中文核心期刊25篇，企业审定品种10个，直接或间接利用资源推广面积1 675万亩，新增产值18.52亿元，带领农户增产增收8 000万元。

四、典型服务案例

（一）子平台精心组织，集中为科研单位、相关企业提供技术服务和实物共享

2014年8月25日，由湖北子平台主办的“湖北省水稻品种资源展示暨学术交流会”在湖北省农业科学院粮食作物研究所隆重举行，来自武汉大学、华中农业大学、湖北大学、长江大学、中南民族大学等大专院校、各地市州农业科学院、湖北省种子集团等种业公司共计22个单位52人参加本次水稻资源展示观摩暨学术交流会。会议推介了湖北省农业科学院作物种质资源研究进展，展示了“湖北作物种质资源网络平台”；邀请中国农业科学院的韩龙植研究员和华中农业大学的刑永忠教授分别作了“中国水稻种质资源研究”和“ghd7、ghd8、ghd7.1和hd1的自然变异是决定水稻产量和生态适应性的重要因素”的学术报告。与会代表还观摩了水稻种质资源创新团队更新繁殖的857份水稻资源，并签订了优异资源的使用协议。

会议搭建了湖北省水稻资源交流平台，促进了各单位交流协作。平台与16个单位鉴定了优异资源共享协议，交流资源1 912份。支撑相关院企审定品种3个，直接利用资源推广200万亩。

（二）应湖北省黄冈市几个大米加工企业要求，开展优质稻米新品质引种及产品开发专题服务

服务分为3个步骤。

（1）资源数据提供，与企业对接：一般加工企业不了解子平台的工作内容，也不了解平台中数据的意义。加强宣传、沟通，了解企业需求。

（2）引种试验及加工分析：引种试验难点是，资源数量多，品种特性有较大差异。子平台直接与企业讨论确定引种资源，合理安排试验，获取试验数据并分析数据，筛选资源。

（3）通过生产试验总结解决生产中的问题：通过小区引种试验，总结生产中的技术问题，形成标准化的生产技术规程。

2014—2016年，针对企业提高产能，增强产品竞争力的需要，分别到黄冈市康宏粮油、中健米业和金磊粮油公司宣传国家农作物种质资源平台的资源优势及平台服务内容，邀请公司相关人员参观湖北子平台种质资源库，访问子平台网站；围绕企业开发新产品需要，提供一站式服务，包括提供建议采用的水稻资源数据信息及试验用种子、设计引种试验并跟踪提供试验技术指导，直至开发适应生产需要的新产品。提供

30份优质食味水稻资源及相关数据，展示15份资源生产示范，并跟踪技术指导。已形成沿武黄高速公路（蕲春、武穴、黄梅）连片的优质稻生产区，开发2个高档优质大米新品牌，形成1套绿色稻米生产技术规程。

通过优异水稻种质资源筛选、资源创新、实物服务、栽培技术指导等服务方式，为康宏粮油公司遴选了一批优质高档稻米资源品系，建立“源头创新+原种繁殖+基地生产+加工销售”稳定的高档优质米产业链，重塑公司品牌“二度梅”，提高了市场认知度。产品远销广东省、福建省、浙江省、江苏省等二十多个省市。助力公司年销售收入达到4亿元，税收1 500万元，同时带领基地农户增产增收1 000万元。

五、总结与展望

目前湖北子平台存在的主要问题：钱少人缺。湖北省农业科学院粮食作物研究所种子资源中期库，库存资源种类繁多，数量较大，同时，我们还要开展相应的服务工作，针对企业的多样性需求，我们的服务必须有创新、有跟踪，导致现有的人员工作量大，工作被动，经费捉襟见肘。

“十三五”期间子平台发展总体目标。

（一）结合第三次全国资源普查工作中收集的资源，立足子平台，做好资源的保护、鉴定和评价，以及信息、产品、技术推广等服务工作

系统调查与抢救性收集湖北省16个县市的资源，每个县市收集各类作物种质资源80~100份，总计1 280~1 600份；同时开展鉴定评价：在普查征集及系统调查收集的基础上，依据《作物种质资源描述规范和数据标准》，完成2 040份各类作物种质资源的初步鉴定与评价；在鉴定评价的基础上，经过整理、整合并结合农民认知进行编目各类资源1 460份。

（二）扶持企业、专业合作社等形成沿武黄高速公路优质稻米产区

在现有优质稻米服务于湖北康宏粮油、中健米业的基础上，加强创新，加大宣传力度，多方了解企业需求，让平台服务于更多的企业。针对当前农业经济中出现的新型组织形式：农民专业合作社，家庭农场等，推介平台的服务工作，更好的服务于农业发展。同时，发挥资源的特色，引导资源开发形成特色产业，为精准扶贫工作出谋划策。

（三）加强绩效跟踪反馈工作

变被动为主动，在加强服务的同时，做好反馈调查和总结汇报，争取更多的支持。

国家农作物种质资源平台山东子平台发展报告

丁汉凤，张晓冬，李润芳、王　栋、李　湛

（山东省农作物种质资源中心，济南，250100）

摘要：山东子平台以山东省农作物种质资源中心为依托，“十二五”期间，整合保存粮食作物、经济作物、蔬菜花卉、绿肥牧草、药用植物等种质资源21 477份，隶属21科67属89种，面向国内外的科研院所、大专院校和企业个人等提供了3 523份次的作物种质资源实物共享服务、5 988人次的培训服务与参观考察，并围绕山东省农业生产的突出问题开展了一系列专题服务，取得了显著的经济效益，并大大提高了种质资源保护工作的社会影响力和国家农作物种质资源平台的知名度。

一、子平台基本情况

山东子平台依托山东省农作物种质资源中心，于2005年启动建设，2010年9月27日正式成立运行。作为山东省内唯一的公益性作物种质资源管理与研究机构，子平台立足山东特色种质资源，面向黄淮海及国际同纬度地区，开展作物种质资源的收集、整理、保存、鉴定、评价和利用工作。山东子平台建有现代化、综合性的作物种质资源库，包括低温种子库、试管苗库和超低温库，设计总容量为36万份。

（一）低温种子库

山东子平台拥有低温种子库5间，设计总容量为24万份，其中，中期库2间，总面积120.4m^2，贮藏温度（−4±2）℃，相对湿度≤45%，种子含水量（6±2）%，净度≥98%，专用铝箔袋或PET种质瓶装密封保存。短期库3间，总面积180.6m^2。短期库贮藏温度为（10±2）℃，相对湿度≤50%，种子含水量（10±2）%，净度≥98%，铝箔袋密封或不密封保存。

（二）试管苗库

试管苗库低温保存室净容积为160m^3（40m^3×4），共4间，设计总容量1万份，温度分别为8~10℃、4~6℃、0~4℃，相对湿度45%~65%，光照强度1 000~1 200lx。试管苗保存器皿为18mm × 180mm或20mm × 200mm玻璃试管，棉球塞口。每份种质保存量≥5管，每管1株。试管苗继代期限为6个月以上。

（三）超低温库

超低温库配备Chart-MVE公司生产的全自动气相液氮存储罐2个，型号分别为MVE1520和MVE1830，MVE1520液氮存储罐用于保存工作材料，可保存33 800个2.0ml冷冻管或者21 500个5.0ml冷冻管。MVE1830液氮存储罐用于种质资源的长期保存，可保存79 950个2.0ml冷冻管或者50 000个5.0ml冷冻管。

二、资源整合情况

“十二五”期间，山东子平台秉承“整合、共享、完善、提高”的建设方针，通过山东省沿海地区抗旱耐盐碱优异性状农作物种质资源调查（国家科技基础性工作专项）、农作物种质资源收集保护与评价（山东省农业良种工程）等课题开展资源整合工作。截至2015年年底，山东子平台共保存作物种质资源21 477份，隶属21科67属89种，详见表1所示。

表1　山东子平台保存种质资源数

作物类别	科	属	种	保存份数
粮食作物	2	17	24	11 582
经济作物	7	7	7	6 414
蔬菜花卉	7	17	23	958
绿肥牧草	3	10	15	1 983
药用植物	14	20	20	540
合计（剔除重复）	21	67	89	21 477

山东子平台先后与美国西区植物引种中心、加拿大国家植物基因资源中心、德国莱布尼茨植物种质库、韩国国家生物多样性中心、罗马尼亚国家种质库、苏丹国家农业科学院等建立了合作关系，已累计引进国外资源2 253份。

“十二五”期间，山东子平台依托黄河三角洲地区丰富的绿肥牧草资源，开展了耐盐鉴定、野生资源驯化、地方资源提纯复壮等工作，先后选育了鲁菁系列田菁新品种，并作为盐碱地、低洼地或中低产田改造改良的先锋植物在黄河三角洲地区大面积推广利用。

（一）鲁菁1号

绿肥或饲用型晚熟品种，株高2.5~3.5m；茎秆直立，生长迅速，根系发达，结瘤多、固氮能力强，鲜草产量高，盛花期鲜草产量3.75t/亩；养分含量丰富，干物质含量19.2%，干物质中粗蛋白含量12.91%、粗纤维含量36.4%、粗脂肪含量1.0%、粗灰分11.52%、N含量2.07%、P_2O_5含量0.37%、K_2O含量0.72%。2013年通过山东省审定。

（二）鲁菁2号

籽粒高产中熟品种；高1.5~2.5m；株型紧凑、结荚多、荚果长、分枝少、一级分枝结荚；籽粒产量高，高产潜力152kg/亩，种子千粒重13.6g。2013年通过山东省审定。

三、共享服务情况

“十二五”期间，山东子平台秉承“以用为主、开放共享”的服务宗旨，不断提高服务质量和数量，提升开放服务能力和创新支撑能力。除开展山东特色农作物种质资源考察收集、整理保存、鉴定评价以外，山东子平台还积极为社会各界提供种质分发、专题服务、培训参观、科普宣传等服务工作，截至2015年年底，累计向国内的43家科研院所、大专院校和企业个人等提供了3 523份次的农作物种质资源实物共享服务；接待美国、加拿大、澳大利亚、罗马尼亚、印尼、苏丹、朝鲜等17个国家及国内各界人士的参观考察或学术访问累计105批，共计891人次；面向社会各界开展培训服务累计45批次，共计5 097人次；大大提高了种质资源保护工作的社会影响力和国家农作物种质资源平台的知名度。据不完全统计，山东子平台分发的种质资源支撑各类科技计划课题47个、发表论文75篇（SCI15篇）、出版论著3部、授权专利30项（发明专利10项）、制定标准18个（国家标准3个）、各级科技奖励16个（省部级科技奖励7个）、审定品种9个，创造经济效益9.2亿元，为山东省粮食安全和农业可持续发展提供了坚实可靠的基础支撑。

四、典型服务案例

（一）黄河三角洲地区暴雨灾后田菁种植

2013年7月1—31日，山东全省平均降水量328.1mm，比历年同期偏多74.4%，为新中国成立以来同期第4位，是近50年以来最大值。其中，东营市平均降水量已达408.0mm，是历史同期水平的2.7倍，滨州市平均降水量403mm，比历年同期偏多

132%，较去年同期偏多262%。特别是7月9—10日，山东遭受暴雨突袭，全省平均降水量100mm以上，其中，黄河三角洲地区24h最大降水量达到了196mm，共有约4.6万亩农田受灾，部分玉米、棉花、大豆、苜蓿等绝产，其中以地处黄河入海口的垦利县受灾最为严重。针对这一突发灾害，山东子平台与垦利县农业局、垦利田菁胶厂合作，采用“公司+农户”的订单式农业生产模式，在绝产地块发展田菁种植，提供田菁品种鲁菁2号、鲁菁6号等用于田菁籽粒生产与加工，发展示范面积12 000亩以上，在以后1个月内，黄河三角洲地区的平均降水量超过了400mm，是历史同期水平的3倍。山东省农作物受灾面积77.1万亩，其中绝收22.95万亩，而田菁作为耐涝、耐盐碱的优异作物，始终长势良好，为解决农户的种植、收获难题，山东子平台组织相关专家对田菁的田间管理和机械化收获进行了全程指导，田菁籽粒平均亩产80kg以上。2013年8月29日，齐鲁晚报对此事进行了整版报道，经济效益和社会效益显著。

（二）山东省种植业结构调整与杂粮示范基地建设

2015年，为适应种植业发展新要求，扎实推进农业供给侧结构性改革，加快转变种植业发展方式，推动种植业提质增效转型升级，山东省开始了新一轮种植业结构调整，其工作重点是：因地制宜改小麦和玉米两季轮作为小麦和大豆、杂粮杂豆、夏花生、薯类、蔬菜及饲用玉米、饲草等作物轮作，适当调减籽粒玉米种植面积。同时，在适宜地区探索开展耕地轮作休耕试点。

为配合山东省种植业结构调整，山东子平台在杂粮优势产区，例如济南、潍坊、东营、德州、临沂、菏泽、济宁等地区，建立杂粮示范基地8处，面积累计约5 000亩，开展大豆、食用豆、谷子、高粱等杂粮优异种质资源与轻简化栽培技术示范，服务于山东省的种植业结构调整。

五、总结与展望

（一）主要问题和难点

1. 收集保存资源的特色优势不明显

现存的种质资源多以育成品种为主，地方品种、野生资源数量不足25%，国外资源数量不足15%。

2. 种质信息缺乏，编目工作进展缓慢

目前收集的部分资源仅有引种编号，种质名称、种质类型、来源地等基本信息缺

乏，无法查重去重，存在同名异物现象。种质信息的缺乏，也影响到了信息数据库和共享服务平台的建设。

3. 资源保存设施尚不完善

缺少资源保存圃、鉴定圃及配套鉴定设施，资源鉴定评价工作相对滞后，直接影响到分发种质的数量和专题服务的质量。

4. 作物种质资源收集保存是一项基础性、长期性的工作

但是目前科研工作绩效考评机制不科学，仍用一般学术标准衡量资源管理和技术人员，极大地影响了工作人员从事基础性工作的积极性。

（二）“十三五”工作展望

1. 整合作物种质资源1万份以上

特别是加大地方品种、野生资源和国外资源的收集力度，年度分发资源300份次以上，年度评价鉴定资源500份次以上。

2. 加快“山东作物种质资源信息网”建设

尽快实现作物种质资源信息的实时更新与发布共享，提高入库和分发效率。

3. 围绕山东省种植业结构调整开展专题服务

在资源评价鉴定的基础上，在山东省不同生态区开展优异杂粮资源引进和展示，提高专题服务的质量。

国家农作物种质资源平台浙江子平台发展报告

田丹青，沈福泉，王炜勇，刘建新，葛亚英，潘晓韵，俞信英，潘刚敏

（浙江省农业科学院花卉研究开发中心，萧山，330109）

摘要：国家农作物种质资源平台浙江子平台是以浙江省农业科学院为依托单位，具体承担单位为浙江省农业科学院花卉研究开发中心。收集保存的资源主要有各类花卉苗木资源以及浙江省当地特有的蔬菜、麻类等经济作物，现共有资源1 600余份。2011—2015年新收集和整合资源600余份，为科研院所、政府相关部门以及企业等单位提供实物资源共计880余份；为省内一些花卉企业和花农提供优异资源的种苗和种球进行开发生产并提供栽培技术服务；为浙江省美丽乡村建设的农村观光休闲旅游提供优异花卉资源，取得了良好的社会和经济效益。本平台立足于浙江省花卉苗木特色产业，力争打造成以花卉苗木资源为主的特色资源平台，为花卉苗木产业发展和“三农”建设提供科技支撑和科技服务。

一、子平台基本情况

国家农作物种质资源平台浙江子平台是以浙江省农业科学院为依托单位，具体承担单位为浙江省农业科学院花卉研究开发中心，是浙江省最早从事花卉研究开发的省级科研单位，位于中国花木之乡——杭州市萧山区。现主要从事花卉苗木研究开发，主要开展花卉苗木种质资源收集保存、鉴定评价与创新利用，花卉新品种选育，花卉苗木抗逆机制、花期调控、种苗繁育技术等产业化关键技术研究与与推广等工作。承担单位建立了完善的运行管理制度，并提供有力的科技支撑条件，提供5 000m^{2}连体温室、400m^{2}组培室和300m^{2}的实验室，7位高级和15位中初级科技人员（其中，5位博士、6位硕士）专门从事种质资源的收集、保存、鉴定、评价及创新等研究和资源服务工作。

国家农作物种质资源平台浙江子平台立足于浙江省花卉苗木特色产业，为花卉苗木产业发展和“三农”建设提供科技支撑和科技服务，推进花卉产业的持续稳定发展，为建设美丽浙江贡献力量。

二、资源整合情况

（一）资源收集

浙江子平台收集保存的资源主要有各类花卉苗木资源以及浙江省当地特有的蔬菜、麻类等经济作物，具体包括凤梨、红掌、蕨类、萱草、玉簪、矾根等花卉资源以及南瓜、丝瓜、芥菜、麻类等其他经济作物资源，截至2015年，共有资源1 600余份，建有观赏凤梨种质资源圃、红掌种质资源圃、垂吊花卉、地被植物等其他花卉种质资源圃，2011—2015年新收集资源600余份，具体见表1所示。

表1　浙江子平台资源数量和种类

资源种类		数量	2011—2015年新收集资源
花卉	观赏凤梨	802	82
	红掌	95	21
	其他花卉	289	289
黄红麻		332	95
地方特色蔬菜	芥菜	104	104
	瓜果类等其他蔬菜	177（已上交国库）	12
合计		1 622	603

（二）资源保存、整理和繁殖

1. 花卉种质资源

基本上采取实体种植保存，一般1~2年繁殖更新1次，淘汰老株和劣株，如观赏凤梨每年更新1次，采用分株繁殖，用新长成的健壮株重新种植；红掌每2年更新1次，采用分株或组培繁殖；有些花卉采用扦插的繁殖方式更新。每年繁殖更新的花卉资源在800份以上。

2. 其他资源

黄红麻等麻类资源和地方特色蔬菜资源采用种子保存，保存在2~5℃冰箱中，每隔2年繁种更新1次，2011—2015共繁殖更新麻类资源320份，繁殖更新瓠瓜、丝瓜、苋菜及其他蔬菜资源共计309份，上交国家种质库166份。

（三）资源鉴定和评价

对观赏凤梨和红掌等花卉资源进行了耐寒性的鉴定和评价。采用自然低温鉴定法以及冻害指数和恢复指数相结合的方法鉴定和评价耐寒性，2011—2015对438份花卉资源进行了耐寒性鉴定；采用盐液发芽法和苗期盐液浸渍法两种方法对75份浙江省地方特色蔬菜资源进行了耐盐性鉴定，从中筛选出8份高耐盐材料。鉴定方法已获得国家专利授权，专利号为ZL 201210387022.9。

（四）资源创新

花卉资源创新。2011—2015年通过杂交育种获得浙江省非主要农作物品种审定委员会审定通过的新品种3个，分别为凤梨新品种“凤粉1号”和“凤剑1号”、红掌新品种“丹韵”，同时筛选出大量的优异后代。

（五）资源圃建设

2015年，对观赏凤梨资源圃进行了信息化网站建设和数据录入。采用二维码设置每个资源的位置、性状、特性等信息，统一打印标牌，用手机或扫码器一扫就能显示某个资源的主要性状、存放位置等信息。

（六）其他

2011年，编写完成《中国花卉种质资源图谱》，交由主持单位统一出版；已建设完成芍药、牡丹、荷花、干枝梅、杜鹃、迎春、腊梅、紫荆、月季、玫瑰和黄刺玫等26种花卉资源图象数据库。2015年编制了一套观赏凤梨资源多样性明信片用于平台展示、推广和宣传。

（七）优异资源介绍

姜荷花“清迈粉”（*Curcuma alismatifolia*‘Chiang Mai Pink’）（编号JHH001）（图），引自泰国，全株高50 ~ 60cm，花序长12 ~ 16cm，花序宽9cm左右。上部为粉红色不育苞片，下部为绿色可育苞片组成，内含紫白色小花，花姿温婉如莲，在华东地区露地条件下自然花期为7—10月。适合切花、园林和花海应用。

图　优异资源“清迈粉”

三、共享服务情况

（一）提供实物资源服务

2011—2015年向国内科研院所和企业等单位累计提供实物资源880余份次，具体见表2所示。

表2　2011—2015年提供资源服务的数量和单位

服务对象	提供数量（份次）	资源种类	具体服务对象
企业	485	花卉资源	广州兰魁贸易有限公司、浙江虹越花卉股份有限公司、浙江传化生物技术有限公司、杭州艾维园艺有限公司、台州中苑花木有限公司等花卉生产企业
科研单位	90	地方特色农作物资源	中国水稻研究所、浙江省农业科学院、台州市农业科学院、衢州市农业科学院、绍兴市农业科学院等
政府部门	305	花卉资源、地方特色农作物资源	浙江省种子站、杭州园林局灵隐管理处、萧山区园管处、温州市园林局、宁波市园林局、嘉兴市园林局、云和县崇头镇镇政府等政府部门
合计	880		

（二）支撑科技创新、产业发展、“三农”等情况

提供给科研单位的如南瓜、大豆、玉米、菜豆等农家特色蔬菜资源已作为优异的育种亲本正在应用，后代材料还在观察筛选中。

通过引进观赏凤梨、姜荷花等一些新优花卉资源，并对资源开展筛选和扩繁试种

等工作，提供种苗和种球给浙江传化生物技术有限公司、浙江虹越花卉股份有限公司等浙江省内一些花卉企业和花农进行开发生产并提供栽培技术服务，丰富了花卉市场，取得了良好的经济效益，受到了企业和花农的一致好评和称赞。同时通过园林部门的应用，园林花境应用效果优良，群众反映热烈，各类媒体纷纷报道，取得了良好的社会效应。

本平台利用资源、技术和人才优势，积极参与浙江省的美丽乡村建设，特别是花海建设，参与了浙江省云和县崇头镇崇头村梯田景区建设、云和县紧水滩镇石浦花海建设、磐安县大盘镇北桥村花海建设、浦江县美丽乡村建设以及萧山区河上镇的美丽乡村建设等，提供姜荷花、郁金香、紫藤等各类花卉资源和配置方案，并进行种植技术指导以及相关人员培训等科技服务，取得了良好的效果，在花海建设方面积累了一定的经验和技术，也获得了一定的声誉。

（三）科普展示和宣传情况

利用花卉资源优势，尽量参加各种展会，向社会各界开展科普花卉知识，并展示相关花卉信息。2011—2015年共参加中国花卉博览会、中国农产品品牌博览会、中国（萧山）花木节、浙江省农业博览会、浙江省名优产品展示展销会、浙江省鲜花展示展销会等各类展示会16次，展示和宣传各类花卉资源150余份次。2013展示的姜荷花资源获第八届中国花博会银奖一项，中国花卉报对此进行了报道。

（四）专题服务情况

2014—2015年开展了姜科花卉生产示范的专题服务（具体见下文）。

四、典型服务案例

（一）专题服务名称

姜科花卉生产示范。

（二）具体开展情况和成效

针对近年来花卉市场上消费者对前几年引进的蝴蝶兰、一品红、百合等已出现审美疲劳的现象，迫切需要选择一些新的花卉种类。姜黄属（*Curcuma* L.）是姜科植物中非常具有观赏价值的一类植物，为多年生球根草本花卉，种类较多，花型奇特，部分品种还有香气，且花期6—10月，耐热性好，可弥补国内南方夏秋季花卉产品缺乏的现状。目前，国内花卉市场上姜黄属植物的花卉极少，在浙江省内也尚未有姜荷花生产和销售。

本平台从中国南方各省、台湾省以及日本等地搜集引进各类姜黄属植物花卉资源40份，其中姜荷花种类13份，其他姜黄属植物27份。筛选出适合本省市场的新型姜黄属盆花种类7个，并已进行了1年的生产示范，获得了良好的反响，部分媒体也进行了报道。引起了部分花卉生产企业和一些风景园林绿化部门的关注，纷纷来电来人要求引种生产和技术指导。我们选择了杭州萧山锦科花卉园艺场和杭州艾维园艺有限公司等2家企业以及杭州园林局灵隐管理处、萧山区园管处、温州市园林局和嘉兴市园林局等4个园林管理部门开展了“姜科花卉生产示范”专题服务，由我所刘建新博士、办公室丁华侨主任和邹清成硕士具体负责本次活动，提供姜荷花“清迈粉”“白雪公主”“荷兰红”“红观音”以及“红火炬”“郁金”“所罗门”姜黄等6个种质资源的种球进行开发生产和园林应用，并为服务对象上门提供技术指导，服务时间2014年1月至2015年12月。

通过本次专题服务，我们筛选出适宜本地栽培的姜黄属品种10个，研究完成了8个品种的栽培技术和繁殖技术，成功生产出优质的盆花和切花产品并推向市场，共生产姜黄属盆花5 000盆、切花50 000支、种球20 000余颗，丰富了花卉市场，取得了良好的经济效益。同时在杭州灵隐风景区、温州、宁波和嘉兴部分公园展示种植姜黄属花卉面积共计2 000m^{2}左右，并提供给杭州植物园的2015年“西湖秋韵”秋季花展展出，提供给云和县崇头镇石浦花海进行试种，园林花境应用效果优良，市民反映热烈，各类媒体纷纷报道。2014年11月20日，《中国花卉报》做了题为《从花店走向公园的姜荷花》专题报道；2015年7月14日，浙江省农业科学院的浙中综合试验站（微信）做了题为《八月姜荷花开》的专题报道。

五、总结与展望

目前存在主要的问题是受平台承担单位整体拆迁和重建的影响，资源圃土地有限，影响资源收集和种植展示，间接影响了资源服务和宣传，在服务“三农”、服务产业、科技支撑等方面做得不够全面和深入，主动宣传不多。

“十三五”子平台发展总体目标。

结合浙江省的花卉苗木产业，多渠道引进国内外的优异资源，打造成以花卉苗木资源为主的特色资源平台。利用平台承担单位即将建设完成新的大面积的种质资源圃，加强资源种植展示，强化服务和宣传推广工作，一方面重点针对花卉产业的需求，为产业服务，提供优异花卉苗木资源进行扩繁生产和推广，帮助花卉企业和花农增产创收，另一方面积极参与美丽乡村建设，提供优异花卉苗木资源和种植技术，为“三农”服务，提供科技支撑。

国家野生棉种质资源子平台发展报告

周忠丽，刘　方，蔡小彦，王星星，王玉红，张振梅，王春英，王坤波*

（棉花生物学国家重点实验室/中国农业科学院棉花研究所，安阳，455000）

摘要：截至2015年12月，野生棉种质资源子平台保存棉花野生资源778份，包括41个野生种的120份材料、陆地棉野生种系590份及其他材料。2011—2015年，向全国51家科研单位提供种质资源2 229份次，主要用于基础研究。“十二五”期间率团先后赴美国、澳大利亚、厄瓜多尔等国进行棉花野生种原产地的考察收集工作，共收集到8个野生种的新材料67份，大部分是我国不曾保存的新类型，还有可能的新种或变种，很大程度上丰富和扩充了中国棉花种质资源基因库。

一、子平台基本情况

国家野生棉种质资源子平台挂靠于中国农业科学院棉花研究所（简称：中棉所），国家野生棉种质圃位于中棉所的南繁基地——海南省三亚市崖州区。目前棉属共发现并命名52个种，其中二倍体棉种45个，异源四倍体棉种7个。国家种质野生棉圃占地面积1.5hm^2，材料种植实际用地1.0 hm^2，保存有棉花野生种、陆地棉野生种系、种间杂种、近缘植物以及工具材料等棉花资源778份。在中国农业科学院棉花研究所部（安阳）温室，野生种也同时保存一套相同材料。野生棉种植圃的新建温室2个，可作为稀有材料的安全保存用地和旱棚使用，检疫圃、病圃也正在建设中。

国家野生棉种质资源子平台的主要功能在于：安全保存现有棉花野生种；从原产地收集中国所缺乏的野生种及其不同基因，丰富野生棉资源的遗传多样性；面向全国科研、教学、企业等单位，无偿提供所需种子、幼苗、组织器官或DNA，实现公益性共享利用，为促进中国棉花科研水平发展提供基础材料。

国家野生棉种质资源子平台现有固定人员8人（表1），都是从事野生棉专业科研的工作者，包括4名博士、2名硕士，是一支年轻富有活力的队伍，工作能力较强，工作态度认真，能够做到互相帮助支持，取长补短。

表1　野生棉子平台固定人员

姓名	职称/职务	学位	分工
王坤波	研究员	博士	整体规划，技术指导
刘　方	研究员	博士	总体负责
周忠丽	副研究员	硕士	材料鉴定、保存与分发
蔡小彦	助理研究员	博士	材料鉴定
王星星	助理研究员	博士	数据分析
张振梅	研究实习员	硕士	种质圃材料管理
王春英	实验师	大专	材料繁殖与分发
王玉红	工人技师	大专	材料繁殖与分发

二、资源整合情况

截至2015年12月，野生棉种质资源子平台共保存棉花野生资源778份（表2），其中包括41个野生种的120份材料、陆地棉野生种系（野生种系）490份、种间杂种96份，工具材料69份，棉花野生近缘种有3个。

表2　野生棉种质资源子平台资源保存情况（截至2015年12月）

作物名称	截至2015年12月				2011—2015年入圃统计			
	种质份数（份）		物种数（个）（含亚种）		种质份数（份）		物种数（个）（含亚种）	
	总计	其中国外引进	总计	其中国外引进	小计	其中国外引进	小计	其中国外引进
棉花	778	638	41	38	67	67	8	8

棉花野生种原产地的收集是野生棉子平台“十二五”期间的重点和亮点。因为我国非棉花原产地，野生种更是“泊来品”，中国保存的棉花野生种有两大缺点：一是并非原产地直接而来（大部分引自美国），缺乏第一手资料；二是种内类型有限、材料份数太少，不能满足棉属遗传及起源进化研究。随着国力增强，中国也逐渐重视种质资源原产地的考察收集工作。2011—2015年，野生棉子平台先后率团赴美国夏威夷群岛、澳大利亚金伯利地区、厄瓜多尔加勒帕戈斯群岛等地进行棉花野生种的考察收

集工作，收获超出预期：在夏威夷群岛收集到不同生态类型的毛棉居群36个，在澳大利亚收集到5个二倍体棉种8个居群（有1个可能是新种），在加勒帕戈斯群岛收集到不同类型达尔文氏棉或其他种的居群23个（可能存在亚种或变种）。从生境推断，这些野生种居群应该有比较强的抗逆性，如澳大利亚金伯利地区火灾后再生能力强的圆叶棉，分布于夏威夷和加勒帕戈斯群岛极度干旱和近海区域的毛棉和达尔文氏棉，应该具有较强的抗旱、耐盐和耐瘠薄特性。

从新收集或鉴定评价中筛选到的典型优异种质资源介绍如下：

（一）优异种质资源1

达尔文氏棉（Y150011）（图1）。

图1　达尔文氏棉（Y150011）

2015年，从厄瓜多尔加勒帕戈斯群岛考察收集而来，该居群分布于火山石中，周围极其干旱，与抗逆性强的杂草、灌木及仙人掌混生，从生长环境推测，应该有比较强的抗逆性。表型上属阔叶类型，整个植株密被茸毛，新叶红色、多色素腺体，是中国保存的达尔文氏棉中不曾有过的类型，丰富了中国棉花种质资源的遗传多样性。

（二）优异种质资源2

阔叶棉99（图2）。

抗旱陆地棉野生种系。2015年，在海南三亚的旱棚进行干旱胁迫处理，播种时浇底墒水，出苗后整个生育期不再浇水，花铃期阔叶棉99抗旱性显著高于对照。

图2　抗旱陆地棉野生种系阔叶棉99

三、共享服务情况

随着中国科研水平的不断提高，野生资源利用越来越受到重视，利用量呈逐年增加趋势，2011—2015年，野生棉子平台向全国51家科研单位提供种质资源145人次、2 229份次（图3），90%用于基础研究，主要集中在中国科学院、中国农业科学院、中国农业大学、华中农业大学、南京农业大学、浙江大学和西南大学等科研单位和高校。除了提供种子，提供最多的是叶片，其次是花朵或其他组织器官，野生种育苗较难，特殊情况下也会提供幼苗。

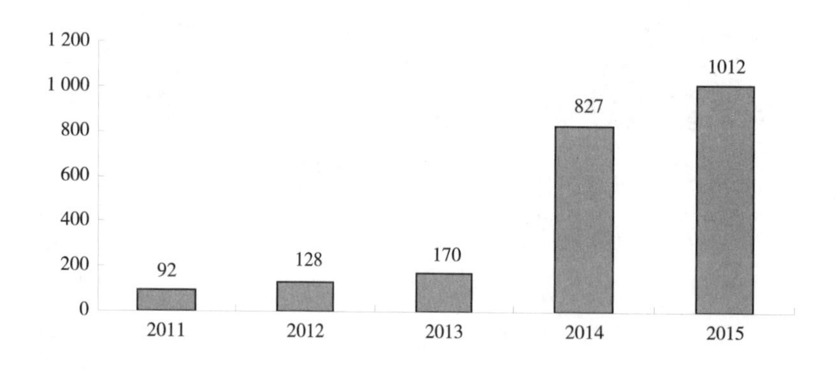

图3　2011—2015年野生棉资源分发利用情况（单位：份次）

据不完全统计，2011—2015年，野生棉子平台共支撑国家各类项目35项，其中国家自然基因15项（包括1项重点项目），“863”“973”项目6项。支撑行业标准1项，发明专利23项，软件著作权1项，SCI论文29篇（其中3篇为Nature Genetics发表）。支撑河南省科技进步一等奖1项“棉属染色体与基因组分析及四倍体棉种演化”。

四、典型服务案例

野生种很难直接应用于生产，由于存在杂种高度不育和后代疯狂分离的缺点，直接育种利用的也很少，更多地是利用创新后的中间材料，对棉花野生种依赖性最大的是基础研究。如关于棉花的起源与分化，学术界一直存在争论。要取得突破性进展，确定各棉种在遗传进化中的地位，首先依赖于基本实验素材的获得。国家野生棉种质资源平台长期以来一直为此提供专题服务，面向全国，将保存的41个棉种无偿提供，公益性共享，北京大学、中国农业大学、华中农业大学、南京农业大学及中国农业科学院棉花研究所先后在棉花起源进化方面取得阶段性或突破性进展。

中国农业科学院棉花研究所、华大基因研究院和北京大学的研究人员共同合作，利用棉花二倍体野生种雷蒙德氏棉（*Gossypium raimondii*），测序和组装了雷蒙德氏棉的草图基因组，雷蒙德氏棉的祖先被认为是四倍体D亚基因组的供体。通过系统进化分析，揭示棉花以及有可能是唯一具有棉酚生物合成CDN1基因家族的植物物种。该结果发表于Nature Genetics，2012，44（10）：1098-1104。

中国农业大学华金平等先后对8个二倍体野生棉基因组19个棉种进行了叶绿体细胞质基因组序列分析，通过叶绿体基因组的序列分析对野生棉材料的遗传分化和亲缘关系进行分析，发现：① 二倍体棉种的分化时期大概在1 000万—1 100万年前；② 叶绿体基因组中有6个基因参与了细胞核基因组中并对棉属的进化起到了重要作用。

五、总结与展望

（一）目前存在的主要问题和难点

野生种很难直接应用于生产，直接育种利用的也有一定难度，利用最多的是基础研究，因而做专题服务有一定局限性。引进的棉花野生种在中国的适应性也是一个问题，例如从澳大利亚引进的个别种难以成活到成株期，从夏威夷引进的毛棉在种质圃种植了5年，至今仍无结实，影响了野生种的正常利用，目前正在进行新引材料的开花结实性研究，分析影响开花、结实的外部因素及内部原因。

（二）“十三五”发展总体目标

原产非洲野生种的考察，原产墨西哥陆地棉野生种系的考察与收集；通过运行服务，为重大基础研究提供实验材料，联合国际及全国优势科研单位，争取在棉花起源与进化方面的基础研究取得突破性进展。

国家苎麻种质资源子平台发展报告

陈建华，许　英，王晓飞，栾明宝，孙志民

（中国农业科学院麻类研究所，长沙，410205）

摘要：“十二五”期间，苎麻资源子平台共收集资源199份次，通过整理整合新增种质46份；繁殖更新苎麻种质395份，鉴定评价种质136份，筛选出单一性状突出的种质46份，其中优异种质8份；总共向38个单位69人次分发苎麻种质367份，在平台支撑下共获得授权专利6项，选育品种1份，制定行业标准1个，发表论文20余篇，获省部级奖励2项。

一、子平台基本情况

国家农作物种质资源苎麻子平台依托于中国农业科学院麻类研究所，位于湖南省望城国家农业科技园区。占地10hm^2，设置有种质保存区、隔离观察鉴定区、品种展示区、繁殖更新区，四周有金属栅栏围墙作保护屏障，并建有沤麻池、排灌及喷灌系统、遮阴网棚、晒麻场、传达室及科研楼。苎麻子平台的主要功能是收集保存世界各地苎麻属植物种质资源，通过鉴定评价及种质创新，为教学、科研及生产提供服务。其目标定位是苎麻珍稀资源保护平台、苎麻新品种培育保障平台、苎麻资源科学利用与技术创新的共享平台。

二、资源整合情况

“十二五”期间，从广西壮族自治区、云南省、西藏自治区、海南省、贵州省、重庆市等地共收集各类苎麻资源199份次，其中栽培种质94份次，野生种质10种105份次，通过整理整合，目前，已经收集入圃的苎麻属资源有19种8变种共2 053份，新增加物种1个即双尖苎麻（*Boehmeria bicuspis* C. J. Chen），新增加种质46份（表1），其保存的苎麻资源数量和规模居国内外之首。

表1　2011—2015年期间种质资源收集情况

年份	2011年	2012年	2013年	2014年	2015年	合计
收集份数	51	35	32	49	32	199

对圃内保存的苎麻资源及时发现生长势差或感病的个体，进行繁殖更新，共繁殖更新苎麻种质395份（表2）。保证圃中资源安全，遗传稳定。

表2　2011—2015年期间种质资源鉴定评价及分发共享情况

年份	鉴定评价（份次）	分发共享（份）	繁殖更新（份）
2011	39	70	52
2012	46	58	94
2013	74	85	83
2014	57	91	87
2015	40	63	79
合计	136	367	395

对136份苎麻种质生育期、产量、纤维品质、化学成分、耐寒性等16个性状进行鉴定评价，筛选出高产种质10份，鲜麻出麻率大于12.5%的种质20份，纤维品质优良的种质7份，炼折率超过65%的苎麻种质有9份。按照苎麻优异种质评价规范，筛选出优异种质8份，分别是751、752、QD4、QD5、白×黄2、丛江青麻、西洒家麻及小白麻，这些种质可作为优良育种亲本和科研材料。

表3　8份苎麻种质主要的农艺性状和纤维品质性状鉴定结果

种质名称	有效株率（%）	株高（cm）	茎粗（cm）	皮厚（mm）	鲜皮出麻率（%）	原麻产量（kg/hm²）	原麻长（cm）	纤维细度（m/g）	束纤维强度（cN/dtex）
丛江青麻	66.6 ± 8.0	168 ± 9	0.86 ± 0.09	0.62 ± 0.06	13.5 ± 3.2	2 167.5 ± 715.7	126.8 ± 39.4	1 390 ± 32	4.28 ± 0.48
751	69.7 ± 5.0	171 ± 16	0.93 ± 0.07	0.72 ± 0.15	12.7 ± 2.1	2 670.0 ± 779.8	133.2 ± 48.6	1 199 ± 61	4.51 ± 0.62
752	73.0 ± 5.0	154 ± 20	0.82 ± 0.15	0.61 ± 0.05	12.7 ± 2.6	2 182.5 ± 542.8	119.8 ± 38.5	1 686 ± 453	6.09 ± 1.05
白×黄2	59.0 ± 13.7	178 ± 9	0.95 ± 0.09	0.65 ± 0.12	13.3 ± 1.9	2 040.0 ± 593.4	139.7 ± 41.4	1 484 ± 36	5.22 ± 1.56
QD4	81.2 ± 11.2	135 ± 66	1.14 ± 0.09	0.82 ± 0.15	13.0 ± 1.8	2 340.0 ± 473.7	127.5 ± 42.5	1 475 ± 166	5.37 ± 0.68

（续表）

种质名称	有效株率（%）	株高（cm）	茎粗（cm）	皮厚（mm）	鲜皮出麻率（%）	原麻产量（kg/hm²）	原麻长（cm）	纤维细度（m/g）	束纤维强度（cN/dtex）
QD5	75.2 ± 8.8	180 ± 17	0.99 ± 0.09	0.77 ± 0.08	15.3 ± 8.7	2 805.0 ± 784.9	140.3 ± 44.5	1 625 ± 206	4.27 ± 1.01
西洒家麻	63.4 ± 10.3	167 ± 18	0.85 ± 0.11	0.55 ± 0.07	13.3 ± 3.2	1 710.0 ± 674.7	142.3 ± 24.3	2 560 ± 636	7.05 ± 2.18
小白麻	79.3 ± 10.3	184 ± 9	1.19 ± 0.17	0.77 ± 0.15	12.7 ± 3.3	3 232.5 ± 122.3	161.0 ± 11.7	1 618 ± 189	4.38 ± 1.21

三、共享服务情况

“十二五”期间，总共向38个单位69人次分发苎麻种质367份，进行科研、生产及教学等应用（表2），支撑了国家麻类产业技术体系的“369”工程、国家自然基金、国家支撑计划、湖南省自然基金、湖南省科技计划及中国农业科学院创新工程等项目的顺利实施。在苎麻子平台支撑下，共获得授权专利6项，选育品种1份，制定行业标准1个，发表论文20余篇；2013年“苎麻饲料化与多用途研究和应用”项目获得湖南省科技进步一等奖，2015年“苎麻与肉鹅种养结合研究和应用”获得中国农业科学院青年科技创新奖。此外，接待荷兰、波兰、俄罗斯、日本和马来西亚等国专家参观学习。

四、典型服务案例

“十二五”期间，平台着力支撑“麻改饲”工作，提供粗蛋白含量高，生物产量高的苎麻种质——中苎2号和中饲苎1号的嫩梢作为青贮饲料的原料。为科研单位及企业提供栽培与收获技术、苎麻嫩茎叶青贮技术指导。效果明显，如：《苎麻饲料化与多用途研究和应用》获得湖南省科技进步一等奖（图）。《苎麻与肉鹅种养结合研究和应用》获得中国农业科学院青年科技创新奖。后者成为破解我国南方发展畜禽业缺乏优质蛋白饲料瓶颈问题的突破口。“粮草合一”的苎麻草料，充分发挥苎麻草粉高蛋白、其他牧草高能量的特点，通过辅料优化饲料营养结构，达到满足肉鹅生长的要求。该产品的应用，大幅度降低了人工投入与劳动强度，每只肉鹅平均利润增加50%以上，并且显著降低了粮食用量，节省了养殖成本。

湖南省科学技术进步奖

证书

为表彰湖南省科学技术进步奖获得者，特颁发此证书。

获奖项目：苎麻饲料化与多用途研究和应用

奖励等级：一等奖

获奖单位：中国农业科学院麻类研究所
（第1完成单位）

中国农业科学院
科学技术成果奖

证书

为表彰中国农业科学院科学技术成果奖获得者，特颁发此证书。

成果名称：苎麻与肉鹅种养结合研究和应用

奖励类别：青年科技创新奖

获奖者：中国农业科学院麻类研究所

图　《苎麻与肉鹅种养结合研究和应用》获奖证书

五、总结与展望

（一）主要难点与建议

在针对国家重大需求方面进行精心组织服务过程中，需要投入人力物力，更需要经费投入。现在平台经费明显不足，常用的做法是利用其他项目经费，而且其他项目经费远远大于平台经费，致使平台的影响力与知名度大减甚至被掩盖，跟进服务的难度也增大。

建议增大平台经费支持力度的同时，设置平台开放课题（类似重点实验室开放课题），以达到增加平台影响力的目的。

（二）"十三五"子平台发展总体目标

苎麻种质资源是育种、科研和生产的物质基础，是苎麻产业发展的物质保障。苎麻是中国特色资源，目前苎麻的主要研究力量及生产利用均在中国。苎麻种质资源的开发利用潜力很大，不仅是重要的传统纤维作物，也是很好的南方饲料作物，还是很好的药用植物及水土环境修复植物。因此，"十三五"子平台将在苎麻资源的收集保存、鉴定评价及开发利用方面进一步深化现有工作，获得一批新的资源，筛选出一批优异的纤用、饲用资源，支撑一批国家及省部级科研项目，解决1~2个科研生产上的重大问题。

（三）"十三五"拟通过运行服务主要解决科研和生产上的重大问题

1. 土壤修复与农民增收

由于长期使用农药、化肥、除草剂等不良耕作措施，湖南省农村许多土壤重金属污染严重，对环境及食品安全带来无穷隐患。"十三五"期间子平台拟通过对企业进行技术同步跟踪指导与服务，在湖南省土壤重金属污染地域种植纤用苎麻，摸索污染土壤修复技术，达到在修复土壤环境的同时，使农民得到可观的收益。

2. 推广饲用苎麻，发展南方畜牧

南方畜牧业发展受到南方牧草资源缺乏的严重制约。2016年4月，农业部印发的《全国种植业结构调整规划（2016—2020年）》中，明确将苎麻调整为饲草作物。"十三五"期间子平台拟加强饲用苎麻资源的筛选与推广利用力度，与相关科研生产单位协作进行饲用苎麻栽培收获技术的推广示范工作。

国家野生花生种质资源子平台发展报告

陈玉宁，任小平，黄　莉，姜慧芳

（中国农业科学院油料作物研究所，武汉，430062）

摘要：国家野生花生圃是我国唯一的专业野生花生试验平台。野生花生具有抗多种病害、高含油量等优异性状。“十二五”期间野生花生圃共从国外引进90份野生花生资源，新增18个物种，使我国目前保存的野生花生物种数从27个增加到45个。完成了230份次资源的农艺性状、品质性状及抗病性的鉴定，获得了高含油量，高抗病性的资源55份。向15家国内主要花生研究机构分发资源281份次，相关单位利用提供的优异材料培育出了优良品种及品系并获得了国家及省级科技成果奖，支持了包括国家“973”计划、国家自然科学基金、国际花生基因组测序等各级项目20多项，发表研究论文30多篇，有效促进了我国花生品种改良的突破和基础理论研究的进步。“十三五”期间将继续加强高油野生花生的分发利用、抗旱、抗寒、耐渍种质的鉴定评价和开发新的服务方式等研究工作。

一、子平台基本情况

国家野生花生圃建立于1987年，经历了2004年和2016年2次改扩建，新圃位于武汉市新洲区阳逻镇，依托中国农业科学院油料作物研究所，目前保存有野生花生的45个种270份种质材料。野生花生平台由1名研究员统筹，1名副研究员和4名助理研究员及2名工人分工协作。野生花生圃拥有工作间380m^2，晒场1 500m^2，旱棚400m^2，野生花生保存池800个，杂交后代鉴定池400个，冷库40m^2，及灌溉系统、气象观测站和挂藏室，基础设施完善，是中国唯一的以野生花生安全保存、鉴定评价、提供利用为主要研究方向的试验基地。

二、资源整合情况

（一）资源的收集引进、保存和整理

“十二五”期间，通过请进来、走出去的方式，开展国际学术合作交流，经过多轮协商沟通并签署引种协议，野生花生圃从美国农业部Griffin试验站引进野生花生53份（分属20个种，其中14个种是中国以前没有保存的），从国际半干旱热带地区作物研究所（ICRISAT）引进野生花生材料37份（分属10个种，其中4个种是我国以前没有保

存的），使中国入圃保存的资源数目从206份增加到了270份。已引进的资源中有61份分属12个新物种的资源已经入圃保存。

（二）资源的鉴定和整理

1. 品质性状鉴定和整理

“十二五”期间，总计完成了70份（230份次，包括60份3年重复）资源的品质性状包括含油量，脂肪酸组份和蛋白质含量的鉴定，建立了资源的品质性状的信息数据库。获得了含油量达60%以上的资源3份，其中*A.appressipila*在5年的鉴定中含油量都超过了60%。获得亚油酸含量达40%以上的种质3份，最高达48%，是目前所发现的花生资源中亚油酸含量最高的种质（表1）。

表1　*A.appressipila*含油量稳定性

年代	2011年	2012年	2013年	2014年	2015年
含油量（%）	62.79	60.72	63.29	62.03	61.48

2. 抗病性鉴定和整理

“十二五”期间，总计完成了70份（230份次，包括40份4年重复）资源的主要病害抗性鉴定。通过鉴定，发现2份*A.glabrata*的资源对病毒病免疫，获得了高抗青枯病种质资源12份，抗黄曲霉侵染的种质资源2份。初步鉴定烂果病抗性资源35份。

三、共享服务情况

（一）分发利用及培训

野生花生圃的服务对象覆盖了国内主要花生研究机构，并在全世界同行中享有广泛影响。

1. 分发利用

“十二五”期间，野生花生圃总计向山东省花生研究所、河北省农业科学院、河南省农业科学院、广东省农业科学院、广西壮族自治区农业科学院、河北省农业科学院、辽宁省农业科学院、四川省南充市农业科学研究所、泉州市农业科学研究所、山东省潍坊市农业科学院、江苏省农业科学院、山东农业大学和各地实验站等多家单位展示了高含油量及抗病的野生花生并向国内15家育种、科研单位提供野生花生种子、枝条、DNA和各种性状信息281份（次），实现了供种形式的提升和服务的多样化，用种人数达到44人（次），服务对象涵盖了国内主要花生研究机构。野生花生圃提供的资源被广泛用于花生育种和基础理论研究中，包括花生新品种培育，优异新种质的创制及基础科研材料的开发，栽培野花生青枯病抗性遗传基础分析等方面，直接支持了包括国家“973”计划在内的各级项目20多项。

2. 培训

“十二五”期间，野生花生圃向花生产业技术体系的多家单位包括襄阳市农业科学院、黄冈市农业科学院、泉州市农业科学院、南充市农业科学院等研究人员培训了花生的抗病性鉴定方法和评价标准，展示了优异的抗病、耐低温和高油资源，向100多人次提供了培训资料包括花生资源鉴定标准、花生叶部病害鉴定方法、花生青枯病鉴定方法，向来自越南、印度尼西亚、菲律宾及非洲国家的15人次进行了土传病害的鉴定技术，使我们的鉴定技术走出国门。向150人次的农业科技人员及农民专业合作社、花生种植大户进行了野生花生种质资源保存及利用价值的科普宣传，展示了中国野生花生研究进展，扩大了中国野生花生研究的国际影响力。

（二）利用成效

相关单位利用野生花生平台提供的资源材料进行了花生基础理论研究和种质创新研究，取得了很大进展，为栽培花生的遗传改良提供了理论和技术支撑。

1. 针对栽培花生含油量普遍偏较低的现状

河北省农业科学院利用提供的高油野生花生与栽培花生杂交，通过高含油量性状的综合选择研究，获得了高油后代材料6份，培育出了含油量62.46%的高油品系，为栽培花生的高含油量遗传改良奠定材料基础。

2. 针对生产中花生青枯病抗源狭窄的局面

山东省农业科学院利用提供的抗青枯病野生花生研究结果表明，野生花生的抗性基因与栽培种花生不同，为拓宽栽培花生的青枯病抗性遗传基础提供理论和技术支持。

3. 针对栽培花生为异源四倍体的基因组构成难以开展基因组学研究且花生基因功能组学基础理论研究落后的局面

河南省农业科学院利用提供的野生花生资源*A.oteroi*，创制了花生双二倍体，为花生易位系或渗入系的创制奠定了基础。

4. 为提高栽培花生含油量

中国农业科学院油料研究所的研究发现野生花生中存在栽培种花生没有的与高含油量相关的基因，通过种间杂交，创造获得了抗青枯病的高油种质材料。

（三）支撑科技创新与产业发展

野生花生的鉴定信息为花生研究提供了科学数据，利用野生花生育成了优异品种并多次获奖，促进了花生产业的发展。

（1）野生花生主要性状鉴定评价结果编入《中国花生遗传育种学》，促进了花生科技进步。

（2）广西壮族自治区农业科学院以野生花生*A.correntina*为亲本培育出花生品种桂花22，以*A. monticola*为亲本培育出花生品种桂花26和桂花30，在生产上大面积应用。由这些品种组成的项目“高产、优质、多抗桂花系列花生新品种的创制与应用”，获2011年广西壮族自治区科学技术进步奖二等奖。

（3）河南省农业科学院利用平台提供的二倍体抗青枯病高含油量的野生花生种质*A.chacoense*育成了远缘杂种“远杂9102”“远杂9307”和“远杂9614”等品种，在生产上大面积推广利用，项目“花生野生种优异种质发掘研究与新品种培育”获得2011年国家科技进步二等奖。

（四）专题服务

野生花生具有的二倍体基因组特点和丰富的遗传多样性及一些栽培种花生所不具备的优异性状，在花生遗传改良育种及基础理论研究的利用潜力很大。“十二五”期间，在野生花生鉴定评价的基础上，多家单位利用提供的野生花生开展了多个方向的研究，野生花生平台支撑各级项目20多项。野生花生在中国花生育种和基础研究方面发挥着越来越大的作用。下面是平台提供的野生花生支持的部分项目。

1. 科技部“973”计划/2011CB109304

2. 国家花生产业技术体系/种质资源评价建设专项（CARS-14）

3. 国家基金青年项目

野生花生遗传图谱构建与青枯病抗性基因的定位（31000724）。

4. 国家基金面上项目

野生花生含油量分子标记的建立（31271764）。

5. 国家基金面上项目

花生栽野杂种特异新种质含油量分子标记位点发掘（31471534）。

6. 国家基金面上项目

控制花生种子油脂合成的甘油3-磷酸酰基转移酶基因等位变异和功能研究。

7. 国家基金面上项目

基于SLAF-seq技术的花生高密度遗传图谱构建及北方根结线虫抗性QTL定位。

8. 国家基金面上项目

花生油脂形成的基因网络解析及关键基因的功能研究。

9. 国家花生产业技术体系/种质资源评价建设专项（CARS-14）

10. 河南省重大科技专项（141100110600）

11. 河南省现代农业产业技术体系项目（S2012-5）

12. 平台提供材料支撑发表的部分论文

（1）花生栽培种与野生种（*Arachis oteroi*）人工杂交双二倍体的创制和鉴定，作物学报，2016.

（2）利用RIL群体和自然群体检测与花生含油量相关的SSR标记，作物学报，2011，37（11）：1 967–1 974.

（3）源于栽培种花生的EST-SSR引物对野生花生扩增的多态性，作物学报，2012，38（7）：1 221–1 231.

（4）Alteration of gene expression profile in the roots of wild diploid *Arachis duranensis* inoculated with *Ralstonia solanacearum*，Plant pathology，2014，63（4）：803–811.

（5）Abundant Microsatellite Diversity and Oil Content in Wild *Arachis* Species. PLOS ONE 7：e50002.

（6）Draft genome of the peanut A-genome progenitor（*Arachis duranensis*）provides insights into geocarpy，oil biosynthesi.PNAS，2016，113（24）：6 785–6 790.

四、典型服务案例

*A.duranensis*是栽培种花生的祖先亲本之一，对其开展的基因组测序对花生育种及

花生基础研究具有非常重要的意义。针对我国花生基因组研究水平落后，缺乏基础性数据平台的局面，广东省农业科学院与山东省农业科学院及山东圣丰种业科技有限公司合作，利用平台提供的A基因组供体资源*A.duranensis*，历时5年，完成了花生A基因组的全基因组测序及拼装注释研究工作。该成果于2013年6月在郑州举行的第六届国际花生基因组大会上发布，2016年发表在PNAS。该项研究成果极大提高了有关企业的业内声望，为花生分子育种和基础研究提供了基础平台，标志着我国花生基因组研究走在了世界的前列。

五、总结与展望

“十二五”期间，野生花生的研究工作取得了很大进展，保存资源的数量和遗传多样性显著增加，鉴定获得了大批高油、抗病、耐低温的种质材料，建立了资源整理整合的数据信息，相关单位利用资源和数据信息，在种间杂交、新品种培育和重要性状形成的遗传基础研究方面均取得了突破。“十三五”期间在此基础上，根据新时期花生品种和产业的需求，开展以下3个方面的工作。

（一）针对目前我国花生生产中应用的品种含油量偏低、含油量不稳定、抗病性差、适应范围窄、不适于机械操作等问题

继续通过资源的精准鉴定和杂交，发掘和创制出可供育种有效利用的高油种质3~5份，适合机械脱壳、机械播种、机械收获的材料3~5份，提供给相关单位研究利用50份次。

（二）针对我国花生生产面临的前期低温阴雨、中期洪涝灾害、后期高温干旱、花生机械化收获等问题

创制耐低温、耐渍涝、耐旱资源3~5份，提供给相关单位研究利用50份次。

（三）继续完善资源服务平台

开发新的服务形式与内容，如开发重要性状的快速鉴定技术、分子标记等，建立含油量的快速检测技术和分子标记辅助选择技术，并提供给相关单位研究利用。

国家桃、葡萄、樱桃种质资源子平台发展报告

方伟超，樊秀彩，齐秀娟，刘聪利，王力荣，刘崇怀，方金豹，李　明

（中国农业科学院郑州果树研究所，郑州，450009）

摘要：桃、葡萄、樱桃种质资源子平台依托中国农业科学院郑州果树研究所，由国家果树种质郑州葡萄、桃圃，郑州果树研究所樱桃资源圃和猕猴桃资源圃组成，现有人员19名，拥有种质保存圃100亩，保存葡萄、桃、樱桃、猕猴桃种质资源2 987份。2011—2015年共收集种质资源804份。已完成2 221份种质资源的共性数据和2 053份特性数据的整理及数据录入工作，同时采集了相应的叶、花、植株、果实等图像。开展功能性成分、抗逆、抗病虫性鉴定评价，筛选出一批优异资源提供共享利用。2011—2015年共向429个教学、科研和生产单位提供种质实物共享利用21 241份次，为科研、教学、生产提供了强有力的支撑。

一、子平台基本情况

桃、葡萄、樱桃种质资源子平台位于河南省郑州市管城区，东经113° 42′，北纬N34° 48′，海拔110.4m。年平均气温14.2℃，年降水量666mm，年日照量2 436h，无霜期213d。依托单位为中国农业科学院郑州果树研究所。由国家果树种质郑州葡萄、桃圃，郑州果树研究所樱桃资源圃和猕猴桃资源圃组成，现有葡萄相关人员6名，桃相关人员7名，猕猴桃相关人员3名，樱桃相关人员3名，拥有种质保存圃100亩，保存葡萄、桃、樱桃、猕猴桃种质资源2 987份。是国家农作物种质资源平台的重要组成部分，承担国家科技基础性工作，按照国家要求，对葡萄、桃、樱桃、猕猴桃种质资源有计划地开展收集、鉴定、整理、保存、共享利用和创新，同时也是葡萄、桃、樱桃、猕猴桃品种资源科研教学基地和多样性展示园。保存资源的种类和数量、信息资源管理系统、研究条件处于国内领先地位。

二、资源整合情况

（一）资源类型、保存总量与增量

截至2010年12月31日，子平台共计保存葡萄、桃、樱桃、猕猴桃种质资源1 825份，其中葡萄824份、桃673份、猕猴桃127份、樱桃201份（图1）。截至2015年12月31

日，子平台共计保存葡萄、桃、樱桃、猕猴桃种质资源2 987份，其中葡萄1 241份、桃1 100份、樱桃291份和猕猴桃355份。保存资源总量比2010年增加了1 162份，其中葡萄增加了417份，桃增加了427份，樱桃增加了90份，猕猴桃增加了228份。

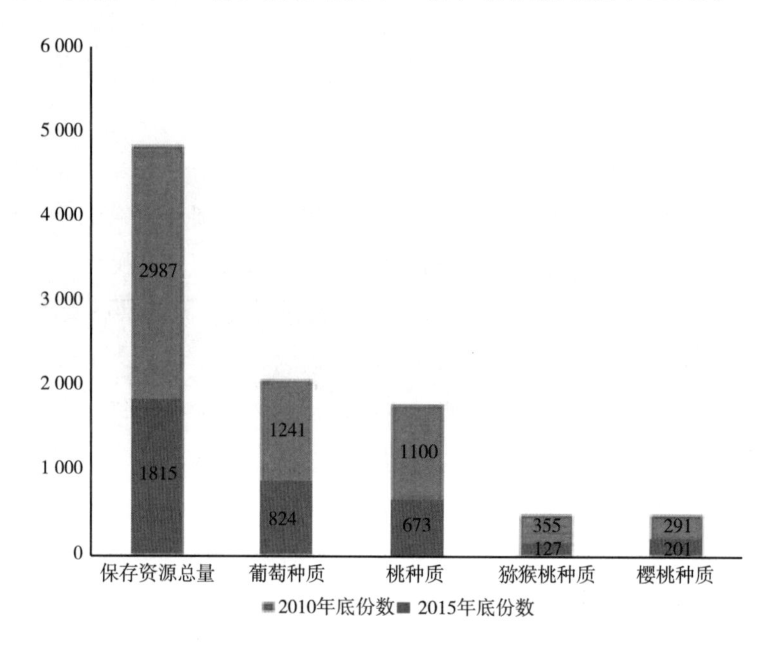

图1　桃、葡萄、樱桃种质资源子平台资源类型、总量与增量

（二）资源收集

2011—2015年共收集种质资源804份，其中葡萄207份、桃279份、樱桃90份、猕猴桃228份。

积极开展资源考察。分别对陕西省西安市长安区翠华山，山东省枣庄市峄城区和山亭区莲青山，河南省济源九里沟山区、焦作博爱县青天河和信阳市浉河区南湾湖山区，利川县毛坝乡星斗山国家级自然保护区，广西壮族自治区桂林市猫儿山地区，石门县壶瓶山，三清山地质公园和南昌市湾里区梅岭山脉，万宁六连岭，甘肃省宁县，四川省阿坝市，陕西省榆林市，内蒙古自治区阿拉善市，山东省青州市，甘肃省敦煌市，新疆维吾尔自治区南疆，山西省中条山等地的野生葡萄、桃种质资源和地方品种进行了较为深入细致的考查和收集工作。新增葡萄4个种，猕猴桃20个种，进一步丰富了子平台保存的野生资源和地方品种种类和数量。

（三）资源鉴定、整理整合

截至2015年12月已完成2 221份种质资源的共性数据和2 053份特性数据的整理及数据录入工作。同时，采集了相应的叶、花、植株、果实等图像（图2）。

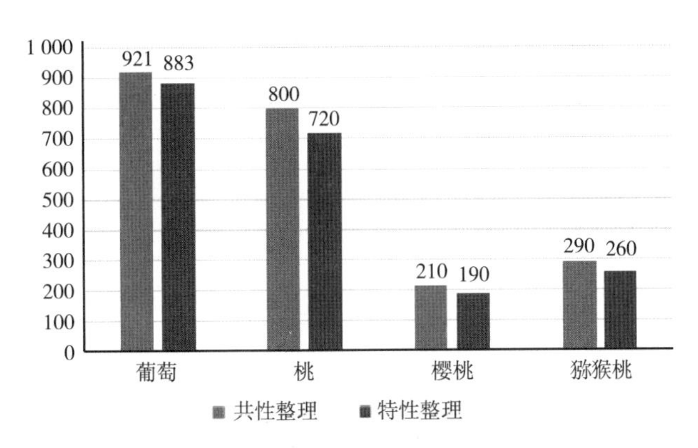

图2　桃、葡萄、樱桃子平台资源整理情况

为了更好地提供专题服务，在进行种质一般农艺性状鉴定评价的同时，也针对葡萄生产发展的需求，对葡萄种质的白腐病抗性、耐热性、花色苷组分和含量等进行了精准鉴定，通过鉴定共筛选出了29份优异种质资源，为今后的提供利用奠定了基础。对80份葡萄种质进行了白腐病抗性鉴定，筛选出刺葡萄0941、刺葡萄0940、都安毛葡萄、塘尾葡萄实生、舞钢庙街桑叶、蘡薁武汉A1、灵宝变叶、燕山葡萄0947等10份高抗白腐病种质，为葡萄的抗白腐病育种提供依据。对196份葡萄种质进行了耐热性鉴定，筛选出腺枝葡萄双溪03、刺葡萄梅岭山1301、菱叶葡萄0945等11份耐热葡萄种质，对高温区域或设施种植葡萄、以及选育耐热葡萄新品种提供参考。对116份葡萄种质的花色苷组分和含量进行了测定，筛选出申秀、京优、早黑宝、黑×国、郑州早红、紫珍香、京亚、脆红和蓓蕾A等9份花色苷含量极高的种质，其中申秀的花色苷含量达到了4 759mg/kg FW，为选育高花色苷含量品种提供依据。

开展了桃抗旱种质鉴定，筛选出抗旱种质哈露红和红根甘肃桃。通过桃耐盐碱鉴定，筛选出耐盐碱种质蓓蕾和喀什4号。对424份桃种质的糖、酸种类和含量进行了测定，筛选出高糖种质花玉露、迪克松、青丝、斯密、温州水蜜、青州红皮蜜桃和高酸种质大果黑桃、乌黑鸡肉桃、临黄9号、哈太雷。对211份桃种质花色苷种类和含量进行了测定，筛选出高花色苷含量种质万州酸桃、黑布袋、武汉2号、齐嘴红肉、微尖红肉、早春桃。对224份桃种质开展抗蚜性鉴定，筛选出高抗种质16份。采用电导法对64份桃种质资源进行抗寒性评价，筛选出抗寒种质3份。采用人工枝条接种的方法对227份桃种质材料进行根癌病抗性鉴定评价，筛选出4份高抗种质。通过对根结线虫侵染贝蕾（高感）和白根甘肃桃（高抗）实生苗根部不同时期的表型及组织病理学观察，将早期侵染过程及时期进行精确定位，建立了室内进行桃根结线虫抗性鉴定的方法。

收集并分离了来自全国不同产区猕猴桃种质资源溃疡病样品128份，分离纯化后获得106个菌株；建立了猕猴桃溃疡病原菌和植株抗性室内鉴定体系，完成30个品种的抗病评价，找出高抗种质和高感种质各3份。用流式细胞仪检测了105份种质资源倍性。

完成29份甜樱桃自花结实率、153份樱桃资源的需冷量、148份资源倍性等44项性状鉴定和整理。对91份樱桃资源进行可溶性固形物、糖、酸、维生素C、胡萝卜素及钾、磷、铁、钙、镁、锌、硒元素分析。完成156份甜樱桃种质的S基因型鉴定。

（四）优异资源简介

1. 高抗葡萄白腐病和炭疽病种质——刺葡萄0941

图3　刺葡萄0941

通过葡萄白腐病、炭疽病抗性鉴定，从收集的野生资源中筛选出高抗葡萄白腐病和炭疽病种质刺葡萄0941，雌性花，在离体接种条件下，白腐病和炭疽病的感病率分别为为7.5%，6.9%。对照品种巨峰的感病率分别为9.4%，8.3%，美人指的感病率分别为29.3%，40.0%（图3）。

2. 红肉即食猕猴桃——红贝

图4　红贝

果实倒卵形，平均单果重为10g。果实较小、无毛，成熟后果皮、果肉和果心均为红色，可溶性固形物含量为17%，完全成熟后果皮呈诱人的褐红色。穗状结果，在阳历中秋节至“十一”国庆节期间成熟，采摘期可持续1个月以上。适于带皮鲜食，并适于加工果酒、果醋、果汁等制品（图4）。

3. 樱桃半矮化砧木ZY-1

ZY-1与甜樱桃嫁接亲和性好，无小脚现象，较耐盐碱，萌芽率高，成枝力强。树势中庸，易成花，进入结果期早，3年结果，5年进入盛果期。嫁接的甜樱桃苗对不同的气候和土壤条件类型有广泛的适应能力，具有较好早果性和良好的丰产性。截至

2015年ZY-1砧木嫁接苗示范推广基地涵盖13个省市自治区，使樱桃产业成为当地农民增收的主导产业之一。

4. 高花色苷含量油桃种质——黑油桃

郑州地区7月6日成熟，果实卵圆形，两半部对称，果顶微凹，梗洼中深，缝合线不明显、浅，成熟状态一致；平均单果重170g，大果250g；果面全部着紫红色，皮成熟后难剥离；果肉红色，肉质为硬溶质，耐运输；汁液中等，纤维中等；果实风味酸甜，可溶性固形物含量为14%，黏核（图5）。

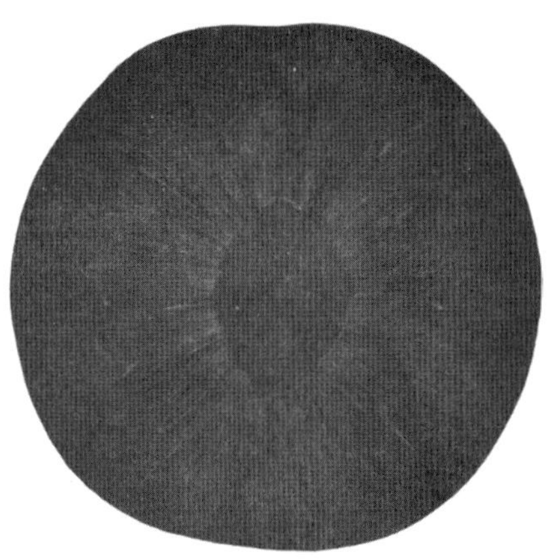

图5　黑油桃

三、共享服务情况

通过组织会议、期刊杂志宣传、通过广告宣传推广品种。以电话、手机短讯、E-mail、QQ和微信等方式提供服务，通过来人直取或邮寄的形式达到实物分发的目的。2011—2015年共向429个教学、科研和生产单位提供种质实物共享利用21 241份次。

（一）科研利用

种质资源鉴别、指纹图谱的构建、优异基因挖掘和表达分析、组织培养、基因工程、病毒病、栽培生理等方面。为国家自然基金、现代农业产业技术体系、国家科技支撑计划、国家“863”计划、国际合作等四十多项国家和地方科技计划提供基础材料3 000余份次（表1）。

（二）育种利用

利用提供的种质资源培育新品种25个。

（三）生产直接利用

通过鉴定评价，筛选出的优异种质资源直接向生产推广，累计提供苗木100余万株，接穗20余万支，有力地促进果树产业的发展（图6、图7、图8和图9）。

表1　种质资源共享服务统计

统计指标			具体情况
服务数量	资源服务量	信息资源服务 实物资源服务 其他 技术服务与成果推广	科学数据15MB，图书文档31篇 植物种质资源 21 241份 其他1 564次 技术服务1 875次，技术咨询3 882次，成果推广403次，参观访问2 586人次，国际交流与展示7人次，科普宣传9 842人次
		培训服务	共提供85次培训，培训8 046人次
	服务对象数量	服务用户类型	共服务429用户。高等院校87所，企业70家，政府部门44个，个人87，科研院所138所，其他2，民间组织1个
		是否参建单位	共服务429单位，非参建单位所占比例87.413%（375）
		专题服务	共提供27次专题服务
服务成效	科技支撑	支撑项目	共61个项目。其他项目工程14个，省部级项目18个，国际合作项目4个，国家“863”计划课题3个，国家级国家自然科学基金12个，国家级科技重大专项3个，国家级科技支撑课题7个
		支撑论文	共154篇、SCI 31篇
		支撑论著	6本
		支撑标准	9个，国标2个，行标5个，地标2个
		支撑专利	发明专利2个
		支撑科技成果及获奖情况	3项
		社会效益	产生9项社会效益。科学普及7项，服务民生1项，重大工程1项

图6　现场展示

图7　田间指导服务

图8　培训服务

图9　科普服务

（四）专题服务

1. 观赏桃花走向大市场

（1）服务对象：漯河天翼生物工程有限公司。

（2）服务时间：1998年至今。

（3）服务地点：河南省漯河市和上海市。

（4）服务内容：郑州桃圃对圃内保存的50余份优异观赏桃种质资源的36个观赏性状进行了鉴定评价，筛选出一批种质供生产利用。利用筛选出的观赏桃为亲本，培育出满天红、探春、元春、报春、红菊花和洒红龙柱等观赏桃新品种向漯河天翼生物工程有限公司提供利用，并派技术人员进行技术培训和跟踪服务。

（5）具体服务成效：漯河天翼生物工程有限公司在漯河市建立起300多亩的以观赏桃花为主的观光果园生态园区，每品种观赏桃花的种植均在百株以上，观赏桃花共计万株，同时建立了3 000余亩的观赏桃花培育基地，采用大苗在漯河市越冬休眠，到广州市升温催花的办法抢占广州春节花市，年效益在100万元，十分可观。并且在上海市建立了以观赏桃花为主要种类的700多亩观光果园生态园区。在该公司的推动下，漯河市已经把桃花确定为市花。

2. 红肉软枣猕猴桃山地果园建设

（1）服务对象：浙江省浦江市莓蓝芳农业开发有限公司。

（2）服务时间：2013—2014年。

（3）服务地点：浙江省浦江市。

（4）服务内容：进行红肉软枣猕猴桃资源配置、资源山地建设规划、种植管理技术指导等。

（5）服务成效：几年来，我们针对特殊地形，采取创新的山地果园架材建设模式和土壤管理办法，数次派专门技术人员前往该地区进行技术指导。经过2年的建设，目前红肉软枣猕猴桃资源山地猕猴桃园面积达100亩。水利设施、架材建设等硬件建设均已完成。另外，2013年春季种植该系列果品2015年开始挂果，比普通猕猴桃早结果2年左右，获得了这个品种在该区域种植的性状表现数据，并能让种植者收回部分投资。

四、典型服务案例

1. 郑州市动物园桃花节

（1）服务对象：郑州市动物园。

（2）时间：2013—2015年。

（3）地点：郑州市动物园。

（4）服务内容：自2013年开始郑州桃圃向郑州市动物园提供观赏桃20余个品种，并帮助该园进行规划设计和栽培管理。

（5）具体服务成效：该园的观赏桃逐渐形成规模，2014—2015年连续举行了两届桃花节，取得了良好的经济效益和社会效益。2015年3月28日，朱更瑞研究员特地前往参加郑州市动物园第二届桃花节担任桃花使者，为观赏桃花的游人义务讲解桃花的种类、桃花的美容效果、桃花的茶饮、桃花的美食以及中国桃文化，等等，让大家在欣赏桃花美丽的同时增长了知识。

2. 科技兴农 小树种（樱桃）做成大产业

（1）服务对象、时间及地点：2011—2015年山西省运城市、陕西省铜川市。

（2）服务内容：利用樱桃种质资源圃保存的优异砧木和品种资源，筛选出矮化早丰产砧木及甜樱桃配套栽培品种，建立大樱桃矮化密植早丰产栽培技术体系，使我国甜樱桃栽培区域由传统的渤海湾地区推进到陇海铁路沿线的中西部地区，建立起我国甜樱桃早熟栽培区，使樱桃产业成为山西省运城市、陕西省铜川市等地成为农民增收的主导产业之一。所筛选出的红灯、萨米脱、美早等品种更是凭借其果个大、耐储运、风味浓等特点被允许在中国台湾地区市场销售。

3. 桃、葡萄、樱桃种质资源子平台

利用保存的55个标准品种，制定了国家农业行业标准《植物新品种特异性、一致性和稳定性测试指南—葡萄》，并于2015年8月6—7日承办了“无性繁殖新品种育种人测试技术培训班”。对来自全国18个省（市、自治区）、30个单位的无性繁殖作物新品种育种人、DUS测试人员及品种权代理人等50余人进行了葡萄DUS测试技术田间实践培训。此次培训是农业部科技发展中心首次面向无性繁殖作物育种人的DUS测试技术培训班，为无性繁殖植物新品种育种人提供了从植物知识产权保护、DUS测试技术和依据DUS测试指南进行植物DUS测试及报告填写等方面的知识和技术。

4. 2014年7月28日至8月2日在北京市延庆县召开了被誉为“葡萄界的奥运会”的“第十一届国际葡萄遗传与育种大会”

为了有效展示中国葡萄产业发展的成就和葡萄科研水平，延庆县政府建立了“世界葡萄博览园”，定植葡萄品种1 000余份，设置有多种葡萄架式和树形。国家农作物种质资源平台桃、葡萄、樱桃种质资源子平台，在葡萄大会筹备期间，作为延庆县政府的技术协作单位，在提供技术支持的前提下，先后向北京市延庆县果品服务中心提供葡萄新优品种600余份，有效支持了“第十一届国际葡萄遗传与育种大会”的召开。

五、总结与展望

（一）存在问题

第一，信息反馈难，信息反馈仅可得到被利用种质的名单，实际利用效果及相关研究结论的信息却难于知晓。建议国家出台相关的法规，规范种质利用者的责任。

第二，由于受到土地面积限制，单份资源定植株数偏少，在进行资源鉴定时，数量性状的鉴定结果受到一定影响，只有增加鉴定的重复次数，致使工作量很大。

（二）建议

第一，果树资源大多采用圃地保存，受自然环境条件影响很大，近些年，随着气候变暖，一些恶劣的灾害性天气频发，对资源安全威胁巨大。建议国家设立专门的资金支持离体保存技术的研究。

第二，中国野生果树资源丰富，但一般在山区分布较多，个别边远山区交通条件差，而且考察人员与当地人交流存在一定的难度，山路崎岖，考察收集工作难以开展。建议与地方的科研、教学单位合作，将收集到的野生种备份到国家种质资源圃，为果树抗性育种提供亲本材料。

（三）“十三五”目标

第一，加强资源收集引进，特别是珍稀、濒危资源的收集引进。

第二，资源的安全保存。

第三，加强基础数据调查，强化资源深度挖掘。

第四，完善资源的共享利用平台。

第五，出版《桃、葡萄、樱桃、猕猴桃遗传多样性》等著作。

（四）“十三五”任务

第一，增加资源实物保存数量，新增资源400份。

第二，搭建网鸟网、避雨棚等设施，确保资源的安全保存。

第三，在基础数据补充调查和完善的基础上，重点开展种质资源精准鉴定和深度挖掘，筛选优异基因资源，为专题服务提供支撑。

第四，分发优异资源2 000份次，开展专题服务5~10次。

（五）“十三五”预期成效

增加资源实物和信息量；服务对象趋于多元化；专题服务更加有针对性。

（六）拟重点针对的需求和解决的问题

针对各种科研任务和生产实际需求，开展资源的精准鉴定和深度挖掘，筛选出优异资源，满足不同专题服务需要。

国家野生稻种质资源（广州）子平台发展报告

潘大建，范芝兰，李　晨，陈　雨，孙炳蕊，陈建酉，陈文丰

（广东省农业科学院水稻研究所，广州，510640）

摘要：截至2015年底，广州野生稻子平台整合野生稻资源5 078份，包含20个野生稻种。“十二五”期间，新收集野生稻资源251份，编目整合181份，鉴定评价1 318份，筛选出优异种质350份；拍摄野生稻物种多样性及遗传多样性照片4 700多张，编制了野生稻种质资源多样性图谱；为全国35个次单位提供了种质共享服务，其中，向全国20个单位28人次提供野生稻种质资源实物共享839份次；向高校、中小学及社会团体1 400多人提供实习、教学、科技交流及科普教育等服务；为1项国家课题提供信息咨询服务。

一、子平台基本情况

国家农作物种质资源平台野生稻种质资源子平台（广州）依托于广东省农业科学院水稻研究所及国家种质广州野生稻圃，是中国野生稻资源异地种植保存、研究和共享利用的重要平台之一。平台现有管理和研究人员6人，其中研究员2人，副研究员2人，助理研究员2人，另有6名服务人员。主要设施包括普通野生稻、药用野生稻、疣粒野生稻及外引野生稻4个种植保存区和1个种子低温保存库，采用种茎盆栽保存为主、种子入库保存为辅的双轨制保存法妥善保存野生稻资源；还有种植观察区、繁殖试验区、温室、网室、喷灌、引灌等研究及保存辅助设施。平台主要保存来源于广东省、海南省、湖南省、江西省和福建省等省及国外20多个国家和地区的野生稻资源，并对其开展鉴定评价、创新利用研究及实物和信息共享服务工作，重点为国内大专院校、科研机构、育种单位、种业公司、政府部门等单位及专家提供野生稻种质资源和信息咨询服务。

二、资源整合情况

截至2015年12月，广州野生稻子平台整合野生稻资源5 078份，包含20个野生稻种。其中国内野生稻资源4 841份（原产广东省、海南省、湖南省、江西省和福建省），包括普通野生稻、药用野生稻和疣粒野生稻3个物种；国外野生稻资源237份（来源于20多个国家和地区），包含19个野生稻种（无疣粒野生稻）。与2010年底整合资源总数4 897份相比，5年共增加资源181份，均为国内野生稻资源。

2011—2015年，对广东省7个地级市17个县（市）开展了野生稻资源调查收集。共调查了有资料记载的257个野生稻分布点，但现在还能找到野生稻的仅有34个点，其余223个点的野生稻已不复存在。同时新发现了3个野生稻分布点，其中在广东省河源市首次发现药用野生稻。在调查基础上，抢救性收集了37个分布点251份种茎样本，其中普通野生稻21个点183份，药用野生稻16个点68份，不仅可以丰富野生稻圃保存资源的遗传多样性，而且为野生稻资源持续安全保存、研究和共享利用提供了更多物质支撑。

对682份资源进行种植观察和农艺性状鉴定，筛选出早熟、优质、不育等优异材料161份，是早熟、优质育种，不育系选育及相关基础研究的宝贵资源；对463份资源进行白叶枯病抗性鉴定，获得抗—高抗资源108份，为水稻抗病基因挖掘、抗病育种及基础研究提供了丰富的抗源；对174份资源进行苗期耐冷性鉴定，把3叶期秧苗置于人工气候箱中6℃低温下处理6d，鉴定出强—极强耐冷材料81份，为水稻耐冷基因发掘、耐冷育种及基础研究提供丰富资源。

为了更好地展现野生稻的物种多样性和遗传多样性，拍摄了18个野生稻种主要形态性状照片4 700多张，编制了野生稻种质资源多样性图谱，图1、图2、图3和图4所展示的是其中部分照片。

图1　中国的3个野生稻种

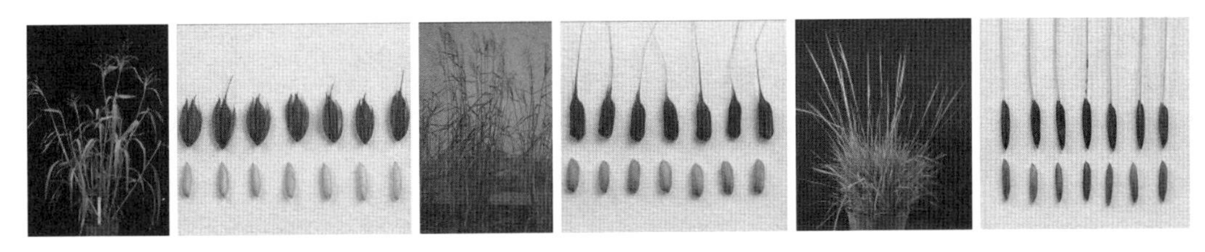

图2　国外的野生稻种

图3　生长习性

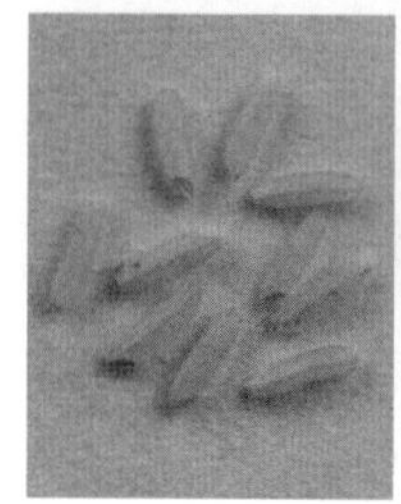   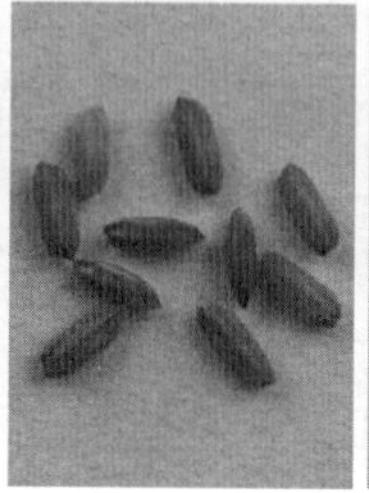 

图4　种皮颜色

三、优异资源简介

（一）资源名称

普通野生稻S7002。

（二）资源特点、特性

细胞质雄性不育、优质、抗病。

（三）资源提供利用情况及成效

广东海洋大学以普通野生稻S7002为细胞质供体，梅青B×Ⅱ—32B的后代为细胞核供体，经杂交和连续多代回交核置换，转育成新质源不育系湛A，该不育系不育性稳定，不育株率100%，花粉不育度99.95%，典败花粉率95.64%，异交结实率高，抗稻瘟病，中抗白叶枯病，恢复谱广，配合力好。用其已配制杂交稻组合3个，其中湛优226、湛优2009通过广东省品种审定，湛优1018通过海南省品种审定（图5和图6）。

图5　普通野生稻

图6　湛优226

四、共享服务情况

2011—2015年，为全国35个次单位提供了服务，主要包括实物共享、科普和教学、科技交流、信息咨询等。服务的用户主要是国内高校、科研机构、中小学、社会组织等。其中实物共享，向全国20个单位28人次提供野生稻种质资源839份次，为他们开展水稻育种、种质创新及相关基础研究提供了重要物质材料支撑。为2所高校近1 300名学生提供实习和教学服务，为3个单位70多人提供科技交流服务，为1所小学50多名小学生提供科普教育服务，为1项国家课题提供信息咨询服务。其共享服务的主要效果主要体现在以下5个方面。

（一）支撑利用单位开展相关科研项目研究、发表论文论著及培养研究生

1. 为华南农业大学生命科学院提供野生稻资源材料

用于分子检测了解各种野生稻中细胞质雄性不育基因的存在状况，成功克隆了三系杂交稻广泛利用的野败型细胞质雄性不育基因，并阐明了不育发生的分子机理。相关论文《水稻线粒体与细胞核有害互作产生细胞质雄性不育》于2013年在线发表于国际顶级遗传学杂志《Nature Genetics》（影响因子：35.532）。

2. 为浙江农林大学提供野生稻材料

用于开展国家自然基金项目“水稻驯化相关miRNA基因的鉴定、分子进化与功能研究（31000170，2011.1-2013.12）”，取得良好进展，培养硕士研究生2名。

3. 为中国科学院植物研究所信号转导与代谢组学中心提供野生稻材料

克隆相关基因，分析其序列信息，与栽培稻相关基因进行比较，研究基因的功能

和进化，2013年在New Phytologist.（Dol：10.1111/nph.12657）发表论文1篇。

4. 向中国农业大学提供中国野生稻核心种质材料

用于开展SSR多样性分析及稻种资源起源演化研究，为论著《中国稻种资源及其核心种质研究与利用》一书的编写出版提供了支撑。

（二）支撑利用单位开展育种及相关基础研究，取得良好进展

1. 江苏省淮安市淮安区席桥农业技术推广中心

利用本子平台提供的抗病普通野生稻开展育种研究，已获得抗条纹叶枯病品系材料3个及光温敏感不育材料2份。

2. 华中农业大学作物遗传改良国家重点实验室

利用本子平台提供的普通野生稻开展遗传多样性研究，已获得感兴趣基因的DNA序列信息，拟进一步开展分析研究。

（三）信息咨询服务效果好

针对本所杂交水稻研究中心承担的“国家转基因生物新品种培育科技重大专项课题（2011ZX08011-001）”的子课题：“基因漂移风险评估模型及相关数据库”对广东省普通野生稻自然分布的相关信息的需求，子平台专门整理了相关信息，如野生稻的分布情况、野生稻生境周边有无栽培稻、彼此间距离、野生稻抽穗时间等，提供给课题组，使课题研究工作顺利实施，获得理想的研究结果。

（四）科普和教学服务效果明显

先后接待华南农业大学、仲恺农业工程学院多批次近1 300名学生到野生稻子平台参观学习及开展教学实习等活动（图7）。同学们通过在野生稻子平台实地参观学习，以及现场科技人员和带队老师的教学指导，对野生稻资源物种及遗传多样性有了直观的认识，对野生稻资源保护利用情况及其重要性有了更深的了解，增长了学生们在课室里学不到的知识，对培养学生更全面丰富的专业知识有重要作用。

图7　大学生在野生稻圃参观实习

（五）支撑获奖成果一项

为本单位完成科研成果《广东稻种资源收集保护及优异种质挖掘与利用》提供了支撑。该成果获广东省农业科学院2014年度科学技术一等奖和广东省2015年度科技进步三等奖。

五、典型服务案例

针对湖南省水稻研究所开展公益性行业专项“本地与引进种质资源高效结合与利用研究”需要大量湖南野生稻材料的需求，广州市野生稻子平台投入专门人力物力，对圃内保存的300多份湖南野生稻资源进行繁殖扩繁，随时向该所提供。2013—2015年，共提供野生稻种茎材料270多份次，满足其开展本地资源保护及相关利用研究的需要，也为该所完成科技成果“湖南水稻优异种质发掘及遗传多样性保护研究与利用”提供了支撑，该成果获得了湖南省2015年度科技进步一等奖。

六、总结与展望

“十二五”期间，广州市野生稻种质资源子平台在国家农作物种质资源平台的管理、指导和支持下，在野生稻资源整合、收集保存、鉴定评价、共享服务等方面均有较大的发展，取得了一定的成绩。同时，也存在许多不足的地方，有待“十三五”继续努力提高，争取更上一层楼。

（一）存在的主要问题

1. 在资源整合领域

种质资源整合及优异种质挖掘有待加强。

2. 在共享服务领域

共享服务的数量、质量及效率须进一步提高。

（二）“十三五”展望

1. 工作目标

（1）完善子平台运行管理服务规范，提升资源保存、鉴定评价与共享利用效率。

（2）鉴定挖掘一批优异种质，满足水稻基础研究、育种及种业发展对资源的需求。

2. 主要任务

（1）根据国家农作物种质资源平台管理、共享服务等相关制度及要求，完善子平台管理服务规范，提高管理服务效率。

（2）开展资源服务，为国内高校、科研、育种等单位提供野生稻资源，满足他们对资源的需求。

（3）开展专题服务，针对水稻产业发展，育种、生物技术等研究对稻种资源的需求，开展野生稻资源深度鉴定和种质创新研究，挖掘、创制优异种质，为水稻育种、相关研究及种业发展提供新种质。

3. 预期成效

（1）种质资源服务，向用户提供资源800份次以上。

（2）开展专题服务3~5项，重点挖掘抗病虫、耐逆种质，为育种及种质创新服务。

（3）种质资源深入鉴定评价300份，挖掘优异种质50份以上。

（4）对盆栽保存的野生稻资源种植繁种600份并入库保存，既满足资源实物共享需要，又增强种质保存的安全性。

国家野生稻种质资源（南宁）子平台发展报告

陈成斌，梁云涛，徐志健，潘英华

（广西壮族自治区农业科学院水稻/作物品种资源研究所，南宁，530007）

摘要：本子平台“十二五”期间全面超额完成任务指标，有效维护和安全保存21种2 996份野生稻实物资源和目录信息的补充，与2011年比较增加7.84%；超额完成整合、更新、挖掘优异种质等任务分别为9.11%、33.33%和20.67%。同时，为国内科研、教育、育种机构及时提供野生稻优异种质，共770份，超额6.35%；支撑成果和专题服务分别超额9.0%和50.0%；展示730份次；科普906人次；宣传1 818人次，全面超额完成共享服务任务。其中积极参与广西大学莫永生教授的利用野生稻种质的杂交水稻高大韧育种研究，育成高大韧稻8号比超级稻对照高产23.45%。利用野生稻育成恢复系8个，优良组合30多个，累计推广面积2.15亿亩，新增产值177.62亿元。“十二五”期间本子平台获省级成果二等奖2项，发明专利3项，实用专利1项，出版专著4部，整体提升了子平台的综合实力。

一、子平台基本情况

国家野生稻种质资源平台（南宁）建成于2009年，2010年投入运行服务，10多年来在国家科技部、农业部的领导下，在中国农业科学院的领导下，一直奉行共享服务的宗旨，努力维护好现存野生稻种质资源，积极服务国家水稻育种及稻作基础研究，并取得显著成果。

（一）依托单位及人员状况

国家野生稻种质资源平台（南宁）位于广西壮族自治区首府南宁市郊区，依托广西壮族自治区农业科学院水稻/作物品种资源研究所。南宁子平台位于北回归线以南，是中国野生稻分布的地理中心地带，也是野生稻遗传多样性中心，具有长期安全保护野生稻种质资源进化演变、创新利用的区位优势。

国家野生稻南宁子平台的工作人员共13人，负责人：陈成斌、梁云涛；其中正高职称者1人、副高职称者2人、中级职称者3人，其中博士学位者2人、硕士学位者2人、其他人员3人。

（二）主要设施与职责

国家野生稻种质资源平台的依托单位广西农业科学院水稻/作物品种资源研究所，对南宁子平台在软硬件两方面给予高效支撑保障。在软件方面，该单位设有专职副所长分管科研工作，所长负责全面监管。野生稻研究室有专业队伍负责平台运行的具体管理，制定有野生稻平台运行的种质资源（圃）管理、更新维护、整合保存、鉴定评价、创新挖掘、分发利用的分工合作运行机制，以及研究所的财务管理、后勤设施管理运行机制，确保平台的高效运行和共享服务。在硬件方面，依托单位支持平台项目使用的办公室120多m^2，工具房、考种室80多m^2，实验室100多m^2，温网室100多m^2，试验田15亩，以及国家种质南宁野生稻圃的种质资源保存设施等条件，能够保证平台的种质资源安全保存更新、新收种质整合、鉴定评价、创新展示与分发利用等业务顺利开展。

本平台的功能职责主要是：安全保存维护、更新野生稻种质资源实物和信息；高效地为国内有关单位提供优异野生稻种质（基因）的利用，为确保国家粮食安全作出更大贡献。“十二五”期间，本平台在国家平台中心的强有力领导和资助下，在中国农业科学院作物科学研究所国家农作物种质资源平台的主持下，在野生稻研究室全体成员的刻苦努力下，充分发挥国家野生稻种质资源平台南宁子平台的功能职责，取得显著成果。其中，“广西野生稻全面调查收集与保存技术研究及应用”获2014年度广西科学技术进步奖二等奖，广西壮族自治区农业科学院科技进步一等奖，获广西壮族自治区农业科学院80周年重大科技成果奖。“北海野生稻优异种质创新及应用”获2016年度广西壮族自治区农业科学院科技进步二等奖，获广西科学技术进步奖二等奖公示。2015—2016年获得3项专利登记（专利号：201510685915.5；201610266275.9；201610266370.9）和一项实用专利（专利号：ZL 201520428759.X）；先后撰写出版了专著4部，即：2012年广西科学技术出版社出版的《广西野生稻考察收集与保护》，陈成斌、杨庆文著；2013年广西科学技术出版社出版的《广西野生稻原生境彩色图谱》，梁世春、陈成斌、杨庆文著；2014年广西人民出版社出版的《野生稻种质资源保存与创新利用技术体系》，陈成斌、梁云涛著；发表论文4篇，其中核心刊物2篇。全面提升了国家野生稻种质资源收集保存、鉴定评价、创新利用的技术水平和综合实力，不管是2014年度的“广西野生稻全面调查收集与保存技术研究及应用”成果，还是2016年度的“北海野生稻优异种质创新及应用”成果，在成果评估时专家组一致认为，项目居国际先进水平。

二、资源整合情况

种质资源的收集、整合、安全保存、优异种质的鉴定评价等信息数据和图像信息采集是平台运行服务的基础。“十二五”期间我们始终坚持扎实做好这一基础工作，并取得突出成效。

对21种野生稻5 996份实物资源及其共性和特性信息进行安全维护、更新；为实现野生稻种质资源共享打下坚实基础。资源整合情况如表1所示。

表1　国家野生稻种质资源平台南宁子平台资源整合情况

项目		2011年	2012年	2013年	2014年	2015年	2016年
资源维护	任务指标	5 560	5 660	5 660	5 710	5 810	5 900
	完成情况	5 660	5 760	5 866	5 885	5 945	5 996
	对比	+1.80%	+1.77%	+3.64%	+3.06%	+2.32%	+1.63%
整合新资源	任务指标	100	100	100	50	50	50
	完成情况	100	116	105	60	55	55
	对比	+0.00	+16.00%	+5.00%	+2.00%	+1.00%	+10.0%
挖掘优异种质	任务指标	10	10	10	15	15	15
	完成情况	13	13	15	19	20	20
	对比	+30.00%	+30.00%	+50.0%	+26.67%	+33.33%	33.3%
种质更新	任务标标	100	100	100	50	50	50
	完成情况	110	109	150	55	59	60
	对比	+10.00%	+9.00%	+50.00%	+10.00%	+18.00%	+20.0%

从表1看到，“十二五”以来，本子平台在资源维护和新收集资源工作上取得很好的成果，在全体研究人员的共同努力下全面超额完成每年度的任务指标，确保野生稻种质资源实物安全保护和实物共享。2011年安全保存编写目录的野生稻种质资源5 560份，到2016年为5 996份，增加鉴定评价及编目种质资源436份，增加7.84%；整合新资源491份，超额完成任务指标9.11%；挖掘了具有高抗稻瘟病、白叶枯病、南方黑条矮缩病、优质、耐旱、耐寒等优异种质共100份，超额完成任务指标的33.33%；种质更新共完成了543份，超额完成任务指标的20.67%，全面超额完成国家下达的子平台任务指标，有效保障野生稻种质资源实物安全和实物共享基础。通过整合新资源和优异种质的

挖掘，先后对8 054份野生稻进行了稻瘟病抗性的重病区田间鉴定；对2030份野生稻进行了重金属耐性重复鉴定；还进行了小批量的南方黑条矮缩病抗性鉴定，分别获得一批鉴定评价信息数据和优异种质，既充实了平台数据信息库，又为优异种质利用提供新的实物。

三、共享服务情况

本子平台在“十二五”期间，每年均认真组织实施任务书的共享服务任务，全面超额完成各项任务指标，取得显著成果，整体提升野生稻种质资源的服务和利用水平，变资源优势为育种优势、生产优势、综合实力优势。

（一）运行服务总体情况

“十二五”期间（含2016年）国家野生稻种质资源平台（南宁）为国内科研、教学、育种单位（公司）等需要野生稻种质资源的科学家、育种家、教授实现了野生稻种质资源信息和实物共享。具体情况如表2所示。

表2　国家野生稻种质资源南宁子平台服务总体情况

时间	情况	服务数量	用户数	支撑成果	展示数	科普数	宣传数	专题服务
2011年	任务指标	100	3	2	0	0	0 人次	2
	完成情况	116	7	4	150	190	541	3（2 010份）
	对比	+16.0%	+1.3倍	+1倍	+++	+++	+++	+50.0%
2012年	任务指标	100	3	2	0	0	0 人次	2
	完成情况	110	5	4	110	140	521	2（2 010份）
	对比	+10.0%	+66.7%	+1倍	+++	+++	+++	完成
2013年	任务指标	100	3	2	0	0	0 人次	2
	完成情况	105	6	4	145	134	457	2（2 014份）
	对比	+5.0%	+1倍	+1倍	+++	+++	+++	完成
2014年	任务指标	124	3	2	0	0	0	1（2 016份）
	完成情况	130	4	4	125	137	85	1（2 020份）
	对比	+4.84%	+33.3%	+1倍	+++	+++	+++	超额
2015年	任务指标	150	3	2	0	0	0 人次	2（2 016份）
	完成情况	154	5	3	100	210	110	2（2 030份）
	对比	+2.67%	+66.7%	+50.0%	+++	+++	+++	超额

（续表）

时间	情况	服务数量	用户数	支撑成果	展示数	科普数	宣传数	专题服务
2016年	任务指标	150	3	2	0	0	0人次	2（2 016份）
	完成情况	155	4	3	100	95	104	2（2 020份）
	对比	+3.33%	+33.3%	+50.0%	+++	+++	++=	超额
合计	任务指标	724	18	12	0	0	0	11
	完成情况	770	31	18	730	906	1 818	12
	对比	+6.35%	+72.2%	+50.0%	+++	+++	+++	+9.0%

注：+表示超额完成任务的%或倍数；+++表示超额完成任务显著

（二）完成任务情况

从表2看到，“十二五”期间（含2016年）国家野生稻种质资源南宁子平台在种质资源实物服务数量、专题服务、支撑成果等方面全面超额完成考核指标任务，其中种质实物服务数量超额完成任务指标的6.35%；专题服务超额完成任务指标的9.0%；支撑成果超额完成50.0%；在展示、科普及宣传方面也取得显著的成绩。完全实现了平台服务国内科研和生产的目的，并进一步促进了野生稻优异种质的育种及生产应用。

四、典型服务案例

（一）典型服务案例1

积极主动服务广西大学支农中心的育种专家莫永生教授的高大韧育种项目。莫教授是广西大学杂交水稻育种的著名专家，长期从事三系杂交水稻育种研究，也十分积极利用野生稻优异种质作为杂交育种的亲本。我们一方面积极主动为他们项目组提供优异野生稻种质资源，特别是具有高大、茎秆粗壮、强耐倒伏、抗稻瘟病、优质等优异种质利用，另一方面为他们出谋划策，设计检测高大韧杂交水稻性状标准实验，并联系出版社帮助出版水稻高大韧育种专著与论文，总结野生稻利用的成功经验，推动高大韧育种实践中的野生稻优异种质利用。他们育成的高大韧8号比超级稻对照高产23.45%。2014年，我们申报野生稻成果时，他们提供了长期以来利用野生稻育种成新品种及推广面积的应用证明，效果十分显著。他们成功利用田东、田阳等普通野生稻优异种质，育种强优恢复系测253、测258等5个，培育出特优253、博优253、博优258、永优366等优良组合30多个，在广西壮族自治区、广东省等华南地区以及越南等东南亚国家连续多年推广应用。到2012年底，累计推广面积超过1.87亿亩，新增产值137.21亿元。多年来，广西大学利用国家种质南宁野生稻圃提供的野生稻种质资源培养出博士20人、硕士81人、学士1 140人，发表野生稻研究论文40篇，其中SCI的4篇、科技核心7篇、中文核心24篇；取得显著的社会效益、经济效益和生态效益，促进了野生稻优异种质的研究和生产应用。

（二）典型服务案例2

本子平台课题组成员积极与广西农业大学（现广西大学农学院）、广西博士园种业有限公司坚持长期紧密合作，利用北海普通野生稻优异种质YD2-和YD2-作为亲本，与栽培稻杂交、回交、选育出强优恢复系3个：测679、测680、R682；并利用它们配组、选育出通过新品种审定的优良组合：中优679、博优679、特优679、优I679、博优680、T优682。在华南地区以及越南等东南亚国家推广，其中2个品种为主导品种。到2015年底，累计推广面积超过2 838.51万亩，新增产值40.41亿元，新增利润40.41亿元，其中近3年（2013—2015年）累计推广742.01万亩，新增产值10.66亿元，新增利润10.66亿元。本子平台还从北海野生稻种质资源中鉴定评价出68份优异种质，创新水稻新种质59份，其中抗稻瘟病17份、抗白叶枯病15份、抗南方黑条矮缩病3份、耐冷10份、特殊米色7份、米粉专用型4份、特殊长穗型3份。挖掘优异基因/QTL位点10个；目标性状选择分子标记5个。获国家发明专利登记3项和实用专利1项。

五、总结与展望

目前，本子平台存在以下主要问题和难点，针对这些问题我们提出相应的解决措施。同时，也提出“十三五”期间平台主要解决科研和生产上急需的重大问题。

（一）主要问题和难点

项目实施的主要难点是平台所需的数据信息采集，一是人力缺乏。录入平台数据库的数据必须经过3年多点鉴定的数据，目前广西壮族自治区农业科学院还有数千份种质没有进行农艺性状、主要病虫害鉴定和抗逆性降低评价。急需加速鉴定评价工作。然而，广西壮族自治区农业科学院没有独立的种质资源研究所，引进人员十分困难，已经有15年没有招到年轻人了。二是采购困难。目前课题使用的电脑、相机都与办公用品相同，政府采购，存在着价高、质差、时间长的普遍问题，严重影响数据信息、图像信息采集、以及基因挖掘工作。三是经费管理难以做到精准预算。市场变化往往快于计划预算。

（二）措施和建议

建议采用以下措施：

1. 恢复作物种质资源研究所的独立编制和机构

增加研究人员队伍。

2. 采用合同包干的经费管理办法

使用范围在预算内即可的灵活方法，更有利于工作开展。

3. 1万元以下的设备仪器采购

允许课题主持人根据实际需要直接在市场上购买。

（三）“十三五”主要解决科研和生产上的重大问题

国家野生稻种质资源平台“十三五”期间应该重点解决野生稻资源优势变成优异基因优势的重大问题。在继续做好野生稻种质资源异位安全保存及原生境保护的工作基础上，重点抓好优异种质创新及新基因挖掘，特别是具有影响水稻育种产量突破、品质突破、主要病虫害抗性突破的优异基因挖掘、测序、转导、表达研究。构建野生稻优异基因创新库，为常规水稻、杂交水稻育种提供更加有效的更优异的野生稻基因渗入系，高产、优质、高抗主效基因系，提升野生稻优异种质利用效率。

国家甘薯种质资源（广州）子平台发展报告

房伯平，姚祝芳，张雄坚，陈景益，黄立飞，罗忠霞，
王章英，杨义伶，邹宏达，陈新亮，廖明欢

（广东省农业科学院作物研究所，广州，510640）

摘要：国家甘薯种质资源平台（广州）子平台致力于甘薯种质资源及其数据信息的整理整合、安全保存和鉴定评价，开展甘薯种质资源的实物共享和信息共享。“十二五”期间新收集资源55份，目前共保存国内外甘薯资源1 329份。期间鉴定甘薯资源约5 000份（次），通过鉴定评价获得系列具有代表性的特异资源，包括高花青素资源16份、高胡萝卜素资源14份、高淀粉资源30份、高干率资源25份、高抗病性的资源62份。2011—2015年提供实物共享资源1 072份次，年均214份次，每年开展培训服务4~5次，每年开展专题服务3~4次，每年开展资源展示活动20份（次）。

一、子平台基本情况

甘薯种质资源平台（广州）依托于广东省农业科学院作物研究所，位于广东省农业科学院白云基地，是以国家种质广州甘薯圃为技术支撑，其保存资源的数量和质量是保证甘薯种质资源共享利用的基础。在2003年实施国家农作物种质资源平台建设项目以来，对甘薯资源及其数据信息进行了整理整合，开展了甘薯种质资源的实物共享和信息共享。目前共有专职科研人员11人，工人3名。

二、资源整合情况

（一）收集引进

“十二五”期间新收集资源55份，平均每年增长11份，均完成当年项目指标任务。截至2015年12月，资源圃保存国内外甘薯资源总份数由2010年的1 274份升到1 329份，其中国外种质201份，物种数3个（表1）。

表1　收集和保存种质资源份数和种数

作物名称	目前保存总份数和总物种数（截至2015年12月30日）				2011—2015年期间新增收集保存份数和物种数			
	份数		物种数		份数		物种数	
	总计	其中国外引进	总计	其中国外引进	总计	其中国外引进	总计	其中国外引进
甘薯	1 329	201	3	1	55	7	3	1

（二）安全保存

资源圃中资源的保存严格按照按照《国家种质广州圃管理细则》和《国家种质广州甘薯圃资源保存管理操作规程》规范管理。目前共保存各类甘薯种质资源1 329份，在室内种薯架贮藏种薯、温室内盆栽冬种保存及在室外薯块育繁苗，所有种质资源保存安全且生长正常，为了甘薯资源的安全保存，本圃增加了温室盆栽保措施，确保了资源在出现特殊的严寒天气时也能存活，即在原“双轨法”保存的基础上增加温室冬种资源的保存方法，换茬时由2～3名研究人员分别与田间种植的资源多次校对，以避免出现资源混杂的情况。

甘薯资源主要靠种植种苗保存资源，而生长的植株易受不良环境影响造成伤害或死苗，此外，不同品种间的生长竞争会导致优势品种遮盖弱势品种，造成弱势品种生长不正常。为尽量减少死苗失种，必须对资源生长状况进行实时观察，及时发现和处理问题（图1）。本圃研究人员每周对资源进行一次全面观察，对缺苗资源进行补苗，弱小或死苗资源再种一份备份资源，定期以脱毒试管苗进行品种更新。

图1　脱毒试管苗更新效果

（三）鉴定评价

1. 资源特征性状鉴定

每年12月对当年收获的甘薯资源进行地下部性状鉴定，鉴定性状包括薯皮色、薯肉色、薯肉次色、产量、薯形等，并拍照保存，每年鉴定约1 000份。每年对未入圃的100份资源进行基本特征性状鉴定，共鉴定42个项目。鉴定的性状包括株型、茎叶生长势、顶芽色、叶片形状、叶主脉色、叶侧脉色、叶柄主色、茎主色、自然开花习性、薯皮色、薯肉色及丰产性等。经过特征性状鉴定，建立了新征集资源性状数据库，并对原有数据库进行的数据补充。

2. 资源特性鉴定

结合生产、育种或科学研究方面的要求，本资源圃每年对已入圃资源进行特征性状鉴定，包括花青素含量、胡萝卜素含量、淀粉含量、干率、总糖、还原糖以及抗病性等特征性状。

通过对未入圃资源的特征性状鉴定，跟已入圃资源进行比对，避免了资源重复编目，对未入圃资源的特征性状进行系统鉴定，对以后编目入圃、丰富数据库信息具有重要的意义。

通过对已编目资源的特征性状的鉴定，结合当前产业的需求，在“十二五”期间通过鉴定评价获得一系列具有代表性的特异资源，包括高花青素资源16份、高胡萝卜素资源14份、高淀粉资源30份、高干率资源25份、高抗病性的资源62份。

通过鉴定评价获得的优异资源图片（图2）。

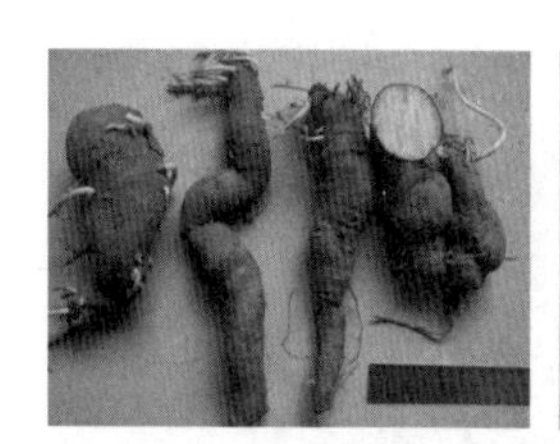

粉甘薯（淀粉含量28.7%）

极高淀粉资源豫83-538，薯块淀粉达29.3%

南城种：高花青素91.6 mg/100g

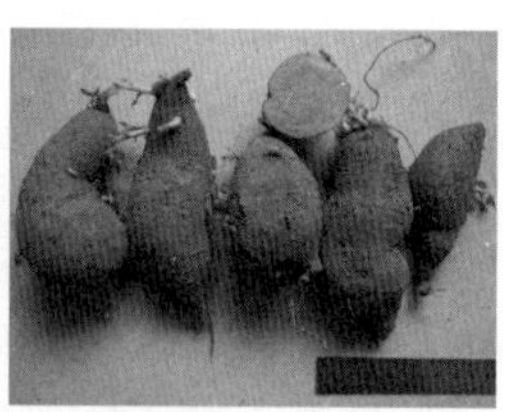

维多丽，高胡萝卜素26.5 mg/100g

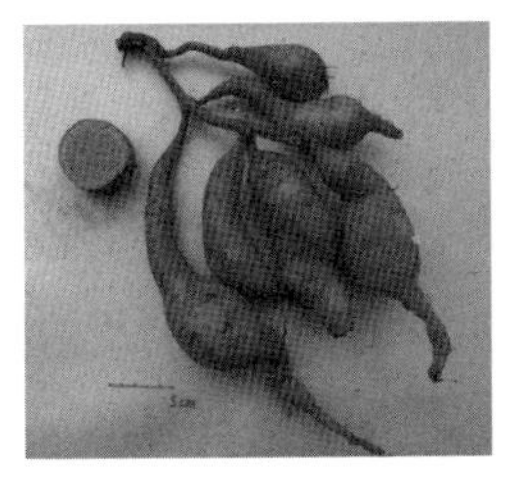

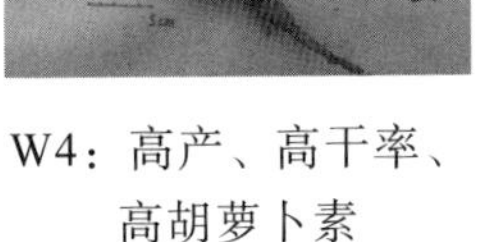

W4：高产、高干率、高胡萝卜素　　高淀粉资源广薯75-17　　高花青素资源A441　　高花青素资源A552

图2　通过鉴定评价获得系列具有代表性优异甘薯资源品种

三、共享服务情况

2011—2015年提供实物共享资源共1 350多份次，其中有回执的共享资源1 072份次，年均214份次，利用的单位包括科研院所、高等院校、事业单位、专业合作社等单位或个人，主要作为研究、示范、推广、开发、育种及研究生实验材料等方面的应用；每年技术研发服务项目保持2～3项；技术与成果推广服务达到5～6次；加强了培训服务，年均培训65人次，培训人数以每年5%的比例递增。此外，每年资源展示观摩3～4次，每年接待参观、学习或实习的科研开发、教育、推广、生产相关人员和学生50人次。

利用本圃保存的资源育成的广薯系列新品种，包括“广薯87”“广紫薯1号”“广薯79”“广紫薯2号”“广薯98”“广薯111”和“广薯128”等品种在南方薯区包括海南省、广西壮族自治区、江西省及福建省等地示范推广，年均种植面积近20多万hm^2（300多万亩），其中占广东省甘薯种植面积点55%以上，社会经济和生态效益显著。“广薯87”在广东省、福建省、江西省举行的丰产示范和现场观摩与测产会屡创佳绩，高产优质的示范效果使其近年来在南方薯区大面积推广。据不完全统计，截至2015年12月，“广薯87”在广东省、福建省、江西省、广西壮族自治区、海南省等南方薯区的种植面积超过150万亩。此外，“广薯87”的种植已经向北方和长江流域薯区各省辐射，截至2015年12月，已向北方薯区山东省、安徽省、山西省、陕西省，以及长江流域薯区湖北省、四川省、重庆市、湖南省提供大量“广薯87”种薯种苗，截至目前，已向以上薯区提供生产种苗1 000多万株，种薯50多万kg，其中河南省的种植面积已超过5万亩（图3）。

图3　高产示范区测产现场

四、取得的主要成绩

第一，2011—2015期间，利用本资源圃资源为材料发表的科研论文36篇。

第二，支撑国家产业技术体系2个：国家现代农业甘薯产业技术体系南方育种岗位专家、国家现代农业甘薯产业技术体系广州综合试验站。

第三，支撑广东省产业技术体系一项。

第四，支撑育成桂薯8号、揭薯18号、广紫薯2号和广菜薯3号等品种30个。

第五，支撑项目课题数22个：主要包括国家自然科学基金、广东省自然科学基金、广东省科研条件建设和广东省重大科技专项等。

第六，设施改造。更好地解决资源安全保存和生产问题，国家种质广州甘薯圃在试验示范基地、观测仪器设备等硬件条件建设方面取得了一定进展，完成了资源脱毒组织培养间、排水渠、资源鉴定室和田间道路的新建或改造，保障了相关工作的开展（图4）。

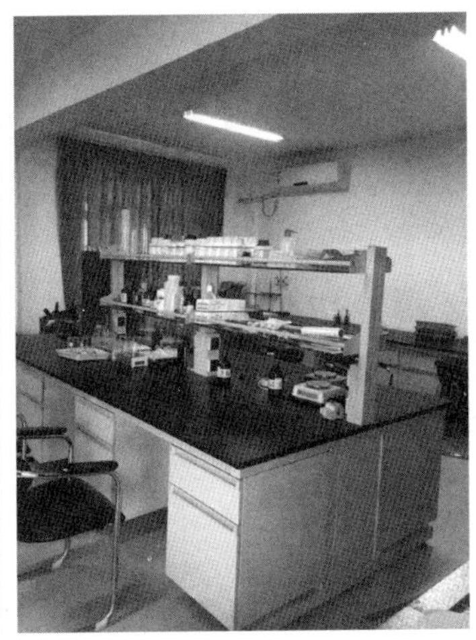

图4　建立种质资源脱毒组织培养间、资源鉴定和田间道路改造

五、典型服务案例

为了服务“三农”及促进甘薯产业发展，广州甘薯圃向广东省、福建省和江西省等提供了“广薯87”的示范用种，并组织高产示范的现场观摩与测产、“广薯87”高产栽培技术交流会。

2012年，在广东省陆丰市召开了“广薯87”现场观摩及高产栽培技术培训与交流会。广东省农业厅科教处伍洪波处长、广东省农业科学院副院长肖更生研究员、广东省农业科学院科技合作处处长邱俊荣研究员、陆丰市陈赛珍副市长等领导及有关人员共计约100人参加会议。经专家组测定“广薯87”亩产为3 248kg，比对照亩增产528.5kg，增产率达19.43%。在随后的高产示范经验交流研讨会中，各方代表就广东省甘薯的生产现状、产业发展问题与需求情况、“广薯87”的品种特性以及“广薯87”在阳江市、惠东县和陆丰市示范过程与经验作了详细交流。相关领导还对“广薯87”在扶贫工作中的重要作用和农业创新、服务“三农”、促进甘薯产业发展及如何为农业产业发展提供技术支撑等方面做了发言。

“广薯87”高产优质的示范效果使其近年来在南方薯区大面积推广，在广东省、福建省、江西省举行的丰产示范和现场观摩与测产会屡创佳绩：2012年，福建省石狮市种子管理站继续积极推广“广薯87”，筹资繁育了大量的“广薯87”种苗免费发放给农民种植，给该市广大甘薯种植户带来明显的经济收益。经过农业专家的现场高产验收，“广薯87”的亩产在4 000kg左右，高的达到5 000kg以上，而一般甘薯亩产是2 000~3 000kg。由于品质优，“广薯87”的价格也比一般商品薯高50%左右。“广薯87”的推广对促进农民增效、农民增收、农产品市场竞争力增强具有明显实效，包括中央电视台在内的多家媒体对“广薯87”在石狮的推广进行了专题报道；2013年，河南省示范点和江西省示范点提供的“广薯87”单株样本分别获得“舌农源杯”全国甘薯擂台赛的优质食用组亚军和季军。2014年，在国家甘薯产业技术体系的单季薯干亩产超吨的高产示范中，经体系专家组测产，“广薯87”在广东省陆丰市示范点获得高产一等奖，在河南省唐河和广西壮族自治区明阳示范点获得高产三等奖（图5和图6）。

2014年、2015年，本圃继续推进“广薯87”在南方薯区的丰产示范，截至2015年12月“广薯87”在广东省、福建省、江西省、广西壮族自治区、海南省等南方薯区的种植面积超过150万亩。

陆丰市现场观摩及研讨会

江西省测产会现场

当地新闻媒体对“广薯87”的报道

图5　高产示范现场观摩与测产

图6　中央电视台对“广薯87”在石狮的推广进行专题报道与获奖金杯

六、总结与展望

由于当地气候环境等原因，近年华南地区甘薯资源和生产中病毒病为害严重发生，甘薯生产中近年新鉴定病害甘薯茎腐病和白绢病的危害也很严重，对甘薯生产发展不利的影响仍未解决。今年继续对保存的种质资源继续进行茎腐病鉴定，共鉴定100份，以期鉴定出抗病种质资源，进行杂交育种利用，并直接在生产中推广，及时应对与解决生产中出现的新问题，维持薯农的利益与生产积极性。对于丛枝病、病毒病和白绢病导致甘薯严重畸形与产量低下，甚至导致资源的死亡，因此要研究病源与发病机理，或需要室内脱毒培养、网室育苗和脱毒种薯推广等一系列工作。为了更好地解决资源安全保存和生产问题，项目可能需要适当调整研究内容和研究重点进行研究创新，这又需要增加专业人才的引进和更多资金的支持。

“十三五”工作计划安排如下。

第一，进一步完善平台运行服务工作。

第二，完善资源共享利用与跟踪服务体系。

第三，平台物联网建设。

积极配合平台管理办公室开展库圃物联网建设（从平台专项经费中列支），包括自动气象站、摄像头的建设及数据的联网传输和汇交等。

第四，加强宣传推广。

以平台的名义进行宣传和培训服务，在服务过程中标注“国家农作物种质资源平台”，争取在各级各类媒体上报道平台的宣传活动。

在实物共享利用时向对方发放种质资源利用情况登记表，并且加上“国家农作物种质资源平台”标识，要求利用方在一定时间内寄回表格并进行回访。

第五，每年及时向平台管理办公室提供素材。

（1）服务新闻宣传文稿2~3项。

（2）典型案例3~4项。

（3）开展服务的图片10~20张。

第六，“十三五”拟通过运行服务主要解决科研和生产上的重大问题（国家重大需求）。

解决甘薯产业当前缺乏企业的参与、加工比例低的问题。本专题服务以本平台现有的高胡萝卜素、高花青素、高淀粉含量的资源（品种）为基础，联合省内外在相关学科具有优势的农业院校、研究所和公司的合作，进行甘薯资源（品种）的品质与加工性能鉴定评价和加工利用，并带动优质资源（品种）的示范推广，为甘薯产业的发展提供坚实的物质支撑并取得显著的社会效益。

国家水生蔬菜种质资源子平台发展报告

刘玉平，孙亚林，柯卫东*，李双梅，刘义满，黄新芳，朱红莲，彭　静，
李　峰，黄来春，李明华，王　芸，钟　兰，董红霞，周　凯，刘正位，赵　春

（武汉市农业科学院蔬菜研究所，武汉，430207）

摘要： 国家水生蔬菜种质资源平台按照“以用为主、重在服务”的原则，“十二五”期间，共收集整合12类水生蔬菜种质资源179份，筛选创新优异种质资源19份，出版了荸荠、菱、慈姑、芡实、蒲菜等5种作物“描述规范与数据标准”。向全国科研院所、大专院校、企业、政府部门、生产单位和社会公众提供了农作物种质资源实物和信息共享服务1 704份次，提供水生蔬菜科普图书3 500册，为64项各级各类科技计划（项目/课题）提供了资源和技术支撑。通过多种模式累计开展服务244次，通过资源服务，实现水生蔬菜主产区增收20多亿元，为保障国家水生蔬菜产业可持续发展提供了实物和技术支撑。

一、子平台基本情况

水生蔬菜是我国的特色水生经济作物，主要包括莲、茭白、芋、蕹菜、水芹、荸荠、菱、莼菜、慈姑、芡实等12类。中国是世界水生蔬菜的主产区，水生蔬菜在中国主要分布于长江流域、珠江流域和黄淮流域，全国总面积1 000万亩以上，湖北省200万亩，位居全国第一。

水生蔬菜种质资源子平台位于武汉市江夏区郑店街联合村，依托单位是武汉市农业科学院蔬菜研究所，占地面积850亩，设置有资源保存区、资源评估区、引种隔离区、温室大棚以及办公区等。其中各类标准水泥池3 012个，资源缸2 200口，温室大棚两栋占地10亩。拥有各类仪器设备50台套。子平台现有在职固定职工23人，其中科研人员16人，科研人员中，具正高职称者5人、副高职称者6人，博士生3人、硕士生4人。水生蔬菜子平台秉承“整合、共享、完善、提高”的建设方针和“以用为主、开放共享”的服务宗旨，不断提高服务质量和数量，提升开放服务能力和创新支撑能力。在全国范围内开展水生蔬菜种质资源的考察收集、整理保存、鉴定评价工作，积极开展种质分发、培训参观、科普宣传、专题服务等工作。

---

*　柯卫东为通讯作者

二、资源整合情况

截至2015年底，子平台资源现保存有莲、茭白、芋、菱、荸荠、慈姑、水芹、芡实、豆瓣菜、蕹菜、莼菜、蒲菜等12类水生蔬菜种质资源1 844份，其中国外资源70份，包括10科13属34种3变种。“十二五”期间，共收集整理12种类的水生蔬菜179份，其中地方品种100份、野生资源54份、选育品种25份。莲40份、茭白12份、芋42份、蕹菜10份、水芹15份、荸荠22份、菱9份、莼菜4份、豆瓣菜3份、慈姑7份和芡实4份。

2013年出版了荸荠、菱、慈姑、芡实、蒲菜等5种作物“描述规范与数据标准”，自此，有10种水生蔬菜的“描述规范与数据标准”均已完成，提高了资源数据调查质量，使其更具有创新性、先进性、权威性、可操作性和完整性。

补充完善水生蔬菜性状多样性图谱，建立了12种作物234个性状多样性图像数据库。对1 840份水生蔬菜种质资源生物学性状与农艺性状进行了鉴定评价，评价数据14.7万个。筛选创新优异种质资源19份，其中，莲5份、茭白2份、芋3份、菱1份、荸荠1份、蕹菜1份、芡实1份、慈姑2份、水芹1份、豆瓣菜1份，具体如表1所示。

表1　水生蔬菜性状多样性图像数据统计

作物	优异资源名称	优异性状
莲	20140424莲	分枝多
	20121213莲	藕入泥浅
	20140602莲	莲子大，适加工
	澄江藕	蛋白质含量高，高达3.40%（鲜样）
	Santosa莲	末花期11月中下旬，花期长
茭白	古夫茭白	极晚熟
	14-3茭	耐高温早熟双季茭白种质
芋	魁芋11-5	母芋大
	kolkata-2	二倍体多子芋
	仙芋-4	早熟多子芋
慈姑	巢湖野慈姑	淀粉含量高，为20.46%，比一般的种质高24.2%
	抗黑粉慈姑-3-1	高抗慈姑黑粉病
菱	汉川红菱	早熟，每亩（667m^2）产量1 000kg
蕹菜	鸡丝蕹	生长快，质地脆嫩，品质优良

（续表）

作物	优异资源名称	优异性状
水芹	溧阳水芹	抗寒性强
	琼海水芹	耐热资源
芡实	鄂州芡实	叶柄肉色为绿色
荸荠	2-1-5荸荠	矮秆分株紧凑种质
蒲菜	建水草芽	优质食用蒲菜，采收期长

三、共享服务情况

（一）资源提供利用情况

1. 为水生蔬菜基础研究提供原始材料

向中国科学院植物研究所、湖北省农业科学院、中国农业科学院作物科学研究所、华中农业大学、武汉大学、扬州大学农学院等47家单位提供了水生蔬菜种质资源，主要用于开展新品种选育、种质亲缘关系、遗传多样性、传粉生物学、离体保存、组织解剖学、基因组测序、抗病性鉴定、重金属污染等方面的研究。5年累计提供利用1704份次。

2. 优异资源直接生产应用服务

筛选出一批优异水生蔬菜品种资源，包括莲藕、茭白、芋头、菱角、芡实、水芹等直接在生产上利用（包括农业生产、水体净化、生态园区的建设等），主要服务对象是水生蔬菜产区种植大户、专业合作社、企业等。5年累计提供利用1 500份次。

（二）支撑服务成效

1. 支撑项目

支撑申报各级项目64项，其中科技部项目7项，农业部项目8项，省级项目17项，其他项目32项。

2. 支撑的论文、论著及标准

共发表论文55篇，出版著作6部，主持制定农业行业标准5部，其中发布实施4部。

3. 支撑成果

获得成果14项，审定品种5个，获湖北省发明奖二等奖1项、浙江省高校优秀科研成果奖二等奖1项、广西壮族自治区科技进步三等奖2项、中华农业奖二等奖2项、国家级协会奖2项。武汉市科技进步一等奖1项、武汉市科技进步二等奖1项，中国园艺学会华耐园艺奖1项。获得农业部新品种保护权品种2个，取得国家发明专利1项，编著论著3部，发表论文22篇，其中，SCI论文4篇，撰写科技报告9部等。

4. 社会效益、经济效益

在黄河流域（山东省、河南省、山西省、陕西省等）、长江流域（湖北省、湖南省、安徽省、浙江省、江苏省、四川省等）、珠江流域（广东省、广西壮族自治区、云南省、贵州省等）20多个省市的水生蔬菜主产区累计应用24.2万亩，实现增收20多亿元。武汉市农业科学院蔬菜研究所利用资源圃莲资源选育的鄂莲系列新品种，在湖北省覆盖率达90%以上，在国内覆盖率达85%以上。

（三）培训与技术指导

2011—2015年，先后在武汉市黄陂区、东西湖区、江夏区，湖北省洪湖市、荆门市、汉川市、天门市，陕西省渭南市、合阳县，广西壮族自治区柳州市，柳江市，重庆市、河南省舞钢市等地培训60余场，人数2 715人。现场技术指导40余次，指导人数约400人次。

（四）宣传

为扩大平台服务影响力，营造平台积极服务的良好氛围，5年来武汉市农业科学院蔬菜研究所平台利用报纸、电视、网络等媒体对专题服务、资源展示活动等进行了15次报道。

（五）资源展示

子平台主办或承办“全国水生蔬菜学术与产业研讨会”“水生蔬菜高级研修班”“水生蔬菜子平台项目现场展示会”等大型活动5次，接待参会代表约500人次考察资源圃。接待大专院校、中小学学生实习参观与科普教育，约1 000人次；接待国内同行、水生蔬菜相关合作社（公司）及水生蔬菜种植大户的参观考察，约2 200人次。

（六）专题服务

针对当地产业调整、精准扶贫的需求，武汉市农业科学院蔬菜研究所平台在武汉市江夏区、新洲区，河南省驻马店、镇平县，湖北省利川市等地开展了专题服务，结合当地地理条件与产业需求，精选优异种质种质资源20余份，定期开展技术培训与现场指导，推动企业与合作社转型升级，提高了企业与合作社经济效益，带动一批农户脱贫。

四、典型服务案例

（一）典型服务案例1

河南省镇平县万亩莲藕示范园十里荷花碧连天（图1）。

1. 背景

种植传统作物效益较低。

2. 对象

河南省镇平县霖锋绿色农产品开发公司。

3. 应用资源

鄂莲7号、巨无霸、3735莲、03-12莲。

4. 服务方式

联合镇平市农业局开展服务，提供种苗，多次进行现场指导。

图1　收获优异莲藕

5. 取得成效

（1）扶持当地建立莲藕示范基地5 000亩，辐射带动周边种植莲藕4 000余亩，年产值达到8 000万元。

（2）带动该镇及周边乡镇农民从事莲藕种植达到1 000户以上，就地转移劳动力达到4 000人以上，成为全县莲藕种植业的龙头，带动农民家在门口致富。

（二）典型服务案例2

特色产业扶贫效益增3倍（图2）。

1. 背景

多年来村民以种植水稻为主，人年均收入低于2 000元。

2. 对象

武汉江夏区山坡乡、新洲区凤凰镇50个贫困户。

3. 应用资源

满天星子莲、鄂莲5号、03-12莲、珍珠藕、巨无霸。

4. 服务方式

2012年以来联合武汉市农业科学院开展服务，免费提供种苗，开展技术培训，定期进行现场指导。

5. 取得成效

带动村里贫困户调整种植结构，每亩收益是水稻的4倍以上，目前已带动26名贫困户脱贫。

图2　扶持特色产业

五、总结与展望

（一）存在的问题与难点

在国家农作物种质资源平台的大力支持和帮助下，水生蔬菜种质资源子平台圆满完成了合同任务各项指标。近几年国家种质武汉水生蔬菜资源圃整体搬迁，资源圃的池、沟渠、路等基础设施还未全部完成，办公楼、实验楼还未动工，如果基础设施进一步完善，办公楼、实验楼建成，水生蔬菜种质资源子平台的各项任务指标会完成得更好。

（二）“十三五”子平台发展总体目标

1. 资源增量与质量

有针对性的收集国内外稀有野生水生蔬菜种质资源，计划新收集资源200份，对资源进行整理与精准鉴定，创新种质10份。对保存于资源圃内的所有资源进行繁殖更新并对资源圃进行维护，保证资源圃的正常运转和资源安全。

2. 资源服务

创新服务形式，提高服务水平，发挥种质资源对基础研究的支撑作用。提供利用资源1 400份次以上，开展田间资源展示60次，服务各类科研项目50项，服务科研基地、项目、团队55次，开展技术培训2 000人次。

3. 专题服务

（1）落实中央精神，针对性地开展以“精准扶贫”为主题的专题服务。

（2）夯实服务基础，对前期已取得良好示范效应的基地继续做好跟踪服务。

国家茶树种质资源子平台发展报告

陈　亮，马春雷，姚明哲，马建强，金基强，徐艳霞，郝万军，杨亚军

（中国农业科学院茶叶研究所，杭州，330008）

摘要：国家茶树种质资源平台是全球资源保存量最大、多样性最高的茶树种质资源平台，目前收集保存了中国20个省及印度、日本、肯尼亚、韩国等9个国家的野生资源、地方品种、选育品种（系）、遗传材料和近缘植物等茶树资源共计2 214份，保存资源包含了山茶属茶组植物所有的种与变种。“十二五”期间，平台在茶树种质资源收集保存和利用方面，新收集各类茶树资源267份，分发利用资源1 329份次；在资源鉴定评价与种质创新方面，精细鉴定茶树资源256份，发掘各类优异资源20余份，培育出1个国家级茶树新品种，获得7个植物新品种权；在优异基因发掘方面，通过构建首张茶树高密度遗传图谱，发掘出儿茶素和咖啡碱含量、物候期性状主效QTL各1个；构建了茶树类黄酮、咖啡碱和茶氨酸合成代谢基因的表达调控网络；发表论文38篇，其中SCI收录16篇。此外，平台支撑国家、农业部和国际合作课题50余项，荣获国家、省部级科技成果奖3项；制定行业标准2个，出版著作1本，获授权专利8项。综上所述，“十二五”期间国家茶树种质资源平台在新品种、专利、成果、论文、标准、人才培养等方面均取得了一定的成效，支撑了茶产业的发展，取得了显著的社会经济效益。

一、子平台基本情况

国家茶树种质资源子平台位于浙江省杭州市西湖区，占地70多亩，建有自动控制温室600m^2、玻璃温室3 000m^2、植物组织培养室100m^2、大棚7 000m^2。平台以中国农业科学院茶叶研究所为依托，以国家种质杭州茶树圃为基地，主要任务是在对现有资源安全保存的基础上，有计划地开展国内外茶树种质资源的收集保存、鉴定评价，以及优质资源的发掘利用工作，同时为国内外的茶树育种、生产、科学研究等提供基础性服务。平台现有专职人员共12人，其中管理人员2人，研究人员5人，服务人员5人；其中高级职称3人，博导2人，具博士学位6人。平台科研人员在保证完成平台工作任务的基础上，还开展了以下几个方面的研究工作：①茶树起源演化和遗传多样性研究；②茶树遗传作图和重要经济、品质性状的QTL定位研究；③基于功能基因组学的茶树优异基因资源的发掘和利用研究；④茶树特异资源发掘和种质创新利用研究。

二、资源整合情况

（一）茶树种质资源的收集保存

为抢救性收集重要的茶树资源，防止各地的一些特有、珍稀资源因人为破坏而丢失，“十二五”期间，平台科技人员通过野外资源考察、国际交流合作、茶树新品种测试、茶叶企业技术服务、全国茶树品种区域试验等多种形式开展了茶树资源的收集、保存和整理整合工作。2011—2016年间，国家茶树种质资源子平台共收集保存各类茶树种质资源267份，按照资源类型可分为野生资源64份、地方品种52份、选育品种（系）83份、遗传材料及突变体等其他类型资源68份；资源涵盖了中国四大茶区的15个产茶省份，其中还包括来自老挝、韩国、尼泊尔等的国外资源14份（图1）。截至2016年12月，平台已入圃保存资源共计2 214份，包含了山茶属茶组植物所有的种与变种，即大厂茶（*Camellia tachangensis*）、厚轴茶（*C. crassicolumna*）、大理茶（*C. taliensis*）、秃房茶（*C. gymnogyna*）和茶（*C. sinensis*）5个种及白毛茶（*C. sinensis var. pubilimba*）、阿萨姆茶（*C. sinensis var. assamica*）2个变种。

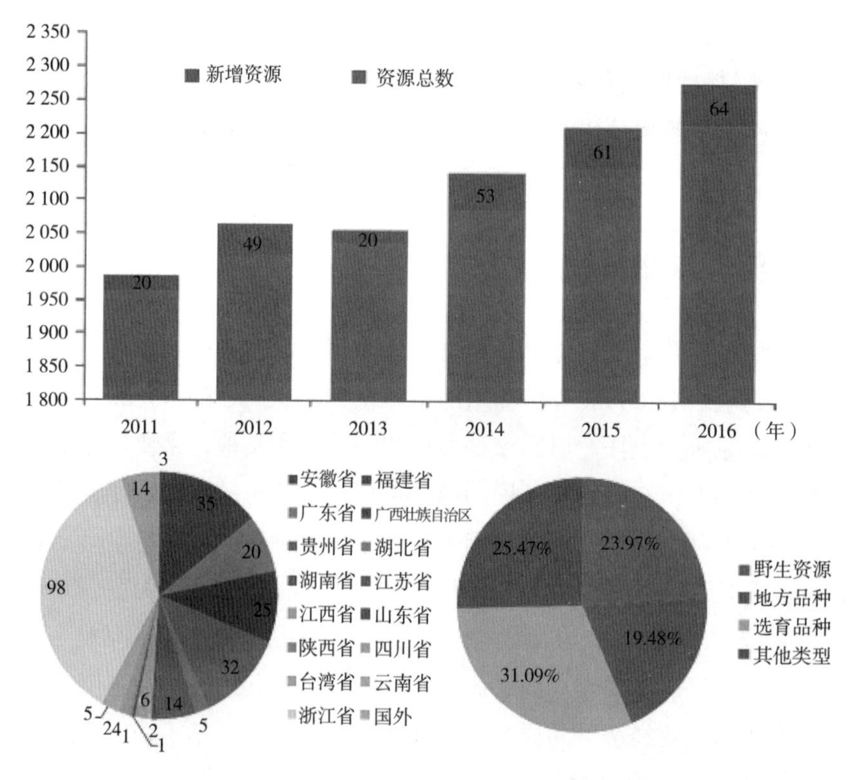

图1　“十二五”期间茶树种质资源收集情况

新收集的资源中包含多个具有特异性状的珍稀资源，如来自来自贵州纳雍的几份资源，其新梢叶芽无茸毛；来自广西三江的“塘库7号”，其新生茎秆呈奶白色；以及同样来自广西的“三江红茎”，其新生茎秆呈粉红色（图2）。这些资源的入圃保存，不仅丰富了我国茶树资源的类型，而且还蕴含着特殊的基因源，可以作为基因供体运用于育种和科研。

图2 新收集的特异资源

（二）资源维护与繁殖更新

平台每年年初对现有资源进行全面的生长势调查，提前确定繁殖更新名单，随后通过台刈、深修剪和扦插扩繁等栽培措施更新复壮老化和衰弱的茶树资源，目前已完成了资源圃内800多份资源的繁殖更新，占圃内资源近40%，20年以上树龄的资源80%都进行了更新。目前圃内资源长势良好，所有珍稀资源都得到了安全保存。

（三）茶树种质资源的鉴定与评价

“十二五”期间，平台对国家资源杭州茶树圃内保存的256份资源进行了精细鉴定，明确了这些资源的物候期和芽叶性状、以及品质成分含量和适制性，从中发掘出茶氨酸含量高于3%的资源3份、氨基酸含量高于5%的资源4份、咖啡碱含量低于1.5%的资源2份、儿茶素总量高于20%的资源2份、苦茶碱含量高于1.5%的资源2份。

图3　紫化茶树资源的集中鉴定评价

图4　黄化和白化茶树资源的集中鉴定评价

另外，平台针对资源圃内保存的紫化茶树（图3）、黄化茶树和白化茶树资源进行了集中鉴定，明确了圃内不同紫化程度资源共计100多份，黄化和白化资源共计20多份（图4）。将这些资源分类挂牌后，对其中55份紫化资源和14份黄化、白化资源的物候期和农艺性状进行了初步鉴定。挖掘到具有特异花香的紫化资源11份，以及制茶品质优异、生长势较强，有较大利用潜力的黄化资源4份。

（四）茶树种质资源优异基因发掘

1.茶树高密度遗传图谱构建及重要性状QTL定位

平台科研人员通过多年的人工杂交，利用SSR和SNP标记，构建了茶树首张高密度遗传图谱。该图谱是目前标记密度最高的茶树遗传图谱，共有15个连锁群，包含6 448个标记，其中SSR标记406个，SNP标记6 042个；并通过对F1分离群体进行多年的表型试验，观测物候期、芽叶大小、儿茶素组分和嘌呤生物碱含量等性状，利用连锁作图方法，首次鉴定出一批茶树重要性状的QTL，包括儿茶素组分含量QTL 25个、咖啡碱和可可碱含量QTL各2个、物候期QTL 4个，一芽二叶长、叶长和叶宽QTL各1个。年度间定位结果比较表明，儿茶素组分、咖啡碱含量和物候期性状都受到1个稳定的主效QTL控制。

2. 茶树重要次生代谢途径基因挖掘

平台科研人员通过对"龙井43"的13个组织部位进行转录组测序（图5），获得34.7万条基因序列。分析表明不同组织部位的基因表达数目差别较大，其中幼嫩的组织，例如芽和嫩叶中表达数目较多，而随着茶树的生长发育，较老的组织，例如老叶、根和花中基因的表达数目大大减少。

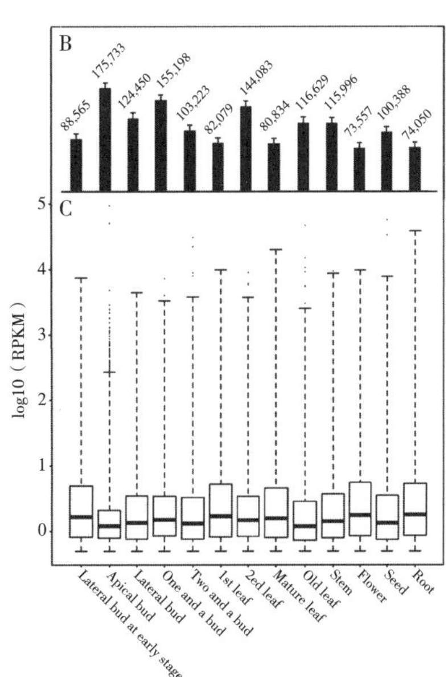

图5 "龙井43"不同组织的基因表达数目和表达水平

进一步通过功能注释，找到了206个可能参与类黄酮、咖啡因和茶氨酸生物合成的基因，其中包括大部分已知的参与关键步骤的功能基因。此外，通过关联分析，找到了339个可能调控类黄酮、咖啡因和茶氨酸合成途径基因的转录因子（图6）。这些转录因子属于35个转录因子家族。其中，206个转录因子可能调控类黄酮合成途径中的36个基因，95个和76个转录因子分别属于*MYB*和*bHLH*家族。132个转录因子可能调控咖啡因合成途径中的34个基因；这些转录因子大部分属于*bZIP*、*bHLH*和*MYB*家族。91个转录因子可能参与调控茶氨酸生物合成途径中的8个基因，这些基因属于*AP2-EREBP*、*bHLH*、*C2H2*和*WRKY*家族。

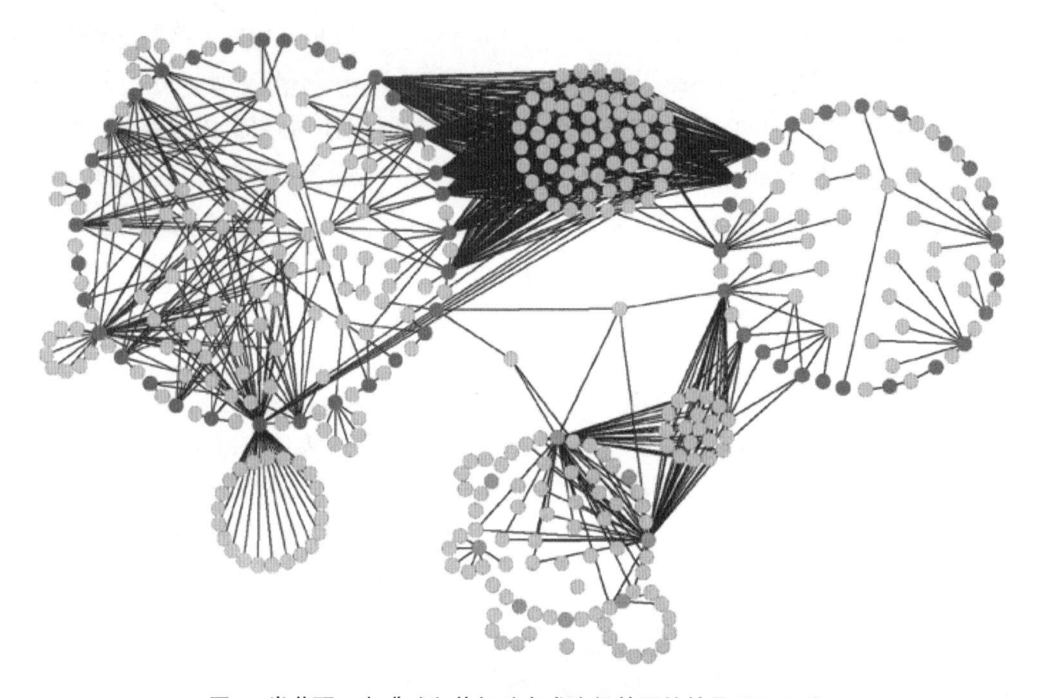

图6　类黄酮、咖啡碱和茶氨酸合成途径基因的转录因子网络

三、共享服务情况

为推进平台资源的开放共享，平台科技人员积极转变观念，变被动服务为主动服务，通过开办技术培训班、专题讲座、现场指导等方式对茶农和基层科技人员进行技术培训。“十二五”期间，平台专家先后在云南省临沧市、贵州省毕节市纳雍县、江西省九江市、浙江省杭州市余杭区、衢州市龙游县等地开展以茶树地方品种选育、古茶树保护和利用、茶树种植及深加工技术等方向为重点的技术服务和培训工作十几次，培训茶农、茶企员工、茶叶科技工作者以及茶学学生3 000多人次（图7）。

图7　平台专家现场指导茶树品种选育工作

同时，平台还通过举办优异资源展示会，向茶叶企业、茶农，以及与茶叶相关科研单位和高校展示茶树新品种、新技术和新资源，不断提高茶树种质资源的显示度和共享利用水平。“十二五”期间，平台根据用户需要，共向43家科研机构和茶叶企业的66人提供了资源苗木、种子、鲜叶、插穗、DNA等样品1 329份次；其中提供给科研机构37次共计701份、提供给高等院校19次共计568份、提供给茶叶企业6次共计31份、提供给政府部门4次共计29份，对平台参加单位以外的服务数量占总服务数量的63.2%。服务范围涉及浙江省、湖北省、安徽省、贵州省等主要产茶省份，提供的各类茶树资源主要被用于基因组学、代谢组学等科学研究，以及茶叶教学、茶叶深加工和茶树新品种示范等方向，为茶叶生产和茶学基础科研提供了有力支撑；此外，平台每年还要接待各级领导、国内外专家、学者、社会人士考察交流几十批次（图8）。

图8　平台通过现场展示会介绍茶树品种资源

“十二五”期间，平台在上级主管部门和依托单位的大力支持下，根据相关领域的发展趋势，积极争取科研项目，目前平台科技人员主持各类项目十几项。同时，平台也积极为产业相关的科研机构和高校提供研究材料，支撑了国家茶叶产业技术体系、国家科技支撑计划、国家和省自然科学基金等科研项目50多个，保障了这些项目的顺利实施（图9）。

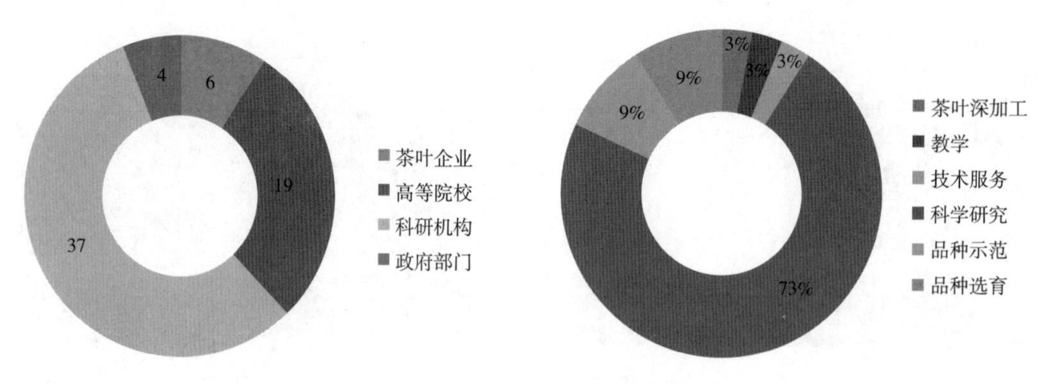

图9　平台资源分发利用情况

四、典型服务案例

（一）高产优质茶树新品种选育过程

为了满足茶产业日益多样化的产品需求，国家茶树种质资源平台从20世纪90年代开始，组织多家茶叶企业和茶树育种单位以多个特色优异育种材料为亲本设计杂交组合，并在此基础上通过20多年的系统选种，先后选育出了“中茶108”“中茶111”“中茶125”“中茶126”和“中茶127”等多个高产优质的茶树新品种，其中“中茶108”和“中茶111”已通过了全国农技中心组织的茶树新品种鉴定，成为了国家级茶树良种；“中茶125”“中茶126”和“中茶127”也分别获得了植物新品种权。这些良种具有春茶萌发早、产量高、适制名优绿茶等特点，现已成为长江中下游地区的主要推广品种。

目前，这些新品种已在全国建立了20个示范基地，示范面积3 000多亩，平均亩产值8 000元，直接经济效益3 000万元，社会效益近亿元。

（二）高产优质茶树新品种介绍

1. 优质绿茶新品种“中茶125”

以重庆市巫溪地方品种“蒲莲桐元”为母本，“龙井43”为父本，从F1子代中经过多年的单株筛选，选育出新品种“中茶125”。该品种发芽极早、制绿茶品种优异，已获植物新品种权（图10）。

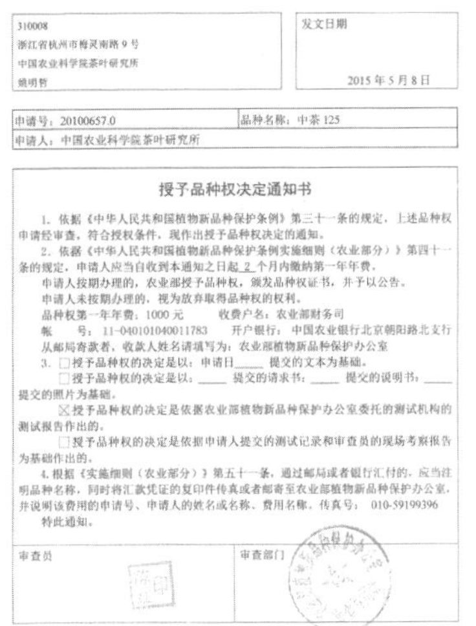

中华人民共和国农业部植物新品种保护办公室

310008
浙江省杭州市梅灵南路9号
中国农业科学院茶叶研究所
姚明哲

发文日期
2015年5月8日

申请号：20100657.0	品种名称：中茶125
申请人：中国农业科学院茶叶研究所	

授予品种权决定通知书

1. 依据《中华人民共和国植物新品种保护条例》第三十一条的规定，上述品种权申请经审查，符合授权条件，现作出授予品种权决定的通知。

2. 依据《中华人民共和国植物新品种保护条例实施细则（农业部分）》第四十一条的规定，申请人应当自收到本通知之日起 2 个月内缴纳第一年年费。

申请人按期办理的，农业部授予品种权，颁发品种权证书，并予以公告。

申请人未按期办理的，视为放弃取得品种权的权利。

品种权第一年年费：1000元　　收费户名：农业部财务司

帐　　号：11-040101040011783　　开户银行：中国农业银行北京朝阳路北支行

从邮局寄款者，收款人姓名请填写为：农业部植物新品种保护办公室

3. □授予品种权的决定是以：申请日_____提交的文本为基础。

□授予品种权的决定是以：_____提交的请求书；_____提交的说明书；_____提交的照片为基础。

☒授予品种权的决定是依据农业部植物新品种保护办公室委托的测试机构的测试报告作出的。

□授予品种权的决定是依据申请人提交的测试记录和审查员的现场考察报告为基础作出的。

4. 根据《实施细则（农业部分）》第五十一条，通过邮局或者银行汇付的，应当注明品种名称，同时将汇款凭证的复印件传真或者邮寄至农业部植物新品种保护办公室，并说明该费用的申请号、申请人的姓名或名称、费用名称。传真号：010-59199396

特此通知。

审查员　　　　审查部门

图10　茶树新品种——“中茶125”

2. 具有稳定花香特征的绿茶新品种“中茶126”

以优质高产茶树品种“龙井43”为父本，“毛蟹”为母本，通过人工杂交获得杂交种子，再从其杂交后代中经过多年的单株筛选，选育出新品种“中茶126”。该品种叶片窄椭圆形，上斜状着生，春茶一芽二叶约含咖啡碱3.3%、氨基酸3.6%、儿茶素总量15.2%；在中国农业科学院茶叶研究所经过多年的重复鉴定，该品种的感官审评结果呈现出稳定而明显的花香特征（图11）。

图11　茶树新品种——“中茶126”

3. 优质高产的特早生绿茶新品种“中茶127”

为选育早生、优质、高产的绿茶品种，通过系统选育的方法从“乌牛早”实生后代中筛选出新品种“中茶127”。该品种芽叶生育力强，发芽整齐，春茶一芽二叶约含咖啡碱3.3%、氨基酸3.4%；其春季物候期早于其他常规早生种，成龄茶园比“龙井43”早开采1周左右，且发芽密度高，芽形适制龙井等扁形名优茶（图12）。

图12 茶树新品种——“中茶127”

五、总结与展望

（一）问题与建议

对现有资源的认识还有待深入，特别是抗性数据缺乏制约了资源的进一步利用。应深入开展资源的系统鉴定评价，发掘优异的抗逆种质，充实茶树种质资源数据库，并适时在表型鉴定的基础上，开展基因型水平上的茶树资源鉴定研究。另外，资源圃中野生资源和国外品种有限，应针对主要的产茶国和国内野生资源生长地，系统地开展野生濒危资源的收集和国外资源的引进工作，尽量多地保存茶树资源的遗传多样性。

（二）十三五”子平台发展目标

在种质资源收集方面，解决野生资源的判别和群体取样的代表性问题，并加强信息共享，避免盲目、重复考察和收集，保证资源考察和收集的效率和质量。

在保存和保护方面，继续加强茶树种质资源的收集和保存，并及时开展种质资源的原生境保护工作，同时还需研究建立群体资源遗传多样性保持和茶树种质种性保持的最佳方法和策略，明确生境改变对资源生存的影响，提高濒危野生资源的拯救保护水平，最大限度地维持种质资源的安全和遗传多样性水平。

在资源的精细鉴定评价方面，进一步构建茶树微核心种质，浓缩茶树资源的遗传多样性，并系统鉴定其农艺性状、生化成分和制茶品质，评价其扦插成活率和自然结实率等繁殖能力，找出现有品种中所缺乏的优异性状及其育种利用方式；同时建立高效的茶树种质资源基因型鉴定和新基因发掘技术体系，联合功能基因组学、连锁作图和关联分析等方法深入剖析重要经济、品质性状的遗传机制，挖掘出各优异性状关键效应基因及其优异等位变异，为茶树品种创新提供突破性新基因。

国家桑树种质资源子平台发展报告

刘　利，张　林，赵卫国，方荣俊，潘　刚

（中国农业科学院蚕业研究所，镇江，212018）

摘要：“十二五”期间，国家农作物种质资源平台桑树子平台考察收集189份野生资源、地方品种，保存数量增至2 218份，继续保持世界首位。实现了种质的安全保存，完成了248份桑树种质资源编目。开展了与桑树抗性、代谢相关的PAL、C4H 、4CL等20多个基因及其功能与表达特性研究。分析了400余份桑树种质资源桑叶中的DNJ含量，筛选出巴七、模桑等一批DNJ含量高的种质资源。在叶用桑资源、果用桑资源、特殊用途资源创新方面获得一批优异材料。为53家各类用户提供116次种质提供服务，共提供各类种质481份1 182份次，开展了118次专题服务，开展种质资源培训和科普活动16次，培训人员400多人。通过有效的种质服务、信息服务、技术服务，促进了蚕桑产业的创新发展。

一、子平台基本情况

国家农作物种质资源平台桑树种质资源子平台位于江苏省镇江市，依托单位中国农业科学院蚕业研究所，以国家种质镇江桑树圃为基础，在科技部科技基础平台建设项目资助下，从2003年起开始建设，2012年起开始运行服务，2014年正式挂牌。子平台现有科技人员5人，其中研究员1名、副研究员3名、助理研究员1名，具有博士学位4名、硕士学位1名。人员专业涵盖蚕学、植物学、土壤学、农学等学科，均从事桑种质资源工作多年，另有10余名资源圃田间管理技术工人，能有效保障资源安全保存与充分利用等各项工作的开展。

子平台是中国蚕学研究领域唯一国家级桑树种质资源圃，占地面积6hm^2，采用田间栽植的方式保存桑种质，有完善的保护设施，有与种质研究配套的抗病鉴定圃、资源繁殖圃、种茧育与丝茧育叶质鉴定蚕室，有较为齐全的开展种质农艺性状、品质性状、抗性性状、特殊性状鉴定及其分子基础研究的相关仪器设备。

（一）国家桑树种质资源子平台开展的主要工作

桑树种质资源的考察收集、安全保存、鉴定评价、创新与利用；桑种质资源数据化、标准化整理及信息系统建设；桑树分子生物学及生物技术研究；桑树资源综合开发利用研究；为产业发展、科学研究、人才培养等提供种质信息、实物服务；为政府机关、企事业单位、个体种植户提供基地规划、技术咨询服务。

（二）子平台的发展目标

为全国桑树基础研究及应用研究提供丰富的原始材料；为蚕桑生产提供可直接利用的优异桑种质，加快中国桑树良种化进程；为桑树育种提供新的育种素材，丰富中国桑树品种的遗传背景；为中国蚕丝业发展提供桑树种质保障，促进产业的可持续发展。同时通过努力，把种质数量和类型均位居世界第一的桑树子平台建成世界一流的桑树种质资源观测试验基地、一流的桑树种质资源保存与研究中心、一流的桑树种质资源交流与共享中心（图1）。

图1　国家桑树种质资源观测试验基地

二、资源整合情况

（一）对桑树种质资源的收集与保存

“十二五”期间，通过组织小规模的考察队，对湖北省、云南省、黑龙江省、山西省、新疆维吾尔自治区、河北省、河南省、西藏自治区、山东省、贵州省等省区部分地区进行了桑树种质资源考察、收集，共收集各类资源189份。特别是重点加强了对古老地方品种及野生种的收集，进一步充实了国家种质镇江桑树圃的种质数量与类型，丰富了遗传多样性，可为生产利用和育种利用提供更多的素材。目前，国家种质镇江桑树圃共保存了收集于中国28个省、区、市及日本、泰国、印度、意大利、加拿大、德国等国家的野生资源、地方品种、选育品种、品系、遗传材料等各类桑树种质资源2 218份。保存的桑种质分属鲁桑、白桑、山桑、广东桑、瑞穗桑、鸡桑、长穗桑、长果桑、华桑、蒙桑、黑桑、暹罗桑、滇桑等13个桑种及鬼桑、垂枝桑和大叶桑等3个变种。保存种质类型及数量均居世界首位。

（二）开展了编目性状的鉴定评价

在对发条数、发条力、节距、叶形、叶长、叶幅、花性等编目性状鉴定评价的基础上，完成了248份桑树种质资源编目。除鉴定性状外，编目字段还包括种质名称、统一编号、圃编号、种名、种质类型等。目前，国家种质镇江桑树圃已完成2 218份种质编目入圃。开展了与桑树抗性、代谢相关的基因研究，克隆了桑树PAL、C4H 、4CL、CHS、F3H、ANR和FLS等20多个基因全长，并对基因功能及表达特性进行了分析。开展了组织培养繁育桑树无毒苗木的研究，开展了桑树活性成分研究，分析了400余份桑树种质资源桑叶中的DNJ含量，筛选出巴七、模桑等一批DNJ含量高的种质资源。采用杂交育种、实生选种等方法，开展了桑树种质创新工作，在叶用桑资源、果用桑资源、特殊用途资源创新方面获得一批优异材料。

（三）优异桑树资源

中椹1号。树形稍开展，发芽率高，单芽着果数多，产果量高，可达2 000kg/亩。成熟桑果紫黑色，果多而大。叶片较大，可作为果叶两用桑图2。桑果可溶性糖、维生素C等成分含量高，口感好，适合鲜食。加工特性好，现已用于加工桑果饮料、桑果酒、速冻桑果等。提供给重庆市盛田良品农业发展有限公司、浙江盛世田园蚕桑发展有限公司、山西省晋城市蚕桑研究所、北京中农四方农业规划设计研究院有限公司、江苏民星茧丝绸有限公司、内蒙古桑生源农林科技发展有限公司等多家单位，用于优质果桑苗木繁育、建设观光采摘桑园、深加工桑果原料桑园2 000多亩，其中投产约1 000亩，通过鲜果采摘，开发桑果酒、桑果干、桑果粉等产品，产生经济效益约400万元。

图2　中椹1号

三、共享服务情况

近年来，随着中国的蚕桑产业进入多元化发展阶段，对桑种质的需求已从单一的叶用资源向果用资源、观赏用资源、生态用资源等多种用途转变。国家种质镇江桑树圃及时根据产业发展的需求，提供各类种质，满足不同用户的需要，为蚕桑产业的创新发展提供了种质支撑。在种质利用过程中，做到利用前咨询、利用期跟踪、利用后信息反馈的全程服务。积极为各类用户及潜在用户提供种质信息、利用建议及技术咨询，根据需要提供种质服务；针对桑树产业等蚕桑产业新领域的发展需求，开展专题服务。

2011—2015年，为53家各类用户提供116次种质提供服务，共提供各类种质481份1 182份次。从提供利用种质可以看出果桑产业发展对各类果桑资源的需求呈现快速增长之势。而传统蚕桑产业则表现出对优质高产种质的需求，中国农业科学院蚕业研究所选育出的优良品种金10、育71-1、中桑9703得到高频次的利用。另外，生态观光产业发展对节曲、垂桑等特色种质的需求也呈现出增长态势（图3和图4）。

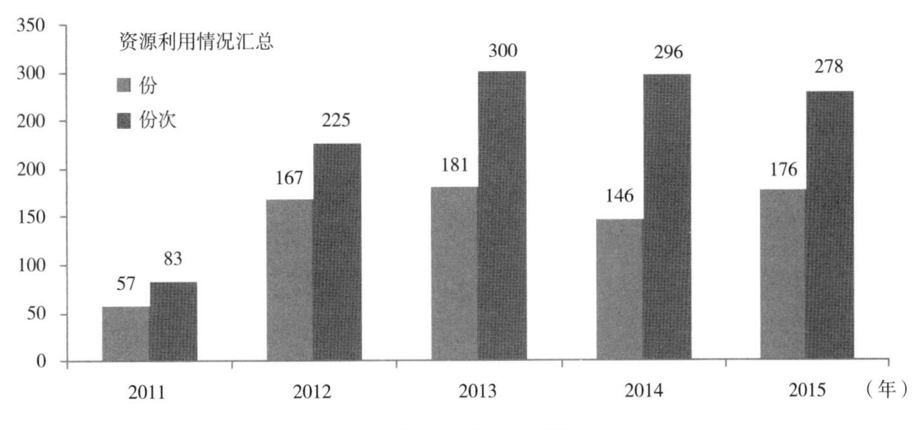

图3　桑树资源利用情况

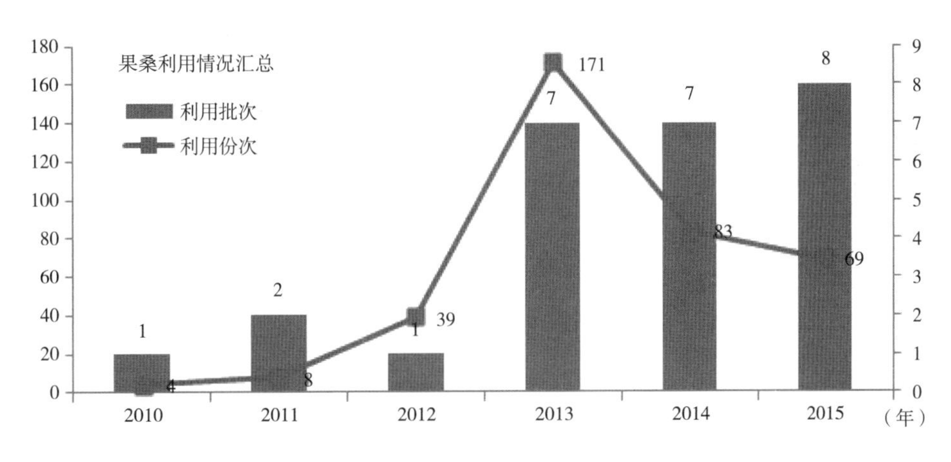

图4　果桑利用情况

在支撑科技创新方面，为国家自然科学基金（81072985、81573529）、国家“十二五”科技支撑计划（2013BAD01B03）、农业部行业标准制定专项、江苏省重点研发计划、镇江市重点研发计划、企业研发项目等各类科研项目提供亲本种质、科研素材，为国家蚕桑产业技术体系岗位科学家及综合试验站提供各类种质，用于园区建设、品种筛选以及相关科学试验，保证了项目的顺利完成，取得显著成效。

为推介优异资源，促进资源利用，2012年召开了首次果桑种质资源现场展示会，来自江苏省、浙江省、陕西省、河北省等省50多位蚕桑技术推广站、蚕种公司、桑苗专业合作社、果蔬专业合作社的领导、专家和用户参加了本次会议。通过桑树种质资源圃图片展示、现场考察和桑果品鉴等向参会的蚕桑技术推广单位、果蔬生产单位、桑苗培育户宣传各类果桑种质资源，促进优良果桑资源的生产应用，推动果桑产业的发展。现场展示的55份果用性状比较突出的种质资源，引起了参会代表的极大兴趣。

在服务产业转型升级方面，为多家公司提供果桑产业发展咨询、各类果桑种质、栽培技术培训等服务，产生了较好的经济效益。为浙江省、重庆市、内蒙古自治区、江苏省等省、区新兴非传统蚕桑企业开展技术培训、产品研发，推动蚕桑资源在食品、畜禽饲料、生态观光等领域的应用，产生显著的经济效益和社会效益。

开展了118次专题服务，针对新兴产业的发展，及时提供相应的产业发展趋势、园区发展规划、种质利用建议等服务。针对蚕桑技术人员、管理人员、种植户、学生等不同受众，开展种质资源培训和科普活动16次，培训人员400多人。

四、典型服务案例

（一）服务名称

优质特色果桑种植示范基地建设。

（二）服务对象、时间及地点

1. 对象

重庆市盛田良品农业发展有限公司。

2. 时间

2013年1月19日、2013年2月26日、2013年4月20日、2014年4月17日、2014年7月4日、2014年11月6日、2015年4月15日、2015年7月13日。

3. 地点

重庆市潼南区。

（三）服务内容

提供产业发展咨询，提供基地建设规划咨询，提供优异果用桑资源，提供栽培管理技术服务。

（四）具体服务成效

国家桑树种质资源平台为其开展了信息咨询、基地规划、种质提供、苗木嫁接、技术指导等全程跟踪服务。平台还通过提供资源、提供信息、撰写项目申请报告，支撑重庆市盛田良品农业发展有限公司获得2014年度国家茧丝绸发展专项资金资助项目“优质特色果桑生态农业园区建设”。先后为其提供80多份优异种质资源果用桑种质，采用嫁接体一步成园技术，建成了90亩的果桑示范园区，建成了1 000多亩高规格的果桑生产桑园，其中300余亩已投产，产生直接经济效益200多万元，并带动当地群众就业，社会效益显著（图5）。

图5　优质特色果桑生态农业园

五、总结与展望

（一）继续开展桑树种质资源的收集、整理、整合

提高资源数量与质量，特别是古老地方品种及野生资源，不断丰富保存种质资源。

（二）深入鉴定评价

筛选各类优异资源提供科研、生产、育种利用，拓展为蚕桑产业服务的新形式与内容。

（三）保证资源的安全保存

提高资源质量，搞好资源日常性资源服务、信息服务、培训服务工作。

（四）提高服务质量

开展针对性服务，展示性服务，需求性服务，引导性服务，专题性服务。

国家甘蔗种质资源子平台发展报告

蔡　青，陆　鑫，刘洪博，徐超华，林秀琴，李旭娟，刘新龙，毛　钧

（云南省农业科学院甘蔗研究所，开远，661699）

摘要：国家甘蔗种质资源子平台，依托云南省农业科学院甘蔗研究所，拥有国家甘蔗种质资源圃。“十二五”期间，整理整合并保存6个属16个种甘蔗资源2 724份，鉴定和创制了一批优异种质提供全国育种和研究利用，累计服务用户31个、实物材料2 078份次。支撑3个国家重大课题和12项科技计划，获得省级一等奖1项、发表论文51篇。为国家“863”、省级重点专项等提供专题服务10次，满足了用户需求并取得良好进展。“十三五”期间，将进一步加强子平台基础条件建设，保障服务物质基础；强化规范管理，拓展服务形式和内容，提高服务效率，并借助与南亚东南亚合作渠道，增加国外资源来源。通过提高运行管理水平、技术支撑能力和共享服务效率，更好地服务于社会。

一、子平台基本情况

国家农作物种质资源平台甘蔗子平台，位于云南省开远市，依托云南省农业科学院甘蔗研究所，拥有国家甘蔗种质资源圃（北纬23° 42′，东经103° 15′，海拔1 050m，30亩），建有资源安全保存基础设施及开展鉴定评价、种质创新的试验基地、光周期室、杂交温室、细胞与分子实验室、品质分析实验室和生理生化实验室等。截至2016年，保存6个属16个种甘蔗资源2 724份。目前，子平台共有科研人员8人，主要职责为围绕甘蔗科技创新和蔗糖产业需求，整理整合、保护中国甘蔗资源，以信息服务带动实物服务，向全国科研院所、国家和省级产业体系、制糖企业、各级农技推广中心（站）提供种质资源实物及鉴定数据的共享服务。

二、资源整合情况

（一）资源收集保存

“十二五”期间，通过野外考察收集、国际合作交流等，累计收集引进各类甘蔗种质资源559份，经检疫、鉴定，入圃保育383份。目前，甘蔗圃保存量达6个属16个种共2 747份（表1），为中国甘蔗育种储备了丰富的基因资源和育种材料。

表1　甘蔗子平台"十二五"整理整合资源份数

保存份数		物种数		新增收集份数		物种数	
总计	国外引进	总计	国外引进	总计	国外引进	总计	国外引进
2 747	667	16	5	559	38	6	1

针对一些地区由于经济发展较快、资源流失问题较突出的情况，"十二五"期间，甘蔗子平台对福建省、广东省、海南省、湖南省、江西省、贵州省、四川省等7省40多个县市组织进行了野生资源抢救考察收集，采集了一批因生态破坏严重面临丢失的近缘属资源，如锤度较高的割手密、斑茅等特异材料。同时，结合国际合作项目，与澳大利亚、法国、美国开展了种质交换，引进了我国较为缺乏的热带种资源。依托与南亚、东南亚国家的合作平台，从菲律宾、泰国、越南、缅甸、斯里兰卡等引进了一批特异资源，如肉质花穗种*S.edule*，是一份在中国未发现、一直未得以收集保存的资源，对开展甘蔗种质资源的起源、进化、分类等基础性研究和新基因的研究利用具有很重要意义（图1）。

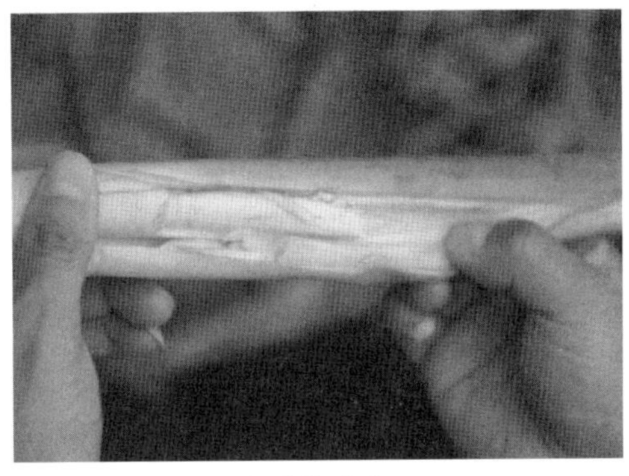

图1　肉质花穗种*S.edule*

（二）资源维护与更新

1. 安全保存与繁殖更新

"十二五"期间，甘蔗子平台维护资源圃正常运转和2 700余份资源的健康生长，对感染RSD的种质进行温水脱毒处理，对宿根年限较长的资源进行更新繁殖累计5 121份次，保证了圃存资源的安全。

图2　国家甘蔗种质资源圃俯瞰图

2. 针对需求，提质增量

在整理整合种质资源、保持增量的同时，注重资源的质量。结合子平台承担的国际合作、国家基金、省基金等项目开展资源深入鉴定。针对当前生产上对抗病和抗旱品种的迫切需求，开展了抗黄叶病、抗锈病、抗宿根矮化病和抗旱性鉴定，筛选出高产种质222份（蔗茎产量高于17t/hm^2），高糖种质191份（平均甘蔗糖分15%以上），抗黄叶病种质72份、抗宿根矮化病种质31份、抗高粱花叶病种质35份、抗锈病种质9份，并发表论文20余篇、获发明专利3项、品种权1项，将资源的鉴定结果向社会公布，提高共享服务水平。

3. 创新种质为育种服务

针对育种需求，开展了远缘杂交种质创新研究，“十二五”期间为国家、省甘蔗产业体系提供创新种质服务，共配制栽培原种与野生近缘属种的属种间远缘杂交组合1 100余个，培育实生苗6万余株，并筛选出18份优异亲本，供全国甘蔗育种单位利用。

（三）资源信息整合与提交

“十二五”期间，甘蔗子平台整理整合了存量和新入圃资源鉴定评价数据，积极配合平台管理办公室开展资源信息管理系统的试点建设工作，向平台管理办公室提交了2 624份整合资源的目录数据和鉴定评价数据（表2）。

表2　甘蔗子平“十二五”资源信息整合提交的资源份数

整理类型	份数
提交原种资源整理	194份
提交品种资源整理	1 564份
提交野生资源整理	866份

三、共享服务情况

“十二五”期间，甘蔗子平台为科研院所、高等院校、国家及云南省甘蔗产业体系等提供实物资源及信息数据共享服务，累计为31家单位或个人提供了实物材料2 078份次，根据用户实际需求开展专题服务10次，在解决产业发展和基础研究等突出问题上取得了实效，保证了科研项目、教学活动相关工作顺利完成。同时，通过服务，与一批主要用户建立了良好关系，支撑了相应的重大项目顺利开展。如福建农林大学“863”基因组项目、国家产业体系病害研究，广西壮族自治区农业科学院、云南农业大学的国家基金项目等（表3和图3）。

表3　甘蔗子平台“十二五”资源共享服务情况

服务类别	服务内容	2012年	2013年	2014年	2015年	2016年	合计
1 资源服务量	实物资源服务量	789	424	305	195	365	2 078
2 服务对象	服务用户单位的总数量	9	7	6	5	4	31
	服务平台参建单位以外的用户单位数量	8	6	5	4	3	26
3 服务国家科技重大专项、重大工程情况	服务国家科技重大专项项目（课题）数量			1	1	1	3
4 服务科技计划项目（课题）的数量	服务科技计划数量	4	3	2	2	1	12
5科技支撑效果	支撑发表论文论著数量	17	12	12	5	5	51
	支撑科研成果获奖数量		省奖1				

四、典型服务案例

（一）典型服务案例1：科技支撑成果

针对云南旱地蔗区的自然生态条件和抗旱品种缺乏的突出问题，在对资源开展鉴定评价的基础上，为云南省甘蔗产业体系提供具有抗旱潜力的123份国外引进品种和材料，用于开展抗旱品种选育。经选育，从中筛选出CP85-1308、Q170等高产高糖抗旱品种和50余份抗旱材料，经产业化繁育，为云南蔗区提供了大量抗旱甘蔗新品种种苗，使云南蔗糖产业在经历百年不遇的旱灾后在全国率先恢复发展，取得了显著的社会效益和经济效益。2013年获云南省科技进步一等奖（图3）。

云南省科学技术奖励

证　书

为表彰云南省科学技术奖获得者，特颁发此证书。

奖励类别：科学技术进步奖

项目名称：甘蔗抗旱新品种选育及应用

奖励等级：一等

获奖单位：云南省农业科学院甘蔗研究所

云南省人民政府

2014年04月01日

证书号：2013AC085-D-001

图3　甘蔗抗旱新品种选育及应用奖励证书

（二）典型服务案例2：服务国家“863”重大专项

针对福建农林大学基因组与生物技术研究中心开展发掘控制生物量形成的关键基因、开发分子标记相关研究的需求，子平台为专门组织实施了资源鉴定工作，筛选出不同倍性割手密种质材料22份并提供了生物量、光合测定的试验及设施设备，共同进行相关试验调查，连续2年为该项目提供专题服务，支撑其完成了甘蔗功能基因组学研究与应用的研究顺利开展（图4）。

图4　大田甘蔗功能基因组学研究

（三）典型服务案例3：服务基础性研究

针对云南省高端人才引进项目“建立甘蔗抗旱性评价早期选择技术，筛选抗旱种质进行育种”的需求（图5），组织专项服务，为项目研究筛选、并承担了抗旱资源鉴定的实验任务，通过精准控水胁迫大田试验，筛选出高TE和高生物量的种质，获专利2项、筛选抗旱优良种质7份，支撑该项目取得了阶段成果。

图5　建立甘蔗抗旱性评价选择技术体系

五、总结与展望

“十二五”期间，中国甘蔗种质资源保存份数已跃居世界第二位，但子平台对全国资源的整合力度、资源深入鉴定等需加强，特别是目前蔗区普遍发生花叶病、黑穗病、锈病、宿根矮化病，对抗性品种需求迫切。为此，甘蔗子平台在“十三五”将重点开展以下工作。

（一）加强子平台基础条件建设

保障资源服务物质基础。

（二）加强子平台的规范化管理

提高服务效率。

（三）借助与南亚东南亚农业科技合作

增加国外资源新来源。

（四）面向产业需求

拓展服务形式和内容。

1. 以项目合作的形式，提高资源鉴定评价能力水平，为重大项目提供服务

花叶病、黑穗病、锈病是目前蔗区普遍发生流行主要病害。甘蔗子平台将在野生种质中开展抗源筛选，并进行抗病基因挖掘和种质创新，为育种提供抗病亲本。

2. 结合承担云南省山区服务及扶贫工作，为革命老区和贫困地区提供服务

甘蔗生产成本高，是造成中国甘蔗产业缺乏竞争力的主要因素。甘蔗子平台将整合依托单位资源，组织协调科技人员在主产蔗区开展技术推广服务，实现甘蔗生产的提质增效。

（五）加强子平台团队建设

提高运行管理水平、技术支撑能力和共享服务水平。

国家橡胶树种质资源子平台发展报告

胡彦师，曾　霞

（中国热带农业科学院橡胶研究所，儋州，571737）

摘要：“十二五”期间橡胶树种质资源子平台共收集国内外橡胶树种质资源86份；新增入圃保存资源60份，资源保存数量增至6 155份；完成80份橡胶树种质资源的编目、整理及鉴定评价，在系统鉴定评价的基础上，共筛选出67份优异资源；向国内科研院所、大专院校、企业、生产单位提供热研7-33-97等优异种质材料2 488份次共享利用，并取得了较好的利用效果，有力地支持了科技创新、品种改良和天然橡胶产业发展。

一、子平台基本情况

（一）基本情况

《国家中长期科学和技术发展规划纲要》指出“科技基础条件平台，是科技创新的物质基础，是科技持续发展的重要前提和根本保障”。平台建设是国家创新能力建设的重要举措，对于提高我国科技创新能力、建设创新型国家的重要作用。在老一辈科学家的呼吁下，科技部联合有关部门，于2002年启动了平台建设试点工作，2003年1月，朱镕基总理主持召开的国家科教领导小组会议讨论并原则同意科技部关于国家科技基础条件平台建设的工作汇报。至此，国家科技基础条件平台建设工作正式启动。在各级领导的关怀下，国家农作物种质资源平台建设一直走在前列，2009年通过了专家评议，2011年转入运行服务阶段。

天然橡胶是国民经济和国防建设的重要战略物资，植胶业是中国热区的重要支柱产业之一，并被列入国家重点鼓励发展农业产品和技术目录，是中国热区农村发展、农民增收、农业增效的重要支柱产业。橡胶树作为该平台中的主要经济作物之一，严格贯彻“整合、共享、完善、提高”的方针，积极开展橡胶树种质资源的考察收集、安全保存、整理整合、鉴定评价以及共享利用，按照平台工作部署及要求，努力完成预定计划，促进了中国橡胶树种质资源的保护、共享和利用。

“国家农作物种质资源平台—橡胶树种质资源子平台”挂靠在中国热带农业科学院橡胶研究所，依托国家橡胶树种质资源圃（图1），其地处中国天然橡胶研究和种植中心——海南省儋州市（经度：东经109° 34′，纬度：北纬19° 31′，海拔168m，热带季风性气候），1983年建立，是中国保存橡胶树种质资源量最大、也最为完整的圃地，资源圃占地52.9hm²，其中大田圃面积43.6hm²，苗圃面积9.3hm²。国家橡胶树种质资源圃具有较为完善的周边防护围墙、道路系统和排灌系统及660m²田间实验室和3 500m²荫棚等保存和研究设施。

图1　国家橡胶树种质资源圃

（二）人员配备

橡胶树种质资源子平台研究团队共由8人组成，其中国家天然橡胶产业技术体系首席科学家1人，高级职称7人，中级职称1人，博士3人，硕士3人。团队成员的专业涵盖热作栽培、作物育种、植物保护、遗传学等，知识较为全面，结构较为合理。项目研究团队长期从事橡胶树种质资源的收集、保存、鉴定评价、整理整合、创新利用及科技基础数据采集工作。同时，在长期的资源研究和圃地管理中，培养了一支文化素质、技术水平较高的科辅人员3名。

（三）功能职责

橡胶树种质资源子平台是国家农作物种质资源平台的重要组成部分，是中国天然橡胶产业升级与发展的重要科技基础依托，因此子平台将以橡胶树种质资源的整理整合、资源共享利用为主线，发挥资源集成、统筹与共享作用，突出服务功能，充分运用现代信息技术和国内外资源，搭建具有公益性、基础性、战略性、实用性的公共服务平台，为橡胶研究中的重大科学问题、关键技术难题以及天然橡胶产业发展提供完备、优质的物质和信息基础条件支撑和共享服务平台，全面推进与橡胶树相关的研究领域的进展，促进天然橡胶产业的升级和持续稳定发展。

（四）发展目标

力争将橡胶树种质资源子平台建成布局合理、技术先进、功能完备、运行高效的公共服务平台；实现橡胶树种质资源的优化配置和共享公用，促进产学研资源有效对接；

完善共享机制，健全适合平台稳定发展的运行体制和机制，形成具有先进水平的技术服务与管理队伍，为中国橡胶树种质资源科学研究、天然橡胶产业发展提供保障。

（五）定位

橡胶树种质资源子平台通过整合和充实现有的种质资源，建立和完善共享为核心的管理制度，稳定和培养技术支撑人员队伍，为橡胶研究中的重大科学问题、关键技术难题以及天然橡胶产业发展提供完备、优质的物质和信息基础条件支撑和共享服务平台。

二、资源整合情况

（一）资源收集、保存

橡胶树种质资源的考察、收集与引进是橡胶树种质资源子平台的一项基础性工作，“十二五”期间，通过不同途径开展了橡胶树种质资源的考察、收集与引进，并取得了较大进展，共收集各类资源86份（表1），其中从云南热带作物研究所收集36份，从海南保亭收集44份，2013年通过专家出访从越南引进种质材料1份，根据报道，此份种质分布在亚马逊河出口处的马拉若岛，平均株高2～3m，是抗风育种的种源（图2）。在国际橡胶研究与发展委员会IRRDB的协调下，2014年从印度通过材料多边交换获得高产品种5份。

图2　越南引进种质材料

种质资源的考察、收集与引进，在很大程度上丰富了国家橡胶树种质资源圃的基因资源类型，为抗逆、高产、优质橡胶树新品种的选育奠定了丰厚的物质基础，也为解决目前育成品种遗传基础狭窄问题及突破性新品种的选育创造了有利条件。

表1 “十二五”期间种质资源收集入库（圃）保存情况

年份	作物名称	种质份数（份）		物种数（个）（含亚种）	
		总计	其中国外引进	总计	其中国外引进
2011	橡胶树	10		1	1
2012	橡胶树	10		1	1
2013	橡胶树	21	1	1	1
2014	橡胶树	25	5	1	1
2015	橡胶树	20		1	1
合计		86	6	1	1

（二）资源总量与增量

从2003年科技部启动国家科技基础条件平台建设工作至2015年，国家橡胶树种质资源圃入圃保存资源量增加了114份，其中“十二五”期间新增入圃保存资源60份（图3）。

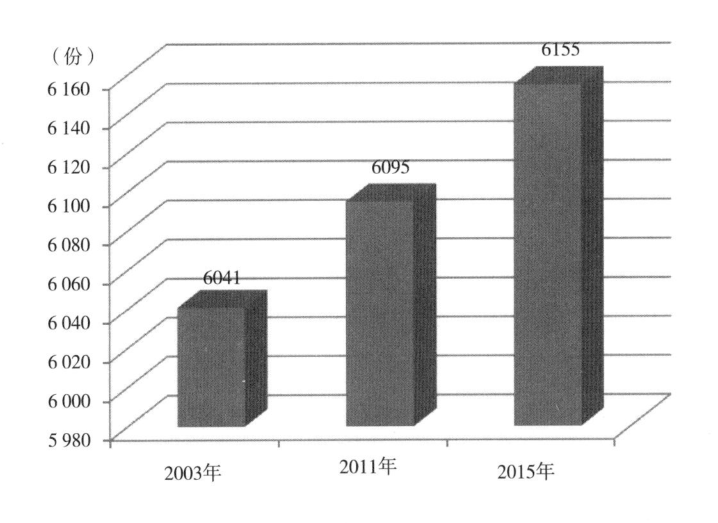

图3 资源总量与增量

截至2015年底，国家橡胶树种质资源圃共收集保存了中国海南省、云南省、广东省等植胶区及巴西、马来西亚、印度尼西亚、泰国等植胶国的Wickham栽培品种、野生种质和同属种质材料6 155份，保存资源包括了橡胶树属的5个种、1个变种，即巴西橡胶（*H.brasiliensis*）、边沁橡胶*H.benthamiana*、光亮橡胶*H.nitida*、少花橡胶*H.pauciflora*、色宝橡胶*H.spruceana*和光亮矮生橡胶变种*H.nitida* var. *toxicodendroides*（表2）。

表2　种质资源圃保存情况（截至2015年12月）

保存资源种类			份数	保存类型
巴西橡胶（*H.brasiliensis*）	Amazon野生种质		5 710	植株
	Wickham种质	国内	340	植株
		国外	90	植株
边沁橡胶（*H. benthamiana*）			1	植株
光亮橡胶（*H.nitida*）			1	植株
光亮矮生橡胶（*H. nitida* Mart var. *toxicadendroides*）			11	植株
少花橡胶（*H. pauciflora*）			1	植株
色宝橡胶（*H. Spruceana*）			1	植株
合计			6 155	

（三）资源鉴定、整理整合等情况

橡胶树种质资源鉴定评价是种质资源的核心工作，在资源鉴定评价方面，严格按照《橡胶树种质资源描述规范和数据标准》以及农业行业标准《农作物种质资源鉴定技术规程　橡胶树》《农作物优异种质资源评价规范　橡胶树》等相关规范规程的技术要求，开展了种质资源编目评价、形态学鉴定、生长鉴定、小叶柄胶值产量预测、大田白粉病发病调查等工作；“十二五”期间共完成80份橡胶树种质资源的编目与整理，并将编目相关数据提交国家种质信息中心；完成80份种质材料的生长、乳管鉴定评价，结果表明，60份3年生种质中XJA05229等10份种质平均次生乳管超过5列，平均为5.9列，XJA05255达到7列，表现出较好地高产潜力，而XJA05282等7份种质平均次生乳管仅为1列；37份3年生种质茎围平均年增粗超过8.0cm（对照7.8cm），平均茎围年增粗9.13cm，XJA05265、XJA02734 2份种质茎围平均年增粗分别达到10.6cm、11.86cm表现出较好地速生性。20份7年生种质中XJA02150等3份种质平均次生乳管超过10列，平均为14列，XJA02076

图4　次生乳管分化能力较强种质（XJA02076）

甚至达到19.5列（图4），表现出较好地高产潜力，XJA04878等3份7年生种质平均次生乳管仅有3列；20份7年生种质中仅有XJA00425一份种质茎围平均年增粗超过对照，为10.85cm（对照10.3cm），表现出较好地速生性，XJA04608生长最慢，茎围平均年增粗仅为1.05cm。在系统鉴定评价的基础上，共筛选出67份优异资源（图5）。

高产速生 10份

抗风5份

耐寒 42份

抗白粉病 10份

图5　鉴定筛选出的优异资源

（四）优异橡胶资源简介

1. 资源名称

（1）热研7-33-97（图6）。

图6　热研7-33-97

（2）资源特点、特性。

该品种具有速生高产、抗性强、产胶潜力大、干胶性能好等优良特性。开割前平均年株茎围增长7.51cm，比RRIM600快18.0%，开割后平均年株茎围增长1.94cm，比RRIM600快0.48cm。1~11年割年平均年产干胶4.56kg/株，为RRIM600的131.8%。抗风能力较强，平均风害累计断倒率为2.23%，比RRIM600低3.6个百分点；抗白粉病能力也优于RRIM600。产胶潜力大，干胶性能好。1~11年割年平均干胶含量为32.6%，比RRIM600高2.3个百分比。干胶理化性能优良（图6）。

2. 资源名称

（1）热垦628。

（2）资源特点、特性。

开割前生长快，年均增粗达8.67cm，常规管理6~7年可开割投产，提前1年达到开割标准，胶乳为白色。非刺激割胶制度下死皮率较低。立木材积量大，高比试验中10年生植株平均可达0.31m³，区试中优于GT1、PR107，与IAN873相当。抗风能力较强，与PR107接近。具有一定的抗平流寒害能力。对白粉病和炭疽病的抗性分别表现为感病和抗病。产量高，干胶含量与RRIM600相当，高比区前4割年（2008—2012年）年均干胶株产和亩产分别为2.23kg和59.43kg，分别为对照品种RRIM600的146.67%和176%。在云南省孟定农场和海南省西联试区，产量显著高于GT1和PR107。适宜在海南省中西部、广东省雷州半岛、云南省I类植胶区种植（图7）。

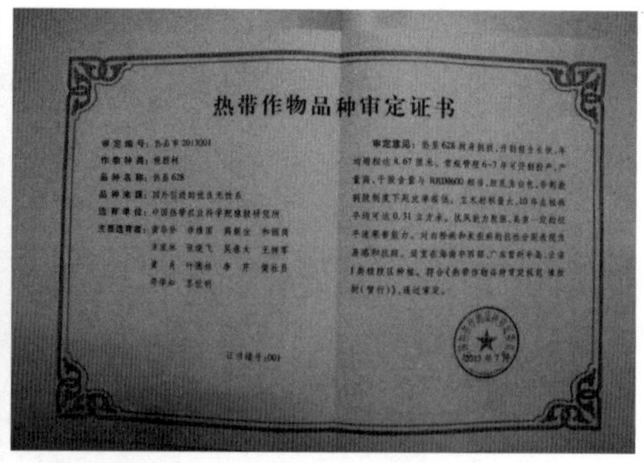

热带作物品种审定证书

图7　热垦628林段、品种审定证书

三、共享服务情况

“十二五”期间，橡胶树种质资源子平台共向中科院遗传与发育生物学研究所、云南省热带作物科学研究所、海南大学、海垦天然橡胶产业集团股份有限公司等13家单位25次提供热研7-33-97等优异种质材料2 488份次（表3），用户主要包括国内科研院所、大专院校、企业、生产单位等；服务方式主要为实物资源服务、信息资源服务、技术培训服务；服务内容主要是提供苗木、芽条、叶片、树皮、胶乳，种子、信息数据；用户主要是利用橡胶树种质资源从事基础理论研究、育种研发、基因挖掘、生物进化等理论的研究；支撑项目包括国家自然科学基金、国家科技支撑计划、天然橡胶产业技术体系、“863”子项目、海南省自然科学基金等；共享利用支撑获得海南省科技进步一等奖1项，授权国家发明专利1项，发表SCI论文6篇；在专题服务方面，根据产业需求，在云南农垦、广东农垦、海南农垦等国营农场以及民营胶园开展了天然橡胶产业新一代种植材料——自根幼态无性系的新型种植材料推广试种，共计推广种植面积约1 200亩，其中海南省400亩，云南省500亩，广东省300亩。资源共享利用有力地支持了科技创新、品种改良和天然橡胶产业发展。

表3 “十二五”期间分发供种情况

年度	服务单位数量	服务数量（份次）	科学数据（M）	单位类型	服务方式	服务内容
2011	3	706		科研所高等院校企业	实物资源服务信息资源服务	提供苗木叶片芽条胶乳树皮科学数据
2012	6	479				
2013	4	141				
2014	6	632	0.6			
2015	6	530	0.3			
合计	13家单位25次	2 488	0.9			

四、典型服务案例

（一）典型服务案例1：橡胶树死皮发生机制及相关分子标记筛选研究

1. 利用单位

海南大学农学院。

2. 利用过程

通过采集不同品种/品系/野生资源橡胶树的叶片，开发和筛选橡胶树死皮相关基因，为橡胶树死皮发生机制及有效防治橡胶树死皮提供理论依据。

3. 背景、目标、对象

死皮是橡胶树单产提高的一个主要限制因子。随着橡胶树高产无性系和乙烯利刺激采胶技术的推广，中国橡胶树死皮发生率和严重程度呈逐年上升趋势，这给天然橡胶产业造成巨大的经济损失。但目前对死皮发生机制的仍不清楚，严重制约了橡胶树死皮有效防控措施的制定。本平台为橡胶树死皮发生机制及死皮分子标记开发和运用提供研究材料，为死皮发生机制及相关基因功能研究、死皮分子标记开发和筛选提供有力的条件保障。

4. 解决的主要问题

开发和筛选出了橡胶树死皮相关基因，阐明了橡胶树死皮发生机制，为进一步有效防治橡胶树死皮提供了理论依据。

5. 服务成效

（1）该服务支撑橡胶树死皮发生机制及相关分子标记筛选研究取得突破性进展。

第一，首次提出活性氧（ROS）产生与清除、细胞程序化死亡（PCD）、泛素蛋白酶体途径（UPP）和橡胶生物合成是橡胶树死皮发生关键调控途径，在死皮中发挥重要作用；鉴定ROS和UPP途径中关键基因的功能。

第二，开发和筛选橡胶树死皮相关基因内含子长度多态性（ILP）标记，首次将筛选到的标记在大戟科种属间进行转化。

（2）该服务为阐明橡胶树死皮发生机制研究奠定了基础、为进一步有效防治橡胶树死皮提供了理论依据。同时为分子标记辅助选育死皮发生率低的橡胶树品种提供候选标记。

通过研究发现ROS产生与清除、PCD、UPP和橡胶生物合成是橡胶树死皮发生关键途径（图8）。为阐明死皮发生机制提供新观点，也为制定安全、有效的橡胶树死皮防控措施提供理论指导，同时为利用转基因技术降低死皮发生率提供靶标基因。另外，利用ILP 技术分析橡胶树死皮发生率具有差异的种质，筛选橡胶树死皮相关分子标记（图9），并实现大戟科种属间转化，为分子标记辅助选育死皮发生率低的橡胶树品种提供候选标记。

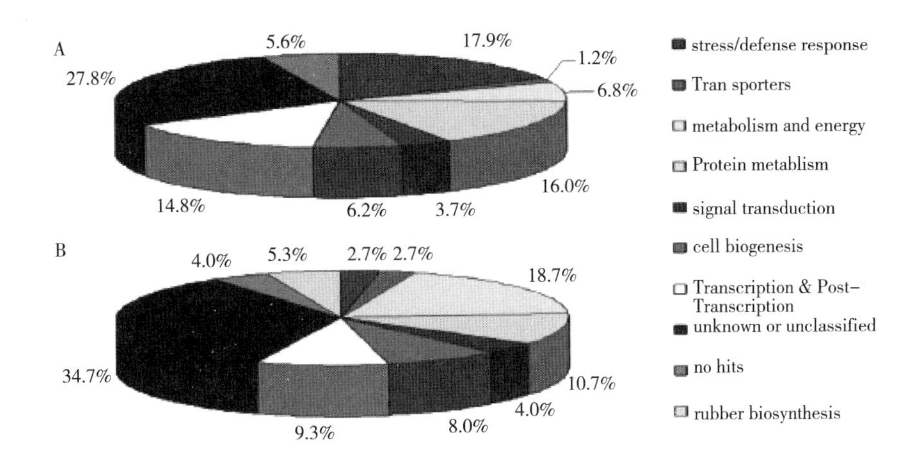

图8　橡胶树死皮差异表达EST功能分类

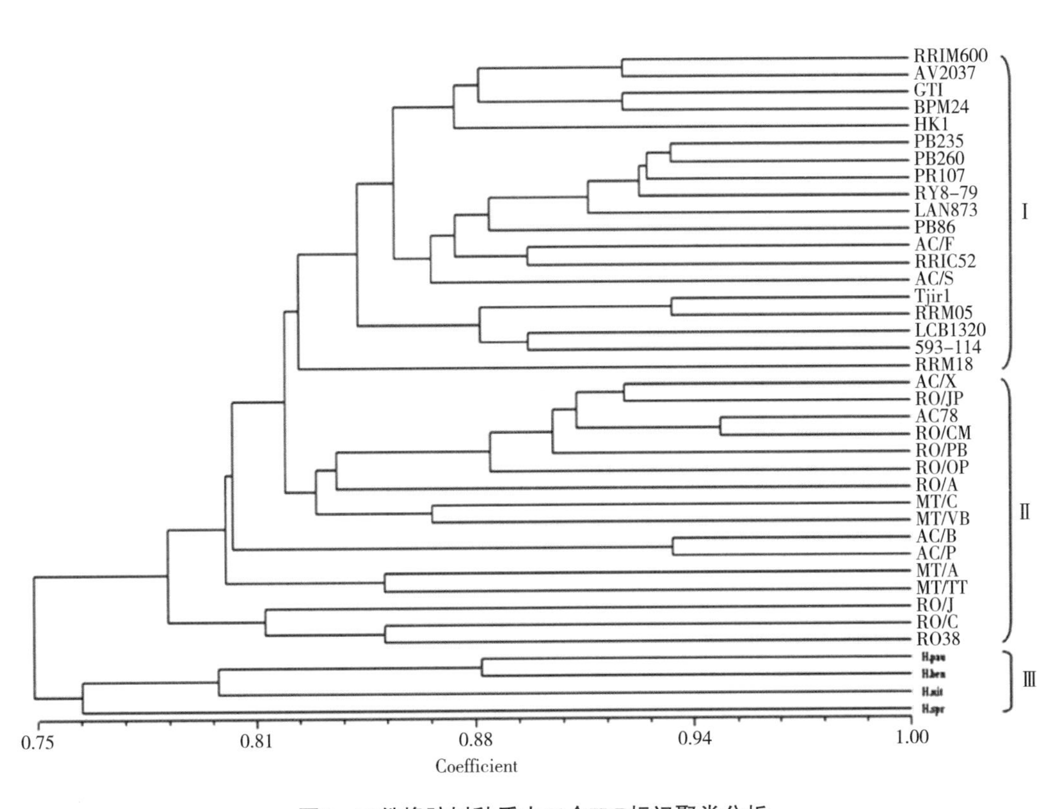

图9　39份橡胶树种质中61个ILP标记聚类分析

（3）该服务支撑获得国家基金2项，在国内外核心刊物上发表论文9篇，其中SCI论文3篇。

（二）典型服务案例2：橡胶树乳管分化及早期预测方法研究

1. 背景、目标、对象

乳管是橡胶树合成和贮存天然橡胶的一种生活组织。与天然橡胶生产密切相关的乳管是位于树干次生韧皮部中的次生乳管。由于天然橡胶是通过周期性切割橡胶树树干树皮中的乳管（割胶）所获得的胶乳加工而来。因此，次生乳管数量与天然橡胶产量显著正相关，是橡胶树产量育种的一个重要指标。

2. 解决的主要问题

该服务支撑解决了橡胶树产量育种效率低、选育种周期长的重大问题。

3. 服务过程

本平台提供338份魏克汉种质供其开展橡胶树苗期次生乳管分化能力早期预测技术的研究，每份3~5株一年生或两年生萌条。

4. 服务成效

（1）该服务支撑橡胶树乳管分化机制的研究取得创造性和突破性进展。

第一，开创了橡胶树乳管细胞分化的实验形态学研究，证明伤害信号分子茉莉酸在乳管细胞分化的调节中起关键作用。

第二，建立了一个研究橡胶树乳管分化的实验系统，并从信号传导、比较转录组学和比较蛋白质组学层面开展乳管分化的分子调控机制研究。

第三，发明了一种苗期预测橡胶树次生乳管分化能力的方法，并应用于魏克汉种质乳管分化能力的早期预测。

（2）该服务支撑解决了橡胶树产量育种效率低、选育种周期长的重大问题。

次生乳管列数是橡胶树产量育种的一个最重要性状。由于橡胶树苗期没有次生乳管，所以，一直以来都没有找到一种合适的方法来预测橡胶树的次生乳管分化能力。该服务支撑发明了一种苗期预测橡胶树次生乳管分化能力的方法，而且，将该方法用于预测通过传统的选育种方法（育种周期30年）所选择的338份橡胶树品种（即魏克汉种质），发现生产上大规模应用的高产品种的乳管分化能力属于敏感叠加型和迟缓叠加型。因此，本项目的研究

证书

为表彰在促进科学技术进步工作中做出突出贡献者，特颁发海南省科学技术奖证书，以资鼓励。

获奖项目：橡胶树乳管分化研究及乳管分化能力早期预测方法

获 奖 者：中国热带农业科学院橡胶研究所（第一完成单位）

奖励等级：一等[illegible]

证 书 号：[illegible]—028

奖励日期：[illegible]

图10　海南省进步一等奖证书

成果可直接用于杂交后代的早期选择，将显著缩短橡胶树产量育种年限和提高橡胶树产量育种效率。同时，橡胶树次生乳管分化机制的研究成果将为采用转基因技术定向改良橡胶树的次生乳管分化能力提供理论基础。

（3）该服务支撑获得海南省科技进步一等奖1项（图10），授权国家发明专利1项（图11），发表SCI论文3篇。

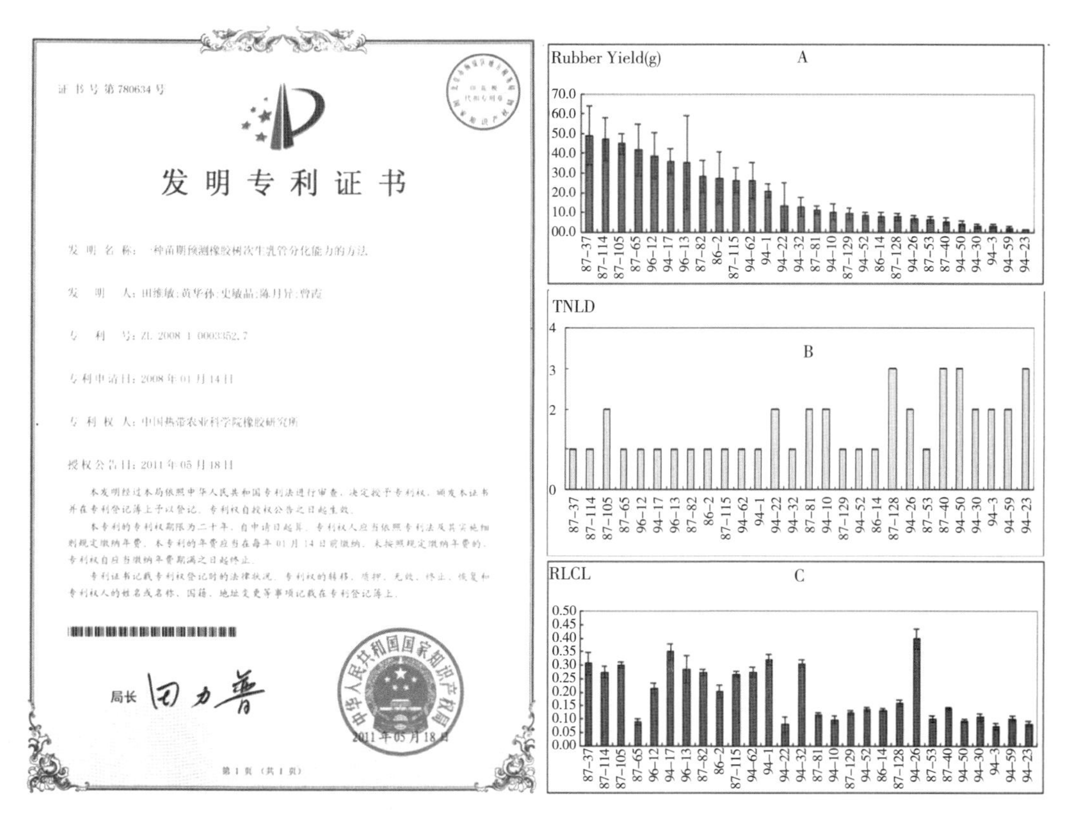

证书号第780634号

发明专利证书

发明名称：一种苗期预测橡胶树次生乳管分化能力的方法

发明人：田维敏；黄华孙；史敏晶；陈月异；曾霞

专利号：ZL 2008 1 0003352.7

专利申请日：2008年01月14日

专利权人：中国热带农业科学院橡胶研究所

授权公告日：2011年05月18日

本发明经过本局依照中华人民共和国专利法进行审查，决定授予专利权，颁发本证书并在专利登记簿上予以登记。专利权自授权公告之日起生效。

本专利的专利权期限为二十年，自申请日起算。专利权人应当依照专利法及其实施细则规定缴纳年费。本专利的年费应当在每年01月14日前缴纳。未按照规定缴纳年费的，专利权自应当缴纳年费期满之日起终止。

专利证书记载专利权登记时的法律状况。专利权的转移、质押、无效、终止、恢复和专利权人的姓名或名称、国籍、地址变更等事项记载在专利登记簿上。

局长 田力普

中华人民共和国国家知识产权局

2011年05月18日

第1页（共1页）

图11　授权国家发明专利证书

五、总结与展望

（一）存在主要问题及建议

目前，占全世界植胶面积90%以上的东南亚地区，其大面积种植的无性系均系由1876年英国人Wickham所引进的几十株原始实生树经杂交繁衍而来，亲本材料的遗传基础比较狭窄，通过几十年的定向培育，目前育成品种难以有大的突破，而橡胶树为高大乔木，有长达7年的非生产周期和长达25年以上的生产周期，对种质资源的系统鉴定评价是一项长期性的工作，目前，种质改良利用研究不足，遗传变异资源难以获得。另外，大部分资源材料还停留在鉴定阶段，深度挖掘不够，不能很好地满足育种家的需求，制约了资源的共享利用。建议在今后的资源利用研究工作中，应进行深入细致的遗传学鉴定，充分发掘优异资源，重点加强抗源亲本筛选，采用远缘杂交、理化诱变、转基因等技术多途径加强种质创新，扩大遗传变异，提高种质资源的利用效率，更好地为科研、教学及育种工作服务。

（二）总体目标

“十三五”期间橡胶树种质资源子平台将继续开展资源收集保存、整理整合，重点加强资源鉴定评价，继续完善平台运行服务机制，加强平台服务团队建设，力争将本平台建设成为中国橡胶树资源保存中心、资源创新中心、资源分发中心及中国橡胶树种质资源科学研究、天然橡胶产业发展和科普教育的重要平台。

（三）“十三五”工作计划

1. 完善平台建设，加强资源鉴定评价

“十三五”期间子平台将继续开展资源的收集保存、整理整合，进一步加强资源深入鉴定评价，在此基础上，根据中央提出的农业供给侧结构改革的要求，将橡胶树种质资源鉴定评价重点从产量转向质量，联合下游研发力量，开展橡胶树种质资源品质鉴定指标的筛选，确定鉴定方法和评价量值，为中国军工等特种胶橡胶树新品种的研发提供科学依据。

2. 加强橡胶树新型种植材料推广试种

橡胶树种植材料持续革新是天然橡胶产业持续发展和升级的重要动力源泉。20世纪50年代橡胶树幼态理论的提出及大田试验表明，自根幼态无性系与目前生产应用主体种植材料芽接无性系材料相比具有一致性好、生长快、产量高和抗性强等优点，产量可提高10%~30%，生长快10%~20%，是继实生树、芽接树之后的具有完整自我根系、幼态化的橡胶树新一代种植材料。根据测算，通过新型种植材料推广试种，亩产将能增产8万~24万t，按照1.5万元/t计算，将每亩增收120~360元。同时，由于天然橡胶是长期作物，在长达30年的生产期内，投入产出比可达1∶5以上，投资高回报率和收益稳定、持久。

因此，推广应用天然橡胶新型种植材料将极大提高中国天然橡胶自我供给能力和天然橡胶战略保障能力，也是维持中国天然橡胶可持续性发展的重大战略需求，对提升中国天然橡胶产业整体科技水平和国际地位具有重要意义，更将对促进海南省、云南省、广东省等省区农民提高致富和创收能力具有更重要的现实意义。

国家苹果、梨种质资源子平台发展报告

刘凤之，曹玉芬，王　昆，王大江，霍宏亮，高　源，张　莹，
董星光，田路明，齐　丹，赵继荣，龚　欣，刘立军，谭兴伟

（中国农业科学院果树研究所，兴城，125100）

摘要：“十二五”期间，苹果、梨种质资源子平台继续加强科技资源的收集保存工作，至“十二五”结束平台保存苹果资源1 097份、梨资源1 073份，分别较“十一五”增加了19.24%和12.51%，遗传多样性丰富。广泛开展了资源农艺性状和品质性状鉴定评价，进一步对平台内苹果、梨资源进行整理、整合，初步构建了苹果、梨遗传资源多样性图谱。以面向“三农”为服务宗旨，5年间，共向全国140家单位及个人提供了4.07万份次的苹果、梨种质资源，同时开展了资源展示、宣传及技术培训等专题服务，为果农带来了显著的经济效益，亦极大的发挥了子平台公益性作用。

一、子平台基本情况

苹果、梨种质资源子平台位于辽宁省兴城市，依托中国农业科学院果树研究所运行和管理，承担苹果、梨科技资源的收集、保存及分发利用等任务，坚持以服务“三农”和产业为目标，不断提高资源共享效率，扩大资源共享范围，增强服务力度，为中国果业的可持续发展提供物质保障。

平台现有专职研究人员14人，其中研究员3人，副研究员2人，助理研究员7人，研究实习员1人，科研辅助人员1人。具有博士2人，硕士7人，在读博士2人，中国农业科学院三级杰出人才2人。

二、资源整合情况

（一）资源整体情况

经过对平台内科技资源的进一步整理整合，截至2015年底，苹果、梨种质资源子平台保存苹果资源1 097份，其中选育品种592份、野生资源258份、地方品种154份、品系62份、其他31份；梨资源1 073份，其中野生资源136份、地方品种392份、国外引种资源275份、选育品种191份、其他类型79份。资源保存数量分别相对于“十一五”增加了19.24%和12.51%（图1）。

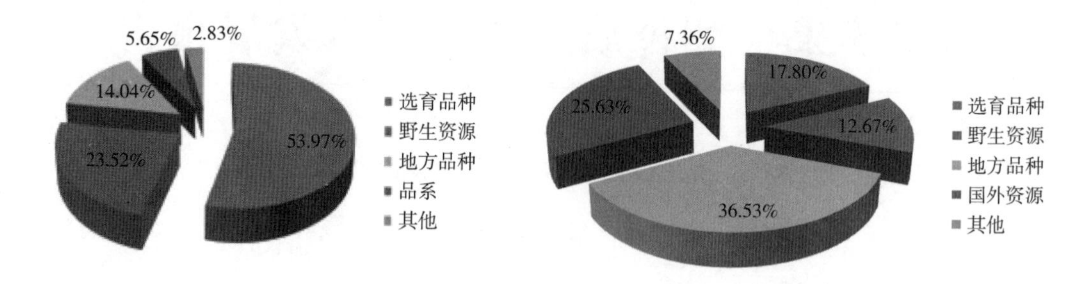

图1　苹果（左）、梨（右）子平台科技整合情况

（二）资源收集

“十二五”期间，平台进一步加强资源的野外考察、收集工作，在保证资源质量的前提下注重资源数量的增加。通过资源征集、野外考察等方式，有针对性地对濒危、特异资源类型进行搜集，重点对我国苹果、梨资源的多样性中心进行考察，多次在西北的新疆维吾尔自治区、甘肃省、青海省、西南的贵州省、云南省及西藏自治区和华北的河北省、山西省及内蒙古自治区进行野外考察，共收集梨资源205份、苹果资源192份、GPS定位资源400份，采集图像资料3 000余张，新增入圃资源299份。

开展了美国、俄罗斯、捷克、保加利亚等国家苹果、梨资源的考察与资源引进工作，进一步丰富了我国苹果、梨科技资源的多样性。

通过野外考察与收集，基本明确了中国苹果、梨种质资源分布及生存状态，尤其发现部分野生资源的集中分布区，获得一些性状优异的特异资源（图2），如河北省香气浓郁的地方品种虎拉车，山西省地方品种黄海棠等；云南省丽江市珍稀特异资源丽江香梨，甘肃省地方优异品种兰州市花长把等。

河北省—虎拉车

山西省—黄海棠

云南省丽江市—香梨

甘肃省—花长把

图2　收集优异苹果、梨种质资源

（三）资源评价

“十二五”期间主要开展了苹果、梨资源表型鉴定、生理生化鉴定及分子鉴定，完成了719份资源的物候期调查，获得7 909项基础数据；186份梨资源、94份苹果资源果实多酚物质性状鉴定；198份梨成熟叶片多酚物质的组成及含量进行了检测；194份苹果斑点落叶病、55份山梨黑星病及黑斑病进行了3年重复田间调查鉴定评价，积累了科学稳定的基础数据，并对260份资源进行编目，数据及时提交国家信息数据库。

（四）资源整理整合

在收集、保存及鉴定评价的基础上，编写出版了《中国苹果品种》和《中国梨品种》，初步构建了中国苹果、中国梨资源形态多样性图谱，包括果实、花、叶片等图谱信息（图3）。

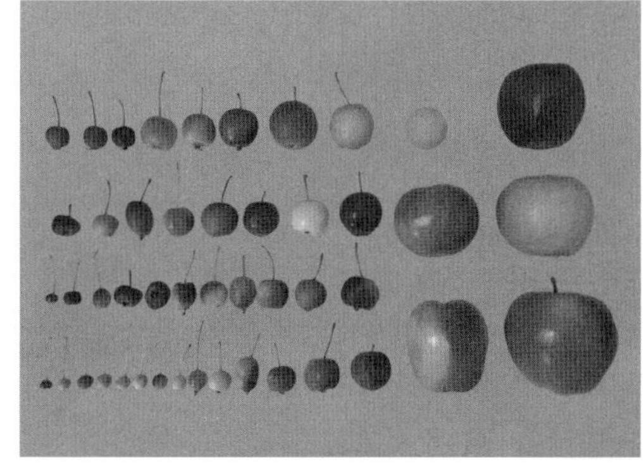

苹果果实多样性

苹果花多样性

图3　收集苹果、梨优异资源并出版学术专著

（五）优异资源介绍

1. 芳香浓郁苹果——香果

中国苹果地方品种，果实短卵圆形或长圆形，单果重62~120g，果实底色淡绿或黄绿，果实阳面覆鲜红色晕霞，十分艳丽，果肉乳白色，味甜酸，芳香，品质上等。此品种熟期较早，外形美观，色泽鲜艳，风味香甜，可供应早期市场需求（图4）。

图4　苹果优异资源——香果

2. 色味俱佳资源——红茄梨

美国品种，为茄梨的红色芽变，树势强。叶片长9.1cm，宽4.1cm，椭圆形，初展叶绿色；花蕾白色或边缘浅粉红色，每花序4~7朵花，雄蕊20~24枚，花冠直径3.7cm；果丰产，单果重131g，葫芦形，果肉浅黄白色，肉质紧密，经5~7d后熟，肉质软溶，汁多肉甜，果面平滑，果皮通体深红色，外观优异，品质上等（图5）。

图5　梨优异资源——红茄梨

三、共享服务情况

（一）类型及方式

苹果、梨种质资源子平台不定期向果农发放免费的科技材料，联合当地农技部门开展技术培训班，利用平台向外进行优异资源的展示和提供接穗、花粉、叶片、果实等。

（二）对象与数量

平台服务对象主要是国内从事果树生产、教学和科研单位，具体为政府机关、果树种质资源研究人员、育种专家、研究所、大学、农业技术推广人员、农民和学生、果树农场和苗圃等企事业单位及个人。

5年间共向全国140家单位及个人提供了4.07万份次的梨、苹果种质资源，服务于平台参建单位以外的用户占总服务用户的60%。其中高等院校29.6%，科研单位40.8%，企业3.1%，生产26.5%。

（三）支撑成果

为国家苹果重点基础研究发展计划1个、国家自然基金项目4个、地方自然基金项目1个提供了苹果种质资源支撑；为国家梨功能基因组学“863”计划课题、国家梨产业技术体系建设专项、国家农业行业公益性专项等18个重大工程项目（课题）提供了梨种质资源和信息支撑。为54个省部级及其他科技计划（项目／课题）提供了梨种质资源和技术支撑，为16个国家级自然科学基金项目提供了梨种质资源支撑。

（四）展示与宣传

通过发放材料和参观平台等形式对梨、苹果种质资源进行展示和宣传，5年间累计参观、培训人数超过1 000多人次，展示优异资源500余份次，印发宣传单2 000多张。通过参加平台贡献服务创新大赛，原创设计国家农作物种质资源平台明信片，展示梨种质的花叶和果实的自然之美和资源的多样性，宣传反映平台科研和服务工作，梨平台荣获本次大赛优秀奖，用美丽生动的方式对平台进行了展示，用参与竞赛和分享荣誉的形式对平台进行了推广和宣传（图6）。

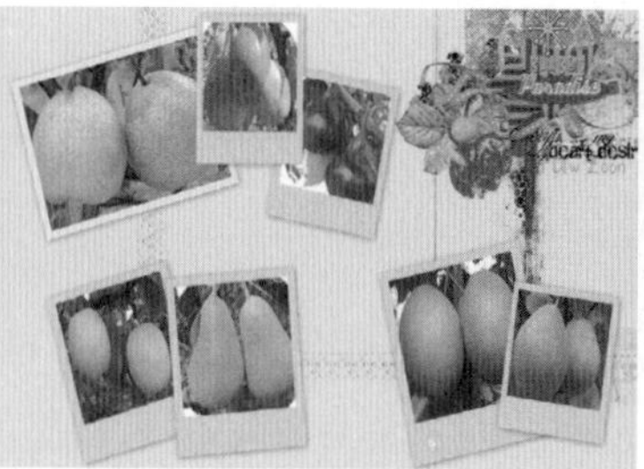

图6 资源宣传及展示

（五）专题服务

通过开展技术培训班等对辽宁省葫芦岛市刚屯镇果农，葫芦岛市韩家沟果树农场进行果树生产指导，如冬季防寒、选择适宜辽宁种植的苹果品种、病虫害防治等专题服务培训，累计培训果农200余人次，免费发放资料300余份（图7）。

图7 技术培训及资料发放

通过为"发展中国家果树生产技术培训班"授课，为来自巴基斯坦、孟加拉国、苏丹、埃及、柬埔寨、坦桑尼亚、蒙古等国家的学员培训中国梨资源的基本概况和研究现状，促进中国果树优异的资源和先进的栽培技术向发展中国家传递，推动平台资源的对外交流与合作（图8）。

图8 发展中国家培训

四、典型服务案例

葫芦岛韩家沟果树农场苹果品种结构调整。韩家沟果树农场是葫芦岛市一家市属自负盈亏企业，农场种植苹果已有30余年的历史，当时苹果品种有国光、元帅、金冠等。近10年以来，由于农场苹果园树龄老化，品种单一，农场职工收入低，生产技术落后，大部分果园放弃管理。为解决品种、技术与职工收入等问题。2009年平台与该农场签订了专题服务协议（图9）。平台制订了详细的品种更新方案，筛选优良苹果资源如华红、寒富、蜜脆等新品种，并选用矮化砧木CX5、SH系，采用矮化中间砧栽培模式，建立了苹果新品种矮化砧示范基地10亩，2012年开始大量结果，每亩纯收入3 000~4 000元，极大地调动了农场职工的积极性，带动农场新种植和更新苹果园5 000余亩，2014年已大量开花结果，预计产量达到300万kg，效益显著。2015年达到250万，效益达1 000余万元。

图9　苹果产业结构调查典型案例

五、总结与展望

（一）主要问题和建议

1. 子平台科技基础条件存量不足

苹果、梨种质资源子平台内资源数量及科技基础条件仍显薄弱，远落后于发达国家，因此，子平台应联合其他平台，适时对全国苹果、梨科技资源进行摸底调查，进一步摸清家底，切实增加科技资源数量和质量，同时加强资源信息库的建设。

2. 子平台共享和协同创新机制不健全

目前，苹果、梨子平台与其他平台在科技资源共享方面联系不紧密，没有开展协同创新。因此，子平台应依据国家相关政策，探讨创新机制，制定平台内部创新机制，加强与其他平台联系，共同开展协同创新，加强子平台“开放、整合、共享”。

3. 子平台技术保障队伍较弱

苹果、梨种质资源子平台的建设和运行离不开一支专业化的技术保障队伍。因此，子平台仍需要培养一支稳定、深谙平台、业务精的专业化团队来持续推进平台工作。

（二）“十三五”发展总体目标

1. 开展苹果、梨种质资源子平台的管理和服务机制创新

使用现代化信息手段加强资源的管理和整合，对平台资源进行自动化的数据信息采集创新。

2. 在保证平台资源质量的前提下，加强资源的收集保存

特别是国外资源的收集保存，提高资源保存数量和多样性。

3. 进一步提升平台对育种、生产和科学研究项目的科技支撑作用

加强各平台和子平台之间的联系和协作。

4. 继续进行平台资源的开放利用

进行协同服务创新，变被动服务为主动服务，加强共享力度和提高共享成效。

国家柑橘种质资源子平台发展报告

江　东，赵晓春，申晚霞，刘小丰，朱世平，闫树堂，薛　杨，曾正荣

（中国农业科学院柑橘研究所，北碚，400712）

摘要：国家作物种质柑橘子平台是柑橘种质收集、保存、鉴定、评价、创新及利用的专业机构，"十二五"期间柑橘子平台通过资源的收集整理，使在圃柑橘种质达到1 600份，通过资源的共享服务，为325个单位和个人提供各类柑橘种质2 345份次，为科学研究、新品种成果转化、人才培养提供了重要材料。通过实施专题服务，为广西壮族自治区和云南省柑橘产业的发展提供了重要的品种支撑，促进了中国柑橘产业的发展，产生了显著的社会经济效益。"十三五"期间柑橘子平台将继续加强能力建设，提高服务水平，将国家作物种质柑橘子平台打造成为资源完备、技术力量先进、服务高效的国家级柑橘种质资源保存创新中心和柑橘资源服务中心。

一、子平台基本情况

国家作物种质柑橘子平台是国家科技基础条件平台下的国家农作物种质资源平台的重要组成部分，位于重庆市北碚区歇马镇，依托单位是中国农业科学院柑橘研究所和西南大学。该平台成立于2010年，旨在通过长期对柑橘种质资源遗传多样性的安全保存，在深入鉴定评价、创新及利用研究工作的基础上，为科研院校、育种单位、企业和果农等用户提供柑橘种质实物资源和数据信息，针对产业发展需求、重大科研项目，围绕农民增收、生态安全等主题进行针对性、需求性和引导性服务，促进柑橘产业的健康持续发展。目前国家作物种质柑橘子平台拥有较完善的柑橘资源保存设施和研究条件平台。其中田间资源圃占地面积10hm^2、引种隔离检疫观察圃2hm^2、育种材料圃1.5hm^2、资源保存温网室5 000m^2，可容纳保存柑橘种质资源1 700份。另外国家柑橘子平台还建有设备功能齐全的分子生物学实验室、组培室、细胞生化实验室、果品分析室，实验室面积达到900m^2。在柑橘种质资源保存、果实品质测试分析、柑橘基因资源挖掘、柑橘种质创新方面已开展了大量的研究工作。目前，柑橘子平台拥有研究人员12人，其中高级研究人员6名，中级职称4人，主要从事柑橘种质资源的收集、保存、鉴定、评价、创新及利用研究，为产业发展提供优异柑橘新种质。通过人才引进、保存设施的完善、试验条件的提高，柑橘子平台将建设成为国内柑橘资源保存中心、基因资源发掘及利用中心以及种质资源展示及服务中心。

二、资源整合情况

国家作物种质柑橘子平台是我国最重要的柑橘种质资源国家级保存圃，截至2016年12月，圃内共保存有国内19个省（直辖市）及美国、日本、意大利等14个国家的地方品种、选育品种、育种材料、野生珍稀资源及柑橘近缘植物等共计1 600份，涵盖了芸香科柑橘亚科10属24种14变种植物，柑橘资源的保存数量位居世界第三位，其中以宽皮柑橘、枳、柚、大翼橙的保存类型最为丰富多样。这些种质资源来源于不同时期、不同地区的资源调查和收集活动，具有明显的地域特色和遗传多样性。“十二五”期间，柑橘子平台共收集国内外柑橘种质257份，主要来自于国内12个省市区和西班牙、澳大利亚和韩国等3个国家，其中收集柑橘近缘属植物1份，酸橙类5份，金柑类3份，柚类64份，枸橼柠檬类36份，宜昌橙类6份，宽皮柑橘类94份，甜橙类35份，枳及杂种13份。在对收集的柑橘资源进行了深入的鉴定评价后，筛选出优异种质28份。例如，从广西壮族自治区柳州市融安县收集到的“脆蜜金橘”，经鉴定该品种是滑皮金柑的一个四倍体变异，具有大果、无核、肉厚汁多、高糖低酸、品质优良的特点，是目前国内发现的果实最大的金柑品种，具有极大的市场开发潜力。在2013年柑橘子平台从韩国济州柑橘试验场引进了杂柑品种“甘平”，经过在重庆连续3年对其植物学特性、结果习性的观察记载，认为该品种果形漂亮、果皮薄、果实大小整齐美观、品质优良，可作为高档礼品果或采摘观光果品进行推广发展。通过对收集资源的鉴定评价，筛选出的这些优异种质已逐步提供生产利用，并产生了较好的社会经济效益。

三、共享服务情况

国家作物种质资源柑橘子平台面向科研院校、政府、企业和果农等用户提供所需的服务，开展了日常性、展示性、针对性、引导性、需求性和跟踪性等服务。服务内容和形式多样，主要的服务内容包括：为用户提供柑橘子平台保存的各类柑橘实物材料和图像信息及数据资料，提供柑橘种植发展的技术咨询服务，提供柑橘新品种选育的技术指导和方案，为用户开展苗木接穗的快速检测和鉴定服务。在“十二五”期间柑橘子平台共为325个单位和个人提供各类柑橘实物资源共计2 345份次，提供数据信息152MB，图像数据2.1GB，以柑橘子平台提供的实物资源为材料，支撑了国家自然科学基金项目、“973”项目、国家科技支撑项目、行业公益项目以及省部级项目53项，培养了多名研究生。同时还培育出柑橘新品种6个，包括大雅柑、沃柑、无核沃柑、无核W·默科特、秋辉新杂、鸡尾葡萄柚等品种。柑橘子平台还开展专题性服务，与地方政府和企业进行对接，根据地方政府和企业提出的具体要求，帮助地方政府开展品种选育、苗木繁育、示范果园建设等技术服务和指导，助推了企业的快速发展，为企业带去了良好的经济效益和回报，同时也将圃内的优良品种迅速转化为社会生产力。为促进优异种质的利用，国家柑橘子平台还通过技术培训、资源的宣传与展示活动，使得基层农技人员、种植户积极种植经济效益高的品种，产生了非常显著的社会经济效益。

四、典型服务案例

国家柑橘种质资源子平台利用自身的资源优势，在“十二五”期间开展了针对广西壮族自治区、云南省等地优势柑橘产业发展的特色专题服务，帮助广西壮族自治区、云南省等地农业龙头企业和政府选择适宜当地发展种植的特色柑橘品种。利用广西壮族自治区农业厅大力实施优果工程和特色果业提升工程的时机，在政府和果农对优新柑橘品种及种苗需求迫切的情况下，国家柑橘种质资源子平台选择在广西壮族自治区柑橘发展的优势地区柳州、武鸣、荔浦等地建立区试基地，向当地的龙头企业提供国家柑橘种质资源子平台最新培育的柑橘新品种进行区域试验，通过企业的示范带动了柑橘新品种的推广发展，为果农带来了良好的效益。柑橘子平台先后与武鸣的鸣鸣果业有限公司、武鸣一鸣红香蕉专业合作社、环江金果生态农业发展有限公司、柳州市农业局、柳江县农业局等企业和政府部门签到了合作协议，向其提供优良的特色柑橘新品种和技术服务。在广西壮族自治区南宁市武鸣城厢镇、双桥镇的“沃柑”示范区试基地由于产生了明显的助农增收效益，带动了广西壮族自治区大面积发展种植“沃柑”，“沃柑”成为目前广西壮族自治区发展种植最快的晚熟柑橘品种。另外，为帮助果农深入了解和掌握品种特性及栽培技术，国家柑橘种质资源子平台还多次赴广西壮族自治区开展品种推荐会和技术培训服务，并开展电话咨询和技术指导，为果农在品种选择、无病苗木购买、生产栽植、病虫害防治、黄龙病鉴别等各环节提供全方位技术服务。同时还帮助地方柑橘实验站开展新品种的选育、鉴定评价等工作，如融安县果品办在当地选出一个大果滑皮金柑，国家柑橘种质资源子平台帮助其鉴定为一个4倍体金柑，并在栽培技术措施上进行指导，通过保花保果等栽培技术措施，提高了大果滑皮金柑的种植产量。针对“沃柑”生产上果实种子较多的缺点，国家柑橘种质资源子平台还开展了“沃柑”的引选育工作，获得了无核、少核的“沃柑”优系4个，并提供广西壮族自治区进行试种。通过国家柑橘种质子平台的工作，目前广西壮族自治区在“沃柑”种植上已成为国内最大的地区，该品种在南宁市、崇左市、桂林市、柳州市、大化市、蒙山市等地发展，成为当地脱贫致富的柑橘首选品种。国家柑橘种质子平台向广西壮族自治区提供的“沃柑”品种，促进农户增收效益明显，据广西壮族自治区水果生产总站出具的证明材料，“沃柑”对广西壮族自治区柑橘发展的促进带动作用明显，2015年“沃柑”在广西壮族自治区种植面积超过10万亩，经济效益超过3亿元。

五、总结与展望

“十二五”期间国家柑橘种质子平台为社会提供了良好的服务，产生了明显的社会效益。但仍然面临和存在一些问题，主要表现在社会上对柑橘新品种的需求十分强烈，但国家柑橘子平台在新品种储备、种质材料的繁育数量上还远不能满足社会的需求，因此还需要联合一批柑橘育繁推一体化企业来扩大供种能力。提高新品种的储备不仅需要柑橘子平台加强新品种的引进、同时还需要加大品种的开发选育力度，目前面临的主要难题是用于育种的土地不够，另外选育出的柑橘新品种作为科技成果，在提供给企业和政府去开发推广前，还需要建立一套合理的成果转化收益分配的制度，保障育种者、推广者、生产者多方的利益。其次在为企业、政府提供深入的专题性服务上，柑橘子平台的人力和时间上明显不足，专题性服务往往需要长期深入到基层，柑橘子平台由于人员有限，服务的对象太多后容易导致服务数量和服务质量的降低，因此在服务方法上还需要改进和提高，使得服务效果更加高效。

根据柑橘子平台在“十二五”期间取得的一些成功经验，“十三五”期间国家柑橘子平台将围绕柑橘种质收集、保存、鉴定、评价、创新、服务等方面内容，深入开展资源的精准鉴定和评价，利用新技术手段和方法，快速、高效、精准发掘出一批优异柑橘种质为社会提供服务。同时，在人员有限的情况下，要引导社会力量来从事柑橘新品种创新与研发，建立完善的种质创新成果转化收益分配制度，加快新品种的产出，为社会提供急需的材料和品种。同时柑橘子平台还需加强与地方政府的合作，通过指导、帮助地方政府开展柑橘芽变选种活动，有目的地筛选芽变材料，快速获得一批有推广价值和潜力的柑橘新种质。加强与育繁推一体化企业的合作，扩大柑橘苗木的供种繁育能力，满足社会对实物种质的需求。同时还需加强柑橘子平台自身能力建设，充分发挥现有人才、技术和仪器设备上的优势，建立完善高效的芽变材料检测、病原菌检测、品质分析的技术体系，更好地为产业提供服务。“十三五”期间柑橘子平台需要通过建设和运行服务相结合，为产业提供效益更高、优势更突出的柑橘新品种、新材料，将国家柑橘子平台建设成为柑橘资源完备、技术力量先进、服务能力高效的国家级柑橘种质资源保存创新中心和柑橘资源服务中心。

国家核桃、板栗种质资源子平台发展报告

刘庆忠，陈　新，徐　丽，张力思，魏海蓉，宗晓娟，谭　钺，朱东姿

（山东省果树研究所，泰安，271000）

摘要：“十二五”期间核桃、板栗种质资源平台共征集种质131份资源，其中核桃56份、板栗50份、樱桃25份，筛选出13份优异种质。开展日常服务553次，向社会提供实物资源服务量为1 230份次，技术与成果推广服务共23次；科普宣传120人次，提供技术研发相关数据150MB，资源示范展示120人次，接待参观访问56人次，技术转让3项次，技术咨询36次，培训服务260人次等。“十二五”期间平台服务各级各类科技计划（项目/课题）49个，支撑论文发表46篇，论著1部，标准制定7个，专利6项，成果奖励12项，品种审定、成果鉴定等其他服务2项；针对目前产业发展中存在的关键问题，对资源进行深度挖掘与集成，为经济、社会发展提供资源服务和技术支撑，促进了我国核桃、板栗、樱桃产业的发展。

一、子平台基本情况

2009年，国家核桃、板栗种质资源平台依托山东省果树研究所在泰安建成，2010年，在科技部基础条件平台项目的支持下进入运行服务阶段。现有圃地面积80亩，划分为引种观察圃、资源保存圃和种质创新圃，收集、保存核桃属8个种405份资源，保存栗属资源8个种和变种366份，山核桃属植物4个种46份，樱桃资源56份，目前有科技人员12人，其中获得博士学位的有9人，是一支规模适中、学历层次高的创新人才队伍，为平台的正常运转与科学研究提供了人力保障。2012年，团队被农业部评为“果树种质资源与生物技术育种”创新团队。

平台的任务及功能是确保平台核桃、板栗、樱桃种质资源的完整、安全保存。每年收集、保存国内外核桃、板栗、樱桃果树种质资源25份，向科研、教学和生产单位提供分发资源100余份（次）。

二、资源整合情况

“十二五”期间核桃、板栗种质资源平台首先保证了平台核桃、板栗种质资源的健壮生长，新收集种质131份资源，其中核桃56份、板栗50份、樱桃25份，使资源总量达到873份。5年间对分布在贵州省、河南省、河北省、辽宁省和北京市等地的核桃、

板栗种质资源进行了考察、收集，从国外引进具有高产、大果、耐储藏、易去涩皮、肉质糯等特点适合加工的欧洲栗品种。在资源的鉴定评价方面，完成了80份核桃、80份板栗种质的主要农艺性状的鉴定评价，包括坚果重量、树皮颜色、花芽形态、坚果风味和口感以及部分抗性等特征特性，对50份核桃和80份板栗的抗病性、淀粉含量、蛋白质含量、糖含量以及脂肪含量进行了检测分析，筛选出具有特异性状的8份核桃资源和5份板栗资源，在生产上直接利用或作为育种材料。在种质保存技术上，研究了核桃和板栗的组织培养离体保存技术体系，初步探索了核桃的超低温保存技术，丰富了资源保存方式，确保种质资源的安全保存。

（一）“索伦托”核桃

从意大利核桃实生后代中选出（图1），坚果平均单果重14.4g。果实横径37.58mm，纵径40.34mm，侧径38.98mm。青果光滑发亮，青皮平均单果重65.73g，横径48.49mm，纵径52.73mm，侧径51.61mm。青皮厚度5.46mm左右。果实圆形，果顶渐尖，坚果壳面光滑美观，核仁浅黄色、充实饱满、味香不涩，出仁率53.0%，商品性状好，缝合线平且紧密，壳厚1.25mm左右，可取整仁。羽状复叶5～7叶雄先型，为中熟品种。节间34.18mm，结果枝粗度9.5cm，结果枝长度18cm，多为双果，少有三果。脂肪含量为56.6%，蛋白质含量为18%。在鲁中地区4月初萌芽、雄花盛开，4月中上旬雌花盛期，果实9月初成熟，果实发育期140d左右。该品种抗寒、早实、丰产、优质，综合性状优良，适宜在中国北方广大的核桃产区推广种植。

图1　优异核桃种质——“索伦托”

（二）“麦穗虎头”和“水龙纹”狮子头麻核桃

其坚果个大，种皮厚且表面纹理皱褶变化多样，适宜雕刻、观赏和玩耍等，民间称之为“文玩核桃”。中国麻核桃种质资源十分丰富，核桃种质资源平台从麻核桃实生群体中选出一系列特异麻核桃种质。“麦穗虎头”，坚果长圆形，高桩，果基较平或微凹，皮质较好，纹理呈规则的麦穗状，主要筋脉疏松苍劲。“水龙纹”狮子头外形庄重，厚边平底，桩子略高，尖大肚足，纹路犹如蛟龙在水中翻滚，壳面颜色较浅，纹理美观，文玩品质优，适于揉手健身（图2）。

图2 特异麻核桃种质——“麦穗虎头”和“水龙纹”狮子头

三、共享服务情况

“十二五”期间，核桃、板栗种质资源平台主要面向从事核桃、板栗、樱桃育苗、栽培的专业合作组织和企业开展日常服务553次，向社会提供实物资源服务量为1 230份次，包括中国林业科学研究院、中国农业大学、南京农业大学、山东农业大学、湖北省农业科学院、甘肃陇南林科所、重庆林科所等高校、科研单位提供叶片、花粉、枝条等育种、研究所需材料394份。为北京国际核桃庄园、河北省德胜农林科技发展有限公司、山东汇友金核桃食品有限责任公司、济南华鲁食品有限公司、山东省淄川区九顶月牙山核桃专业合作社、滕州市大自然农业投资有限公司、临朐县汇龙山核桃专业合作社、东平县东平街道办事处东海子村核桃专业合作社、胶南铺集镇高家庄薄壳核桃标准化示范园、汶上县白石镇林果协会、山东省东平县银丰核桃研究所、肥城市景奇林业合作社、泰安岱岳区夏张镇、临沂莒南洙边镇、潍坊果润斯有限公司、湖北丰年农业开发有限公司等企业和民间组织提供良种苗木836份次，技术与成果推广服务共23次；科普宣传120人次，提供技术研发相关数据150MB，资源示范展示120人次，接待参观访问56人次，技术转让3项次，技术咨询36次，为社会生产提供了有效共享服务。围绕配套栽培技术要点，病虫害防治等专题，共培训果农260人次，为专业种植人员提供了品种信息与技术支撑（图3）。

核桃、板栗种质资源平台作为生物多样性保护的重要科普宣传和学生教学实验基地，5年间共接待国内外专家、学生56人次，促进了公众的种质资源保护意识，产生了长远的社会影响力和社会效益（图4和图5）。

图3　核桃和樱桃种质资源田间展示

图4　平台资源服务信息反馈

图5　平台开展的培训服务

四、典型服务案例

（一）典型案例1

核桃黑斑病是制约当前核桃产业发展的主要问题，核桃种质资源平台主动将保存的彼德罗、强特勒、元丰等抗病核桃种质资源分发到具有一定发展规模、示范作用显著的国家示范基地、农业有限公司、种植专业合作社和家庭农场（图6）。目前已在山东省临沂市、泰安市宁阳县、济宁市邹城等核桃主产区发展抗病核桃栽培面积10万多亩，原来每亩产量也就150kg，通过改进品种结构，现在每亩产量平均产量达到250kg，每亩增产100kg，每500g按市场价格15元计算，当地农民增加收入3 000万元，有效推进薄皮核桃产业化发展，形成区域特色经济，对发展现代林业和新农村建设具有重要的意义。

图6　服务核桃主产地

图7　国际学术交流

（二）典型案例2

2014年7月1—2日，核桃、板栗种质资源平台承担亚洲国家果树栽培技术培训班，组织了核桃、樱桃相关的专家与来自斯里兰卡、亚美尼亚、阿塞拜疆的学员进行了授课、交流座谈，对平台保存的资源进行现场观摩（图7）。通过此次交流双方建立了友好、真诚、密切的合作关系，结成了深厚的友谊，提高了中国果树育种研究的国际影响力。

五、总结与展望

（一）存在的主要问题

目前筛选出的核桃、板栗优异种质大多数具有单一抗性性状突出的特性，为应对气候变化，建议尽快实施果树种质资源精准鉴定项目，着力开展优质兼顾抗寒、抗旱和抗病等复合性状优异种质的挖掘工作，在条件允许的情况下可以考虑采用分子生物学手段建立种质的基因型，并深入研究表型和基因型之间的关联分析，提高核桃、板栗优异种质资源鉴定评价的工作效率。

（二）“十三五”总体目标

平台新整合核桃、板栗、樱桃等种质150份，深入鉴定评价150份，筛选优异种质5个以上，申报植物新品种权或者林木品种审定，打造平台名牌产品。向社会提供实物资源服务量为1 200份次，技术与成果推广服务共10次；科普宣传300人次，提供技术研发相关数据500MB，资源示范展示500人次，接待参观访问50人次，技术转让10项次，技术咨询50次，培训服务500人次等；围绕核桃病害严重、板栗品质下降等产业急需解决的问题，开展相应的种质分发和栽培技术培训等专题服务。

国家桃、草莓种质资源（南京）子平台发展报告

沈志军，赵密珍，俞明亮，马瑞娟，王　静，严　娟，蔡伟健，
蔡志翔，于红梅，许建兰，庞夫花，宋　娟

（江苏省农业科学院园艺研究所，南京，210014）

摘要：“十二五”期间，国家农作物种质资源平台桃、草莓种质资源子平台（南京）在科技部的稳定资助下，运转顺利，取得一定成效。子平台收集保存桃、草莓种质资源112份，资源保存数量达到1 001份；鉴定评价135份，编目整合122份，筛选优异资源18份。子平台共向484个用户，提供实物共享利用2 107份次；支撑科研项目52项、论文30余篇、成果3项、品种选育11个；开展系列培训服务28次，培训果农2 470人次；接纳专业技术观摩600余人次，教学实践和科普宣传近5 000人次。子平台以优异种质资源展示的方式，开展专题服务7次，展示优异种质232份，获得媒体报道16次。“十三五”期间，子平台将注重种质资源整合的数量和质量，积极向科研机构和生产单位提供实物和信息共享，力争在种质创新、科技创新和产业支撑中发挥作用。

在科技部“农作物种质资源平台项目”的稳定资助下，“十二五”期间，桃、草莓种质资源子平台（南京）致力于桃、草莓种质资源的收集保存、鉴定评价、编目整合，并重点围绕种质资源实物和信息共享利用，在科技支撑、产业支撑和科普支撑等方面发挥了一定的作用。

一、子平台基本情况

桃、草莓种质资源子平台（南京）位于江苏省南京市玄武区（32° 2′ 8.30″ 北，118° 52′ 7.63″ 东），依托单位为江苏省农业科学院园艺研究所。子平台建立了稳定的资源研究与分发利用团队，具有科技人员12人，其中研究员3人，副研究员3人，助理研究员4，研究实习员2人。子平台占地面积98亩，其中连栋大棚8亩，简易大棚4亩；配置办公场所120m^2，实验室180m^2，工具房300m^2；配备仪器设备70余台套。桃、草莓种质资源的“收集保存→鉴定评价→编目整合→共享利用”一直是子平台任务主线，目标定位于服务科技创新的资源多样性需求和支撑产业的优良品种需求。

二、资源整合情况

截至“十二五”末，桃草莓种质资源子平台（南京）共收集保存桃种质资源645份，草

莓种质资源356份，资源总量1 001份。桃种质资源涵盖桃亚属的所有6个种，包括：普通桃、光核桃、甘肃桃、山桃、陕甘山桃、新疆桃；草莓种质资源涵盖草莓属的15个种，包括：森林草莓、黄毛草莓、五叶草莓、绿色草莓、裂萼草莓、东北草莓、高原草莓、西南草莓、东方草莓、暇夷草莓、伞房草莓、弗州草莓、智利草莓、饭沼草莓和凤梨草莓。

“十二五”期间，共收集桃、草莓种质资源112份，资源增量13%。按照《桃种质资源描述规范与数据标准》《草莓种质资源描述规范与数据标准》共对135份种质资源进行了果实经济性状、植物学特征和生物学性状的系统鉴定评价，以及部分种质的抗性性状评价。在鉴定评价或数据补充采集的基础上，共完成122份种质资源的编目与整合，筛选出优异种质18份，其中桃6份，草莓12份。

红肉桃种质资源果肉中富含酚类物质和花色苷，抗氧化能力很高，成为国内外研究的热点。“十二五”期间，共收集红肉桃种质资源10份，包括显性遗传的类型4份，隐性遗传类型6份。从浙江丽水山区收集的“丽水桃15号”（图1），表现为中果皮紫红，且花色苷含量显著高于原有隐性遗传红肉桃资源。这种*bfbf*基因型在欧洲的栽培利用有近300年的历史，甚至被认为原产欧洲，“丽水桃15号”等资源的收集进一步表明，几乎桃的全部变异类型在中国均可找到原型。

草莓野生资源是资源收集的重点。“十二五”期间，共收集引进草莓野生资源40份，分属黄毛草莓、高原草莓、西南草莓、森林草莓、五叶草莓和东北草莓，使草莓资源保存的种由13个增加为15个。从美国引进的“5AF7”属森林草莓，该品种果实白色，性状纯合，种子繁殖型，是很好的研究材料（图2）。

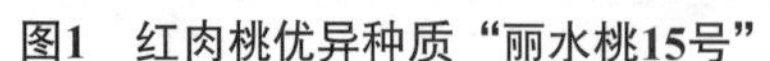

图1　红肉桃优异种质“丽水桃15号”

图2　森林草莓优异野生资源“5AF7”

三、共享服务情况

（一）子平台共享服务总体情况

实物共享利用是桃、草莓种质资源子平台（南京）的重点。“十二五”期间，共向484个用户，提供实物共享利用2 107份次。其中，个人用户228个（次），利用资源457份次；企业113个，利用419份次；科研院所74个，利用602份次；政府部门39个，利用157份次；高等院校21个，利用379份次；民间组织9个，利用93份次。此外，子平台还向科研院所、高等院校、生产单位和个人提供品种资源信息共享和咨询服务约300份次。

（二）资源共享服务取得的主要成效

1. 桃、草莓种质资源的提供利用支撑了科技创新

“十二五”期间，种质资源提供利用支撑各类科研项目52项，其中，国家自然基金6项，国家支撑项目3项，国家“863”项目1项，国家产业技术体系3项，省级课题36项，博士后基金等其他项目3项。利用子平台提供的种质资源，科研院所和高等院校发表论文30余篇，其中SCI论文10余篇；支撑科技成果3项：《设施草莓新品种与新技术示范推广》2011年获江苏省农业技术推广奖二等奖，《桃优异种质资源发掘与创新利用》2013年获江苏省科学技术奖二等奖，《设施水果新品种引选及高效栽培技术集成》2014年获江苏省农业技术推广奖二等奖（图3）。利用子平台优异种质资源，育成桃品种6个（“霞脆”“霞晖6号”“霞晖8号”“玉霞蟠桃”“紫金早油蟠”“金陵黄露”），草莓品种5个（“宁露”“紫金四季”“紫金香玉”“紫金久红”“紫金红”）。

2013 年度江苏省科学技术奖

证　书

为表彰江苏省科学技术奖获奖单位，特颁发此证书。

项目名称：桃优异资源发掘与创新利用

奖励等级：二　等

获奖单位：江苏省农业科学院

证书号：2013-2-50-D1

江苏省农业技术推广奖

证　书

为表彰在农业科技推广工作中做出显著成绩者，特授予第六届江苏省农业技术推广奖。

项目名称：设施草莓新品种与新技术示范推广

奖励等级：二等

获奖单位：江苏省农业科学院园艺研究所

证书号：JSTGJ(2011)-2-02-D01

江苏省农业技术推广奖

证　书

为表彰在农业科技推广工作中做出显著成绩者，特授予第七届江苏省农业技术推广奖。

项目名称：设施水果新品种引选及高效生产技术集成推广

奖励等级：二等

获奖单位：江苏省农业科学院

证书号：JSTGJ(2014)-2-09-D03

图3　桃、草莓种质资源支撑省级科技成果3项

2. 子平台共享服务支撑了产业发展

子平台向生产单位或种植户提供桃、草莓种质资源实物共享利用876份次，这些优良品种资源被生产直接利用，累计覆盖面积约1.5万亩。子平台还向政府农技推广部门和民间组织提供利用260份次，这些种质资源被用于辐射推广，不完全统计的覆盖面积超过10万亩。

子平台围绕桃、草莓优异种质资源介绍、配套栽培技术等专题，开展系列培训服务28次，培训果农2 470人次；接纳专业技术访问600余人次；子平台科技针对不同产区遇到的品种与技术问题，深入田间指导200余次。培训服务和实践指导为专业种植人员提供了品种信息与技术支撑。

3. 开展专题服务，加强宣传，促进资源共享利用

“十二五”期间，共开展专题服务7次，主要通过优异种质资源展示的方式，向技术推广单位、企业、果农等推荐优良品种资源（图4）。5年内，子平台累计展示桃、草莓优异种质资源232份，邀请380余名专业技术人员参加，吸引社会大众3 000余名。通过主动展示的专题服务，使种植户与优异品种资源“面对面”，直观了解资源的特征特性，促进了优异品种资源的生产利用。展示活动中，注重宣传，获得媒体报道16次（图5）。

图4　桃、草莓优异种质资源展示

有种"石头桃"，摆十几天

700多个桃品种藏身省农科院
你可见过黑桃子

最新闻/南京
桃子控看过来
像石头一样硬邦邦的桃子，你见过吗？

A08 南京新闻
双白桃肉脆汁甜 黑油桃抗癌抗炎
省农科院开放日 新品种桃子让市民大开眼界

南京城事·街区
最早熟的草莓10月底就上市
未来有望一年四季都能吃上新鲜草莓，口味也会更加丰富

江苏新闻
桃子也有"祖宗"，你见过吗
本报读者昨参加省农科院"蟠桃盛宴"，各种稀奇桃子令人大开眼界

草莓熟了？
别担心，不是催熟的
这是江苏省农科院新研发的极早熟品种，
还有一年四季都能吃到的新品种

图5 种质资源展示的媒体报道

4. 开展科普服务，充分发挥子平台社会效益

"十二五"期间，子平台接纳专业技术访问600余人次；累计为南京农业大学、南京林业大学、南京师范大学、金陵科技学院等高等院校的学生提供观摩和实践约900余人次；累计为周边中小学生提供科普学习与参观1 000人次，接纳社会大众参观约3 000人次。此系列科普服务使民众了解到桃、草莓种质资源的多样性和生长结果的习性，达到较好的科普效果（图6）。

图6 子平台接纳专业技术访问、专业实践和科普宣传

图6　子平台接纳专业技术访问、专业实践和科普宣传

四、典型服务案例

（一）南方桃避雨设施栽培品种与技术服务成效显著

南方桃产区果实成熟季节降水量较大，对品质影响严重，存在“雨期价格低、雨后没有果”的现象，果农的种植效益受到较大的影响。“十二五”初，江苏省张家港凤凰农业科技有限公司前来咨询适于避雨设施栽培的品种和技术，子平台立即做出响应，先后提供“金霞油蟠”“银河”“紫金红3号”等优良品种资源20余份，并给予全程技术指导。因避雨设施条件下，桃果含糖量高，风味浓郁，且果品安全性高（图7），2014—2015年，该企业油蟠桃果实的平均销售价格为30元/500g，蟠桃的价格为26元/500g，水蜜桃和油桃的价格也在20元/500g以上，经济效益增加显著。目前，这一模式已经为南方诸多桃产区观摩、学习、借鉴，推广面积达到5 000亩以上。

图7　为南方桃避雨设施栽培提供品种与技术支撑

（二）草莓品种“宁丰”和“宁玉”的提供利用使莓农增收

草莓生产中品种单一，且抗病优质品种相对缺乏，莓农效益有下降趋势。为此，子平台通过品种现场观摩、技术培训等途径，展示宣传优质抗病草莓新品种“宁玉”“宁丰”。两个品种已经在江西省、浙江省、安徽省、河南省、山东省和吉林省等全国16个省市栽种，面积达到8万亩，种植者的效益得到明显提高（图8）。江苏宜兴市农户钱中强，2012年引种“宁玉”，比周边农户种植品种提前20d成熟，莓果更是卖到了当地多年以来的最高价。该农户仅2个月就收获了往年5个月的经济效益，每亩直接增收2 000元，获得了当地媒体的多次报道。浙江省杭州市富阳县农户赵培雪2011年引种“宁丰”，几年来草莓收入一直很稳定，每年每亩收入5万元左右，他每年繁育“宁丰”种苗约15万株，为上海市、湖南省、贵州省、福建省等地的种植户提供种苗。

图8　草莓“宁丰”和“宁玉”提供利用效果

五、总结与展望

“十二五”期间，桃、草莓种质资源子平台（南京）较为系统地开展了种质资源收集保存、鉴定整合和共享利用工作，取得一定成效。

“十三五”期间，将重点围绕以下几个方面开展各项工作。

第一，加强桃、草莓野生资源、地方品种和国外优良品种资源的收集保存，开展系统鉴定评价，注重整合资源的数量（提高10%）和优异种质资源挖掘（营养高效，抗逆性、抗病虫），注重种质资源保存条件的提档升级。

第二，积极向科研院所和高等院校提供种质资源实物共享（1 000份次）和信息共享（200份次），支撑产业技术体系、支撑种质创新和育种类项目以及其他基础研究项目，促进种质创新和优良性状的融合。

第三，针对各地的桃、草莓产业特点，向政府农技推广部门和生产单位提供优良品种资源（1 200份次），为各地桃、草莓品种结构的调整与优化服务。

第四，精心组织和策划优异种质资源展示活动、优良品种和配套技术的专题培训活动、优质栽培技术的推介活动等，服务“三农”，实现“三增”。

第五，注重子平台种质资源宣传和专题服务活动的宣传报道（10次），充分发挥子平台的教学与实践作用（500人次）和科普宣传作用（1 500人次）。

第六，注重种质资源共享利用效果的跟踪，并不断完善共享服务机制，让用户满意。

国家柿种质资源子平台发展报告

杨　勇，阮小凤，关长飞

（西北农林科技大学，杨凌，712100）

摘要：国家农作物种质资源平台柿资源子平台是在原国家柿种质资源圃基础上2011年由科技部挂牌的科技服务机构，依托西北农林科技大学，具体挂靠在园艺学院。平台科技人员除了继续进行柿资源的收集保存编目及整理整合外，突出加强了对科教单位、企业、个人及社会的专题服务及支撑服务。5年来为8所高等院校提供32批次共506份次各类实物资源用于科研及博硕士论文实验；为12个科研院所提供35批次共646份次柿资源用于观察研究及论文实验；为7家企业服务15次，提供实物资源180份次；为7个政府部门提供实物资源及服务109份次。为3个民间组织及15个个人提供实物资源26份次。共举办技术培训23次，培训人员1 371人次。平台共接待本科及研究生实习和外来参观访问1 052人次。

一、子平台基本情况

国家农作物种质资源平台柿子平台目前位于陕西省杨凌农业高新产业示范区，依托西北农林科技大学，具体挂靠在园艺学院，柿种质资源课题人员具体管理实施和运行。平台固定人员6人，包括科研人员3人，2位高级职称（硕士），1位中级职称（博士），另外有老专家顾问1人，长期平台圃地管理人员1人，参与课题研究的博士后1人。此外长期临时工2人。柿子平台目前在园艺学院办公楼有办公室15m^2，实验室20m^2，保存柿资源的圃地30亩，田间工作室200m^2，冷库12m^3。道路，绿篱，地下灌溉设施，水电配套设施齐全，完全能够保证柿资源的安全保存和鉴定评价任务的顺利完成。柿资源子平台的主要功能：收集保存整理整合并保护柿种质资源，确保资源安全生长；通过不同方法对柿资源进行鉴定评价，挖掘柿资源潜在研究利用价值；为全社会提供柿资源全方位的交流共享服务；开展国内国际合作交流。

二、资源整合情况

截至2015年12月31日，国家农作物种质资源平台柿子平台整合柿资源共计764份，其中从国外引进67份。所收集的柿资源涉及9个种，其中，1个种为国外引进种。“十二五”期间共增加柿资源100份，增加新引入新种1个。

表1　柿子平台资源整合统计

作物名称	目前保存总份数和总物种数（截至2015年12月31日）				2011—2015年期间新增收集保存份数和物种数			
	份数		物种数		份数		物种数	
	总计	其中国外引进	总计	其中国外引进	总计	其中国外引进	总计	其中国外引进
柿	764	67	8	1	100	0	1	0

“十二五”期间柿资源子平台共进行柿资源繁殖更新890份次；编目118份；鉴定评价191份次。其中，2011年，繁殖更新柿资源圃柿资源349份，按新的编目项目编目柿资源30份，鉴定评价柿资源40份。2012年，繁殖更新柿资源圃柿资源178份，编目柿资源22份，鉴定评价柿资源30份。2013年，繁殖更新柿资源圃柿资源163份，编目柿资源26份，鉴定评价柿资源32份。2014年，繁殖更新柿资源圃柿资源86份，编目柿资源20份，鉴定评价柿资源41份。2015年，繁殖更新柿资源圃柿资源114份，编目柿资源20份，鉴定评价柿资源48份（表1）。

2011年5月，平台人员赴四川省德阳县旌阳区双东镇龙凤村考察时发现了开红花的特异柿资源。在向导家门口见到了正在开红花的1种柿，经观察为雄株，只开雄花，为1株实生野柿。又去后山上见到了1株开红色雌花的实生野柿，据说，此树约30年生，从根部萌出的植株直径有3cm，其上着雌花，花瓣红色。这是国内首次发现的雌花为红色的的柿资源。经过多年的鉴定发现，红花野毛柿果实的维生素C含量是所测柿资源中最高的，达到126mg/100g。缩合单宁含量也很高，达到2.3%，是1个特异资源。从细胞水平观察染色体为4倍体（2n=4x=60），大多柿种为6倍体（2n=6x=90），又经分子标记及花粉形态观察，最终确认该柿资源为1个新种，我们称其为德阳柿。已发表了SCI论文1篇（图1）。

图1　特异资源德阳柿的枝叶花果

通过连续3年对抗炭疽病资源的田间调查及接种实验，确认了极抗的资源主要有耧疙瘩、白柿、三原鸡心黄、耧核、憨半斤、斤柿、临潼尖顶柿、安溪油柿、新昌牛心柿、潮阳元宵柿和平核无等。这些资源可用于主产区易感炭疽病品种换种的候选资源。

三、共享服务情况

柿资源子平台5年来开展了卓有成效的各项服务，服务类型包括日常接待及咨询服务；对柿产区合作社及农户的信息咨询及培训服务；对科教单位的实物资源提供服务，专题服务等。服务方式包括柿资源各类器官提供，日常信息宣传及电话咨询，接待参观，资源展示，提供学生实习，科普知识认知及为企业决策提供咨询等。

主要用户包括：高等院校、科研院所、政府部门、企业、民间组织和个人等。

5年来为8所高等院校提供32批次共506份次各类实物资源用于科研及博硕士论文实验；为12个科研院所提供35批次共646份次柿资源用于观察研究及论文实验；为7家企业服务15次，提供实物资源180份次；为7个政府部门提供实物资源及服务109份次。为3个民间组织及15个个人提供实物资源26份次。共举办技术培训23次，培训人员1 371人次。平台共接待本科及研究生实习和外来参观访问1 052人次。

在支撑成果方面5年来为国家公益性行业（农业）科技专项“现代柿产业关键技术试验示范”项目的6个参与单位各课题提供柿各类资源材料144份次，为国家科技支撑计划项目的3个参与单位提供198份次柿资源。为自然科学基金项目提供44份次柿资源，及其他各类项目提供166份次柿资源。

利用平台的资源发表论文14篇，其中6篇SCI收录。参与著作3部。制订行业标准2个。

在平台的宣传方面，平台人员提供的甜柿资源服务产区给柿农带来的巨大收益，起到了良好的引导甜柿发展的效果。西北农林科技大学网站、中国林业信息网站，中国绿色时报等媒体进行了宣传报道。美国农业部—国家种质资源保存中心（USDA-ARS-NCGRP）植物种质资源保存研究组负责人Christina Walters 女士来国家柿种质资源圃“国家农作物种质资源平台柿树种质资源子平台”进行考察交流。平台展示了柿资源的保存及研究情况，并就资源的保存方法方式进行了交流探讨。西北农林科技大学网站对此进行了报道。杨凌电视台以“别样柿子园搭载果农致富梦”为题报道了柿资源子平台的工作。

四、典型服务案例

（一）服务名称

为企业柿产业开发提供系列服务。

（二）服务对象、时间及地点

陕西省云集农业科技有限公司，2015年4月、6月、8月和10月。

（三）服务内容

技术咨询、考察、规划设计和培训。

（四）具体服务成效

2014年经多方考察咨询，该企业计划以柿子产品的开发为主导产业，主要基于所处地永寿及邻近的彬县有大面积的柿地方品种火柿及尖顶柿，这些品种均为涩柿，管理粗放，效益极低，没到柿子成熟季节，漫山遍野的柿子挂满枝头，景色秀丽，但由于价格很低，农户不愿意采果，大多数被鸟虫享受。企业未来造福当地百姓，打算增加柿子的附加值，但苦于没有信息和技术，找到我们国家柿种质资源圃，说明了他们的想法，我们认为只要企业有想法有资金，我们提供技术指导（图2），合作为农民增收，企业增效服务，正是平台赋予我们的任务，所以与该企业签订了技术服务协议。

已经在不同季节去该企业6次，调查规划了需要栽植不同类型柿子品种的地点，采集了土壤进行分析，进行了3次技术培训，制定了总体柿子产业的具体实施计划等。目前，公司根据我们的规划已经开始栽植柿子的砧木苗及优良品种苗。将为进一步开展服务打下了基础。

图2 在云集生态农业科技开发公司技术指导培训

1. 服务名称

为企业柿产业开发提供系列服务。

2. 服务对象、时间及地点

陕西省富平县骐进生态农业科技开发公司，2015年3月、6月、8月及10月。

3. 服务内容

技术咨询、考察，提供柿博物馆文字，参与设计并提供标本制作，召开全国柿饼产品鉴评会。

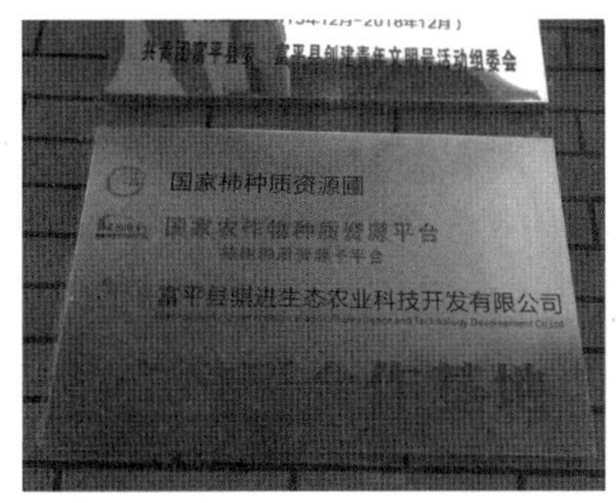

图3 收集提供建立柿博物馆材料并提出改进意见

4. 具体服务成效

在我们平台人员多次交流意见后，收集提供用于建立柿博物馆的文字图片及并对设计提出改进意见，提供120多个制作好的柿标本，并计划在企业建立地方资源圃，最终在2015年建成了中国第一个柿博物馆，正式开馆，并迎来首届全国柿饼产品鉴评会的全国代表（图3）。

五、总结与展望

（一）进一步改善和加强柿资源生态环境

柿种质资源子平台挂靠在西北农林科技大学园艺学院，在第一次种质资源圃改扩建时由眉县搬迁至杨凌北校区农场内，占地26亩，原址保留，由于学校规划，目前原址的地块只保留了5亩，加上杨凌的26亩，总计面积31亩。从发展来看，土地面积的缩小已经影响到了资源圃资源数量的增加，需要扩建，但由于学校的土地面积有限，近期内还无法解决扩建所用的土地。但随着学校的发展，会有土地的增加和调整，届时将会努力为柿资源平台的扩建项目争取到土地，计划将圃地的规模扩大到100亩，资源保有量将增加到2 000份。使国家柿种质资源圃的基础条件设施进一步改善，安全保存能力及监测能力进一步提高；资源圃2016年下半年将新增一名博士生加入团队，今后将会使柿种质资源的深入鉴定评价工作得到加强。

（二）继续进行柿资源的整合整理

使资源的增量及质量进一步提高。选出更好的资源提供利用，服务科研和“三农”。

（三）在日常服务的基础上，加强专题服务的数量和质量

针对性的对所选企业和大户进行柿全产业链的技术和信息服务，并提供所需的实物资源，支持企业的创新。

（四）进一步做好平台的宣传工作

增大服务面，提升服务的针对性和有效性。

国家枣、葡萄种质资源子平台发展报告

李登科，马小河，王永康，赵旗峰，赵爱玲，王　敏，
任海燕，任　瑞，隋串玲，董志刚，薛晓芳

（山西省农业科学院果树研究所，太谷，030815）

摘要：“十二五”期间，国家枣、葡萄种质资源子平台共收集枣和葡萄种质资源5个种311份，入圃保存291份。鉴定评价291份，包括34个特性数据项，整理数据5万多个，更新数据库数据1万个以上，筛选优异资源47份。为全国118个单位或个人提供枣和葡萄资源材料467份/2 380份次。支撑国家林业公益性行业专项、科技部科技基础性工作专项、国家葡萄产业技术体系、省干果产业技术体系、国家和省自然基金等国家、省部级和地方科研项目33个。支撑国家科技进步二等奖1项、省科技进步一等奖1项；审定品种6个（国审2个）；出版国家级著作2部，制定农业部行业标准和地方标准6个，发表核心期刊以上学术论文9篇。开展了枣多倍体育种技术研究和葡萄酒生产基地建设等专题服务。

一、子平台基本情况

国家枣、葡萄种质资源子平台地点位于太岳山北麓山西省太谷县，晋中盆地东北部，属于干旱半干旱地区，四季分明，日照充足，昼夜温差大，年均温10.6℃；最高温度38.5℃，最低温度−23.6℃，无霜期160～180d，年日照量2 300h，降水量300～500mm。该地区是全国红枣、葡萄主产区和优势栽培区。

子平台依托单位是山西省农业科学院果树研究所，建于1959年，位于平原丘陵过渡地带，东经112° 32′，北纬37° 23′，海拔820～900m。山西省果树研究所主要开展北方果树品种资源、新品种选育、果树栽培、果品保鲜与加工、病虫害防治及生物技术等研究。

子平台团队共有科研人员11人，其中研究员2人，副研究员4人，助研5人；博士2人，硕士5人。枣和葡萄平台分别各有1名负责人，枣平台共有6人，葡萄平台5人；平台运行管理人员2人、技术支撑人员3人、共享服务人员4人。平台拥有资源保存圃16hm^2，其中枣圃11hm^2，葡萄圃5hm^2；截至2015年12月，共保存国内外枣和葡萄2个属16个种的植物种质资源1 297份。新建葡萄防鸟防雹设施1.7hm^2，葡萄无病毒种质保存繁殖网室768m^2，枣资源避雨保护设施0.67hm^2，田间配备了较完备的灌溉、物联网监控和防护系统。建有资源鉴定分析实验室、资源宣传展示室，仪器设备较为较先进齐

全，价值500万元以上。另外还建有冷库、农机具库房、田间工作室等设施。

子平台根据枣和葡萄产业发展需求，收集、保存和利用枣和葡萄种质资源，面向全国开放共享服务，为新品种选育、科学研究、人才培养和产业发展提供服务，建成国内外一流的枣、葡萄种质资源保存和服务中心、资源合作和交流中心、人才培养和科普教育基地。

二、资源整合情况

共收集国内外枣和葡萄种质资源5个种311份（枣2个种162份、葡萄3个种149份），入保存圃保存291份（枣148份和葡萄143份）。截至2015年底，全圃共保存国内外枣和葡萄2个属16个种的种质资源1 297份。新收集资源包括驴奶奶枣、榆次奶头枣（图1）、清徐蘑菇枣（图2）、临县花花枣（萼片宿存）、临县软核枣等特异资源。收集的鲜食葡萄品种资源以早熟、大粒、无核、玫瑰香味浓郁等经济性状突出的品种为主，对我国鲜食葡萄品种更新换代、延长葡萄市场供应期具有重要意义。

图1　榆次奶头枣

图2　清徐蘑菇枣

共对保存圃内291份资源（枣155份，葡萄136份）的树势、萌芽期、花期、结实率等植物学性状和生物学特性34个数据项进行了系统调查和鉴定评价，共采集整理数据5万多个，更新数据库数据约1万个。经系统鉴定，筛选出了优特异枣种质27份，如枣庄贡枣（图3）具有早熟、丰产、鲜食品质极佳特性，已成为发展鲜食枣的更新换代型主栽品种。筛选优特异葡萄种质20份，如夏黑无核（图4）具有丰产、早熟、无核、质优、抗病，商品性好，在生产中已大面积种植。

图3　枣庄贡枣

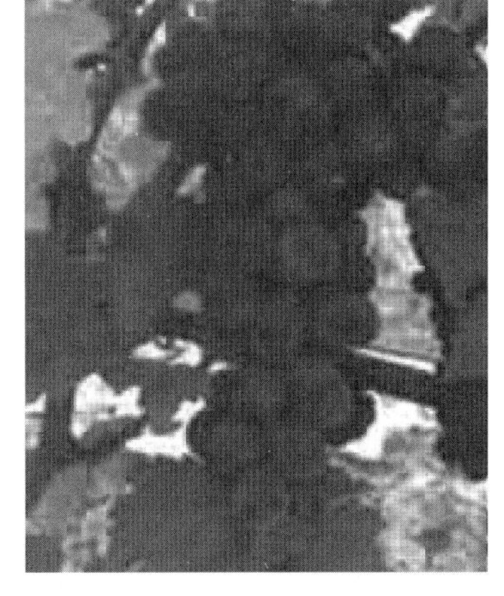

图4　夏黑无核

制定了农业部行业标准《枣种质资源描述规范和数据标准》《农作物种质资源鉴定评价技术规范枣》和《植物新品种特异性、一致性和稳定性测试指南 葡萄》，为枣和葡萄种质资源鉴定评价的标准化和规范化提供了科学参考。

三、共享服务情况

（一）提供利用情况

先后为西北农林科技大学、北京林业大学、山西恒丰枣业公司、新疆阿拉尔巴山公司等66个单位提供枣资源材料596份、1 200份次，主要用于育种、遗传多样性研究、引种和生产直接利用，为新疆地区大规模提供优良枣品种接穗，繁育良种苗木，社会经济效益显著；为山西农业大学、陕西师范大学、山西戎子酒庄等52个单位提供各类葡萄种质资源168份、1 180份次。

（二）平台宣传和资源展示

通过参加农博会、园艺博览会、农民科技日等会议，设立枣葡萄优异资源图片和果实展位，或接待来访参观资源圃，田间展示枣葡萄优异种质资源，共展示优异资源76份，现场参观人数3400人次，现场预订材料1 260份次，取得了良好社会效益和宣传效果。

（三）支撑科研项目

支撑国家和省部级科研项目33项，主要包括国家科技支撑计划、种子工程、产业技术体系专项、科技基础性工作专项、林业科技行业专项、科技成果转化及省科技攻关、自然基金、青年基金、科技创新重点团队和重点实验室等。

（四）专题服务成效

为河北农业大学承担的国家科技支撑计划项目开展枣倍性育种工作提供了200份枣种质资源，通过田间化学诱变处理，建立了枣诱变育种方法，筛选出了一批多倍体育种材料。北京林业大学利用枣资源圃500余份材料通过DNA分子标记开展枣遗传多样性和核心种质构建研究，建立了枣种质资源指纹图谱数据库，为品种资源的甄别鉴定打下了坚实基础。陕西师范大学食品工程与营养科学学院葡萄与葡萄酒研究团队，自2012年以来，依托国家种质太谷葡萄子平台开展了多项研究工作，包括优质酿酒葡萄品种筛选、酿酒葡萄特性分析、葡萄酚类物质特性分析等。

（五）支撑科技成果

支撑成果“枣育种技术创新及系列新品种选育与应用”获2011年国家科技进步二等奖、“国审金昌1号枣树新品种选育及示范推广”获2014年山西省科技进步一等奖。审定金谷大枣、金昌1号等2个国审品种和临黄1号枣及无核翠宝、晚黑宝、晶红宝葡萄等4个省审品种；出版《中国枣品种资源图鉴》和《中国葡萄品种》国家级著作2部，制定《农作物种质资源鉴定评价技术规范 枣》《枣种质资源描述规范和数据标准》和《植物新品种特异性、一致性和稳定性测试指南 葡萄》农业部行业标准3个以及《枣树高接换优技术规程》《枣树更新复壮技术规程》和《红地球葡萄主要病虫害防控技术规程》山西省地方标准共3个。在《林业科学》《果树学报》等国家核心期刊发表学术论文9篇。

四、典型服务案例

（一）典型服务案例1：吕梁贫困山区红枣提质增效关键技术集成应用

革命老区吕梁山区气候条件恶劣，土壤贫瘠，是国家扶贫攻坚计划中长期重点扶持的集中连片贫困区。该地区为全国规模最大的红枣生产基地（图5），枣是当地农业发展和农民致富的支柱产业。但近年来频繁遭遇“一裂三病一虫”（裂果、缩果病、炭疽病、黑斑病和绿盲蝽）重大自然灾害，且存在品种老化和结构不合理现象。为此，“十二五”期间，以枣种质资源子平台为依托，联合全省枣树专业科研单位、龙头企业和当地政府部门，以吕梁山区枣产业升级、提质增效为总目标，筛选利用新种质和新品种，集成商品化生产关键技术，开发深加工产品，形成创新人才团队和试验示范基地。

目前，已选育出枣树优良品种2个，筛选绿盲蝽防治药剂2种和防裂果制剂3个，设计新型遮雨棚2种，完成了红枣干红、白兰地及果醋的试生产。在吕梁山区临县、石楼、柳林等县建立新品种高接换种技术、枣树更新复壮技术、低产低效林树体改造、节水增肥关键栽培技术、病虫害综合防控技术等生产示范基地5 000亩以上（图6），优质果率提高10%，亩产800kg左右，增产30%，辐射面积10万亩，带动了当地枣产业健康可持续发展，社会经济效益显著。

图5　吕梁临黄贫困山区集中连片枣林

图6　临县枣树高接换优示范基地

（二）典型服务案例2：山西襄汾尧京酒庄基地建设

山西省为优质酿酒葡萄生产区，葡萄酒产业已打造了全国知名品牌，是当地农业发展中的新兴支柱产业。近年来，随着葡萄规模化和标准化生产发展的需求，太谷葡萄子平台积极为山西葡萄酒产业服务，为山西光大集团尧京酒庄提供繁育优质酿酒葡萄品种苗木（图7），砧木资源12份，并提供了基地建设相关提质技术服务，包括基地选址规划、品种砧木选择、整形修剪与新梢管理、土肥水管理与病虫害防治等，建成酿酒葡萄基地3 000余亩（图8），目前该基地已成为本区域极具示范作用的酿酒葡萄基地，产生了显著的社会经济效益。

图7　酿酒葡萄优质苗木繁育

图8　酿酒葡萄生产示范基地

五、总结与展望

（一）进一步加大枣、葡萄资源宣传力度，提高其利用成效

“十二五”期间，国家枣、葡萄资源子平台在资源的收集保存、鉴定评价、提供利用、支撑成果、专题服务及条件平台建设等方面取得了显著成效，也得到了社会的广泛认可。但也存在许多不足和问题，如资源的宣传展示形式单一且力度不够、应用反馈信息少而不及时、成效评估困难、资源利用率低和成效差等问题。今后应与资源利用单位建立长期稳定的相互协作关系，开展项目合作和人才培养，随时进行资源、信息和学术交流；加强资源整理整合力度，筛选优异资源，加大资源展示宣传力度，提高资源利用成效。

（二）为枣和葡萄产业发展提供优质品种和技术支撑服务

“十三五”期间，以种质资源研究为基础，以科技创新和产业发展需求为导向，进一步完善服务机制体系，为育种科研和生产应用提供支撑条件，努力打造国内外技术水平一流、资源服务优质的枣、葡萄种质资源共享平台，为枣和葡萄产业发展中品种结构调整优化和优质高效生产提供品种和技术支撑服务。

国家砂梨种质资源子平台发展报告

胡红菊，陈启亮，杨晓平，张靖国，范　净

（湖北省农业科学院果树茶叶研究所，武汉，430064）

摘要：国家农作物种质平台砂梨子平台占地面积7.7hm^2，资源保存总量达939份，“十二五”期间累计提供资源实物供享786份4 142份次，信息共享服务1.25万人次，技术培训18场1 229人次，技术咨询和技术服务224批1 000人次，田间资源展示103份次500人次，接待参观访问69批1 541人次。获国家科技进步二等奖1项、获湖北省科技进步一等奖1项、获湖北省科技推广奖2项，为49个国家、省部级科研项目（课题）、63篇论文、2部著作、3个植物新品种权和4个梨新品种审定、6个国家发明专利、1个国家行业标准和9个省地方标准提供了科技支撑，取得显著社会效益和经济效益。

一、子平台基本情况

（一）区位情况

国家农作物种质资源平台砂梨子平台（以下简称砂梨子平台）位于湖北省武汉市江夏区金水闸，距市区38km，离中山舰陈列馆3km。

（二）依托单位

砂梨子平台依托单位是湖北省农业科学院果树茶叶研究所。

（三）平台人员

砂梨子平台设置岗位人员15人，其中运行管理人员2人，技术支撑6人，共享服务人员7人。

（四）主要设施

砂梨子平台占地面积7.7hm^2，拥有综合实验室700m^2，大型仪器设备30台套，建有田间实验用房280m^2，防鸟网室6 400m^2，抗虫鉴定评价网室400m^2，隔离检疫网室1 920m^2，室内保存库100m^2，具有完善的道路、护坡、围墙、排灌系统。

（五）功能职责

砂梨子平台负责收集、保存、鉴定、利用中国具有战略意义的砂梨及其近缘野生种遗传资源的重任，是梨育种、种业及科技创新的基础。

（六）目标定位

建成世界上最大的砂梨基因库，为国内梨育种、科研、生产提供全方位的实物共享和信息共享。

二、资源整合情况

（一）资源类型

砂梨子平台收集的资源类型有7种，资源保存总量达939份，其中砂梨827份、白梨61份、秋子梨3份、西洋梨30份、杜梨6份、豆梨9份、麻梨3份。

（二）资源总量和增量

截至2015年底，保存资源总量达939份，其中新收集、引进资源270份，入圃保存168份。

（三）资源收集、保存

从日本、韩国和中国15个省、直辖市60个县、市考察收集和引进梨种质资源270份，其中地方品种237份，育成品种（系）29份，国外引进品种4份（图1和图2）。新增物种2个，其中，新疆梨1份，秋子梨3份。新入圃资源168份，其中砂梨138份，白梨30份。新收集了一批具有抗病抗虫、耐贮藏、红皮、高糖、大果、品质优等特异梨种质资源，例如：湖南永顺长把梨，抗病抗虫，且耐贮性极强；高糖资源葫芦梨；韩国优良品种韩丰梨；红皮的红早酥梨等（图3和图4）。

图1　大果——洞冠梨

图2　韩国优良品种——韩丰梨

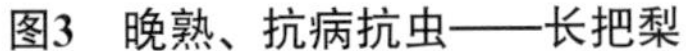

图3　晚熟、抗病抗虫——长把梨

图4　红皮——红早酥梨

（四）鉴定评价

“十二五”期间，开展鉴定评价878份次，其中农艺性状、品质性状鉴定和编目182份；花粉质量鉴定461份；梨抗黑斑病鉴定130份；SSR分子鉴定105份，筛选出一批抗病、早果、高糖、大果、品质极优、花粉质量极高等的优异资源16份，例如高抗梨黑斑病种质金晶、花粉质量极高资源丽江黄皮梨、极早熟资源早生新水、果实外观好的资源雪峰等。

（五）资源维护与更新

“十二五”期间，按照《梨种质资源繁殖更新技术规程》，对939份资源进行日常管理与维护，完成兴义海子、麻壳等225份衰老资源的更新，并可提供实物利用。

（六）信息资源共享

完成了729份梨种质资源的标准化整理和数字化表达，更新数据80MB，新增数据650MB，种质信息量达2.5GB，及时向平台汇交已整合资源的目录数据和鉴定评价数据，并通过中国作物种质信息网（http://www.cgris.net/）向社会开放共享。

（七）优异种质简介

1. 金晶

该种质树势强健，高抗黑斑病，果皮褐色，果形端正，品质优，丰产，成熟期7月下旬，是选育抗病新品种的优良亲本（图5）。

图5　金晶

2. 丽江黄皮梨

该种质花粉量特别多，单个花药花粉量41 875粒，花粉萌发量高，平均花粉萌发量28 847粒（图6）。

图6　丽江黄皮梨

三、共享服务情况

（一）总体情况

“十二五”期间，砂梨子平台资源实行公益性共享，通过日常性、展示性、针对性、需求性、引导性、跟踪性服务等6种模式开展共享服务，通过技术培训、现场技术指导、QQ、微信、邮件、电话等方式开展技术咨询、技术服务、信息共享等，提供实物共享786份4 142份次，向1.25万人次提供了梨种质资源信息共享服务，技术培训1 229人次，技术咨询和技术服务224批1 000人次，接待参观访问69批1 541人次（图7、图8、图9、图10、图11和图12）。

图7　罗田梨实用技术培训

图8　宣恩梨冬季管理技术培训

图9　梨产业技术体系首席张绍铃教授到子平台参观交流

图10　梨体系专家到平台参观交流

图11　美国奥本William D. Batchelor教授到平台参观交流

图12　日本专家Katsuhiro Shiratake博士一行到平台参观交流

（二）服务对象、数量

"十二五"期间，砂梨子平台服务用户单位累计达到916个，服务用户5 230人次，服务于平台参建单位以外的用户占总服务用户的74.24%，其中科研所230个，高等院校

155个，政府部门227个，企业63个，民间组织23个，农民214次，其他4个。主要用户有：华中农业大学、南京农业大学、中国农业科学院果树研究所、浙江省农业科学院园艺研究所、汇源生态农业钟祥发展有限公司、宣恩县椒园镇黄坪村黄金梨专业合作社等（图13、图14和图15）。

图13　枝江百里洲镇梨技术服务

图14　金水子弟学校小学生在平台进行科普教育

图15　华中农业大学学生在平台进行实习

（三）支撑成果情况

“十二五”期间，为1项国家科技进步二等奖、湖北省科技进步一等奖1项、湖北省科技推广奖2项、49个国家、省级科研项目（课题）、63篇论文、2部著作、3个植物新品种权和4个梨新品种审定、6个国家发明专利、1个国家行业标准和9个省地方标准提供了科技支撑。

（四）平台展示、科普、宣传情况

“十二五”期间，进行田间资源展示5次，展示砂梨优异资源103份次，参加人员500人次；接待华中农业大学、长江大学等学校学生实习、科普教育15批931人次；在人民网、新浪、搜狐、网易等主流媒体进行了9篇24篇次的宣传报道。

（五）专题服务情况

1. 砂梨优异种质共享展示和鉴评会

“十二五”期间，砂梨子平台在梨成熟期举办了5次“砂梨优良品种共享及鉴评会”，邀请来自湖南省、江西省、湖北省等3省20多个县（市）政府部门领导、技术骨干、企业、合作社、种植大户等500人参加。展示了103个优良品种，为长江流域砂梨品种更新换代起到引擎驱动作用，推动了长江流域砂梨产业健康稳步发展，社会效益显著（图16、图17和图18）。

图16　砂梨优异种质资源共享展示会

图17　砂梨优异种质资源展示及鉴评

图18　田间资源展示及电视台采访

2. 梨树腐烂病防控技术研究与示范

为保证农业部行业专项“梨树腐烂病防控技术研究与示范”研究顺利进行，砂梨子平台共向华中农业大学王国平教授团队提供梨种质资源34批次311份次，进行梨腐烂病病菌检测、致病力检测、致病力分化分析、抗性评价等研究工作，发表相关研究论文6篇，培养博士2人，硕士4人，对梨树腐烂病防控技术研究提供了重要支撑。

四、典型服务案例

（一）案例1：南方砂梨种质创新

1. 服务对象

中南林业科技大学。

2. 重大需求

针对我国南方砂梨优良品种缺乏，果品质量差等突出问题，提供优异种质进行人工杂交选育高产、优质砂梨新品种成为南方砂梨种质创新的重大需求。

3. 服务内容

通过鉴定评价，筛选丰产、晚熟的新高、品质优良的丰水提供给中南林业科技大学进行种质创新。

4. 服务成效

利用平台提供的新高、丰水为亲本培育出“华丰”和“华高”2个国家审定品种；建立了梨品种S基因型的分子生物学鉴定技术体系，该成果在我国华东、华中、西南5省推广应用，累计新增产值43.06亿元，新增利润22.38亿元。“南方砂梨种质创新及优质高效栽培关键技术”，2011年获国家科技进步二等奖。

（二）案例2：砂梨种质创新及特色新品种选育

1. 服务对象

湖北省农业科学院果树茶叶研究所。

2. 重大需求

为满足湖北省梨产业结构调整和产业健康持续发展需求，开展了砂梨种质创新及特色新品种选育与应用研究。

科学技术奖励证书

获奖项目：砂梨种质创新及特色新品种选育与应用

奖励类别：科技进步奖

获奖等级：壹等奖

获奖单位：湖北省农业科学院果树茶叶研究所

证书编号：2014J-241-1-031-004-D01

图19　获得湖北省科技进步一等奖

3. 服务内容

通过鉴定评价，筛选出丰水、华梨2号、二宫白、太白等优异种质提供给湖北省农业科学院果树茶叶研究所砂梨研究团队进行种质创新。

4. 服务成效

经过项目研究人员的多年努力，利用平台提供的丰水、华梨2号、二宫白、太白等资源为亲本选育出4个特色砂梨新品种金晶、金蜜、玉绿、玉香，新品种在湖北省砂梨主产区及重庆市涪陵区规模化应用面积9.01万亩，新增产值14.27亿元，新增利润6.19亿元，2014年获湖北省科技进步一等奖（图19）。

五、总结与展望

（一）主要问题及建议

第一，加强资源深度挖掘，建议设立专项开展梨种质资源深入鉴定评价，满足育种、科研、生产迫切需要。

第二，建立健全资源分发利用体系，拓宽供种途径，实现网上索取并及时供种，建立资源利用的共赢机制。

（二）“十三五”子平台发展的总体目标

新收集资源200份，田间资源保存份数达到1 100份，提供实物资源服务1 500份次；分发技术资料和图书文档500篇；开展技术服务120次；培训服务500人次；提供展示服务300人次；提供科普服务300人次；资源精准鉴定评价200份次；宣传推广5篇10篇次；专题服务5次。

（三）主要解决科研和生产上的重大问题

第一，针对国家梨产业技术体系“十三五”重点任务提供专题服务，提供种质资源开展新品种区域比较试验、梨种质资源重要农艺性状评价、无病毒种苗繁育试验，完成300份梨资源果实内糖分类型的光谱鉴定等。

第二，结合承担湖北省“山区人才”、科技特派员工作的计划，开展精准扶贫工作，为革命老区和贫困地区提供品种和技术服务。

国家香蕉、荔枝种质资源子平台发展报告

黄秉智，蔡长河*，欧良喜，陈洁珍，许林兵，吴洁芳，吴元立，杨　护，
王丽敏，付丹文，张春阳，杨兴玉，严　倩，李　华

（广东省农业科学院果树研究所，广州，510640）

摘要： 2011—2015年香蕉、荔枝子平台新收集资源共197份，新整合入圃资源95份，可提供服务资源由507份增至602份，其中香蕉由262份增加到302份；荔枝由245份增加到300份。对95份种质的主要植物学和生物学性状、品质性状进行补充采集，其中荔枝资源鉴定55份，香蕉资源鉴定40份。筛选出可用于生产、育种或具有特殊性状的优异种质荔枝4份、香蕉3 份。向77个单位、109人次提供香蕉、荔枝资源实物利用715份次，技术培训果农25期、2 893人次。开展香蕉抗枯萎病的专题服务，5年间建立了示范园2 485亩，获得良好社会经济效益。支撑成果1件、专利1件、品种审定5个、标准制定2个及多个项目和多篇论文。

一、子平台基本情况

香蕉、荔枝子平台位于中国香蕉和荔枝产区的中心地、广东省的省会城市——广州市。香蕉、荔枝的主要产区在华南地区，而广东省更是荔枝、香蕉的重要产区，子平台运行服务的物质基础——国家果树种质广州香蕉、荔枝圃建立于此，不仅能提供香蕉、荔枝适宜生长、发育的自然环境条件，也为子平台服务于香蕉、荔枝产业提供了便利，提高了服务的效率。

香蕉、荔枝子平台依托于广东省农业科学院果树研究所，本所为广东省公益一类科研所。子平台由香蕉资源研究室和荔枝资源研究室2个研究室分别执行，按树种分开运作，开展各项服务。子平台现有专职研究和服务人员5人、兼职研究人员8人、专职的资源管理技术工人8人。服务团队具有较高的资源研究技术、技术推广服务水平，既有长期从事香蕉、荔枝资源的收集、保存、鉴定和创新研究的专职人员，也有长期主要服务于香蕉、荔枝产业的专家。

子平台服务的实物基础——香蕉、荔枝种质圃68亩，其中荔枝圃42亩、香蕉圃26亩，截至2015年12月，资源圃保存有种质资源602份，其中香蕉资源302份、荔枝资源300份。

子平台的功能职责主要是整合香蕉、荔枝种质资源，并安全保护和开展优异特性挖掘，向国内科研、教学、生产单位提供香蕉、荔枝资源实物与信息共享服务，在

“国家科技基础平台—国家植物种质资源平台”发布香蕉、荔枝资源信息，提供优良资源、技术服务支撑，促进香蕉、荔枝产业的可持续发展。

子平台的总体目标定位是主动为香蕉、荔枝产业可持续发展服务。子平台整合更丰富的香蕉、荔枝种质资源，提高资源可利用的质量。支撑香蕉、荔枝产业的基础研究、创新研究；主动为产业解决难题。针对香蕉枯萎病严重危害问题，开展抗病香蕉资源挖掘、及配套种植技术专题服务；针对荔枝产业中品种过于单一的问题，挖掘更多经济性状优良的品种资源，提供生产利用，并提供栽培技术服务。

二、资源整合情况

（一）资源收集

5年间新收集资源共197份，其中香蕉共83份，荔枝共114份。

（二）整合保存

5年间新整合入圃资源95份，可提供服务资源由507份增至602份，其中香蕉由262份增加到302份；荔枝资源由245份增加到300份。

（三）鉴定

对95份种质的主要植物学和农艺性状、品质性状进行观测和补充采集，其中荔枝资源鉴定55份，香蕉资源鉴定40份。通过鉴定、评价，筛选出可用于生产、育种或具有特殊性状的荔枝优异种质4份、香蕉优异资源3份。

1. 厚叶荔枝

可结大核、焦核和无核三种果实的资源，这是圃内收集保存的第3份具有这一特性的荔枝资源，对研究荔枝结实机理及育种具有重要意义（图1）。

图1　厚叶荔枝

2. 博美蕉

引自越南，生长周期短，果实颜色金黄美观，果肉浅红色，株产中等（图2）。

三、共享服务情况

子平台依托国家果树种质广州香蕉、荔枝圃的资源优势和技术优势，为社会提供资源服务和技术服务，促进了香蕉、荔枝产业的可持续发展。子平台每年为全国从事香蕉、荔枝科研、教学、生产推广单位、果农提供香蕉和荔枝资源实物利用、信息服务、技术服务。香蕉服务的地区也从中国最南部的海南省到中国西北的新疆维吾尔自治区；荔枝服务的地区涵盖了除台湾省外的中国荔枝产区。

图2　博美蕉

（一）服务类型

1. 供给香蕉、荔枝实物资源利用
2. 提供香蕉、荔枝高效益栽培技术服务

（二）服务方式

1. 提供香蕉、荔枝资源实物利用

5年来向华南农业大学、中国热带农业科学院环境与植物保护研究所、广东省东莞市香蕉蔬菜研究所、中国热带作物科学院海口试验站等77个单位、109人次提供香蕉、荔枝资源实物利用715份次。这些单位与个人90%以上为非平台参建单位。

2. 技术培训等服务

针对香蕉、荔枝产业在产业结构调整、品种需求、栽培技术、病虫害防治等的需求，通过科技培训班、果园现场指导、电话、微信、咨询会等指导方式服务三农。5年间科技培训果农25期，共计2 893人次。

3. 信息服务

为标准制定提供服务为《植物新品种特异性、一致性和稳定性测试指南　荔枝》《荔枝UPOV》《热带作物品种审定规范荔枝》《荔枝　种苗》等标准的制定提供信息服务。

（三）支撑成果

1. “香蕉细胞工程育种关键技术研究与应用”

2015年获广东省科学技术奖励二等奖。

2. “一种对香蕉镰刀菌枯萎病的抗病性进行快速鉴定的方法”

专利号：ZL 200910192176.0。（批准时间：2012年7月）。

3. 审定品种5个

凤山红灯笼荔枝，粤审果2011005；粉杂1号粉蕉，粤审果2011007；仙进奉荔枝，粤审果2011009；粤丰1号香蕉，粤审果2011011。红绣球荔枝，热品审2015003。

4. 支撑标准制定

《农作物优异种质资源评价规范　香蕉》农业行业标准NY/T2025-2011；《农作物种质资源鉴定评价技术规范　荔枝》农业行业标准NY/T2329-2013。

5. 支撑科技创新

（1）荔枝基因组学、EST-SSR、SNP的开发研究研究。

提供21份特异荔枝资源，支撑荔枝全基因组研究，研究结果论文已在撰写中；提供大量的荔枝资源材料，支撑荔枝的EST-SSR、SNP的开发研究。研究结果已发表“plos one”上。

（2）支撑重要课题。

为国家自然科学基金和广东省自然科学基金、农业攻关项目、星火计划等5项重要课题的开展提供材料，为科研的顺利开展提供支撑。

（四）科普

编写了《现代荔枝产业技术》《荔枝 龙眼安全生产技术指南》，向广大果农推广新型现代栽培技术、新的优良品种。

（五）宣传情况

在建立示范基地、进行培训、技术推广过程中使用“国家农作物种质资源平台”进行平台的宣传推广。

（六）专题服务情况

香蕉枯萎病是制约香蕉产业可持续发展的严重香蕉病害，为了提高蕉农的经济效益和对香蕉产业的信心，促进香蕉产业可持续发展，香蕉荔枝子平台以广东省中山市为重点的珠江三角洲蕉区抗枯萎病专题服务，通过提供香蕉粉杂1号和广粉1号粉蕉等抗病、优质香蕉品种资源种苗，建立抗枯萎病种植示范园，开展技术培训，现场技术指导，提供必要的肥料补助等（图3）。5年来在中山、增城、惠东等建立了抗枯萎病高产优质优良品种的示范园2 485亩，开展粉杂1号和广粉1号粉蕉优异种质的生产利用。通过示范、辐射，粉杂1号、广粉1号逐渐成为广东省的香蕉主栽品种。广粉1号粉蕉5年间推广种种植面积80万亩，占粉蕉种植面积80%，5年间产生社会经济效益43亿元；粉杂1号粉蕉，抗香蕉枯萎病，5年间推广种植面积8万亩，产生社会经济效益4.5亿多元。

图3　香蕉、荔枝子平台部分示范基地

四、典型服务案例

（一）典型服务案例1

提供特异荔枝资源，支撑国家产业体系重大研究项目——荔枝全基因组研究，研究结果论文已在撰写中。

提供大量的荔枝资源材料，支撑荔枝的EST-SSR、SNP的开发研究。研究结果之一“Identifying Litchi（Litchi chinensis Sonn.）Cultivars and Their Genetic Relationships Using Single Nucleotide Polymorphism（SNP）Markers”已发表“plos one”上。

（二）典型服务案例2

2012—2014年在广州市南沙区东涌镇建立“粉杂1号粉蕉”示范基地，通过示范效应、技术培训、现场技术指导等，提高了蕉农抗枯萎病、提高经济效益的信心。“粉杂1号粉蕉”在该镇种植6 300亩，蕉农反映良好，产量高，蕉果卖价高。每亩产值15 200元，利润6 500元（图4）。

证　明

我镇在2012年开始较大面积推广种植广东省农科院果树研究所育成的‘粉杂1号粉蕉’，又称‘苹果粉’，至2014年，我镇共推广种植‘粉杂1号粉蕉’6300亩，蕉农反映良好，抗枯萎病，卖价高。一般株产19千克，亩产3040千克。每亩经济效益为产值15200元，利润6500元。

广州市南沙区东涌镇农业技术服务中心

2015年2月13日

图4　典型服务案例

五、总结与展望

香蕉、荔枝为华南重要的岭南佳果，但目前存在的主要问题是香蕉、荔枝产业较低迷，人工农资成本较高而产品价格较低，经济效益较差，果农生产积极性较低，对新品种新技术兴趣不强烈，对提供种质利用和产业服务有点难度，尤其是荔枝树的寿命长，现有的主栽品种更换难度较大。

“十三五”子平台发展总体目标是鉴定筛选出一批优异的种质品种，满足科研和生产的需要，重点在熟期早优质抗性好等性状；香蕉主要是抗枯萎病兼顾生长期较短、优质高产等，荔枝主要是早熟优质高产等，通过平台的运行为产业提供更多更好的服务，解决产业的效益问题。

国家龙眼、枇杷种质资源子平台发展报告

郑少泉，陈秀萍，邓朝军，姜　帆，胡文舜，蒋际谋，许奇志，许家辉

（福建省农业科学院果树研究所，福州，350013）

摘要：龙眼、枇杷子平台依托单位为福建省农业科学院果树研究所，建有国家果树种质福州龙眼、枇杷圃，现有固定研究人员8名。“十二五”期间，子平台新整合资源93份，整合资源总量达946份，比增10.9%；完成果实性状、幼树期、品质、抗性、功能成分等鉴定评价1 141份次，筛选优异资源48份；更新实物资源267份次。向87个单位、409人次提供共享服务，先后举办资源展示会14次，开展技术培训20次、专题服务23次，通过各种媒体宣传子平台21次；支撑国家、省部级及其他各类项目（课题）81项，支撑省部级奖3项、论文48篇、专著1本、品种2个、标准8项、专利4项，还支撑农业部创新团队建设和各级人才的培养，共享服务成效显著。“十三五”子平台拟加大资源整合力度，通过共享服务，解决龙眼、枇杷科研和生产上的重大问题。

一、子平台基本情况

龙眼、枇杷种质资源子平台位于福建省福州市晋安区新店埔党，依托单位为福建省农业科学院果树研究所，现有固定研究人员8名，其中国家“万人计划”百千万领军人才1名，高级职称人员5名，博士1名、硕士5名；岗位设管理人员2名、服务人员3名、支撑人员3名。子平台所属的国家果树种质福州龙眼、枇杷圃总面积108亩，其中龙眼圃面积52.3亩（塑料大棚备份圃4.4亩）、枇杷圃面积55亩。

功能职责：根据国家发展需要，制定和完善龙眼、枇杷种质资源技术规范，收集、整理、评价和保存国内外龙眼、枇杷种质资源；开展龙眼、枇杷种质资源长期监测和繁殖更新，确保国家种质资源安全；面向全社会开展优质高效共享服务，强化种质资源的数字化表达和网络化共享，不断扩大服务范围和领域，拓展共享服务功能；开展种质资源收集、整理、保存关键技术研究和资源深度挖掘，培养高层次的种质资源人才；开展国内外合作和交流，与世界主要种质资源保存和研究机构建立合作关系。

目标定位：建成国际一流的龙眼、枇杷种质资源保存和服务中心；国际种质资源合作和交流中心；全国龙眼、枇杷种质资源体系的龙头；高层次龙眼、枇杷种质资源人才培养和科普教育基地。

二、资源整合情况

（一）资源总量与增量

截至2015年12月，龙眼、枇杷种质资源子平台已整合资源946份，比增10.9%。其中，龙眼资源2个种338份，包括野生资源5份、地方品种239份、选育品种65份、国（境）外引进资源29份；枇杷资源15个（变种）608份，包括野生资源213份、地方品种259份、选育品种89份、品系5份、国外引进资源42份。

（二）资源收集与整理整合

2011—2015年，新收集资源217份（龙眼158份、枇杷59份）；新整理整合资源93份（龙眼48份、枇杷45份），其中，国（境）外引进资源25份、地方品种44份、选育品种16份、品系2份、野生资源6份。在新收集、整合资源中，增加了枇杷近缘植物台湾枇杷恒春变种嵌合体[*Eriobotrya deflexa*（Hemsl.）Nakai var. *Koshunensis* Nakai]，果皮红色、一年多次开花结果的龙眼资源；引进了越南、以色列的枇杷资源和美国的龙眼资源。

（三）资源鉴定评价

按照《龙眼种质资源描述规范和数据标准》和《枇杷种质资源描述规范和数据标准》对龙眼、枇杷种质资源果实性状、品质性状、抗性等进行系统地鉴定评价。2011—2015年，共完成果实性状鉴定250份（龙眼93份、枇杷157份），完成枇杷幼树期鉴定246份、品质性状（可溶性糖、可滴定酸、维生素C含量）鉴定140份、裂果病抗性鉴定235份；筛选出优异资源48份（龙眼16份、枇杷32份），并提供利用。

对育种家、生产者关心的品质性状如糖、香气成分、功能成分等进行深入鉴定，挖掘优异资源。2011—2015年，完成龙眼、枇杷果实糖成分含量鉴定129份（龙眼63份、枇杷66份）；完成龙眼果肉黄酮含量鉴定32份，筛选出高黄酮含量的种质3份；完成枇杷果实氨基酸含量及成分鉴定31份、枇杷花游离氨基酸含量鉴定30份。通过深度鉴定，拓宽了龙眼枇杷资源共享利用渠道。

（四）资源维护与更新

按照《龙眼、枇杷种质资源圃管理细则》对圃存的资源进行规范化管理，包括施肥、喷药、除草、修剪等。制定了“龙眼种质资源繁殖更新技术规程”和“枇杷种质资源繁殖更新技术规程”，及时对植株生长衰弱、株数少的种质资源进行繁殖更新。

2011—2015年，共繁殖更新267份，其中龙眼108份、枇杷159份，并通过修剪或疏花疏果等方式对植株进行更新复壮。同时做好清沟排水、浇水抗旱，以及资源圃围墙、田埂、道路、大棚等设施的维护，确保资源的安全保存。

（五）优异资源

1. 枇杷优异资源“旧-11”

果实倒卵形或洋梨形、整齐度好，果皮橙红色，果面光洁，外观好；单果重67.0g，果实纵径5.82cm，果实横径4.61cm，果形指数1.26，果肉厚度1.17cm，剥皮易，较化渣、风味甜，种子3.9粒，可溶性固形物含量9.1%，可食率77.3%，果实成熟期5月上旬，抗性好，丰产。

2. 龙眼优异资源“凤梨味”

果实近圆形、整齐度好，单果重7.7g，果实纵径2.35cm、横径2.46cm、侧径2.26cm，果肉离核易、嫩脆、化渣，风味浓甜，品质优，可溶性固形物含量25.6%，可食率64.8%，果实成熟期9月上、中旬。

三、共享服务情况

2011—2015年，龙眼、枇杷种质资源子平台服务用户单位87个，其中非平台参建单位81个，占93.1%；服务用户人员409人次，其中非平台参建单位人员283人次，占69.2%。服务对象包括（图1）：教学单位12个（13.8%）、科研单位22个（25.3%）、政府部门20个（23.0%）、企业16家（18.4%）、民间组织及果农17个（19.5%）。

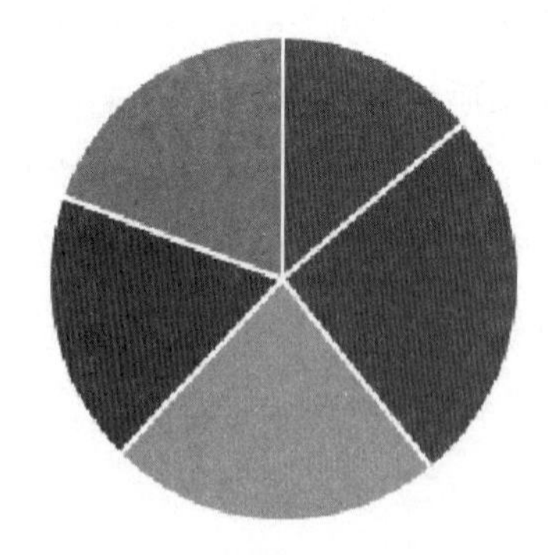

图1　服务对象组成比例

服务方式和服务数量情况：提供龙眼、枇杷实物资源2 617份次，成果推广和技术服务70次，技术咨询41次，接待参观访问72次873人次，科普宣传24次336人次，提供科学数据630份，图书文档1次，其他服务（接待高校毕业生实习、指导毕业论文等）28人次。

龙眼、枇杷子平台提供资源服务，支撑国家荔枝、龙眼产业技术体系、农业部农业行业专项、国家科技支撑项目、国家自然科学基金、国家科技成果转化项目以及福建省种业创新与产业化工程项目等各类科研项目合计81项；支撑省部级奖3项；支撑论文48篇、专著1本，其中SCI收录8篇；支撑品种2个；支撑标准8项；支撑专利4项；支撑农业部农业科研杰出人才及其创新团队1个；依托子平台，培养全国优秀科技工作者、全国农业科研杰出人才、福建省第三届杰出科技人才、福建省“百千万人才工程”领军人才、福建省首届优秀人才、福建青年科技奖各1名，培养正高3人、副高1人，社会经济效益显著。

在龙眼、枇杷果实成熟期，先后举办优异资源展示会14次，展示龙眼、枇杷优异资源428份次，邀请各相关科研单位、高校、生产部门、果农、社会各界人士等382人次参加。通过各种媒体宣传报道子平台工作动态、科研成果15次，在学术会议上宣传子平台研究成果5次，在《植物遗传资源学报》上宣传子平台成果1次，提升子平台的知名度和社会影响力。

围绕龙眼、枇杷优良品种和优异种质资源介绍、配套栽培技术要点、病虫害防治等专题，开展技术培训20场次，共培训技术人员、果农1 495人次，为农技推广部门、种植户提供了新品种信息与技术支撑。

针对龙眼、枇杷产业发展中存在的问题，开展龙眼、枇杷优异种质资源展示、资源实物和信息共享服务、技术培训和技术指导等专题服务23次，为龙眼、枇杷育种、生产提供品种和技术支撑。

四、典型服务案例

（一）案例1：为三峡库区龙眼、枇杷产业提供品种和技术支撑

万州地处重庆市三峡库区，是国家和重庆市确定的生态涵养发展区，历史上有种植龙眼、枇杷的传统，但因缺乏优良品种、先进的栽培技术和生产模式，生产上均为零星种植的实生树，未形成产业效益。针对该区的产业现状和发展潜力，龙眼、枇杷子平台从品种选择、配套栽培技术、生产模式推广应用等方面提供服务，筛选适宜万州区栽培的龙眼、枇杷优良品种，为万州辖区内的熊家镇、分水镇、溪口乡、武陵镇的龙眼、枇杷种植户、企业提供龙眼优良品种冬宝9号、香脆、松风本等12份，提供枇

杷优良品种贵妃、新白1号、新白8号等9份，提供苗木繁育技术和高接换种技术服务，组织团队成员赴万州开展技术培训和技术指导10次，培训技术人员、果农889人次。解决了万州区龙眼、枇杷产业发展缺乏优良品种和优质栽培技术的问题，使龙眼、枇杷生产由零星粗放栽培向良种化、标准化和集约化发展；为当地农民提供了更多的就业机会，并通过种植龙眼、枇杷实现脱贫致富，如熊家镇蜡烛村村民王为军种枇杷致富盖起了小洋房。目前，万州区龙眼、枇杷栽培面积已达5 000多亩，年产量50多t，年产值110余万元，社会经济和生态效益显著（图2）。

图2　枇杷丰产、表现优质（左图为种植枇杷致富的果农王为军）

（二）案例2：育成浓香型优质龙眼品种提升产业竞争力

中国龙眼栽培面积、产量均居世界首位，但传统的龙眼栽培多以焙干的品种为主，核大，壳厚，多不具有香气，可食率低，已不适应当今国内外市场以鲜销为主的要求。龙眼、枇杷子平台从品种资源、栽培技术、优异资源展示等各方面，为国家荔枝、龙眼产业技术体系、龙眼生产企业和种植者提供服务。龙眼育种岗位利用石硖、晚香、冬宝9号等9份龙眼优异资源，培育出一批兼具明显香气、大果、丰产等优良性状的晚熟龙眼新株系，其中“福晚1号”“福晚3号”“福晚8号”“福晚9号”和“福晚12号”等5个有香气晚熟优质的龙眼新品系通过专家鉴评和果农现场观摩，获得一致好评。“高宝”“冬宝9号”“晚香”等6个龙眼品种在泸州、儋州、湛江、钦州、玉林、保山、宁德、漳州等8个综合试验站区试推广；“晚香”“香脆”“冬宝9号”等21份龙眼优良品种资源在广东省惠州市博罗县农业科技示范场、重庆如美生态农业有限公司等11家公司推广种植，为中国龙眼品种结构调整和优化提供了强有力的支撑。

五、总结与展望

（一）存在的主要问题和难点

“十二五”期间，龙眼、枇杷种质资源子平台在资源收集、保存、鉴定、整理整合、共享服务等方面均取得了显著成效。但仍存在一些问题，在整合资源中的国外引进资源量偏少（占7.5%）；台风、极端低温、病虫害等自然灾害频发，对龙眼、枇杷种质资源的安全保存造成极大的威胁；资源利用信息反馈滞后、资源利用成效不够显著。今后要加大国外资源的收集引进，做好资源安全保存预警预案，积极主动做好资源利用跟踪调查和信息收集（图2）。

（二）“十三五”龙眼、枇杷子平台发展总体目标

提供龙眼、枇杷实物资源共享利用3 000份次、比增10%；提供信息共享700份次；提供成果推广与技术服务80次；开展技术培训20次，累计培训1 700人次；开展科普和教学实践活动25次，累计500人次；开展专题服务10次以上；各类宣传15次以上；新收集保存龙眼、枇杷种质资源100份；繁殖更新或复壮300份；鉴定评价与整理整合250份。

（三）“十三五”拟通过运行服务主要解决科研和生产上的重大问题

一是根据科技创新和国家重大需求，向国家荔枝、龙眼产业技术体系、国家科技支撑、国家自然科学基金、省部级及其他各类科研项目提供实物资源和信息服务。

二是围绕龙眼、枇杷产业发展对优良品种的需求，开展种质资源深入鉴定和创新研究，为龙眼生产提供有香味、大果、优质、不同熟期的优良品种，向枇杷产业提供早熟、优质、白肉、抗性强的品种资源，促进产业品种结构调整和优化，促进龙眼、枇杷产业的持续发展。

三是针对西部（四川省、重庆市、云南省）地区龙眼、枇杷产业对优良品种、栽培技术的需求，提供龙眼、枇杷优良品种和优质栽培技术服务，促进产业发展和农民增收。

国家桃、草莓种质资源（北京）子平台发展报告

姜　全，张运涛，赵剑波，王桂霞，任　飞，常琳琳，郭继英，
张　瑜，王　真，王尚德，董　静，钟传飞，郑志琴

（北京市农林科学院林业果树研究所，北京，100093）

摘要：国家桃、草莓种质资源平台（北京）目前保存桃种质资源445份，草莓种质资源355份。2011—2015年间，共引进桃、草莓资源各85份；鉴定性状包括农艺性状、品质性状、抗逆性、香气品质；利用转基因技术和远缘杂交技术，获得转基因材料和种间杂交后代实现了种质创新；为137家单位和个人提供1 360份次桃、草莓资源，培训技术人员1 600人次，开展教学讲座20余次；支撑各类科研项目28项，其中包含国家自然科学基金4项，国家桃产业技术体系项目2项，国家“863”计划1项，农业部公益性行业专项1项，国家科技支撑计划项目2项，省级项目18项。

一、子平台基本情况

国家桃、草莓种质资源平台（北京）依托北京市农林科学院林业果树研究所。总面积45亩，分为桃资源圃和草莓保存池。固定资产约400万元，目前圃的办公室依托在所的办公楼，建筑面积456m²，其中包括办公室168m²，实验室288m²。设备107台（件），总值210万元。

国家桃、草莓种质资源平台（北京）现有在编人员13人，由研究员3人、副研究员7人、助理研究员2人组成，按学位分博士7人、硕士5人，另有5位科研辅助人员负责资源的日常管理。

作为国家桃、草莓种质资源平台（北京），收集保存的桃、草莓资源种类齐全，目前保存桃种质资源445份，来源于11个国家，国内资源收集来自19个省市，这些资源分属于5个种及5个变种。草莓入圃保存资源355份，来源于国内的20多个省市和15个国家，这些资源分属于7个种。

国家桃、草莓种质资源平台（北京）秉承平台的“以用为主、重在服务”的原则，为全国桃、草莓领域科研人员、技术人员提供各项服务，并从“开店式服务”逐步向“上门式服务”转变。

二、资源整合情况

（一）资源收集情况

通过种质交换、合作交流、出国访问学习以及野外考察等各种途径，2011—2015年共引进桃、草莓资源各85份，其中桃野生资源29份（34%）、草莓野生资源13份（15%），如表1和表2所示。

表1　桃资源收集名录

年份	份数	资源名称
2012	10	冀石野生桃1号、冀石野生桃2号、冀石野生桃5号、东溪小仙桃、常山乌桃；5份红肉桃地方品种：黑姑娘、咸宁红肉桃、早熟小红袍、铁井3号、紫肉血桃
2013	25	青研1号、威海蟠桃、山泉1号、喀什油桃、凉山冕宁毛桃1号、凉山冕宁毛桃2号、栾平毛桃、红茎甘肃桃、大叶甘肃桃；10份国内育成品种：京陇7号、石04-2-55东、金世纪、 冀2102、石05-2-14西、瑞光45号、瑞光35号、春艳、瑞油蟠2号、瑞蟠24号；6份国外育成品种：早熟有明、美国红蟠、Flordacrest、Vallegrande、照手白（帚形碧桃）、Tropic Sweet
2014	25	小关门3号、大道屯5号、大道屯2号、大道屯3号、小关门2号、三块石2号、小关门1号、王家庄1号、大道屯4号、大道屯6号、大道屯1号、王家庄2号、三块石1号、三块石3号、大苇塘1号；10份国内育成品种：中农蟠桃4号、霞脆、金玉蟠桃、金辉、金硕、春艳、金霞油蟠、中油桃8号、秋月、黄金蜜蟠桃
2015	25	隆子1号、色卖、茶巴拉1、平措朴扎寺、茶巴拉3、隆子7号、隆子3号、熊村1号、南8-19、顺北4-68、顺北4-71、顺北4-51、顺北4-74、顺北4-65、顺北4-49、顺北4-56、顺北3-73、超红短枝、顺北4-61、顺北4-57、顺北3-70、顺北4-60、顺北4-59、顺北4-50

表2　草莓资源收集名录

年份	份数	资源名称
2012	10	Sweet Bliss、Independence、Tillamook、Firecracker、大君、纯莓-2、花莲莓、桃薰、樱香、韩韵
2013	25	UC4、UC5、UC6、UC11、纤细草莓；Aroma、Rosena、Oka、Chambly、Charlotte、本妮西娅、莫哈维、圣安德瑞斯、蒙特瑞、波特拉、斯坦乐、Amelia、Bolero、Casssandra、Delia、Emily、Irresistible、Malling Opal、Malling Pearl、Rosie
2014	25	五叶红果、东方草莓、绿色草莓、Erdbeeren Toscana、Erdbeeren Florían、Ampelerdbeere Temptatíon；Aiberry、Umai、宝交、章姬、深香、红颜、静岗、香野、樱香、天使白草莓、房香、乐成、红丽、艳丽、越丽、越心、宁红、宁丰、紫金香玉

（续表）

年份	份数	资源名称
2015	25	俄野生、绿色草莓；红香、珍宝、永丽、R5、R8、R9、Tima、粉红熊猫、瑞雪1、瑞雪2、思甜、甘露、雪妹、硕丽、弥生姬、甘红、容宝、梦香、粉佳人、俏佳人、粉公主、红玫瑰、圣诞红

（二）资源保存情况

在繁殖圃内对需要入圃的种质进行繁殖，以获得入圃保存的足够植株数量（表3）。繁殖方法参照《农作物种质资源整理技术规程》中的规定进行。参照《农作物种质资源圃保存技术规程》对拟入圃资源做好种植安排，种植、挂牌、绘制保存圃位图并对种植苗进行核对。入圃每一份桃种质资源在圃内至少种植3株，草莓种质资源在圃内至少种植5株，以保证安全。抗性方面有缺陷的桃特异资源需要保存9株以上，株行距为（2~3）m×5m；草莓种质资源需要保存20株以上。有些资源需要在温室或其他特定条件下复份保存。

表3　桃、草莓资源的保存数量

桃		草莓	
类型	数量	类型	数量
野生种	29	野生种	21
地方种和选育品种	261	地方种和选育品种	100
引进品种	155	引进品种	234
合计	445	合计	355

（三）资源鉴定情况

资源的鉴定评价参照《桃种质资源描述规范和数据标准》及《草莓种质资源描述规范和数据标准》进行。

表4　资源鉴定评价性状

类别	桃	草莓
农艺性状	果实均重、果面彩色、果形、核粘离性、茸毛有无、果皮底色、果肉颜色、花型、叶腺形状、丰产性	平均单果重、最大果重、纵径、横径、果形、光泽、果面颜色、果肉颜色、质地、汁液
品质性状	肉质、风味、可溶性固形物、汁液多少	香气、风味、可溶性固形物含量、硬度

除鉴定上述农艺性状和品质性状外，还进行了抗逆性、香气品质方面的鉴定，包括基于快速叶绿素荧光动力学进行的抗寒性鉴定、基于顶空固相微萃取和气相色谱——质谱联用技术的香气品质鉴定及耐盐性鉴定（表4）。

（四）资源创新情况

利用表观特征观察，细胞学特征筛查和流式细胞术鉴定，在桃杂种圃中发现桃倍性种质9份；对“99北-17-7”单倍体种质后代个体进行流式细胞仪鉴定，确认其中9份为多倍体种质。对6份多倍体种质的40粒自然实生种子进行处理（胚培养或低温层积）。

以种质创新为目标，在草莓上利用转基因技术和远缘杂交技术，获得转基因材料和种间杂交后代，在桃上利用远缘杂交技术，获得种间杂交后代，为育种利用提供种间材料。

（五）优异资源信息

1. 桃资源名称：Fuzador、Sunraycer、光月

资源特点、特性，具体如下。

（1）Fuzador。

法国农业科学院波尔多试验站选育，黄油桃，果实小，风味浓，风味酸甜，着色近全面，硬溶质。可用于黄桃育种亲本。

（2）Sunraycer。

美国佛罗里达大学育成品种。平均单果重130g，半离核，硬溶质，果肉颜色为黄色。果实过熟后发黑。低需冷量品种，需冷量250h。可作为低需冷量育种材料。

（3）光月。

日本育成品种，黄肉普通桃，9月上旬果实成熟，平均单果重213.3g，果形圆整，果面1/4以上着玫瑰红，硬溶质，果汁多，风味甜，可溶性固形物18%，黏核。

2. 草莓资源名称：达赛莱克特、章姬、给维塔

资源特点、特性，具体如下。

（1）达赛莱克特。

果个大、丰产、耐贮运、香味浓、抗病性强。

（2）章姬。

早熟、果个中等、较丰产、抗病性较差。

（3）给维塔。

早熟、果个大、丰产、较抗病。

三、共享服务情况

（一）服务对象及数量

2011—2015年间，国家桃、草莓种质资源平台（北京）为36家单位提供了883份次桃资源、101家单位和个人提供477份次草莓资源，其中科研院所39个，企事业单位37个，个体种植户61个。围绕桃、草莓优异种质资源介绍，配套栽培技术要点、病虫害防治等技术要点进行专题服务，培训技术人员1 600人次，为专业技术人员提供了资源信息及实用技术。此外，在大专院校开展教学讲座20余次，普及桃、草莓相关知识，加大科普宣传力度。

（二）支撑科技创新

国家桃、草莓种质资源平台（北京）支撑各类科研项目28项，其中包含国家自然科学基金4项，国家桃产业技术体系项目2项，国家“863”计划1项，农业部公益性行业专项1项，国家科技支撑计划项目2项，省级项目18项。

（三）支撑科技成果

利用国家桃、草莓种质资源平台（北京）优异种质资源育成了桃品种10个（瑞光45号、华玉、早玉、夏至早红、瑞光28号、晚蜜、瑞油蟠2号、瑞光35号、瑞蟠24号、京陇7号）、草莓品种9个（京御香、京怡香、京醇香、京泉香、京承香、京藏香、京留香、京桃香、粉红公主）。支撑科技论文9篇。支撑了1项科研成果—“草莓叶茶及其制备方法”获国家发明专利（2014年）

（四）专题服务

国家桃、草莓种质资源平台（北京）共开展专题服务7次，展示优异资源1 000余份次，吸引专业技术人员700人次。通过资源的展示、与专业技术人员交流，可以了解到技术需求，便于提供“上门服务”。

四、典型服务案例

（一）典型服务案例1

1. 服务名称

为中国科学院植物研究所提供优异资源进行研究。

2. 服务对象、时间及地点

2011—2013年，为中国科学院植物研究所提供NJ250、瑞蟠21号等优异资源。

3. 服务内容

为中国科学院植物研究所提供NJ250、瑞蟠21号、瑞光39号作为亲本，配置杂交组合两个，为进行桃“黄肉/白肉”分子标记研究提供杂交群体，发表SCI论文1篇。Ma J，Li J，Zhao J，Zhou H，Ren F，Wang L，Gu C，Liao L，Han YP（2014）Inactivation of a gene encoding carotenoid cleavage dioxygenase（CCD4）leads to carotenoid-based yellow coloration of fruit flesh and leaf midvein in peach. Plant Mol Biol Rep 32：246–257。

（二）典型服务案例2

1. 服务名称

草莓优新品种科技下乡。

2. 服务对象、时间及地点

2012—2013年，在河北省邯郸市金农庄园进行草莓优新品种示范展示如下页图所示。

3. 服务内容

国家桃、草莓种质资源平台（北京）提供草莓品种燕香、书香、红袖添香、京怡香、京醇香、京泉香、京藏香在邯郸金农庄园进行展示示范，采用日光温室高垄栽培、膜下滴灌栽培模式、蜜蜂授粉、疏花疏果、病虫害综合防治等措施进行全程技术指导。

4. 具体服务成效

示范园共定植15个棚，草莓果实采摘从12月起一直持续到翌年5月，每个棚产值20万元，年收入300万元。目前，金农庄园已成为规模化观光采摘园，平台提供的红袖添香品种成为当地主栽品种，如下图所示。

图　优质草莓品种的推广

五、总结与展望

第一，“十三五”期间，国家桃、草莓种质资源平台（北京）将扩大平台的宣传范围和力度，广泛开展推介和展示活动，强化服务意识，积极主动邀请媒体，发挥网络宣传优势，化被动报道为主动宣传。服务对象扩大到所有对资源有需求的单位和个人。

第二，加强资源相关的科普知识宣传，调动社会的力量，共同收集、保护资源。

第三，加强资源的特异性状鉴定评价，着眼于服务对象需求，提供针对性服务。

第四，加强国际交流，鼓励和支持引进国际优良种质资源，提高种质资源有效利用水平。

国家李、杏种质资源子平台发展报告

张玉萍，刘威生

（辽宁省果树科学研究所，营口，115009）

摘要：“十二五”期间，李、杏种质资源平台通过项目的实施，新增164份资源入圃，在平台运行服务系统中：实物共享完成1 025份，1 860份次；专题上报管理系统中填报20个案例；典型案例填报34个案例；技术研发46项，技术推广45项；培训上报系统中填报20个案例，实际完成19 634人次；推广开发新品种121份。平台促进国内果业多样化、生态化、可持续健康发展提供科技支撑。在资源评价和种质创新等方面研究水平得到提高，在高效栽培和成果转化等方面研究水平达到国内领先。“十三五”期间，将李、杏种质资源平台和资源圃建设成为国内一流、国际有重要影响的李、杏多样性保存中心、品种改良中心和产业支撑中心，

一、子平台基本情况

国家李、杏种质资源平台位于辽宁省营口市鲅鱼圈区熊岳镇，位于辽东半岛中部、东北亚的中心，交通网络发达，沈大高速公路、哈大铁路横贯境内，南端是大连港，北端是鲅鱼圈港。属温带亚湿润区大陆性季风气候。年平均气温8.7℃，1月平均气温-10.6℃，最低气温-30℃；7月平均气温24.6℃，最高气温35℃，年平均降水量为695mm，多集中在7—8月，无霜期175d左右。土壤为沙壤土。主要气候条件和土壤条件非常适宜温带落叶果树李、杏的生长。

李、杏种质资源平台依托单位是辽宁省果树科学研究所，“国家果树种质熊岳李、杏圃”占地13hm²，占地面积200亩，其中露地资源保存区120亩、隔离观察区10亩、优异资源展示区60亩、设施保存（智能温室、日光温室）区10亩，保存方式以田间露地保存为主、设施辅助保存作为补充；全圃安装有智能控制灌溉施肥系统，有田间数据采集室280m²、果实和种子标本室80m²。另有，田间数据采集室、果实和种子标本室、腊叶标本室、档案室，具备较完善的资源收集、保存和种质鉴定评价条件。

设置岗位11个，专职科技人员9人，生产管理工人2人。采取课题组和主持人负责制。在平台运行服务岗位上专门设置一名科技人员进行“平台运行服务和管理”填报及技术和信息跟踪服务。

平台的目标就将李、杏种质资源平台和资源圃建设成为国内一流、国际有重要影响的李、杏多样性保存中心、品种改良中心和产业支撑中心，为促进国内果业多样

化、生态化、可持续健康发展提供科技支撑。

二、资源整合情况

“十二五”期间，通过李、杏种质资源平台项目的实施，保存资源总份数由原来的1 356份增加到现在的1 520份，共增加了164份资源，超额完成了5年间90份资源收集的任务。其中，补充收集西南地区地方优良资源12份；增加不同野生辽杏（*P.mandshurica*）类型10份；新增新种1个——乌荆子李（*P. insititia*）。在新收集的国外引进资源中，有高糖低酸的中亚生态品种群种质，例如“Haci Haliloğlu”（糖/酸比：120）和“Kabaasi”（糖/酸比：86）；有抗PPV优良种质“SEO”（高抗）和“Harcot”（中抗）。

保存着来自全国各地及亚洲、欧洲、美洲、大洋洲和非洲等地的资源。其中，杏属资源中有普通杏、辽杏、西伯利亚杏、藏杏、梅、紫杏、政和杏、李梅杏、洪平杏和卜瑞安康杏等10个种及其变种；李属资源中有中国李、杏李、樱桃李、乌苏里李、欧洲李、美洲李、加拿大李和黑刺李等8个种及其变种。本圃保存李、杏种质资源份数及多样性均居世界第1位。

通过SSR分子标记对现有李种质资源进行了压缩，构建出一套李核心种质（由67份中国李和14份欧洲李组成），为种质资源的后继精准评价奠定了基础。提出了分子标记客观评价种质资源多样性的方法，证实中国西北地区是普通杏的多样性中心，而西南、山东及辽南丘陵地区的种质资源具有独特的血缘，寻找到大扁杏的种间杂交分子证据。利用组合分组分离方法获得了杏甜仁/苦仁紧密连锁的分子标记，采用候选基因策略，通过关联分析，开发了与果实硬度相关的SNP标记，并用于标记辅助育种实践中。

（一）优异的露地和设施兼用杏资源——国之鲜杏

2003年，辽宁省果树科学研究所利用串枝红×金太阳杏杂交，选育出的自主育成的新品系。果实卵圆形；果顶平，缝合线中，梗洼中，片肉不对称；外观上，果皮橙黄色，果面茸毛少。果肉橙黄色，硬溶质，纤维细、少，果汁多，酸甜味浓；离核，仁苦、饱满。可食率90%。品质上。常温下果实可贮放5~7d，低温冷库贮藏20d以上。露地栽培，单果重70g，最大单果重90g；可溶性固形物含量9.8%，可溶性杏糖含量5.7%，可滴定酸含量0.8%，维生素C含量11.2mg/100g。设施栽培，平均单果重95g，最大单果重120g；去皮硬度7.5kg/cm^2，可溶性固形物含量14.7%，可溶性糖含量9.0%，可滴定酸含量1.5%，维生素C含量4.6mg/100g。

该品种早期丰产性极好。高接后第2年开始结果，4年进入丰产期，株产达12kg。在熊岳地区，设施栽培，12月中旬开始升温，1月中旬开花，4月上旬开始着色，4月中下旬果实成熟，比露地提早成熟2.5个月，每亩栽植178株，盛果期树平均产量10 ~ 12kg/株，亩产可达1 500 ~ 2 000kg。持续挂果能力强，果个大、优质、丰产等特点，对改善辽宁省设施栽培品种结构，提高国内外市场竞争力，将起到重大作用，同时也将成为杏设施栽培的主要更新换代品种。

（二）优异的露地和设施兼用李资源——蜜橘李

原产美国，2004年从澳大利亚引入国家果树种质熊岳李、杏圃。果实卵圆形，整齐度好，平均单果重55.0g（设施90.0g），大果重85.0g（设施栽培可达115.8g）；果顶平，片肉对称；果皮紫红色，外观上。果肉红色，硬溶质，纤维细、少，果汁多，味酸甜；设施条件下果肉硬度5.2kg/cm^2，可溶性固形物含量13.0%，可溶性糖含量8.6%，可滴定酸含量1.2%，维生素C含量7.8mg/100g。花青苷含量172总吸收度/100cm^2，可食率95%，常温下果实可贮放10d以上。

在熊岳地区日光温室栽培12月20日开始升温，翌年1月下旬开花，4月中下旬开始着色，5月下旬果实成熟，果实发育期约120d，比露地早熟2.5个月。

蜜橘李是一个综合性状优良的设施栽培新品种，在露地试栽表现也较好。具有结果早、中熟、外观美、丰产、优质、耐贮运、保健价值高等特点，该品种在熊岳地区，露地栽培亩产1 500kg以上，平均按5元/kg计算，亩产值为7 500元；设施栽培亩产达2 000kg左右，按30元/kg计算，则亩产值为6万元，扣除每亩地生产成本9 000元/亩左右，每亩纯收入约5.1万元，是经济价值高、深受栽培者青睐的有发展前途的品种，该品种的引进及应用，对增加露地李主栽品种数量，改良设施李品种结构，增加保健价值、提高设施李在国内外市场的竞争力、推动设施李的发展，具有重要作用。

三、共享服务情况

“十二五”期间，通过李、杏种质资源平台项目的实施，在平台运行服务系统中：实物共享实际完成1 025份，1 860份次，超额23%完成任务；专题上报管理中填报20个案例；典型案例上报管理中填报34个案例；技术研发46项，技术推广45项；培训上报系统中填报20个案例，实际完成19 634人次，超额13%完成任务；推广开发新品种121份，超额21%完成任务。

服务方式主要通过基点培训、互联网、电话咨询、发放宣传材料、电视台的农业推广栏目等。针对的主要用户：科研院所、高等院校、政府机关、企业、农村合作社、果农等。通过平台的资源和技术推广，支撑了36个项目，文章47篇，其中核心期刊20篇，支撑完成成果8个。

为了改变国内地方品种不耐贮藏、国外引进品种风味欠佳的品种现状，提出我国杏、李品种改良的路径，即利用地方优质、适应性广、抗病性强的品种与国外引进的外观美、耐贮运品种杂交，先后选育出优质、耐贮、高抗的“国丰”“国强”“国富”（上述3个品种已获国家植物新品种权保护）和“国之鲜”（设施专用杏品种）4个杏品种，“国美”和“国丽”2个李品种（已通过国家植物新品种权保护），同时筛选出一批适于设施栽培的专用品种“莫帕克”杏和“蜜橘李”“贵阳李”，并形成一套完整的配套栽培技术，完成了《设施李栽培技术规程》和《设施杏栽培技术规程》。

四、典型服务案例

（一）典型服务案例1

1. 服务名称

利用李、杏种质资源平台　为两万亩仰韶黄杏基地提供服务。

2. 内容

仰韶黄杏因产于举世闻名的仰韶文化发祥地河南省渑池县而得名，已有2000多年的栽培历史，根据《地理标志产品保护规定》，国家质检总局组织专家对仰韶黄杏地理标志产品保护申请进行审查。经审查合格，自2011年9月19日起批准仰韶大杏为地理标志保护产品，由当地质检机构实施保护（国家质检总局公告2011年第138号）。

仰韶黄杏主要分布在渑池县境内的果园、天池、英豪、仰韶、段村5个乡镇，主产区在果园乡。由于杏园管理粗放，对杏产业的认识不到位，跟踪服务不及时，杏园基本处于弃管状况，导致蚧壳虫和蚜虫的大量繁殖，病虫害严重，普遍存在落叶较早的现象，对果树的为害较大，减产严重。

辽宁省果树科学研究所11人被河南省科技厅聘请为果园乡科技特派员，为了解决根本问题，掌握的第一手资料做了一系列的工作。

第一，对树龄、长势、杏园管理等方面情况进行摸底。针对杏园现状，积极制定杏产业实施方案。

第二，针对果园乡杏产业发展现状，特派员团队认真研究，提出了果园乡杏产业发展规划，并制定了仰韶杏保花促果项目实施的具体方案。

第三，搞好杏产业技术培训，制定并发放了“仰韶杏示范园萌芽前修剪技术要点及杏树修剪示意图”。

第四，积极为基础引进李、杏资源圃杏树新品种，为丰富品种资源，改善品种结构、促进授粉授精、增加坐果、提高产量，从国家果树种质熊岳李、杏圃引进了“沙金红”“金太阳”“早橙”果树新品种19个，并对果树挂果情况进行调查了解。

第五，建立李、杏资源平台技术服务网络，健全了杏管理技术网络平台。建立了窑屋、李家、杜寺、毛沟、杜家、下庄沟、刘头7个仰韶大杏示范基地、面积8 000亩。明确了特派员、市、县、乡、村、户的共建协作网络，建立了示范户与专家的联系、咨询通道，形成一个覆盖全乡的健全的技术网络，提高了果农的科学管理技术。

到2014年，仰韶大杏种植面积1 600多hm^2，年产量800万kg，年产值达7 900多万元，1 500多农户走上了富裕路。目前，仰韶大杏已成为农民致富的一项支柱产业，市场前景极为广阔。

在国家农作物平台的技术指导和河南渑池县委、县政府的正确领导下，勤劳的果园人大力种植仰韶大杏，使得这古老贡品重新焕发了勃勃生机。

（二）典型服务案例2

1. 服务名称

利用平台资源和技术优势　地方百年优质品种增产又增收。

2. 内容

歇马杏在辽宁省庄河已有100多年历史，因果品个大，色泽黄艳，酸甜适中，富含多种维生素，加之肉核分离，肉质细密韧厚，甜酸适口，被誉为“杏中珍品”。该品种富含维生素，特别是硒的含量高，是大连果品市中的优质产品，也是清朝时的贡品。2008年，国家授予歇马杏为国家级标准示范区称号。2001年，被评为“绿色食品”。“歇马山杏”注册商标为辽宁省著名商标。

歇马杏是大连杏花山庄农业发展有限公司主要发展的地方品种，但是传统的管理方式下，十年九不收，大小年无法控制，严重影响了果农的收入。2012年，大连杏花山庄农业发展有限公司与辽宁省果树科学研究所的李、杏研究室建立了科技合作，利用国家果树种质李、杏资源圃的资源和技术优势，来改善果品产量。

2012年3月，经项目实施单位现场考察、分析，辽宁省果树所李、杏资源平台考察、会诊，认为歇马杏果园低产原因有：花芽质量（产量的基础）不好，体现在败育花多，有营养问题、授粉不良（是产量形成的关键）与果实营养竞争，导致落果。

3. 采取的措施

第一，加强花芽分化期营养管理；第二，高接授粉品种，龙垦1—2号等、骆驼黄、金太阳等；授粉品种3~4个，比例（1：4）~5；花期喷B、N（尿素）、氨基酸等；第三，在果实硬核期，若枝条过快生长，要通过夏剪等措施控制营养生长；第四，采收后、落叶前1个月（8—9月）增施有机肥，花期追氮肥；第五，冬剪，疏剪花芽（花束枝）、缓放长枝，使花芽分布合理，枝类合理，即，长枝、中枝、短枝、花束枝比例要合理。

辽宁省果树所作为技术依托单位，利用主栽品种和授粉品种适宜配置提高品种优势，利用技术工人的技术优势进行整形修剪、实现稳产优产，在关键生产时期，科技人员进行人对村、人对户的技术指导，实施单位严格按照方案执行。歇马村有700户人家，家家户户都栽有歇马杏，总数已达到22万棵，增加产量13万kg，商品果优质率可达90%以上。仅此一项，村里人均可增收900元。

五、总结与展望

（一）平台目前仍存在的主要问题和难点

1. 科技成果对果树产业的科技支撑和引领作用不够

科技的转化工作围绕承担的项目开展的较多，但仍有许多科研成果不能及时转化为生产力，自主选育的果树新品种在生产上应用面积小，科技推广工作相对滞缓。

2. 科技平台和科研条件建设亟待加强

李、杏科技平台没有完全发挥出应有的作用，未能形成科学研究平台、人才培养基地和对外科技合作交流的窗口，不能满足当前科技发展和成果转化的需要。

3. 平台人才培养亟待加强

科技人员的推广和宣传能力需增强。实践经验丰富、高素质复合型科技推广人才的缺乏，在一定程度上制约了科技成果转化和推广工作的开展。

（二）解决措施和建议

1. 加强李、杏高效栽培技术研究与示范

以简单的管理技术和高效的栽培模式为目标，试验选出适宜设施栽培的专用品种；研究示范李、杏提早结果技术，解决李、杏传统栽培结果晚的问题；研究改进李、杏新型高光效树形的修剪时期与方法，研究提高坐果率和果实品质的方法，研究无害化病虫防控技术，构建李、杏优质高效栽培技术体系。

2. 加强科技创新团队

打造一支研究方向明确、特色鲜明、结构合理、在国内外相关领域有一定影响力和潜力的科技创新团队。到“十三五”末，实现博士3人，硕士3人，培养青年科技创新人才2~3名。

3. 加强种质创新和新品种选育的力度

随着果品市场化发展和贸易竞争加剧，各国在重视特异资源发掘、优新品种培育的同时，十分重视新品种的专利保护。在目前的形势下，再像过去那样直接从国外引进新品种栽培，成为中国主栽品种的可能性愈来愈小。加快培育拥有自主知识产权的品种是形势发展的必然。种质资源是实现种质创新和新品种选育的重要物质基础；精确地评价种质资源是优异基因资源挖掘利用的先决条件；遗传规律与育种技术研究是提高育种效率的途径。

尽管已经对李、杏种质资源进行了系统评价，仍需要结合多种技术手段对李、杏种质资源进行更为深入的精细评价。同时，通过探讨主要经济性状的遗传规律，开发重要性状的分子标记，建立果树分子设计育种的利用技术体系。

（三）“十三五”子平台发展总体目标

第一，加强李、杏种质资源针对性收集、精细评价及创新利用，有针对性地广泛收集抗寒、抗病虫、抗旱、具有特异性状的种质资源，从农艺性状到DNA水平对种质资源进行精细评价，构建合理杂交群体，建立果树分子设计育种的利用技术体系，深入分析部分重要特异性状的分子形成机制，利用本土资源与特异资源，创制新种质。

第二，形成2套种质资源评价技术规范；建立2个果树种质资源评价信息查询平台。

第三，培育具有抗寒、优质、耐贮运等性状的李品种2~3个，具有抗晚霜性状的仁用杏品种1~2个。

第四，创新提出李杏提早结果技术，解决李、杏传统栽培结果晚的问题。

“十三五”期间，逐步将李、杏种质资源平台和资源圃建设成为国内一流、国际有重要影响的李、杏多样性保存中心、品种改良中心和产业支撑中心，加大成果转化取得的成效，在资源评价和种质创新等方面研究水平达到国际领先，在高效栽培和成果转化等方面研究水平达到国内领先。成果转化率达到80%以上，科技贡献率60%，推动李、杏向高端果业发展。

国家山楂种质资源子平台发展报告

董文轩，吕德国，赵玉辉

（沈阳农业大学，沈阳，110866）

摘要： 从2011年1月到2015年12月，山楂种质资源子平台完成了各个年度的工作任务，实现了318份山楂资源和120份榛资源的安全保存。5年间，山楂子平台共收集国内外山楂资源91份、涉及山楂属植物15个种和1个变种；持续开展资源生物学性状的调查及测定工作，共采集数据项数为13 200个；对山楂资源食心虫抗性及丰产性进行了评价，明确了大部分资源的食心虫抗性及部分资源的丰产性。此外，5年间山楂种质资源子平台为科研部门、种植户、学生等提供了623份次山楂资源和85份次榛资源进行共享利用，还进行了技术指导、信息咨询和科教宣传等服务；多年来已有10多名硕士生及博士生、30多名本科生以山楂资源为试验材料，开展毕业论文的研究工作；每年接待毕业实习及参观学习的本科生达到400多人次。在专项服务方面，子平台5年间主要支持了3项国家自然科学基金的研究工作及山楂属植物DUS测试规范制定的工作，促进和提升了山楂基础研究的水平，丰富了山楂研究成果。

一、子平台基本情况

国家农作物种质资源平台—山楂种质资源子平台，曾用名国家山楂种质资源平台，是国家科技基础条件平台中“国家农作物种质资源平台”里的一员，是2012年科技部和财政部认可、2014年10月，由国家科技基础条件平台建设办公室正式派发的名称。子平台负责人是董文轩教授；子平台编号057（NICGR2015-057）。山楂种质资源子平台位于辽宁省沈阳市，挂靠沈阳农业大学园艺学院；是我国唯一开展山楂种质资源收集、保存、评价与共享利用的研究平台和服务平台。现有（2016年年底）土地面积40 020m²（60亩），实验室及附属建筑面积800m²，实验室内有60余万元的仪器设备；现有兼职科研人员6人，其中教授2人（董文轩、吕德国），副教授3人（秦嗣军、马怀宇、杜国栋），讲师1人（赵玉辉）；另有1名专职科研人员（高秀岩副研究员，已于2015年4月退休）。此外，还有多名硕士和博士研究生在圃内从事研究工作。

截至2015年年底，山楂种质资源子平台安全保存的318份山楂资源共涉及国内外的16个种和2个变种；120份榛资源共涉及国内的3个种。山楂子平台的主要功能是以山楂和榛种质资源为基础开展长期的定位观测和数据积累并进行以资源有效保护和高效利用为核心的基础性、公益性研究工作。山楂子平台每年为科研、育种、教学及生产等单位和个人提供种质资源并进行信息咨询和技术指导等服务，每年调查观测资源的基本数据要提交给国家农作物种质资源总平台。

总之，山楂种质资源子平台已成为开展山楂科学研究、科技合作、技术交流、成果试验示范和展示、人才培养和科普教育的主要基地之一。

二、资源整合情况

经过2011—2015年5年的工作，山楂种质资源子平台完成了各个年度的工作任务，实现了318份山楂资源和120份榛资源的安全保存。

（一）资源收集

从2011年1月到2015年12月，山楂种质资源子平台先后从河北省、山东省、辽宁省、云南省、上海市、新疆维吾尔自治区、河南省等国内省市区和捷克、俄罗斯等国家共收集山楂资源91份、除8份未知资源外共涉及山楂属植物15个种和1个变种；榛资源3份、涉及1个种；共计94份并对收集的部分山楂资源进行了入圃编目。从2011年1月到2015年12月，国家果树种质沈阳山楂圃共编目入圃山楂资源100份，除10份分类不明外，其余90份资源分别属于13个种1个变种；其中，新增物种7个，分别为山楂属虾蟆山楂（*C. jozana* Schneid.）、红花山楂（*C. laevigata* Poir. Zika）、单子山楂（*C. monogyna* Jasq.）、鸡距山楂（*C. cruss-galli* L.）、华盛顿山楂（*C. phaenopyrum* Medic.）、野山楂（*C. cuneata* Sieb. et Zucc.）和欧楂（在原分类系统中欧楂*Mespilus germanica*称为欧楂属欧楂种，属于山楂属的近缘属；但近期的一些研究结果支持把欧楂属归入山楂属，所以可将欧楂种并入山楂属，因此*Mespilus germanica* 也可称为*Crataegus germanica*）。

从2011—2014年在开放条件下调查了新圃中257份山楂结实资源的桃小食心虫虫果率，筛选出不同年度间抗虫性较强的资源21份。其中，高抗资源（虫果率<5%）11份，包括：单子山楂-1（0.00%）、软肉山里红-3（0.2%）、软肉山里红-2（0.5%）、彰武山里红（0.5%）、准噶尔山楂-1（1.55%）、韩国山里红（3.00%）、歪把红（1.0%）、平邑伏红子（2.00%）、豫8 001（2.33%）、百泉7 901（4.00%）、绛县79 8203（4.0%）；中抗资源（5%~20%）10份，包括：宪平砧木1号（5.00%）、81-2（5.0%）、北京对照（7.0%）、沈2-4（9.0%）、百泉7 903（9.00%）、京短1号（5.0%）、平邑大红子（5.3%）、兴隆紫肉（7.5%）、百泉7 903（9.00%）、福山铁球（14.00%）。其中，准噶尔山楂-1、彰武山里红、豫-8001的抗虫性年度间表现较稳定。

在2014年山楂果实成熟季节，选择了42份资源的56株山楂树进行了全株测产，开展了丰产性或产量性状的评价。得到每m²产量大于1.5kg的资源（每株营养面积按12m²计算）有：冯水山楂（3.70kg/m²）、晋县小野山楂（2.93kg/m²）、粉色山楂（2.18kg/m²）、平邑甜红子（2.01kg/m²）、秋金星（1.86kg/m²）、费县大绵球（1.86kg/m²）、思山岭山楂（1.68kg/m²）、辽红山楂（1.68kg/m²）、清原磨盘山楂（1.64kg/m²）、蒙阴大金星（1.60kg/m²）、胜利紫肉山楂（1.60kg/m²），共计11份。

在2013年，沈阳农业大学园艺学院还调查了262份山楂资源的果实性状，采集数据项数为7 800个；在2014年，调查了210份山楂资源的果实性状，采集数据项4 200个；在2015年，重点对202份山楂资源的果实中糖、酸和维生素C含量进行了测定，并对部分样品的糖酸单体含量进行了高效液相色谱的分离和检测；共采集数据项1 200多个。

此外，在2013年10月，中国农业科学技术出版社出版了由李作轩、董文轩等主编的《榛种质资源描述规范和数据标准》一书；在2015年6月，陕西新华出版传媒集团和陕西科学技术出版社出版了由董文轩作为主编的《中国果树科学与实践—山楂》一书。在2012—2015年，在项目组成员努力工作和充分利用山楂圃实物资源和数据信息的基础上，于2012年12月由董文轩、吕德国、赵玉辉等共同完成了中华人民共和国农业行业标准“农作物种质资源鉴定评价技术规范—山楂”的制定并于2013年5月20日由农业部正式发布、2013年8月1日实施，该标准同时由中国农业出版社正式公开出版了单行本。

（二）优异资源简介

1. 秋金星

该品种为辽宁省农业科学院园艺研究所1960年从鞍山市郊区唐家房摩云山村栽培的山楂中选出的地方品种（图1）。1982年经辽宁省农作物品种审定委员会审定，命名为辽宁大金星。因该品种为中熟品种，又称秋金星。果实近圆形，平均单果重5.5g。果皮深红色，果点中大，分布均匀。果肉浅红或浅紫红，甜酸适口，香气浓。肉细致密。果实可溶性糖11.26%、可滴定酸3.39%，维生素C含量为60.63mg/100g。自交亲和率为24.5%，自然授粉坐果率44.6%；果枝连续结果能力较强。定植树3~4年开始结果。原产地4月上旬萌芽，5月下旬始花，9月中旬果实成熟。

2. 蒙阴大金星

山东省临沂市、潍坊市和泰安市等地的主栽地方品种（图2）。该品种果实大，丰产、稳产，果实品质中上，适于入药和加工利用。果实阔倒卵圆形，平均单果重16g，最大果重19g，大小整齐。果皮深红或紫红色，果点大而密，黄褐色。果肉绿白色，散生红色斑点，味酸稍甜，肉质细硬。果实含可溶性糖11.35%，可滴定酸3.57%，维生素

C 68.0mg/100g。中、长枝成花力强。自交亲和力为5.5%，自然授粉坐果率为52.9%，花序坐果数为8.8，最多坐果16个。果枝连续结果能力强。在鲁中山地4月中旬萌芽，5月上旬始花，10月中旬果实成熟。

图1　秋金星

图2　蒙阴大金星

三、共享服务情况

5年间主要为科研部门、种植户、学生等提供了山楂和榛种质资源利用，技术指导、信息咨询、科教宣传等服务。在2011年，向浙江大学果树研究所、北京林业大学园林学院和沈阳农业大学园艺学院分别提供了山楂资源的果实、枝条和叶片进行多项科学试验和研究，共利用资源110份次。

在2012年，向北京林业大学园林学院、沈阳农业大学园艺学院、牡丹江市林科所、新疆维吾尔自治区奇台县林业局等分别提供了山楂资源的果实和种子、幼果和叶片、花粉和接穗等进行多项科学试验和研究，共利用资源53份次。

在2013年，向黑龙江省牡丹江林业科学研究所（曲跃军）、辽宁省辽阳市东辽阳杨家花园（杨秀石）、浙江大学果树科学研究所（李鲜）和沈阳农业大学园艺学院（赵玉辉、代红艳、王爱德）等，提供了山楂资源的花粉、枝条、叶片及资源图片进行多项科学研究及生产利用，共利用资源205份次。

在2014年，强力支持了北京林业大学主持的山楂DUS测试项目的进行和完成，先后利用山楂资源100多份；还向黑龙江省牡丹江林业科学研究所和沈阳农业大学园艺学院等提供30份次山楂资源用于科学研究和生产试验；全年共分发利用山楂资源130份次。

在2015年，继续支持了北京林业大学主持的山楂DUS测试项目的进行和完成，再次利用山楂资源100多份；还向黑龙江省牡丹江林业科学研究所（13份）和沈阳市城市管理大东综合监管中心（17份）等提供30份次山楂资源用于生产试验和科普宣传。全年共分发利用山楂资源215份次。此外，还为吉林师范大学提供榛资源叶片85份，用于榛品种指纹图谱构建和遗传多样性分析。

总之，在5年中，共计分发利用山楂资源623份次、榛资源85份次。

此外，多年来已有10多名硕士生及博士生、30多名本科生以山楂资源为试验材料，开展毕业论文的研究工作；每年接待毕业实习及参观学习的本科生达到400多人次。

四、典型服务案例

（一）典型服务案例1

支持了国家自然科学基金项目—山楂黄酮性状的关联分析及功能标记研究。

在2012—2014年，山楂种质资源子平台强力支撑了沈阳农业大学赵玉辉博士主持的国家自然科学基金项目“山楂黄酮性状的关联分析及功能标记研究”（执行期：2012—2014；编号：31101515）的执行和完成，先后利用153份山楂资源（主要是果实和叶片）进行了山楂黄酮类物质的研究；取得了良好的科研成果，丰富了山楂资源的基础研究。发表了2篇SCI论文。具体情况如下：

在2011—2012年间对山楂资源进行了叶片黄酮单体的测定工作，获得了150多份山楂资源叶片黄酮含量的数据，并筛选出了多份黄酮单体含量较高的资源。在黄酮单体含量上，牡荆素鼠李糖苷含量最高的资源是阿尔泰山楂1号（0.799 3%），其次是益都特大黄面楂（0.608 6%）；芦丁含量最高的资源是垂枝山里红（0.719 1%），其次为短枝山里红（0.690 7%）、抚顺山楂（0.651 8%）和陈沟大红（0.6848%）；牡荆素含量最高的资源是小黄面楂（0.359 1%），其次为赣榆2号（0.265 9%）；金丝桃苷含量最高的资源是绿肉山楂（0.244 2%），其次是湖北山楂品种佳甜（0.164 0%）；槲皮素含量最高的资源是湖北山楂品种佳甜（0.009 2%），其次是羽裂山楂品种徐州大货（0.006 3%）。以几种黄酮单体的总量代表山楂叶片的总黄酮含量，最高的是大果山楂品种海棠山楂（含量为11.65%）；其次为豫8003（11.45%）、卧龙岗2号（10.92%）、吉林叶赫（10.7%）、彰武山里红（10.47%）、益都敞口（10.4%）、寒丰（10.2%）、聂家裕2号（10.07%）、林县上口（9.27%）、北京灯笼红（7.92%）、劈破石2号（7.75%）、铜台白野生（7.47%）、紫丰（7.42%）、黄宝裕1号（7.22%）、黄果（7.02%）。这些资源的总黄酮含量均超过中国药典所规定的最低标准，可作为山楂的替代品进行山楂叶黄酮的提取。筛选发掘的山楂种质可为今后特色品种的筛选和山楂药用提供重要的物质基础。

在2014年，赵玉辉博士等以山楂为试材发表了3篇研究论文，论文题目为：Genetic

diversity of flavone content in leaf of hawthorn resources（Pakistan Journal of Botany; 2014，46（5）：1543–1548，SCI收录，IF=1.28），山楂（*Crataegus pinnatifida* Bge.）种质资源遗传多样性的SRAP分析（分子植物育种，2014，（12）：1281–1287）和山楂种质资源种核性状与果实性状的相关性研究（北方园艺，2014，19）。在2015年，赵玉辉博士等以山楂为试材发表了1篇研究论文，论文题目为：Genetic diversity analysis of fruit characteristics of hawthorn germplasm（Genet. Mol. Res.; 2015，14（4）：16012–16017，SCI收录，IF=0.78）。

（二）典型服务案例2

山楂属植物DUS测试规范制定。

中国有丰富的山楂属植物野生种质资源和品种资源，为了对育种人权利的保护，申请新品种保护具有重要意义。而已知品种数据库的建立是进行DUS测试指南制定的基础，UPOV已经在2008年发布了山楂属（Crataegus）植物测试指南，但是所有标准品种等都不是我国的品种，而且全世界山楂品种按照形态分为25个组，而我国只有6个组，很难指导我国的山楂新品种申请实质审查，所以，为了尽快制定“山楂属植物新品种测试指南”，需要尽快建立我国山楂属植物已知品种数据库并非常迫切。

1. 服务对象

北京林业大学园林学院吕英民老师课题组，具体服务的研究项目是“山楂属植物新品种测试指南的制定”。

2. 服务方式

即提供资源用于性状的调查，也直接参与资源调查、标准品种的选择和性状描述及分级标准的确定等。此外，除了提供调查的种质资源外，还提供了上百个山楂品种的花粉资源，用以辅助品种分类及亲缘关系的研究。

在2015年年底完成了“山楂属植物新品种测试指南” 的送审稿编制。

五、十三五发展建议与展望

在“十三五”期间山楂种质资源子平台的主要工作内容包括以下5个方面。

第一，建立和完善子平台服务的各种管理规范基础，完善标准化服务流程，制定共享利用的表格和提供反馈信息的要求。

第二，完善人员分工和人员补充。

实现与山楂制品生产企业的联系、沟通和所遇问题的联合攻关及合作。

第三，积极搞好宣传工作。

介绍和宣传国家农作物种质资源平台的规模和功能，向学校领导和相关部门说明山楂种质资源子平台的来历和任务；在沈阳农业大学园艺学院和果树学科的展示平台中陈列山楂种质资源子平台的相关信息，积极推广山楂种质资源子平台的任务和功能。

第四，统计和整理调查观测数据并及时上报。

第五，确保圃内资源的安全保存。

总体来讲，山楂种质资源子平台的任务是在完成每年项目任务书中各项内容基础上，不断完善工作方法和服务途径，真正发挥子平台服务社会、推进产业进步的各项功能；山楂子平台的目标是进一步提升子平台的服务范围、服务项目和社会影响力。

随着时代的发展，山楂种质资源子平台在山楂和榛资源的收集、保存、深入鉴定评价、基础设施及现代化管理、服务等方面还需进一步改进和扩充。山楂子平台将响应国家农作物种质资源平台的目标定位，力争在以下四方面不断改进和完善。第一，改进技术手段。在不断扩大资源收集、保存、评价的基础上，深入开展表型和基因型精准鉴定。第二，提升服务水平。加快推动平台服务向“标准化、数字化、网络化、精准化、产品化”方向发展，为新时期加快实现农业现代化做出新的和更大的贡献。第三，转变服务方式，深入开展主动性共享。通过积极主动的资源推送和展示，变被动“开店式”的共享为主动上门的共享。第四，努力将子平台建成基础设施完备、仪器设备齐全、研究手段先进、管理技术一流的现代化国家种质资源平台。

国家山葡萄种质资源子平台发展报告

艾　军，杨义明，范书田，王振兴，赵　滢，
刘迎雪，许培磊，秦红艳，沈育杰等

（中国农业科学院特产研究所，长春，130112）

摘要：国家山葡萄种质资源平台是专业从事山葡萄种质资源收集、评价、保存与提供利用服务的公益性共享平台。2011—2015年共收集国内外种质资源114份，新入圃保存资源27份，保存山葡萄种质资源达到392份。向国内30多家科研、教学和生产单位提供山葡萄种质资源实物利用339份次，交流展示60余人次，进行技术培训和现场指导21次，培训基地县农技人员、企业技术骨干和果农1 470余人次。支撑各类科研项目10余项，选育品种3个，发表论文30余篇。为我国抗寒葡萄育种和山葡萄产业发展提供了重要的资源保障和技术支撑。

一、子平台基本情况

国家山葡萄种质资源平台依托于中国农业科学院特产研究所国家果树种质山葡萄圃，由中国农业科学院北方特色浆果资源评价与利用创新团队负责运行。现有管理、服务和支撑科研人员14人，包括研究员2人，副研究员2人，其中具有博士学位1名、在读博士3人、硕士学位7人。

平台办公区（办公室与实验室）位于吉林省长春市净月经济开发区的中国农业科学院特产研究所，拥有各类实验仪器设备30余套；山葡萄种质资源圃位于吉林省吉林市左家镇的左家自然保护区内（中国农业科学院特产研究所左家所区）。资源圃占地面积5hm^2，圃地面积3hm^2，建有温室大棚5 000m^2，以及田间工作间、库房、防护围栏、硬化道路、灌溉（含滴灌和喷灌等）系统等基础设施，配备有拖拉机、施肥机、碎草机、喷药机等农机具10余台套。

国家山葡萄种质资源平台的职责与定位为：对国内外山葡萄种质资源进行调查收集、鉴定、评价和入圃保存；保证入圃资源的安全保存和及时繁殖更新，并开展与山葡萄种质资源相关的研究；面向全国科研、教学、生产单位和个人提供山葡萄种质资源实物、信息和技术共享服务，满足品种选育、基础研究、生产加工及其他科研需求；另外，在山葡萄种质资源鉴定评价的基础上，开展种质创新研究。

二、资源整合情况

（一）种质资源收集和保存

截至2015年12月，共入圃保存山葡萄种质资源392份，新入圃种质资源27份。保存种质中野生资源352份，种内育成品种7份，种间杂交育成品种7份，品系22份，其他遗传材料4份。2011—2015年共收集种质资源114份，其中在吉林省、黑龙江省、河北省等地收集野生山葡萄资源84份，收集国内利用山葡萄进行杂交选育的育成品种5份，通过国际合作交流引进俄罗斯、美国等国外品种（种质）资源25份（图1）。

图1　野生资源收集与国外种质资源引进

（二）种质资源鉴定、评价与整理整合

完成了入圃的392份山葡萄种质资源的共性数据的整理整合，保证种质信息完整，逐步开展特性数据鉴定、评价，筛选优异种质资源提供利用。

1. 种质资源果实性状评价

对360份山葡萄种质资源果实相关性状数据进行采集和评价；对鉴定筛选的51份高糖低酸种质的糖、酸含量进行精细评价，筛选出7份高糖低酸种质资源重点提供给品种杂交选育研究。

2. 种质资源霜霉病抗性评价

对250份山葡萄种质资源的霜霉病田间发病情况（感病指数）进行了调查评价；对45份山葡萄资源进行了室内接种霜霉病的鉴定评价。感病指数从7.23%～40.00%，变异系数39.49%，筛选出“200409”“200507”等9份对霜霉病抗性强的种质资源提供进行抗病育种及开展抗病机理研究。

3. 种质资源抗寒性评价

对筛选的38份山葡萄种质资源进行抗寒性评价，建立抗寒性综合评价方法。评价出高抗种质资源1份，抗寒种质资源11份。综合评价结果显示，收集来源于较寒冷地区的山葡萄种质资源总体抗寒性较强。

4. 种质资源抗旱性评价

建立山葡萄种质资源抗旱评价体系，筛选抗旱性较强山葡萄种质资源4份。

（三）种质资源创新与优异种质资源

种质资源创新：先后开展杂交组合75个，获得杂交后代1.1万余株，获得初选优异杂交后代20余个。

1. 优异种质资源“北冰红”

“北冰红”的选育是山葡萄种质资源利用的典范。从1974年第一代杂交开始到2008年审定，先后有8份山葡萄种质资源、13个亲本参与、经过7次杂交、历时34年选育而成，是目前国内外选育出的第一个酿造冰红葡萄酒的葡萄品种。

“北冰红”果穗为长圆锥形，平均穗重159.5g；果粒圆形、蓝黑色、果粉厚，果粒平均重1.30g；果肉绿色，无肉囊，果皮较厚，果皮韧性强，果刷附着果肉牢固。果实成熟期的果实含糖18.9%～25.8%、含总酸1.332%～1.481%、单宁0.031 2%～0.037 3%、出汁率65.4%～70.2%；12月上旬采收“北冰红”树上冰冻果实，果实含糖35.2%、含总酸1.570%、单宁0.061%、出汁率23.1%，干浸出物51.2g/L。酿造的冰红葡萄酒呈深宝石红色，具浓郁悦人的蜂蜜和杏仁复合香气，果香酒香突出，悠雅回味余长，酒体平衡醇厚丰满，具冰葡萄酒独特风格。

“北冰红”已在吉林省通化地区、辽宁省东北部、黑龙江省等部分地区大面积栽培，用于生产优质冰红葡萄酒，是中国本土葡萄与葡萄酒种类的代表（图2）。同时，国家葡萄产业技术体系抗寒葡萄育种岗位、左家综合试验站等单位继续利用其作为亲本进行杂交，期待育成更加优良的酿酒葡萄品种。

图2 “北冰红”葡萄

2. 优异种质资源“北国蓝”

“北国蓝”是1988年以雌能花山葡萄种质“左山一”作母本、两性花山葡萄种质“双庆”作父本杂交选育而成的优质山葡萄酿酒品种，原种质代号“88-100”。果穗圆锥形，平均穗重141.2 g；果粒圆形，平均单粒重1.43g，果皮蓝黑色；果肉绿色，无肉囊；可溶性固形物含量15.90%～21.10%，可滴定酸含量1.83%～2.63%，单宁含量0.21%～0.39%，出汁率57.20%。植株生长强健，抗葡萄霜霉病、抗寒，耐旱、怕涝。适宜在无霜期125d以上，冬季极端最低气温不低于−37℃的山区或半山区生产栽培，在我国东北大部分地区均可引种栽培。2015年3月通过吉林省农作物品种审定委员会审定。

三、共享服务情况

（一）山葡萄种质资源服务

国家山葡萄种质资源平台主要面向国内从事山葡萄基础研究、品种选育的大专院校、科研院所以及从事山葡萄生产、加工的企业和个人，提供山葡萄种质资源实物共享服务、种质资源信息咨询、优异资源展示示范服务等。同时，对收集、保存的山葡萄种质资源进行系统评价、开展种质创新工作。

国家山葡萄种质资源平台“十二五”（2010—2015年）期间，共向中国农业大学、沈阳农业大学、西北农林科技大学、中国科学院北京植物研究所、中国农业科学院郑州果树研究所等30家单位和个人提供山葡萄实物资源共享服务利用339份次，主要用于育种亲本、抗性评价、遗传分析研究及博士、硕士研究生论文试材等（图3）。

图3　国内外专家参观交流与资源展示

在吉林左家山葡萄资源圃、柳河县和集安市分别建立优异种质资源田间展示区，向国内科研院所、大专院校的科研人员提供种质资源田间展示60余人次。先后在吉林省长春市、集安市、柳河县、辉南县、黑龙江省双鸭山市、内蒙古自治区喀喇沁旗举办技术培训和现场技术指导服务21次，培训技术骨干和种植户1 470余人次，为地方山葡萄产业提供了重要的技术支撑（图4）。

图4　技术培训和田间指导

（二）支撑项目及获得成果

山葡萄平台为国家葡萄产业技术体系和吉林省现代农业技术体系果树体系提供了重要的种质资源和技术支撑。

支撑国家自然科学基金项目3项（批准号31501269、31501747、31501722）；支撑省部级科研项目7项。支撑获得吉林省科技奖一等奖1项，国家发明专利1项；支撑选育葡萄品种3个；支撑发表科技论文33篇。

（三）支撑地方产业发展

吉林省集安市和柳河县是山葡萄栽培的两个主要老产区。目前，集安市山葡萄种植面积达1 400hm^2，年产山葡萄约1.4万t，是全国最大的山葡萄生产基地；柳河县山葡萄种植面积达1 000hm^2，全县拥有通过QS认证的山葡萄酒生产企业40余家，被评为“国家级山葡萄生产标准化示范区”“中国优质山葡萄酒之乡”。子平台发挥资源优势，提供优质品种和先进技术，帮助产区建立高标准规范化栽培示范园，在鸭绿江河谷建立具有中国民族特色的山葡萄产业带，打造中国山葡萄冰酒的顶级产区，支撑地方山葡萄产业和经济快速发展。

山葡萄平台为集安市鸭江谷酒庄有限公司、集安百特酒庄提供种质资源、技术服务支撑，分别建成“北冰红”葡萄规范化生产示范展示园，全部采用篱架倾斜水平龙干（厂形）树形栽培模式配合轻简化修剪技术，已成为我国优质山葡萄冰酒原料生产示范的标准展示园。

在黑龙江省双鸭山市和东宁县的山葡萄新兴种植区，山葡萄平台自2012年开始，为双鸭山青古酒庄有限公司提供种质资源和栽培技术服务支撑，在双鸭山市和东宁县总计建成山葡萄优质生产基地达350hm^2，为企业和地方山葡萄产业经济发展起到了重要的推动作用。

（四）专题服务

1. 应急性专题服务：山葡萄产区冻害调研、补救措施技术培训及预防

山葡萄主要产区集安市在2012年冬季至2013年春季遭受低温冻害，不但“北冰红”“左优红”“公酿一号”等抗寒性差的种间杂交品种发生冻害，而且“双红”“双优”“双丰”等抗寒性极强的纯种山葡萄也发生不同程度的冻害，即使是露地假植的山葡萄苗木也出现了冻害。针对山葡萄生产中出现的新情况，平台专家先后深入集安市榆林、麻线、太王、青石、财源等乡镇，对数十户农民及企业的山葡萄园进行了现场调查。经过调研，制定出相应补救技术措施，对农技人员和果农进行了现场指导，指导农民50余人次（图5）。

图5　山葡萄受冻情况调查

为避免类似灾害的再次发生，提出葡萄冻害防治解决方案。一是搞好品种区划。根据不同品种的抗性特点，选择小气候条件好的村重点发展冰葡萄品种“北冰红”，青石、太王、麻线、榆林、凉水等沿江乡镇的土壤条件好的坡地也可以发展“北冰红”；其他品种按现有布局发展。二是控制树体产量。要汲取冻害教训，合理确定树体负载量。三是重视树体保护。品种“公酿一号”越冬前必须进行简易防寒，立地条件较差的区域的“北冰红”也要进行简易防寒。四是改进育苗技术。在培育“北冰红”“公酿一号”苗木时，一定要采用抗寒的“贝达”作为砧木，采用长砧（砧木长度18～20cm）嫁接，防止苗木产生自生根，因而降低抗寒能力。

2. 育种专题服务：山葡萄种质资源在葡萄抗性育种中的应用

山葡萄是葡萄属中抗寒力最强的一个种，对白腐病、黑豆病有很强的抗性。以山葡萄为抗逆亲本，导入欧亚种及欧美杂种的优良品质，培育出抗寒、抗病的露地栽培品种，以降低生产成本、节约劳力、提高果实品质，对我国北方葡萄生产具有重要意义。

山葡萄平台为沈阳农业大学、河北省农林科学院昌黎果树所、中国科学院北京植物研究所、中国农业科学院特产研究所等从事山葡萄研究的科研单位提供“双红”“双优”“左山一”“北冰红”“75021”“089201”等20多份种质资源实物服务，在葡萄抗性杂交育种方面做了大量工作，并取得较好的进展。

沈阳农业大学育种专家（国家葡萄体系抗寒葡萄育种岗位）在2009年、2011年、2014年分别利用山葡萄种质资源做了14个杂交与自交组合，获得杂交苗4 000多株。经2013年和2014年连续2年的鉴定评价，初选获得13个优系，各优系的酿酒性状均得到显著提升。2015年进行优系区试，有望选育出适宜我国北方栽培的酿造高档干酒及冰红葡萄酒的优良新品种（图6）。

图6 沈阳农业大学部分杂交选育优系果穗

中国科学院北京植物研究所育种专家于2011年利用高糖低酸山葡萄种质资源“75021”“85013”“089201”“8558816”，与“北醇”和“北玫”等组合进行抗寒酿酒葡萄杂交育种。收获种子9 000多粒，播种成活杂交苗5 200多株。2013年开始挂果，经两年观察评价，2014年初步筛选出10个优系进行扩繁。

河北省农林科学院昌黎果树所育种专家（国家葡萄体系砧木育种岗位）在2012年开始，连续3年利用山葡萄资源“左山一”进行9个砧木杂交育种组合，共计获得杂交种子4万多粒，杂交苗1万余株，已经开始初步筛选工作。

中国农业科学院特产研究所（国家葡萄体系左家综合试验站）利用山葡萄种质资源进行抗寒酿酒葡萄育种。2011年，利用16份种质资源做了33个杂交组合，2012年，利用7份种质资源做了16个组合，2013年，利用5份种质资源做了5个杂交组合，2014年，做了10个组合，2015年，利用6份资源做了11个组合。共获得杂交苗1.1万余株，部分杂交系资源已经结果。经2年鉴定评价，初选20多个优系进行扩繁及田间评价（图7）。

图7 中国农业科学院特产研究所部分初选优系

四、典型服务案例

（一）案例1：双鸭山青谷酒庄山葡萄优质栽培生产基地建设

黑龙江省双鸭山市是山葡萄新兴产区，平台根据当地企业需求，提供种质和技术支撑服务，以期建立山葡萄标准化、规范化生产示范园，起到展示带头作用，推动当地山葡萄产业发展。经平台专家实地考察、调研，并与企业协商提出和确定了建园主栽品种和栽培模式，多次前往基地进行技术培训和现场指导。

2011—2013年完成整地、安装架材及苗木定植工作，栽培品种以“北冰红”“双优”为主，少量栽培“雪兰红”“公主白”和“双优”等。到2015年，初步完成树形整形，全部采用篱架倾斜水平龙干（厂形）或单干双臂水平（T形）树形配合轻简化修剪技术的控产提质栽培模式。已在双鸭山市和东宁县分别建成山葡萄优质生产基地90hm^{2}和260hm^2（图8和图9）。目前，植株陆续进入结果期，每公顷产量控制在9 000kg左右，年产优质酿酒葡萄3 000多t。

图8　团队成员在双鸭山指导建园

图9　双鸭山青谷酒庄山葡萄规范化栽培示范园和篱架单干双臂树形栽培展示

（二）案例2：集安市北冰红标准化生产示范园建设

吉林省集安市是我国种植山葡萄最早、面积最大的县市之一，全市共有山葡萄种植面积1 400hm²，特别是青石镇、上解放村等鸭绿江流经的村镇几乎家家种植山葡萄，已成为当地农户最主要的经济收入来源。但由于盲目追求产量，生产的葡萄果实品质欠佳，难以达到生产高端优质葡萄酒的要求，总体经济效益不高。平台通过为当地的两个山葡萄种植及葡萄酒加工企业提供优异品种和配套栽培技术服务，建立规范化、标准化生产示范园，开展观摩、展示、培训等服务，以点带面、全面提升山葡萄产区的山葡萄果实品质，提高经济效益。

山葡萄平台为集安市鸭江谷酒庄有限公司、集安百特酒庄提供技术、品种支撑，采用篱架倾斜水平龙干树形（厂形）栽培模式配合轻简化修剪技术，在集安市青石镇分别建成北冰红葡萄规范化生产示范展示园13hm²和7hm²（图10）。现已成为山葡萄冰酒原料生产的优质产区，多次接受中央电视台等多家媒体采访、宣传报道。

图10　集安北冰红倾斜水平龙干树形标准化栽培示范展示园

五、总结与展望

山葡萄作为我国特有的、大面积栽培的野生种葡萄，主要用于酿造山葡萄酒或者为其他葡萄酒产品调酸、调色，与其他栽培种葡萄相比，由于开展种质资源评价、栽培技术研究和品种选育的时间还相对较短，从事研究的科研单位也不多，限制了这一产业的发展。但作为最具中国特色、中国风土的中国本土葡萄与葡萄酒种类的代表，开展山葡萄种质资源研究、提供种质资源共享利用工作尤为重要。

（一）总体目标

收集种质资源100份；系统评价种质资源150份，筛选综合性状优良种质资源2～5份；创新种质资源15～20份。加强种质资源田间展示和宣传工作；继续为科研及教学单位提供资源应用与服务；为企业的应用提供资源及技术支撑；解决资源收集、保存、评价及利用各环节的关键技术难题；加强平台基础条件建设，提高平台服务能力。

（二）重点针对的需求和解决的问题

1. 进一步加强种质资源的抗逆性评价及品质性状评价研究

建立完善的评价方法，筛选优异种质资源，为育种实践提供抗逆及品质综合性状优良的种质资源。

2. 加强国外野生山葡萄种质资源的收集工作

尤其是加强两性花山葡萄等优异珍稀种质资源的收集工作，为山葡萄种质创新提供新材料，丰富种质资源多样性。

3. 继续开展山葡萄与欧亚种等葡萄的杂交和种质创新工作

培育抗寒优质种质资源，提高育种效率。

4. 增加优异种质资源的保存数量

最大限度满足对种质资源的需要。

国家寒地果树种质资源子平台发展报告

宋宏伟，张冰冰，梁英海，赵晨辉，卢明艳、
李红莲，张艳波，李　锋，李粤渤

（吉林省农业科学院果树研究所，公主岭，136100）

摘要： 2011—2015年，寒地果树种质资源子平台收集保存抗寒果树资源216份，其中国国内种质152份，国外种质64份；鉴定评价与整理整合100份，完成1 159份共性和699份特性的标准化整理和数字化表达。向全国148个用户提供实物共享847份次，为科技进步奖、科研项目、行业标准及地方标准、果树新品种及著作论文提供了支撑。提供了抗寒果树资源信息共享服务1 736人次，开展各类果树技术培训服务10次，培训1 032人次；进行成果推广宣传3次，提供技术服务5次；开展专题服务4项，典型服务案例30余项。接待参观学习624人次，进行了寒地果树资源展示540份次以上，并帮助学生完成论文等及科普活动。挖掘目前存在的主要问题和难点，提出解决措施和建议；制定了“十三五”子平台发展总体目标和运行服务急需解决的科研和生产上重大问题。

一、子平台基本情况

寒地果树种质资源子平台位于吉林省公主岭市张家街，依托单位是吉林省农业科学院果树研究所。现有科技人员9人，其中博士2人，硕士4人；结构合理，年富力强。拥有占地252亩的国家果树种质寒地果树圃（公主岭），且围墙围栏完善，监控系统完备，水泥道路通畅，具有自动气象站、土壤水势连续监测系统等田间采集数据能力。

根据国家发展和安全需求，广泛收集、保护和利用抗寒果树种质资源，面向全国开放共享服务，为新品种选育、科学技术研究、政府决策、人才培养、果树生产及果苗业发展提供服务和技术支撑，促进果树产业的发展。建设国际一流的抗寒果树种质资源保存和服务子平台，开展抗寒果树种质资源国际合作和交流，引领抗寒果树种质资源体系建设，成为抗寒果树种质资源高层次人才培养和科普教育基地。

二、资源整合情况

截至2015年12月底，寒地果树种质资源子平台已保存抗寒果树种质资源14科30属80种1 280份，包括苹果、梨、李、杏、山楂，以及小浆果和野生果树等，其中国内种质1 049份，国外种质231份。

2011—2015年，寒地果树种质资源子平台收集保存果树资源216份；其中国内种质152份，国外种质64份。种质类型上，野生资源41份，地方品种84份，选育品种67份，品系22份，遗传材料2份（图1）。

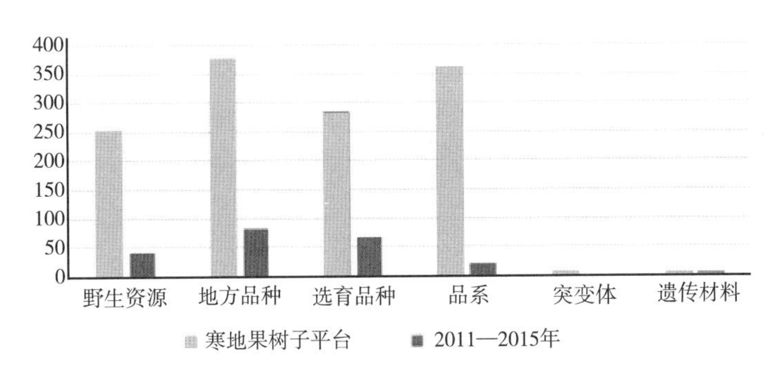

图1 寒地果树子平台全部及2011—2015年资源类型与数量分布

已完成1 159份抗寒果树种质资源的共性标准化整理和数字化表达，占我国抗寒果树种质资源保存总数的90.55%；完成699份抗寒果树种质资源的特性标准化整理和数字化表达，占我国抗寒果树种质资源保存总数的46.80%；完成406份抗寒果树种质资源1 276张图片录入，数据量280MB。

在共性整理的项目中全部数据为4 400个数据，已基本整理完成数据40项，整理出4 000个数据，占总数据的90.9%。在特性整理中，苹果资源25份、梨资源15份、李资源40份、杏资源20份，资源描述符完成项数分别达到74.6%、72.8%、73.5%和70.3%，必测描述符完成项数分别达到96.5%、92.6%、89.3%和84.7%。

优异资源——孔雀蛋实生李，树势开张，枝条下垂（图2）。果实椭圆形，平均单果重15g，果面底色绿色，盖色红色，离核，汁多，酸甜；可溶性固形物12.5%，品质中上。1991年以来，先后“孔雀蛋实生李”为母本，与“樱桃李”“长春彩叶李”为父本，杂交选育而成长春彩叶李、北国红、一品丹枫（图3）等观赏李品种。

图2 孔雀蛋实生 李

图3 一品丹枫

三、共享服务情况

2011—2015年，向科研、教学、生产等单位的相关人员及果农，提供实物服务、信息服务、技术与成果推广服务、培训服务、展示服务、科普服务等，数量达3 000多份（人）次，促进了寒地果树产业的发展，品种更新，栽培水平提升。

寒地果树种质资源子平台向148个用户提供实物共享847份次，支撑科学研究和技术创新取得了重要贡献。为1项国家科技进步2等奖，2项省部科技进步1等奖，2项省部科技进步2等奖，1项省部科技进步3等奖，2项省级自然科学学术3等奖，40多项国家、省部级科研项目，9个行业标准及地方标准，7个果树新品种，60篇多论文提供了支撑。为西南大学园艺园林学院、南京农业大学园艺学院、中国农业科学院果树研究所、北京市农林科学院林果所等60家科研教学单位提供实物资源568份次；为吉林省通榆县果树协会、吉林市园艺特产协会等20家生产单位提供实物资源142份次；直接为68户果农提供实物资源137份次。

提供了抗寒果树资源信息共享服务1 736人次。与梨产业体系秋子梨育种专家岗位、省农发项目、各地果树特产站及果树协会等，开展各种果树技术培训服务10次，包括县、乡果树管理人员、农民技术员、果树专业户等；讲授果树资源与寒地果树产业发展，优异资源示范与利用，果树沙地高产高效栽培技术等，培训1 032人次，成果推广宣传3次，提供技术服务5次，典型服务案例30余项。接待教学、科研、生产等单位的领导、研究人员、学生、果农等参观学习624人次，进行了寒地果树资源展示540份次以上，帮助学生完成论文等及科普活动（图4和图5）。

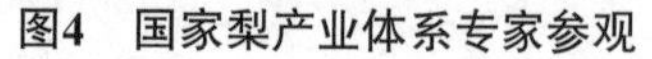

图4　国家梨产业体系专家参观

图5　梅河口市园艺特产站参观学习

向吉林农业大学园艺学院、东北农业大学园艺学院、山东省果树研究所、黑龙江省浆果研究所等10家科研教学单位，提供《树莓种质资源描述规范和数据标准》和《越橘种质资源描述规范和数据标准》50余本，指导开展树莓和越橘的性状描述与调查等工作，并提供优异果树资源图片200余张。

针对吉林省果树产业发展的特点及新疆维吾尔自治区特殊要求，开展了4次专题服务。吉林省西部风沙盐碱地面积大，且光照充足，昼夜温差大，地下水资源丰富，提出《关于吉林省西部果树生产及产业化的思路》，充分利用高抗优异果树资源，采用“林、果、草生态固沙”技术体系，分别在乾安县和长岭县指导建立了2个沙地果树栽培展示园。2012年，为乾安县提供优异李子、苹果、葡萄3树种8份资源，建成300亩的高抗、优质果树生产示范园，举办了果树技术培训班，推广果树技术。2015年4月中旬，在长岭县北正镇协助提供金红、K9、黄太平等苹果品种资源2 000株，沙地栽培20hm^2，提供沙地果树栽培模式及栽培技术，保证果树沙地栽培的成活率；并在沙地进行果树优良品种筛选及展示（图6和图7）。

图6 乾安县果树修剪示范

图7 长岭县果树整形修剪培训

吉林市是著名的李树之乡，针对品种退化，病虫害严重，产量下降等问题，开展李树品种进行普查与筛选，推行病虫害预测预报，指导使用无公害的药剂防治。2013年春季，筛选金山2号、春光早黄、大黄干核等优异地方品种；使用3%呋喃丹颗粒剂、桃小灵、嘧运脲等无公害的药剂防治。通过高接换头，推广李地方新品种100亩；建立病虫害综合防治示范点10个，面积100亩，辐射示范500亩，增加产量125t，增收75万元（图8和图9）。

图8 金山2号

图9 李地方品种普查

2014—2015年先后为新疆提供秋红、花嫁、紫果海棠、香冠、龙光、青皮大秋、甜苹果、磐石花红、青太平等苹果资源57份，栽培在新疆伊犁天山植物园果树种质保育区，开展资源性状调查、鉴定、评价等，筛选优异资源及展示（图10和图11）。

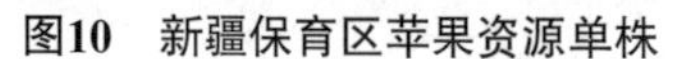

图10　新疆保育区苹果资源单株

图11　新疆保育区苹果资源整体

四、典型服务案例

（一）典型案例1：干旱风沙盐碱化条件下苹果矮化栽培技术

2013年开始，在吉林省通榆县第一林场开展苹果矮化栽培技术培训班及现场会，培训2次，现场指导4次，受训果农80人次，起到了良好的示范作用。主要采用3项措施：

1. 品种选择

矮化砧木—GM-256、GM-310，苹果品种“红凤”。

2. 定值技术

采用营养钵集中定值、灌水，于6月末进行移栽保成活技术。

3. 防虫技术

采取果树定干后及时用“小白龙”灌溉水管从上到下套住树干进行防护，避免幼树萌发的新芽被蒙古灰象甲和黑毛金龟子吃掉，确保成活。通过几年示范展示等带动，通榆县计划发展果树100万亩，将当地经济发展起到支撑作用。

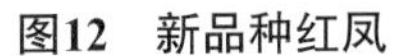

图12　新品种红凤

图13　苹果田间定植情况

（二）典型案例2：内蒙古自治区通辽市抗寒苹果资源引种与展示

2014年8月6日，内蒙古自治区通辽市林业科学院经济林研究所科技人员到国家寒地果树种质资源子平台，探讨在通辽市引进抗寒苹果资源，建立示范展示基地等，子平台提供了技术咨询及指导意见，参观了苹果资源圃，引进南岔沙果、光辉、铃铛果、草原海棠、123芽变、红凤、紫云、红太平、扁海棠、磐石铃铛、冬红、香冠、元红、嫩光、象牙黄、秋红、大果山荆子等21份苹果优异资源（图12至图15）。进行嫁接繁育苗木，2016年定植成活，形成优异苹果资源示范展示园。

图14　苹果资源采集

图15　优异海棠展示园

五、总结与展望

（一）目前存在的主要问题

提供实物资源创新能力不强和产生的功效不足，解决的措施是通过鉴定评价和集合创制获得遗传传递力强的新种质，提供进一步创新利用，选育产业及生产上急需新品种。利用筛选优异资源和适宜品种，建立标准的示范园，开展专题服务，加大宣传力度，扩大集中展示与示范，促进科技创新，助力产业升级，解决三农问题。

（二）“十三五”子平台发展总体目标

收集保存50份，鉴定评价200份，整理整合200份；繁殖更新100份，创新挖掘20份，其中遗传传递力强的新种质2份。以科研、教学和生产等单位为服务对象，实物服务600份次，培训服务与展示服务等800份次，支持科技创新与产业发展。围绕寒地果树产业发展提供有创新特性的新种质，开展专题服务5~8次，典型服务服务30份次。宣传10次，推广10次，多方面支撑科技创新、产业发展和“三农”事业的发展等。

国家特色果树砧木种质资源（轮台）子平台发展报告

董胜利，章世奎

（新疆农业科学院轮台果树资源圃，轮台，841600）

摘要：新疆得天独厚的光热土资源孕育了十分丰富的果树资源，是我国和世界多种果树的起源中心或次生起源中心之一，种质资源特点十分突出。丰富的资源为调整产业结构，优化品种，大力发展高效特色林果业奠定了坚实的物质基础，其中国家特色果树砧木种质资源平台（轮台）子平台在实物资源和信息共享方面发挥了重要的作用。本文回顾了“十二五”期间子平台发展情况，包括资源整合、共享服务、成绩成效、典型案例等，提出子平台在运行过程中存在的主要问题和难点，解决措施和建议。同时展望“十三五”工作，制定未来发展目标。以便推进子平台建设，创新运行机制，促进科技资源的开放共享，夯实自主创新的物质技术基础。

一、子平台基本情况

国家特色果树砧木种质资源平台（轮台）子平台位于新疆巴音郭楞蒙古自治州轮台县，依托单位新疆农业科学院轮台果树资源圃，是一个集果树资源收集、保存、评价和开发利用的科研单位。子平台现有人员9人，其中运行管理人员1人，共享服务人员2人，技术支撑人员6人；土地面积1 200亩，其中果树资源保存圃180亩，选育圃30亩，采穗圃20亩，育苗圃15亩，日光温室2座，网室1座，生产开发性果园870亩。果树种质资源综合性状鉴定评价实验室390m^2，内设形态学鉴定实验室、果树生理生化与品质检测实验室、抗逆生理实验室、组织培养实验室、生物技术实验室、数据处理与信息网络室。配套仪器设备48台件，具备了开展果树资源综合研究及果树科研活动的基本条件；建设物联网/数据采集与处理系统1套。

子平台功能职责是依托新疆丰富而特有的林果种质资源，通过资源收集、保护、评价、利用，面向全国开放共享，为果树育种、科学技术研究、人才培养、农业生产等提供广泛的资源材料和服务，为特色林果业发展做出积极的贡献。子平台目标定位是以提升新疆特色果树种质资源收集、鉴定评价与利用共享能力为目标，以新疆杏、核桃、香梨、扁桃、苹果等优势特色果树为重点，针对果树育种及其相关研究对优异种质资源的迫切需求，建成一个在区内外具有一定影响和发展潜力的特色果树资源保存及服务平台；高水平种质资源人才培养和科普教育基地。

二、资源整合情况

（一）资源总量及增量

目前子平台共收集保存杏、苹果、梨、李、桃、扁桃、榅桲、西梅、核桃、山楂、葡萄、樱桃等野生型、半栽培型、栽培型的特色果树资源4科，12个属及亚属，35个种及变种850份资源，其中地方资源656份，国外资源194份（表1）。资源保存总量比“十一五”期间增加了20%。

表1　平台资源保存总体状况（截至2015年12月）

序号	子平台名称	保存资源	资源份数（份）		
			总计	国外引进	本地资源
1	国家特色果树砧木种质资源平台（轮台）	杏	178	32	146
2		梨	189	65	124
3		李	52	11	41
4		苹果	220	31	189
5		核桃	29	0	29
6		扁桃	53	22	31
7		葡萄	15	0	15
8		榅桲	18	6	12
9		山楂	12	0	12
10		桃	41	2	39
11		西梅	32	21	11
12		樱桃	11	4	7

“十二五”期间，新收集资源174份，其中地方资源133份，中亚资源41份。收集的种质资源主要以新疆的地方品种、野生品种为主。另外由于新疆与中亚五国接壤，中亚地区的气候生态条件、果树种植结构与新疆有很多相似之处，一些优良品种通过引进后可直接利用。因此，国家特色果树砧木种质资源平台依托地缘优势，将收集范围拓展到中亚生态类群果树资源。

（二）资源整合

“十二五”期间进行种质资源编目145份，繁殖更新资源120份，鉴定评价资源120余份。子平台通过对资源的收集、保存、鉴定和评价及新疆特色果树资源数据库的建设，从中筛选了12个优异的地方品种资源，部分资源通过推广取得了很好的社会效益和经济效益；提供的育种材料在育种领域方面发挥了积极作用；积累了大量的资源鉴定评价数据，为开展新疆特色果树资源的信息共享提供了基础，信息共享也推动了实物共享。

（三）优异资源简介—“冬杏”

“冬杏”别名坎及玉吕克、克玉鲁克，是原产新疆阿克苏的实生变异品种。树体营养生长期210~215d。10月中旬果实成熟，果实发育期196d，属极晚熟品种，果实成熟期比当前的主栽品种轮台小白杏延迟3个月。果实圆形、离核，平均单果重20.0g，可溶性固形物18.3%。杏的成熟期属母本多基因控制的数量性状遗传，“冬杏”的极晚熟特性可用于开展晚熟品种选育工作，从而解决生产中不同成熟期杏品种的合理配置问题。

三、共享服务情况

“十二五”期间，国家特色果树砧木种质资源平台（轮台）紧紧围绕科技创新和现代特色林果业发展的重大需求，以“广泛收集、妥善保存、深入评价、积极创新、共享利用”为指导，加强资源收集引进，强化资源优异性状挖掘，增加了种质资源保存数量、丰富多样性，发掘创制优异种质和基因资源，采用主动服务、专题服务、跟踪服务等服务方式，开展日常性服务、展示性服务、针对性服务、需求性服务工作，面向广大用户，实物资源和平台信息实行无偿共享，为新品种选育和特色林果业发展提供了重要支撑作用。

（一）资源服务

“十二五”期间，子平台面向62家科研单位、大专院校、生产单位及个人提供种质资源2 621份次，用户单位及提供种质资源份数分别比“十一五”增长22.5%和35%。向5 600人次提供了资源信息共享服务，信息共享人次比“十一五”提高了13%。

围绕优质、优良品种丰产栽培关键技术开展专题培训，培训农业技术人员和农户2 500人次。

展示子平台果树资源多样性的特点和发挥科普宣传教育功能，累计接待到本平台参观学习人员（主要为青少年）5 000余人次。

（二）专题服务

“十二五”期间子平台除了提供日常性服务以外，重点开展了种质资源针对性服务、展示性服务等专题服务，累计开展专题服务10次，取得了显著成效。特别是支持轮台县“华隆林业有限公司”“杏宝”等企业产业的发展，为企业提供优质加工专业品种，并为其提供技术服务，发展3 000亩专用加工杏品种原料生产基地，促进其经济效益显著提高。

（三）科技支撑效果

1. 支撑项目

子平台为科技部重大国际合作项目、中央财政推广项目、国家公益行业项目、国家自然科学基金、自治区重大专项等15个项目提供资源支撑。

2. 支撑科技成果2项

（1）国家科技进步奖二等奖，核果类果树新品种选育及配套高效栽培技术研究及应用，2015。

（2）自治区科学技术进步二等奖，新疆杏产业发展关键技术研究与示范推广，2014。

3. 出版专著3部

（1）新疆杏资源研究进展。

（2）新疆特色果树资源研究进展（1—4卷）。

（3）新疆特色果树种质资源原色图谱汇集。

4. 支撑国家发明专利1项

一种提高库买提杏花粉萌发和生长的培养基。

5. 认定品种2个，审定品种1个

（1）阿克娜瓦提杏。

（2）冬杏。

（3）圃杏1号。

6. 支撑制定技术规程3项

（1）杏园间作技术规程。

（2）库尔勒香梨密植园改造技术规程。

（3）密植杏园改造技术规程。

7. 支撑发表论文

共计52篇。

8. 利用平台培养人才

研究生14人，其中博士2人。

四、典型服务案例

作物种质资源针对性服务—晚熟杏新品种选育。

（一）背景概况

由于缺乏不同成熟期的杏子品种，新疆杏的上市非常集中，并且杏的耐贮性差，上市期果农面临贮运及销售困难，加工企业面临无适宜品种的原料持续供应、加工期短、设备利用率低等问题，导致整体的产业效益较低。为延长杏果实的供应期，选育不同成熟期的配套品种已迫在眉睫。

（二）服务对象

1. 项目名称

晚熟杏品种选育研究。

2. 项目类型

新疆维吾尔自治区科技攻关项目。

3. 服务对象

新疆农业大学林学与园艺学院。

（三）服务内容

第一，深度挖掘优异资源，提供15份杂交亲本材料。
第二，为来圃研究人员提供生活和科研实验条件。

（四）服务方式

围绕项目需求，开展针对性服务，提供一站式全方位的种质资源、科学数据、生活和科研实验条件服务。

（五）服务成效

审定品种1个，认定品种2个，新审定品种已建立推广示范园3 000亩。另外筛选出优良单株（品系）3个。发表学术论文5篇；培养博士2人、硕士3人，极大提升了新疆维吾尔自治区种质创新能力。

五、总结与展望

（一）取得的成绩与不足

“十二五”期间子平台在资源共享服务方面取得了一定的成绩，但在运行过程中也暴露出种质资源储备不足，鉴定水平滞后，平台宣传力度不够，缺乏骨干人才等问题，影响到子平台长期目标的实现。

（二）建议与希望

建议“十三五”加强资源收集的范围和力度，强化资源的精准鉴定和深度挖掘，拓展服务形式与内容，加强资源创新利用效果，增强子平台基础研究的技术力量，培养一支稳定的专业化队伍。针对目前特色林果生产中品种结构单一，缺少与产业化发展配套的专用品种及后备品种储备不足的问题，从国内外广泛收集保存并通过精准鉴定深度挖掘出优异资源，通过多种服务模式，积极向广大用户提供共享服务，为特色林果业的持续发展提供坚实的物质支撑。

国家特色果树砧木种质资源（昆明）子平台发展报告

李坤明，胡忠荣，陈　伟，陈　瑶

（云南省农业科学院园艺作物研究所，昆明，650224）

摘要：“十二五”期间特色果树砧木（昆明）种质资源子平台，在科技部、财政部国家科技基础条件平台—国家农作物种质资源平台和中国农业科学院作物科学研究所的关心和支持下，经过子平台全体成员的努力，按合同指标要求完成了任务，取得了阶段性成果，为谋划好“十三五”工作，现将子平台“十二五”工作实施情况进行总结，以便“十三五”更好地开展工作。

一、子平台基本情况

国家农作物种质资源平台特色果树砧木（昆明）种质资源子平台位于云南省昆明市北郊，依托云南省农业科学院园艺作物研究所，“十二五”期间国家特色果树砧木（昆明）种质资源子平台有运行服务人员4人（胡忠荣：子平台负责人；李坤明：服务负责人；陈伟：专题服务人；陈瑶：子平台项目联系人）。子平台主要设施有国家果树种质云南特有果树及砧木圃，建有隔离网室、阳光板温室，钢架保育大棚、排灌系统等基本设施，拥有蜡叶标本和浸泡标本室、离体培养室、分子实验室，有仪器设备36台（件）。子平台的功能职责是按国家对种质资源的要求，承担果树种质资源基础性工作及本省果树种质资源的调查、收集、保存任务。目标定位是对云南及周边地区需保存的果树种质资源进行有计划的收集、整理、鉴定、登记、保存、交流和利用，并切实保证子平台的正常运转和各项任务的完成，为全国的果树育种、生产和其他科研服务。

二、资源整合情况

截至2015年12月，国家特色果树砧木（昆明）种质资源子平台共保存果树及砧木资源1 091份，涉及16个科、32个属、163个种，以野生和地方品种为主。其中浆果类资源保存351份；仁果类资源407份；核果类资源272份；干果类资源8份；其他类资源53份。“十二五”期间，国家特色果树砧木（昆明）种质资源子平台对云南省的7个地区、27个县及贵州省、西藏自治区等省区进行了资源的补充调查、收集。共新收集野生及地方果树品种共332份，入圃保存229份。涉及5个科、10个属、64个种。其中新保存浆果类资源52份；仁果类资源51份；核果类资源79份；其他类资源47份。对收集的资源，我们均在收集现场进行了拍照，对其生存的环境及分布进行了调查，对其基本的性状进行了描述，并采集花、果实、枝条、叶片等标本。回来后，再对标本进行较为细致的观察、记载，同时对采集的资源进行编号。

种质资源的整理鉴定评价方面，“十二五”期间，国家特色果树砧木（昆明）种质资源子平台对新收集资源的整理包括对219份资源进行了共性性状的鉴定评价；对219份资源进行了形态特征和生物所学特性的鉴定评价；对74份资源进行了品质性状的鉴定；对50份资源进行了抗逆性和抗病虫害方面的鉴定评价。

种质资源创新方面是通过鉴定评价，筛选出具有优良性状的种质资源17份，其中品质优良的资源12份，极晚熟资源1份，短低温品种2份，高抗病资源1份，高维生素C资源1份。向云南农业大学提供了猕猴桃花粉，开展杂交育种工作，目前已获得杂交种子，正对杂交实生苗进行鉴定评价，目前该试验仍在进行之中。

三、优异资源简介

（一）绥江半边红李

绥江半边红李是国家特色果树砧木（昆明）种质资源子平台项目组与绥江县农业局历经13年筛选鉴定出的优质地方李品种，于2014年7月18日通过云南省种子管理站组织专家田间现场鉴定。鉴定评价证明，该品种具有较高的自花结实能力，栽培时不需要配置授粉树，平均单果重42g，可溶性固形物达到了11.33%，总糖含量8.62%，可滴定酸1.55%。其果实具有果肉脆、离核、皮薄、有香气、口感清爽、风味浓，耐贮运，货架期长的特点（图1）。

该品种定植后第3年开花结果，第6年进入盛果期亩产900～1 100kg，比当地种植的黄腊李增产200kg左右。绥江半边红李2008年开始示范推广，很受当地种植户欢迎，纷纷引种发展。2015年，绥江县及其周边的水富、永善、屏山、宜宾等地种植“绥江半边红”李子达到6.38万亩，投产面积3.15万亩，年产量2.84万t，优质果很受市场欢迎，产地批发价达到了20元/kg，实现经济收入1.54亿元。其中，年收入在10万元以上的农户有72户，9 672户农户41 922人依靠李子产业脱贫致富。种植发展“绥江半边红”李产业成为当地农民和金沙江向家坝电站移民搬迁农户致富奔小康和本地区经济增长的支柱产业。

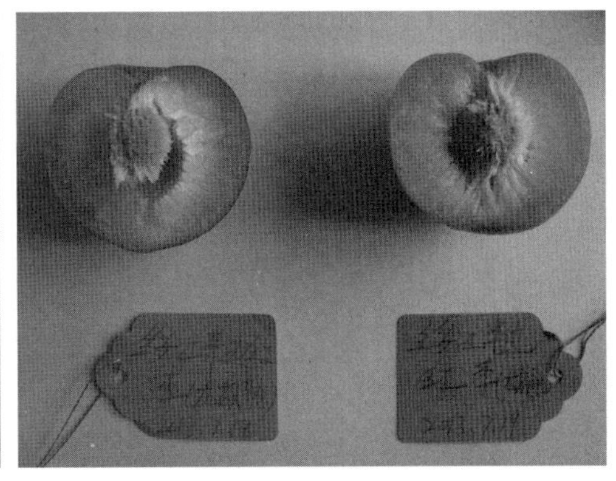

图1　绥江半边红李

（二）高糖和高维生素C含量的猕猴桃种质资源

经鉴定这种高糖和高维生素C含量的猕猴桃种质资源就是毛花猕猴桃的长果类型，该资源的花期在6月初，果实成熟期10月初。果实椭圆形，果面被灰白色绒毛，平均单果重14～21g，果肉翠绿色。对其进行品质分析，每100g果肉中，其固形物含量为19.7g，总糖11.56g，总酸2.30g，维生素C含量高达1 184mg（图2）。其总糖含量是圆果毛花猕猴桃的4.2倍，维生素C含量也高出37.69%。与其他水果相比，长果毛花猕猴桃的含糖量要高出50%～100%，维生素C含量是柑橘类的20倍，是桃的50多倍。因此，该种质资源是一个不可多得的优异资源，在直接利用和作为种质创新等方面有十分广泛的前景。

图2　高糖和高维生素C含量的猕猴桃

四、共享服务情况

“十二五”期间国家特色果树砧木（昆明）种质资源子平台共到屏边、勐海、德宏、石林、绥江进行14个专题服务。通过专题服务，一方面子平台专家与用户面对面交流方便了用户，另一方面扩大了子平台的展示度。我们服务的对象主要涉及国内的各大专院校、农业科研单位、相关的果树生产部门、各地的水果种植户等。提供的种质资源材料主要为种子、枝条和苗木，另外有部分花粉。所提供的种质资源，在教学、科研和生产上都发挥了较好的效果，体现了资源利用的效率。

“十二五”期间，共向国内44家单位和155人次提供10个种类的品种及砧木资源527份、733份次；接待国内外的专家学者44次、136人（次）；接待大、中专学生及中小学生、普通农户等计665人（次）；到屏边、勐海、石林、德宏进行科普宣传、参加科普展览、科技下乡活动14次。

“十二五”期间国家特色果树砧木（昆明）种质资源子平台在做好项目工作的同时，还支持了科技部、农业部、云南省农业科学院等项目（课题）5项。一是科技部重大基础性工作专项《贵州农业生物资源调查》中的《贵州果树及蔬菜等植物资源调查与评价》，课题编号：2012FY110206-1，起止时间为2012—2017年；二是农业部公益性行业专项《杏和李产业技术研究与实验示范》项目中的《南方李新品种选育及优质栽培技术研究与示范》，课题编号：201003058-8-3，起止时间2010—2014年；三是农业部《果树种质资源描述符》行业标准，承担了《猕猴桃种质资源描述符》行业标准制定工作，目前已完成征求意见稿的制定；四是云南省农业科学院《蔬菜、果树及砧木资源收集保存与种质创制》项目，起止时间2012年1月至2015年12月；五是云南省农业科学院《樱桃种质资源评价利用、品种引种筛选》项目，起止时间2014年1月至2015年12月。

产业发展方面为国家桃、梨、苹果产业技术体系昆明综合试验站提供桃、梨、苹果砧木，用于种质创新、砧穗组合筛选。在服务“三农”方面，充分发挥国家特色果树砧木（昆明）种质资源子平台优势，把鉴定、评价出的李子、草莓、梨、桃等优异资源，提供县区农业部门及果农使用，为绥江、屏边等县精准扶贫提供支撑。

五、典型服务案例

（一）绥江县“半边红李”专题服务

1. 服务开展的背景、目标、对象

“半边红李”是云南昭通市绥江县的优良地方品种，深受广大消费者的欢迎，市场前景良好，产品畅销省内外。近几年当地将其作为农村产业结构调整，农民增收致富的主要产业之一，发展势头强劲，目前的发展面积已达到了5万亩以上。但在发展

过程中，也出现了一些问题，如品种苗木质量不高、栽培技术不配套、花果管理不到位、病虫害防治不及时等，给产业的发展造成了一定的影响。生产上也对提高产品质量，建立绥江“半边红李”的技术标准体系，规范栽培技术标准等提出了强烈要求。

针对绥江“半边红李”生产中存在的问题和产业需求，促进该产业能长期、健康和稳定的发展。我们与绥江县农业局合作，从2011年开始，在通过实地的调查走访的基础上，与绥江县农业局一道，开展了绥江县“半边红李”的专题技术服务。

2. 服务的内容及过程

（1）服务的主要内容。

根据当地半边红李产业中出现的主要问题，专题服务的内容主要包括以下几个方面。

① 对“绥江半边红李”品种进行提纯及优选，提高果实的品质及单果重，提高果实的商品性。

② 对“绥江半边红李”进行品种审定。

③ 开展“绥江半边红李”的储藏保鲜试验，延长果实货架寿命达15d以上。

④ 开展“绥江半边红李”的无公害及标准化栽培。

⑤ 制定“绥江半边红李”的分级标准。

⑥ 对“绥江半边红李”的品质进行了分析。

（2）服务过程。

国家特色果树砧木种质资源平台（昆明）为专题服务的主要实施者，与服务对象一道进行了精心组织，成立一个专题服务的技术小组，建立专题服务的示范点，根据生产中所提出的需求，与当地农业局的技术人员进行协商，商讨每一次服务的具体内容，确定专题服务的地点及面积，制定技术服务方案，并在“绥江半边红李”的关键生长环节，派出技术人员，在服务地区举办技术培训班，现场讲解“绥江半边红李”在该地区存在的主要问题，传授进行规范化栽培、提高产量、品质的技术，然后在示范点进行具体的示范，指导当地农户开展提高“绥江半边红李”产量和品质的工作。

在服务的过程中，双方分工合作，国家特色果树砧木种质资源平台（昆明）负责制定服务计划和技术方案，具体负责“绥江半边红李”的品种审定、开展“绥江半边红李”的储藏保鲜试验、开展“绥江半边红李”的无公害及标准化栽培和“绥江半边红李”的分级标准的制定、对“绥江半边红李”的品质进行鉴定等工作。并派出技术人员到实地开展服务。专题服务的对象绥江县农业局负责落实服务地点和面积，召集服务地点的农户参加培训，做好专题服务的组织工作和检查工作。

（3）实施步骤。

该专题服务时间根据杏的生长周期定为3年，从2011年的10月开始到2014年的10月

31日止。其实施步骤如下。

① 首先根据生产中出现的问题，确定专题服务的具体内容。

② 确定专题服务的地点和面积。以绥江县天宝山龙李专业合作社为专题服务的示范点。该示范点的“绥江半边红李”在立地环境、栽培技术、管理水平和种植方式等方面具有代表性，能反映当地生产中存在实际问题。

③ 制定服务计划和技术方案，技术方案的重点是针对当地生产中出现的主要问题，技术方案要有可行性，便于操作，要针对具体的品种进行制定。

④ 与当地农技部门一道，对当地的农户开展技术培训，要求“绥江半边红李”的种植户每户有1人能参加技术培训，使他们掌握规范栽培及提高品质的方法与技术。

⑤ 专题服务的具体技术措施根据“绥江半边红李”的年生长周期进行。如提高品质的疏花疏果在花期后1个月进行，果实耐贮性试验在7月初进行，配方施肥在9—10月进行，10月底“绥江半边红李”的品质鉴定、分级标准、综合管理技术规范等则通过试验和总结制定。

（4）服务的成效。

通过3年的“绥江半边红李”专题技术服务，主要达到了以下几方面的效果。

① 确定了“绥江半边红李”植株和果实的典型特征和特性。

② 对果实的品质进行了系统鉴定。

③ 确定了“绥江半边红李”的分级标准，将果实的等级分为4级。

④ 开展了果实的贮藏性试验，使果实在常温下的贮藏期达到了15d以上。

⑤ 制定了“绥江半边红李”综合管理作业守则。

⑥ 2014年7月，“绥江半边红李”品种通过了云南省省级品种审定。

（5）服务取得的经济和社会效益。

① 通过3年的专题服务，较好地解决了“绥江半边红李”产业中存在的主要要问题，在当地已基本形成了较为规范的“绥江半边红李”栽培技术体系，明显提高产量和品质，促进了当地李子产业的健康、持续、稳定的发展。充分体现平台服务的显示度，普及科学种果技术，达到了农户增收，农业增效的目的。

② 通过专题服务，当地“绥江半边红李”的产量和品质得到了进一步提高，平均亩产达到了900kg左右，特级和一级果的比例提高了30%以上。经济效益也得到了极大的提高。平均亩产值比原来提高了26%，每亩新增净收入460元，全县5万亩“绥江半边红李”可增加净收入2 300万元，促进了当地地方经济的发展。

（6）支撑获得了一些科技成果。

① “绥江半边红李”品种于2014年7月通过了由云南省农业厅种子站主持的品种鉴定，成为了云南省第一个通过省级鉴定的李子品种。

② 支持了农业部公益性行业专项《杏和李产业技术研究与实验示范》项目中的《南方李新品种选育及优质栽培技术研究与示范》（课题编号：201003058-8-3）的实施和顺利验收。

③ 绥江半边红李综合管理作业手册，在生产上得到了广泛应用，并通过修改、整理后，更名为“绥江半边红李栽培管理”2015年由云南科技出版社出版发行。

④ 支持了“绥江半边红李选育及推广应用”获得云南省昭通市科技成果一等奖。

⑤ 支持了“绥江半边红李苗木标准”“绥江半边红李果实品质标准”等5个昭通市地方标准的制定。

⑥ 支持了“云南李属种质资源及地方良种概述”“绥江半边红李苗木繁育及病虫害防治”等论文在《中国南方果树》杂志的发表。

六、总结与展望

（一）存在的主要问题和难点

1. 子平台运行服务人员少

课题组原有成员5人，由于2015年5月原项目主持人胡忠荣退休，课题组现有4人，其中一人是科辅工，主要负责资源活体的田间管理，实际从事运行服务工作的只有3人。按照承担的项目、任务指标，3个人就显得人手少，任务多。解决措施和建议就是允许子平台返聘果树资源研究的退休老专家和地方农业部门有经验懂技术的果树技术员参与部分县区的农村新型农业社会化服务，增加人手，提高服务的水平和能力。

2. 科研仪器设备没有实验室摆放，资源的深入鉴定评价还是比较薄弱

由于2013年云南省昆明市北部山水新城建设，国家果树种质云南特有果树及砧木资源圃实验大楼被规划拆迁，大批仪器被搬入老园艺所没地方摆放、闲置至今，无法开展正常的深入研究实验，资源的深入鉴定评价比较薄弱。开展鉴定评价多属于表型性状方面的评价，包括生物学特性、农艺性状、品质鉴定等方面。涉及解剖学、细胞学、核型及分子生物学方面的很少。解决措施和建议就是建议云南省农业科学院园艺作物研究所在新建的院科研实验大楼实验室分配上有所倾斜，把今后新进的博士安排到国家特色果树砧木（昆明）种质资源子平台，这样既解决了仪器设备没地方摆放，又解决了深入鉴定评价比较薄弱的问题。

3. 田间活体保存资源管理成本增加

由于活体保存的资源在小哨和嵩明，没有管理用房给后续管理工作带来了一些问题，特别是管理费用增加较大，在当地请临时工工资费用太高，农忙季节日工资在150元以上，并且还不好请到人。同时技术人员从基地来回的成本和生活成本也相应增加。解决措施和建议就是允许子平台聘请园林绿化公司懂技术会管理的人员按子平台的管理要求长期聘请负责管理。

（二）“十三五”工作目标、任务、预期成效

根据“十二五”任务指标完成情况，制定了“十三五”工作目标、任务、预期成效：

1. 服务

提供实物资源服务达525份、735份次以上；向新华社云南省分社农信通提供信息服务500条以上及相关技术研发服务项目10项以上；技术与成果推广服务数量15项以上；培训服务达800人次以上；科普讲座、科技下乡服务10次以上。

2. 运行管理

健全和落实子平台在管理和共享服务等方面的制度，规范共享服务的方式、服务流程、标准化和信息化。

3. 资源整合

增加资源260份以上，挖掘优异种质资源25～40份，数据库数据量比“十二五”增加5%以上。提交编目资源260份以上。

4. 宣传推广

宣传推广展示活动25次以上，向平台管理办公室提供服务新闻宣传文稿5次以上、典型案例5个以上、开展服务的图片15张以上。

（三）拟重点针对的需求和解决的问题

1. 拟重点针对的需求

聚焦云南水果产业需求，以社会需要和解决实际问题为切入点，参与部分县区的农村新型农业社会化服务。

全世界猕猴桃属的66个种中有62个种自然分布在中国，其中云南就有50多个。一方面，由于云南为低纬高原，气候类型多样，不同野生种对相应环境有独特的适应

性。另一方面，丰富的野生资源，是猕猴桃产业不断优化品种、培育地域性特优品种的重要基础，云南省具有发展猕猴桃产业得天独厚的种质资源基础。2010年以前，云南省的猕猴桃种植面积在4 500亩左右，而如今曲靖、屏边等地已经制定了上万亩乃至十万亩以上的发展规划。以屏边县为例，2006年引进"红心猕猴桃"进行试种，2013年投产面积500亩左右，到2015年种植发展到6万亩，逐渐成为当地乃至国内都独具优势的特色产业，每年给农户及企业带来近千万的收入。

拟重点针对的需求就是云南猕猴桃产业发展速度快，在生产中也存在诸多问题，在一定程度上影响了该产业健康持续的发展。2015年下半年，我们通过田间调查和走访种植户，发现问题主要体现在品种配套、砧木选择、整形修剪、花果管理、病虫害防治、品质提升等方面，特别是云南省种植的猕猴桃品种基本是从省外引入砧木，或者直接从省外引入已经嫁接好的苗木。这些苗木大部分由一些无资质的农户繁育而成，脱毒和性状稳定性无法保证。猕猴桃一般在定植3年后（进入挂果期）才会表现出优劣，特别是溃疡病一旦冬季发生低温冻害，就会大面积爆发，因此不良苗木的为害对于种植户往往是毁灭性的，生产上比较迫切需要解决猕猴桃砧木的本土化。

2. 拟重点解决的问题

云南野生猕猴桃对当地环境的适应性，是与省外引入品种相比最突出的优势。利用云南省本土野生猕猴作为砧木与引入的优质猕猴桃品种嫁接，充分发挥云南省野生猕猴桃砧木的抗病、抗逆性，这样既获得适应当地气候、土壤等环境条件的品种，又能提高引入品种的抗性。

因此，"十三五"期间我们将着重开展以下两方面的工作：一是野生猕猴桃砧木的改良利用，提高砧穗亲和力和嫁接成活率；二是抗猕猴桃溃疡病资源鉴定筛选，特别是抗溃疡病的砧木筛选。

国家甘薯种质资源（徐州）子平台发展报告

赵冬兰，唐　君，曹清河，周志林，张　安，孙书军，项彩云

（江苏省徐淮地区徐州农业科学研究所，徐州，320300）

摘要： 国家农作物种质资源平台徐州甘薯子平台按照平台“以用为主，重在服务”的原则，强化服务工作，加强信息和实物资源的服务能力，“十二五”期间子平台新收集引进资源149份，其中国外引进资源28份，筛选挖掘了优异种质资源10份，整理整合资源110份；向全国科研院所、大专院校、企业、政府部门、生产单位及个人提供甘薯种质资源实物共享和信息共享服务，服务用户共计50个，提供种质资源共计1 555份次；为国家科技重大专项“863”“973”、国家自然科学基金、国家甘薯产业技术体系等30余项科技计划（项目/课题）提供资源和技术支撑。联合国家甘薯产业技术体系甘薯品种资源岗位，面向新疆开展专题服务，取得了显著成效。为3项省部级科技进步一、二等奖和5项国家发明专利及3项农业标准提供了支撑。

一、子平台基本情况

国家农作物种质资源平台徐州甘薯子平台依托国家种质徐州甘薯试管苗库，依托单位为中国农业科学院甘薯研究所（江苏省徐淮地区徐州农业科学研究所）。现有研究人员7名，博士3名，硕士2名，具有高级职称的人员4名。其中负责子平台的运行管理人员1名，技术支撑和共享服务人员各3名。子平台在农业部2003年“国家种质徐州甘薯试管苗库扩建项目”及2014年“国家种质资源徐州甘薯试管苗库扩建项目”的资助下，基础设施及各项实验条件得到大幅改善。试管苗库迁移至新建的实验大楼内，库容新增2倍，可保存4 000份试管种质；田间繁殖更新圃移至更为安全的试验地块，且还有轮作备用地25亩；智能温室、节能日光温室、隔离大棚、防虫网室等配套设施齐全；拥有流式细胞仪、多功能细胞电转电融合仪、倒置显微镜等仪器设备50余台（套），为甘薯种质资源研究提供保障。子平台发展目标是建成国际一流的甘薯种质资源保存和服务中心，国际甘薯种质资源合作和交流中心。集中体现国家安全和利益，收集、保护、评价和创新甘薯种质资源，面向全国开放共享服务，为甘薯新品种选育、科学技术研究及产业发展提供服务。

二、资源整合情况

2011—2015年子平台共计收集引进甘薯地方种、育成种、特异资源材料及甘薯近

缘野生种等共计149份，其中国外引进资源28份，近缘野生种7份（2个种）。整理整合资源110份，目前保存资源共计16个种1 329份。

结合生产、育种及科研的需求，“十二五”期间对部分资源进行了品质、抗病性及耐逆性鉴定。

（一）品质鉴定评价

对133份地方资源和129份“六五”以来育成种进行品质鉴定，筛选到干率高于30%的资源20份，其中桂薯8号干率高达38.5%，鲜薯可溶性糖含量最高的地方种质1份（腾冲本地种），高蛋白含量地方种质2份：九日薯和台湾薯。对从国际马铃薯中心（CIP）引进的红心甘薯资源，进行薯块产量、干率和胡萝卜素鉴定，筛选出产量高于对照徐薯18的材料2份；胡萝卜素含量≥10mg/100g鲜薯的资源7份，其中Y08-65胡萝卜素含量最高，为14.13mg/100g鲜薯，这些材料可作为高胡萝卜素新品种选育的亲本使用；筛选出干率30%以上的材料2份，其中Y08-31的干率最高，达34.75%。通过鉴定评价，这批红心材料中的Y08-28的产量高于对照、干率（29.75%）和胡萝卜素含量（10.66mg/100g鲜薯）均表现不错，通过适应性试验和引种试种，可直接在生产上进行推广应用。通过以上的品质性状评价，筛选到一批高干、高胡萝卜素、高花青素（图1）、高可溶性糖及高蛋白的资源材料，为淀粉型、高营养食用型以及优异菜用（图2）和观赏（图3）甘薯新品种的选育提供支持。

（二）抗病性鉴定评价

抗病鉴定主要是针对北方地区三大病害，其中对171份资源连续两年的黑斑病鉴定，筛选出高抗黑斑病资源1份：南紫薯008，抗黑斑病资源16份；对168份材料连续两年的根腐病鉴定，筛选出高抗根腐病的材料4份：金瓜薯、芭蕉薯、宁莱薯f18-1、桂薯2号，抗根腐病材料6份；对164份材料进行茎线虫病的鉴定，筛选出高抗线虫病材料10份：H11-2、Y08-76、洋青1、徐闻红茎、桂薯2号、Z11-1、5145、红贵阳薯、2013522533、福莱薯22。通过这几年的抗病鉴定，我们筛选到一批很好的抗源材料，这些材料除了可以直接在病区推广，同时也可以作物抗病育种的亲本材料。

（三）耐逆性鉴定评价

通过室内耐盐筛选与滨海滩涂盐碱地结合，进行耐盐鉴定，筛选到耐盐材料11份，如图4所示：芋薯、红皮早、马六甲、狗尾蓬、石灰贡、烟薯25、澄薯68-9、鲁薯1号、商薯19、济薯26和徐薯28。利用新疆维吾尔自治区耐旱鉴定基地，通过对产量和耐旱指数的综合评价，筛选出耐旱表现较好的材料13份，其中的淀粉型甘薯品种徐薯22和商薯19，特色食用型品种韩国紫薯和万紫56已在当地推广应用。

图1　高花青素甘薯　济紫1号

图2　优异菜用甘薯　台农71

图3　观赏甘薯　上海黄叶

图4　优质耐盐甘薯芋薯

三、共享服务情况

2011—2015年徐州甘薯子平台向全国50个用户提供甘薯种质资源共计1 555份次，见下表。服务对象包括科研院所、大专院校、政府部门、民间组织和个人。“十二五”期间，子平台为国家科技重大专项“863”“973”、国家自然科学基金、国家甘薯产业技术体系等30余项各级各类科技计划（项目/课题）提供资源和技术支撑，为我国甘薯新品种选育提供亲本，为整个甘薯产业发展提供服务。

大力宣传，服务“共享杯”。子平台积极响应号召，充分宣传动员广大符合条件的大学生参赛。徐州甘薯子平台指导的研究生团队在第三届“共享杯”大学生科技资源共享服务创新大赛上喜获优秀奖。设计的一套明信片从不同方面反映了中国甘薯种质资源研究现状，同时该套明信片的Logo设计独具匠心，不仅宣传了徐州甘薯子平台，同时对国家农作物种质资源平台，国家科技基础条件平台也起到了良好的宣传推动作用。

2011—2015年间提供利用的1 500余份的种质中，有些被用做育种亲本材料，有些直接应用到生产中，还有些被用做科学研究材料，如各级各类课题及研究生论文实验材料等，这些都为甘薯科研及产业发展提供了有力的支撑。子平台共开展培训活动20余次，培训农技人员、薯农等共计1 761人次，多次开展资源示范展示，取得良好的社会影响和社会效益。

四、典型服务案例

2011—2015年子平台开展了种质资源推广展示服务及针对性服务，重点开展了面向甘薯种植新区新疆的专题服务，平台对新疆甘薯产业服务取得很大成效，对新疆甘薯产业发展做出贡献。由于耕地资源有限，非耕地资源将是甘薯产业未来发展的空间，特别是广泛的大西北干旱地区。子平台针对甘薯产业在新疆维吾尔自治区种植新区发展对品种和栽培技术等的需求，组织有关专家，与国家甘薯产业技术体系资源岗位联合，依托新疆农业科学院粮食研究所，从2011年开始，在新疆维吾尔自治区连年进行甘薯品种耐旱性和适应性鉴定、优异资源和品种展示，建立新疆维吾尔自治区甘薯新品种示范基地，并提供技术服务，举行甘薯育苗、栽培及贮藏技术等培训活动（图5）。具体服务成效：第一，筛选出徐20-1、万紫56、广薯87、徐薯22、商薯19号等一批适合新疆维吾尔自治区种植优良品种。第二，在乌苏市九间楼乡邢家村建立了新疆维吾尔自治区首个甘薯新品种示范基地，该基地已被新疆维吾尔自治区人力资源和社会保障厅授予“自治区引进国外智力成果示范推广基地－甘薯优良品种栽培及种薯繁育”。第三，初建新疆食用甘薯生产基地，以示范基地乌苏市为中心辐射周边县市，积极推广应用近几年筛选的优良食用型甘薯品种，初建约10万亩的鲜食甘薯生产基地。第四，首次在新疆甘薯品种登记，2013年广薯87等4个品种在新疆完成非主要农作物品种登记。第五，完成《新疆甘薯育苗规程》《新疆甘薯栽培技术规程》和《甘薯滴灌节水栽培技术规程》三部地方标准，且前两个技术规程已颁布实施。第六，与新疆农业科学院粮食研究所的专家一起，进行甘薯育苗、栽插及贮藏等技术观摩和培训活动，培训农技和农民数百人（图5和图6）。

图5　子平台对新疆的专题服务

图6　现场技术培训

五、总结与展望

（一）存在的主要问题

“十二五”期间，徐州甘薯子平台的运行服务取得一定进展，但仍面临着一定困难和挑战。第一，野生、珍稀等有重要价值的资源的收集困难。第二，资源的鉴定评价手段较低，对资源的深度挖掘不够，导致优异资源被漏鉴。第三，尤其是近年来甘薯病毒病发生严重，缺乏有效地防治措施，成为整个产业发展的瓶颈，也导致所提供资源质量难以保障。第四，对优异资源的宣传展示及子平台共享服务的宣传不足等。针对存在问题和困难，子平台“十三五”期间，将重点开展以下工作。

（二）采取措施和解决办法

第一，针对甘薯育种及其相关研究对优异种质资源的迫切需求，加大甘薯起源地种质资源的收集引进力度，加强跨体系、跨作物合作，丰富种质资源收集、引进的渠道。第二，加强和完善甘薯脱毒薯（苗）培育和繁殖生产技术的推广和培训，对有重要利用价值的资源加快脱毒更新，建立甘薯病毒病有效地防控技术体系，从而保证甘薯种质资源保存的安全性和提供资源的质量。第三，加大优异资源及子平台对外服务的宣传，创新服务模式，拓展服务的广度与深度，大力开展有针对性的专题服务，为中国甘薯产业发展提供更优质的公益共享服务。

国家马铃薯种质资源子平台发展报告

宋继玲，刘喜才，孙邦升，刘春生，马　爽

（黑龙江省农业科学院克山分院，齐齐哈尔，161601）

摘要：国家马铃薯种质资源子平台“十二五”期间针对国内马铃薯育种、科学研究及相关产业等需求，通过对现有马铃薯种质资源深度挖掘与技术集成，广泛开展服务。其中为国内马铃薯遗传育种、相关研究及生产提供所需的各类优异资源400余份2 000余份次及数据信息；为国家重点研究项目、国家马铃薯产业技术体系重点实验室、综合试验站等，为种薯生产、加工等重点企业开展专题服务18项；优异种质田间展示11处，通过田间展示，扩大了技术与成果推广，其中技术服务6项；培训服务3 700余人次。子平台新收集马铃薯种质资源175份；更新资源610份，确保圃内资源安全；完成了1 700份马铃薯种质资源的标准化整理，补充采集共性和特性数据3.15万个数据项，图像采集610份900张。

一、子平台基本情况

马铃薯子平台依托于黑龙江省农业科学院克山分院，位于黑龙江省克山县境内。克山马铃薯试管苗库主要由保存区、保存前处理区、实验研究区、办公服务区及相关设备、设施组成。此外，配有温室、网室、贮藏窖、种质资源圃等附属设施。现有固定工作人员8名，其中科研人员5名，技术工人3名。

国家马铃薯种质资源子平台是国家农作物种质资源平台体系的重要组成部分，主要功能职责是针对国内马铃薯育种、相关科学研究及马铃薯产业等需求，加强国内外马铃薯种质资源的收集、整理、保存、鉴定、评价、创新与利用等基础性工作，不断丰富子平台资源类型；按照统一的技术标准对所保存资源进行标准化整理和数字化表达，建立国家马铃薯种质资源数据库；利用已建立的中国农作物种质资源信息网络服务系统，发布马铃薯种质资源信息，实现种质资源数据的网络查询和网上预订。

以不断满足国内马铃薯育种、生物技术研究和生产等对种质资源的需求为宗旨，不断加强马铃薯子平台实物层、数据层和网络层建设，不仅在马铃薯种质资源的数量和类型上跻身世界前列，而且在保护、管理、共享、研究和利用上也要跻身世界先进行列。为科技创新、科学普及、政府决策、人才培养和产业发展提供长期、稳定和高效的服务。

二、资源整合情况

截至2015年12月，国家种质克山马铃薯试管苗库共收集国内外马铃薯种质资源共13个种（亚种）2 294份，其中已编目的2 141份，国外引进1 490份。

（一）资源收集

2011—2015年共收集国内外马铃薯种质资源175份，包括野生资源、选育品种（品系）、地方品种，丰富了我国的马铃薯基因资源类型。

（二）资源标准化整理与数字化表达

按照马铃薯种质资源描述规范和数据标准，完成了1 700份种质资源的标准化整理，补充采集共性和特性数据共3.15万个数据项，图像采集610份和900张，建立了数据库。发现一批具有单一或几个重要性状突出的种质资源140份。

（三）资源更新复壮与维护

完成610份马铃薯种质资源更新复壮。通过症状学和Elisa法检测，对发现退化的种质进行脱毒处理，确保资源健康长势。更正30余份错误的种质。

严格按照技术标准，保证马铃薯离体试管苗资源和田间保存资源的标准化管理，实现了资源的安全保存。

（四）马铃薯种质资源多样性图谱的制定

编制了33个性状共132个描述符。

（五）规范与标准制定

制定行业标准《NY/T 2179—2012农作物优异种质资源评价规范马铃薯》1部。

（六）优异资源简介

1. Aula

中晚熟，田间高抗晚疫病，抗PVY、PVX病毒。以其作父本育成克新25号（图1）。

图1　Aula

2. GP2-12

中晚熟，淀粉含量高（18.2%），高抗晚疫病，丰产，块茎整齐，芽眼浅，综合性状明显优于目前生产上应用的淀粉加工型品种，已提供生产利用（图2）。

图2　GP2-12

三、共享服务情况

“十二五”期间马铃薯子平台转入运行阶段，坚持“以用为主，重在服务”的原则，不断完善管理制度，改进技术手段，不断拓展服务对象，服务成效显著。

（一）资源服务

向我国从事马铃薯研究的科研院所、大专院校等累计提供各类优异种质资源400份2 000余份次及数据信息。服务对象主要有东北农业大学、华中农业大学、中国农业科学院蔬菜花卉研究所、南方马铃薯中心、山东省农业科学院、甘肃省农业科学院等50余家单位。不完全统计，“十二五”期间，利用子平台提供的种质做亲本，共选育马铃薯新品种20余个，累计推广面积1 000余万亩，创造巨大的经济社会效益。

向种薯生产、加工企业、马铃薯专业合作社、农户等提供可直接利用的品种资源如Favorita、早大白、中薯五号、克新22号、克新25号等40余个，累计800余份次，满足了马铃薯产业的需求，产生了巨大的社会经济效益。

此外，优异种质田间展示11处，通过田间展示，扩大技术与成果推广，其中技术与成果推广服务6项，培训服务3 700余人次。

共接待来资源圃考察专家、领导、马铃薯知名企业、合作社及种植大户等900余人次；接待大专院校实习生、中小学生科普教育1 440余人次；接待全俄马铃薯研究中心等国外专家30人次。

（二）专题服务

“十二五”期间，子平台针对国家重点研究项目、国家马铃薯产业技术体系重点实验室、综合试验站等的重大需求提供专题服务12项，为种薯生产、加工等重点企业开展专题服务6项。

子平台针对国家重点科研项目如国家科技支撑计划“高产、优质、专用马铃薯育种技术研究及新品种选育”、国家“863”计划重大专项“优质多抗马铃薯倍性育种技术研究与应用”等5项，以及为国家马铃薯产业技术体系重点实验室和综合试验站7家单位的迫切需求，制定专题服务方案，以提供特异性种质资源和相关数据信息为核心开展专题服务。通过专题服务，保证了各研究项目的顺利实施，均达到了预期的效果。

子平台针对黑龙江兴佳薯业、黑龙江北大荒薯业、瑞福尔脱毒马铃薯有限公司等国内种薯生产、加工等重点企业的实际需求，制订专题服务方案，以专用品种和综合技术集成开展专题服务。通过专题服务，解决了企业专用品种和技术缺乏的难题，显著提高了企业的经济效益。

四、典型服务案例

（一）服务名称

马铃薯综合育种技术和多抗优质新品种选育。

（二）服务对象、时间及地点

农业部马铃薯生物学与遗传育种重点实验室，2011—2015年，黑龙江克山。

（三）服务内容

子平台针对专题服务的需求，为“十二五”国家科技支撑计划《马铃薯综合育种技术和多抗优质新品种选育》提供优质、抗病、抗旱、抗寒等特异马铃薯种质110余份及相关信息，满足了项目研究的需要。

（四）服务成效

“十二五”期间，利用子平台提供的优异种质农业部马铃薯生物学与遗传育种重点实验室共选育推广马铃薯优良新品种5个。其中，克新25号（图3）是利用子平台提供的Aula作母本，经有性杂交选育而成，2014年审定推广。该品种以其早熟、高产、芽眼浅、块茎大而整齐、食味优良、综合抗性好、广适性等优点，已成为一季作和二季作主栽品种之一，具有较大的推广潜力。

图3　克新25号

五、总结与展望

（一）存在问题和建议

国家马铃薯种质资源子平台转入运行阶段以后，在马铃薯种质资源的整合、共享和服务方面取得了重要的进展和显著的成效。但目前仍存在以下几方面的问题。

第一，现保存的马铃薯资源数量与多样性尚不能满足今后产业发展的需求，应继续加强资源收集与引进，特别是野生资源的引进。

第二，资源鉴定评价手段有待提高，鉴定内容应进一步拓宽。

第三，资源共享服务方法和模式过于传统，服务对象有待于拓宽。

（二）“十三五”展望

第一，加强资源收集与引进。重点加强国外资源的引进。

第二，加强对现有资源鉴定评价力度，特别要加强抗病（逆）、加工品质等性状的鉴定评价，水平；为马铃薯育种及主食化战略实施提供物质基础。

第三，坚持马铃薯种质资源的更新复壮，提高资源的可利用性。

第四，创新共享方法和服务模式，拓宽服务对象与内容，要变被动服务为主动服务，促进资源的实物与信息充分共享。

国家茶树种质资源（勐海）子平台发展报告

刘本英，李友勇，段志芬，蒋会兵，杨盛美，矣　兵，杨兴荣，
尚卫琼，汪云刚，孙雪梅

（云南省农业科学院茶叶研究所，勐海，666201）

摘要：5年来共收集国内茶树种质134份，包括野生种、地方品种和选育品种等，丰富了我国茶树基因资源类型。繁殖入圃保存93份，分属6个种（变种），使国家种质大叶茶树资源圃（勐海）保存数量增至1 575份。繁殖更新茶树种质176份，保障保存种质的安全性，为鉴定评价及分发利用提供充足的种源。特性鉴定种质279份，筛选出优异种质25份。5年共向13家单位37人次供种8 840份次，在育种和基础研究等方面的研究利用成效显著，其中育成新品种11个，获植物新品种保护权2个。获省部级科技进步奖5项、西双版纳州科技进步奖5项，发表科研论文92篇，专著10部。

一、子平台基本情况

（一）区位和人员构成

子平台依托单位为云南省农业科学院茶叶研究所，位于云南省西双版纳州勐海县。目前现有固定人员10名，其中研究员2名、副研究员3名、助理研究员4名、研究实习员1名，人才梯队基本合理。项目实施过程中，通过在职培养，2人获得硕士学位；2人晋升研究员，3人晋升副研究员，2人晋升助理研究员。

（二）主要设施

主要设施有68.73亩的国家种质大叶茶树资源圃（勐海）、田间实验和仓储用房108.92m^2、泵房23.55m^2、钢架结构温室460.80m^{2}和蓄水池500m^3。

（三）主要功能职责

1. 成果转化

为科研院所、高校提供实物资源共享、技术与成果推广服务、科普宣传、资源示范展示、参观访问、技术转让、技术咨询和培训服务。

2. 技术服务

为企业或农村合作社提供专题服务，含茶园规划设计、良种的选择与搭配、栽培技术和田间管理等内容。

3. 服务信息填报

负责子平台实物和信息服务、培训服务、科技支撑、典型案例和专题服务的信息填报系统（tb. cgris. net）中网络信息填报工作。

4. 其他工作职责

配合平台管理办公室开展好国家农业科技创新联盟的种质资源共享服务；积极组织大学生（含研究生）参加平台中心组织的“共享杯”大学生竞赛，以自选题的方式报名参赛。

（四）目标定位

通过资源服务、专题服务和培训服务及典型案例等方式为茶产业发展提供实物和信息共享及技术指导。

二、资源整合情况

（一）收集与入圃

子平台5年来，共从国内产茶区收集各类资源134份，其中野生资源29份、地方品种52份、选育品种（系）29份、遗传材料及突变体等其他类型资源24份（表1）。通过资源收集和引进，新增入圃资源93份，资源数量比项目实施前增加了6.28%（图1、图2、图3、图4、图5和图6）。

通过项目实施，及时保护了一批珍稀濒危资源。如帮崴坝子绿梗黄叶茶、云南金平的甜茶和勐腊的红花茶等，确保了这些重要茶树基因资源得到及时保存。同时，收集和引进一批具有特殊性状的资源和珍稀资源，如芽叶黄化或白化的资源、低咖啡碱资源、高花青素资源和高氨基酸资源等。这些资源的入圃保存，不仅丰富了我国大叶茶树种质的类型。而且还蕴含着特殊的基因源，可以作为基因供体运用于育种和生产实践。特别是帮崴坝子绿梗黄叶茶（图7）、麻黑紫梗红叶茶（图8）、困六山紫梗绿叶茶等优异资源，特别是帮崴坝子绿梗黄叶茶氨基酸达6.10%，这在云南首次发现，同时也弥补了云南不存在高氨基酸含量的资源材料。应用发掘的高氨基酸、高茶多酚茶树种质为材料，为茶树功能性新品种选育奠定坚实基础。

表1　2011—2015年资源收集资源情况

年度	种质份数（份）		物种数（个）（含亚种）	
	总计	其中国外引进	总计	其中国外引进
2011	0	0	0	0
2012	34	0	5	0
2013	30	0	1	0
2014	40	0	3	0
2015	30	0	2	0
合计	134	0	7	0

图1　西畴坪寨古茶树

图2　麻栗坡野生厚轴茶

图3　双江大雪山野生古茶树

图4　勐腊稀有红花古茶树

图5　凤庆锦绣香竹箐古茶王

图6　永德栽培型古茶王

茶多酚17.4%，咖啡碱3.80%，水浸出物46.80%，氨基酸6.10%，EGCG2.21%，总儿茶素6.92%，花青素0.08%

图7　帮崴坝子绿梗黄叶茶

茶多酚25.30%，咖啡碱4.40%，水浸出物53.90%，氨基酸2.60%，EGCG4.33%，总儿茶素13.28%，花青素0.02%

图8　麻黑紫梗红叶茶

（二）安全保存

完成了84份资源的编目。通过对84份资源进行了初步鉴定、整理，重点整理同物异名、同名异物资源。然后对整理后的资源进行编号，录入编目数据库（表2）。

完成了176份资源的更新复壮。通过持续不断的更新复壮，资源圃10年以上树龄80%的资源都进行了更新（图9）；通过台刈或深修剪等栽培措施，使圃内树龄5年以上的资源全部得到了复壮（图10）。通过更新复壮使衰弱或老化的茶树资源的生长势得到恢复，树种得到安全保存。

表2　2011—2015年茶树资源编目、繁殖更新（复壮）及鉴定情况

年度	编目	繁殖更新（复壮）	鉴定评价
2011	0	0	0
2012	20	26	142
2013	20	30	30
2014	24	54	30
2015	20	66	77
合计	84	176	279

图9　扦插繁育

图10　茶树更新复壮

（三）鉴定评价

完成红河、临沧和德宏等地279份资源的鉴定评价（表2）。通过鉴定评价，发掘出高氨基酸（氨基酸≥5.00%）种质5份，分别为鄂加绿梗红叶黑茶（5.70%）、隔界紫梗绿叶茶7（5.80%）和帮崴坝子绿梗黄叶茶（6.10%，图7）等；高茶多酚（茶多酚≥25.00%）资源14份，分别为右文岗红梗红叶茶3（26.80%）、右文岗红梗红叶茶2（27.50%，图11）和香竹箐绿梗红叶野茶（27.20%）等；低咖啡碱（咖啡碱≤1.50%）种质2份，分别为困六山紫梗绿叶茶（3）1（0.92%）和困六山紫梗绿叶茶（3）2（1.50%）；高咖啡碱（咖啡碱≥5.00%）种质4份，分别为茂梧大叶茶（5.80%）、龙井山苦茶（6.00%）和东朗大叶绿芽茶（6.60%）等（表3）。这些优异种质为今后茶树新品种的选育和开发提供了重要的遗传材料。

通过鉴定279份各地资源物候期、形态学、品质、抗性等性状，系统了解和掌握了这些资源的特征特性，进一步充实了茶树种质资源数据库。发掘出了25份优异资源，为育种利用提供了重要的亲本，解决茶叶市场特异功能性新品种的源泉，促进茶产业的可持续发展。

表3　279份茶树资源春季内含物变异情况

项目	最小值	最大值	均值	标准差	变异系数
水浸出物（%）	45.40	56.70	51.11	2.12	4.15
茶多酚（%）	17.30	27.50	22.74	2.18	9.59
咖啡碱（%）	0.92	5.60	3.87	0.68	17.57
游离氨基酸总量（%）	1.50	6.10	3.17	1.03	32.49
酚氨比	2.85	18.13	8.07	3.08	38.17
EGCG（%）	1.00	9.07	4.68	1.34	28.63
ECG（%）	0.69	6.19	3.53	1.01	28.61
EGC（%）	0.13	1.90	0.76	0.35	46.05
EC（%）	0.39	2.38	1.43	0.43	30.07
C（%）	0.09	2.65	0.39	0.38	97.44
酯型儿茶素（%）	3.65	14.08	8.96	1.93	21.54
非酯型儿茶素（%）	0.50	3.32	1.82	0.55	30.22
儿茶素总量（%）	4.15	16.79	10.79	2.12	19.65
花青素（%）	0.07	2.64	0.30	0.42	140.00

紫娟茶

水浸出物48.70%，茶多酚23.8%，咖啡碱3.50%，氨基酸2.40%，EGCG5.61%，总儿茶素10.22%，花青素2.49%

右文岗红梗红叶茶

水浸出物54.30%，茶多酚27.50%，咖啡碱4.90%，氨基酸1.70%，EGCG4.48%，总儿茶素10.97%，花青素1.09%

图11　芽叶特异种质

三、共享服务情况

（一）子平台开展运行服务的总体情况

子平台开展5年来，共向13家高校、科研院所和生产等单位37人次分发8 440份次的茶树种质，为育种、基础研究、教学、新产品开发等提供了必要的实物资源和信息资源，有效地保障了近49个国家级、部（省）科研项目的实施；同时促进了茶树新品种选育、利用优异资源作亲本，通过杂交、诱变等手段，筛选出优良株系82个，育成新品系29个，育成新品种11个（图12），获植物新品种保护权2个（图13）；支撑论文92篇（SCI 15篇），支撑论著10部（图14），支撑发明专利3个；支撑科技成果18项（图15），获省部级科技进步二奖2项、三等奖3项，获市厅科技进步奖5项。产生直接经济效益840万元、间接经济效益1 000万元，显现出了一定的社会、经济效益。特别是近年来优异资源佛香3号和紫娟的分发利用取得了重要成效。

图12　2011—2015年获云南省登记的茶树新品种

植物新品种权证书

品种名称：云茶普蕊

属或者种：茶组

品种权人：云南省农业科学院

培 育 人：田易萍 梁名志 徐亚忠 杜 娟 何青元 姚 娜

品种权号：CNA20090203.2

申 请 日：2009年4月8日

授 权 日：2015年11月1日

证书号：第 20156257 号

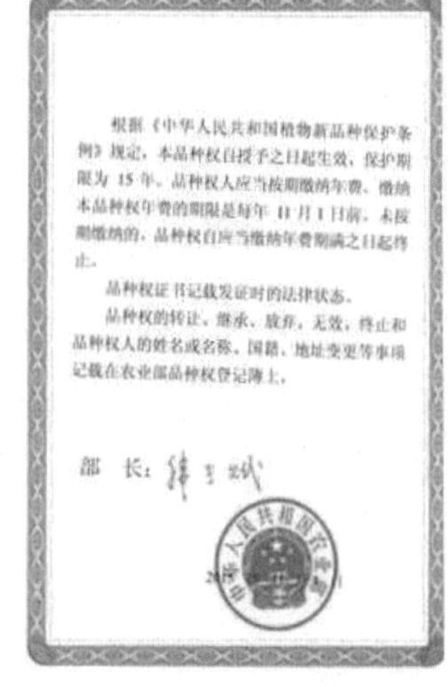

根据《中华人民共和国植物新品种保护条例》规定，本品种权自授予之日起生效，保护期限为15年。品种权人应当按期缴纳年费。缴纳本品种权年费的期限是每年11月1日前。未按期缴纳的，品种权自应当缴纳年费期满之日起终止。

品种权证书记载发证时的法律状态。

品种权的转让、继承、放弃、无效、终止和品种权人的姓名或名称、国籍、地址变更等事项记载在农业部品种权登记簿上。

部 长：

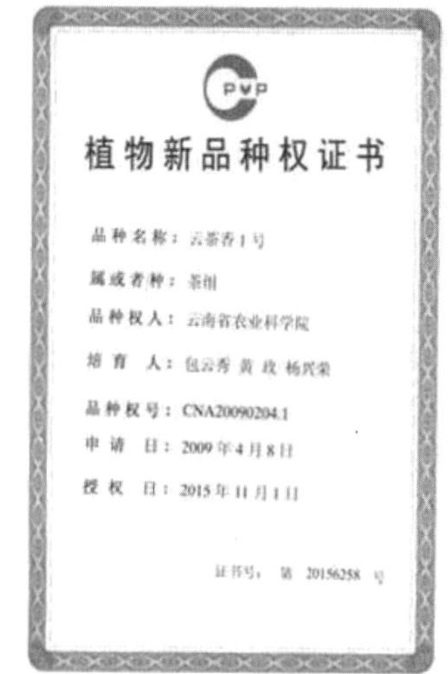

植物新品种权证书

品种名称：云茶香1号

属或者种：茶组

品种权人：云南省农业科学院

培 育 人：包云秀 黄 玫 杨兴荣

品种权号：CNA20090204.1

申 请 日：2009年4月8日

授 权 日：2015年11月1日

证书号：第 20156258 号

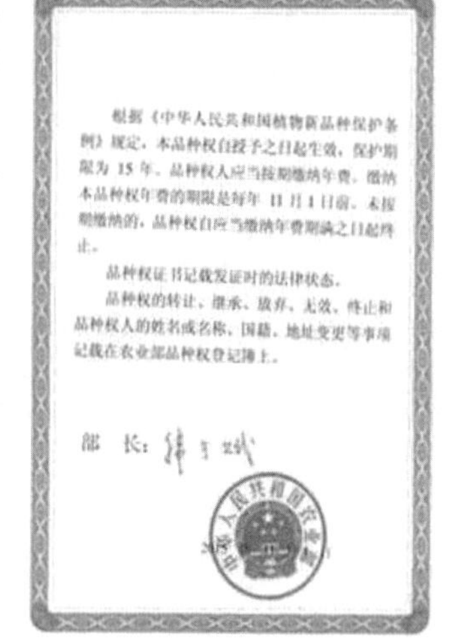

根据《中华人民共和国植物新品种保护条例》规定，本品种权自授予之日起生效，保护期限为15年。品种权人应当按期缴纳年费。缴纳本品种权年费的期限是每年11月1日前。未按期缴纳的，品种权自应当缴纳年费期满之日起终止。

品种权证书记载发证时的法律状态。

品种权的转让、继承、放弃、无效、终止和品种权人的姓名或名称、国籍、地址变更等事项记载在农业部品种权登记簿上。

部 长：

图13　2015年获国家植物新品种权资源

图14　2011—2015年出版的主要专著

图15　2011—2015年获科技进步奖励证书

（二）子平台专题服务情况

佛香3号茶树品种系云南省农业科学院茶叶研究所从福鼎大白茶与长叶白毫人工授粉杂交F1中单株选育，无性繁殖而成。该品种抗寒、抗旱性强，抗病虫能力较强，扦插和移栽成活率高，适应性广；4～7足龄4年平均亩产优质干茶158.08kg，其制绿茶具有外形肥硕较紧，满披银毫，香气高长，汤色黄绿明亮，滋味鲜醇，叶底黄绿明亮等特点。属高香、优质、丰产、抗逆性强，适制名优绿茶，现已成为云南茶区的主要推广品种，其推广面积超过8万亩。

特异资源紫娟的生产利用。国家种质大叶茶树资源圃（勐海）发掘的紫芽茶资源紫娟，紫芽、紫叶、紫茎，茶汤水色亦为紫色，香气郁香独特，花青素含量约为一般红芽茶的3倍，具有较明显的降血压效果，该种质于2005年获国家植物新品种保护权，于2104年获云南省非主要农作物品种登记委员会登记。在云南省、广西壮族自治区和广东省等地推广，产值比一般品种提高50%以上。因经济效益显著，现已成为云南茶区的主要推广品种，其推广面积超过10万亩。

四、典型服务案例

典型茶树种质资源利用概况：紫娟品种具有紫芽、紫叶、紫茎，并所制烘青绿茶干茶和茶汤皆为紫色，香气纯正，滋味浓强。并于2005年11月被国家授予植物新品种权，品种权号为20050031，品种权期为20年。

佛香3号品种抗寒、抗旱性强，抗病虫能力较强，扦插和移栽成活率高，适应性广；产量高，4～7足龄4年平均亩产优质干茶158.08kg，属高香、优质、丰产、抗逆性强，适制名优绿茶的杂交新良种。

（一）典型案例1

1. 案例名称

西双版纳南糯山紫娟茶叶专业合作社生态良种茶园基地。

2. 提供单位

云南省农业科学院茶叶研究所。

3. 利用单位

西双版纳南糯山紫娟茶叶专业合作社。

4. 利用过程

从2008年起，从云南省农业科学院茶叶研究所引种种植。

5. 利用效果

目前推广应用投产2 500亩（紫娟2 000亩，佛香3号500亩），三足龄茶园亩产干茶产量50kg。利用紫娟品种为原料加工紫娟普洱茶，每千克600元，亩产值3万元，年均直接产生经济效益6 000万元。利用佛香3号品种为原料加工高香绿茶，每千克400元，亩产值2万元，年均直接产生经济效益1 000万元。整个科技成果展示基地年经济产值达7 000万元，取得了良好的经济、社会效益（图16）。

图16　西双版纳南糯山紫娟茶叶专业合作社生态良种茶园基地

（二）服务案例2

1. 案例名称

勐海七彩云南庆沣祥茶业有限公司勐海县布朗山班章万亩有机生态茶园基地。

2. 提供单位

云南省农业科学院茶叶研究所。

3. 利用单位

勐海七彩云南庆沣祥茶业有限公司。

4. 利用过程

从2009年起，从云南农业科学院茶叶研究所引种种植。

5. 利用效果

自2009年起，勐海七彩云南庆沣祥茶业有限公司依托云南省农业科学院茶叶研究所的技术力量，采用有机生态茶园技术，在云南省勐海县布朗山乡新班章村启动规划建设万亩有机生态茶园。茶叶研究所长期派出科技专家开展技术指导，从茶园规划、开垦、良种选择、茶苗移栽、茶园管理至茶叶产品加工进行全方位科技支持。至2014年，建成核心示范良种茶园6 000亩，投产当年经济效益达3 000万元。核心示范园的建成，辐射带动发展良种有机生态茶园10 000亩，培训茶叶生产实用技术5 000人次，社会经济效益显著（图17）。

图17　勐海七彩云南庆沣祥茶业有限公司勐海县布朗山班章万亩有机生态茶园基地

五、总结与展望

（一）存在的主要问题和难点

1. 保护有一定难度

中国野生茶树资源和古老茶树品种丰富，尤其是云南省、贵州省和四川省最为丰富，但随着社会发展，很多珍惜野生资源由于茶农砍伐采摘，人为破坏导致其消亡速度加快。

2. 茶树种质圃有义务共享所保存的种质

但向全国高校和科研院所提供的茶树种质后，利用单位利用效果的信息不反馈或反馈不及时，信息量少，难以正确评价种质资源的利用效果；种质共享后产生的核心成果都为利用方的独创成果，与资源保存供种方毫无关联，致使资源保存单位的工作业绩无法体现，影响工作的积极性，难以开展正常的共享工作。

3. 当前物价上涨、劳动力价格持续上涨

平台部分工作开展难度较大，如资源考察及收集。另外，经费不足将严重影响团队的稳定性，进而影响今后的深入研究。

（二）解决措施和建议

1. 持续开展茶树种质收集、保存和繁殖更新工作

特别是对于野生濒危茶树资源及茶树遗传多样性丰富地区增加考察次数，扩大考察范围，并增加在野生资源保护、收集和研究方面的投入，加快对野生资源的收集保护。

2. 进一步创新种质资源征集和共享资源的相应机制

强化资源收集保护和利用，完善资源共享平台，保障资源保存单位和利用单位双方的共同利益，特别是资源拥有者和使用者双方共同利益，充分调动资源保护者的工作积极性，为茶树育种和产业开发提供保障。

3. 建议国家茶树种质资源勐海子平台能继续稳定立项支持

确保子平台各项工作能够得以正常开展。

（三）“十三五”子平台发展总体目标

1. 加强考察收集，进一步拓宽遗传基础

第一，国外引进。中南半岛、南亚和非洲产茶国家野生资源和地方品种。

第二，国内考察收集。四川省、贵州省、广西壮族自治区、广东省、湖北省、湖南省、海南省和福建省等省（区）——野生资源和地方古老品种。

2. 发掘新基因，满足多领域需求

继续深入开展资源的系统鉴定评价，发掘优异种质；以初选优异种质为研究对象，开展精准鉴定评价，在多个适宜生态区进行多年的表型精准鉴定和综合评价，筛选具有高产、优质、抗病虫、抗逆、资源高效利用、适应机械化等特性的育种材料；并在表型鉴定的基础上，开展全基因组水平的基因型鉴定，对特异资源开展全基因组测序与功能基因研究，发掘优异性状关键基因及其有利等位基因。

3. 加强资源维护与更新

实物资源和信息资源的日常维护，确保库存资源安全；及时更新，满足分发需求，并开展性状数据的补充与完善。

4. 整合专业化人才队伍

在全国范围内吸收优势协作单位；培训一支专门从事资源收集、整理、保存和服务的人才队伍。

5. 完善资源共享跟踪服务体系

完善茶叶种质资源利用效益跟踪与反馈工作平台；探索资源运行服务绩效考核评价方法。

国家多年生牧草种质资源子平台发展报告

师文贵，李志勇，刘　磊

（中国农业科学院草原研究所，呼和浩特，010010）

摘要：本文概述了国家多年生牧草种质资源子平台“十二五”期间的发展状况，介绍了作为平台技术支撑设施的国家牧草中期库和国家多年生牧草资源圃的牧草种质资源保存现状；牧草种质资源整合的整体情况，包括资源类型、总量与增量，资源收集、保存、鉴定、整理整合等情况；子平台开展运行服务的总体情况，包括服务类型、服务方式、针对的主要用户，服务数量、用户数量，支撑成果，展示、科普、宣传情况，专题服务情况以及典型服务案例情况。提出了“十三五”工作重点，并逐步制定相应的描述规范和数据标准，使得种质信息更加规范化、标准化，为实现种质实物共享和信息共享奠定了基础，形成了固定的共享模式。

一、子平台基本情况

国家多年生牧草种质资源子平台位于内蒙古呼和浩特市，以中国农业科学院草原研究所为依托单位，国家牧草中期库和国家多年生牧草资源圃为技术支撑，其保存资源的数量和质量是保证多年生牧草种质资源共享利用的基础，现有研究人员6人，技术人员3人，其中博士5人，硕士1人，研究员3人，助理研究员3人，高级技师3人。主要功能职责是开展多年生牧草种质资源共享服务，对我国野生多年生牧草进行收集和整合，重点收集多年生优良牧草野生种，珍稀、濒危种及农作物野生近缘种，同时开展抗旱、抗寒、耐风沙和功能草种质资源的收集，提升中期库保存资源的物种多样性，并为生态环境建设提供服务。对已入中期库和多年生牧草圃的资源及时繁殖更新，才能提供遗传完整且稳定的活种质进行保存和利用，保证资源的实物和信息共享服务。

开展多年生牧草优异种质资源发掘与利用研究，发掘适宜于我国北方温带草原地区牧草新品种选育利用的、具有良好抗性和饲用品质特性的优异种质资源。开展多年生牧草资源专题服务。

向相关科研单位及教学单位提供多年生牧草种质资源实物和信息服务，向国内外专家和上级领导提供展示性服务，开展培训本科生、研究生等相关服务。

在2011年实施国家科技基础条件平台子平台项目以来，制定相应的描述规范和数据标准，使得种质信息更加规范化、标准化，为实现种质实物共享和信息共享奠定了基础，并逐步形成了固定的共享模式。

二、资源整合情况

（一）国家种质牧草中期库

国家种质牧草中期库保存的种质资源分布类型多样，生态环境复杂。有中温带、暖温带、亚热带、热带和高寒地带的优良草种，有抗逆性强的野生牧草以及优良牧草的野生近缘种及珍稀濒危资源。截至2015年底共保存种质15 964份，隶属38科，269属，898种（表1和图1）。

表1　国家种质牧草中期库保存资源统计表

科名	份数	科名	份数	科名	份数
白花丹科	1	锦葵科	4	伞形科	16
百合科	11	景天科	1	莎草科	21
报春花科	2	菊科	101	十字花科	34
车前科	18	蔡科	57	石竹科	5
唇形科	12	蓼科	48	苋科	60
酢浆草科	1	列当科	1	小檗科	1
大戟科	1	萝藦科	1	玄参科	2
豆科	4 728	马鞭草科	4	旋花科	5
禾本科	10 775	马齿苋科	1	亚麻科	1
胡颓子科	2	毛茛科	1	罂粟科	2
桦木科	1	荨麻科	4	鸢尾科	9
疾藜科	13	茜草科	1	紫草科	4
茧菜科	3	蔷薇科	12		

图1　国家种质牧草中期库

（二）国家种质多年生牧草圃

截至2015年12月，国家种质多年生牧草圃共收集保存了600份牧草种质资源，隶属10科，48属，159种，禾本科（Gramineae）牧草有25属102种，豆科（Leguminosae）牧草15属36种，占保存材料85%以上，其中野生种有496份材料，引进栽培种有104份材料。2011—2015年新入圃资源166份（表2和图2）。

表2　国家多年生牧草圃保存资源统计表

属名	份数	属名	份数	属名	份数	属名	份数
芨芨草属	5	异燕麦属	1	三毛草属	1	苦马豆属	1
冰草属	57	大麦属	2	沙冬青属	1	野决明属	2
菵股颖属	4	洽草属	1	黄芪属	6	车轴草属	3
短柄草属	1	赖草属	3	锦鸡儿属	4	野豌豆属	5
孔颖草属	1	臭草属	1	小冠花属	1	蒿属	3
雀麦属	140	虉草属	1	甘草属	1	葱属	11
拂子茅属	2	早熟禾属	18	岩黄芪属	6	李属	3
隐子草属	1	新麦草属	3	胡枝子属	6	驼绒藜属	1
披碱草属	98	碱茅属	3	百脉根属	3	荨麻属	1
偃麦草属	8	鹅观草属	21	苜蓿属	149	鸢尾属	1
画眉草属	1	大油芒属	21	驴食豆属	2	苋属	1
羊茅属	7	针茅属	6	槐属	1	麻黄属	1

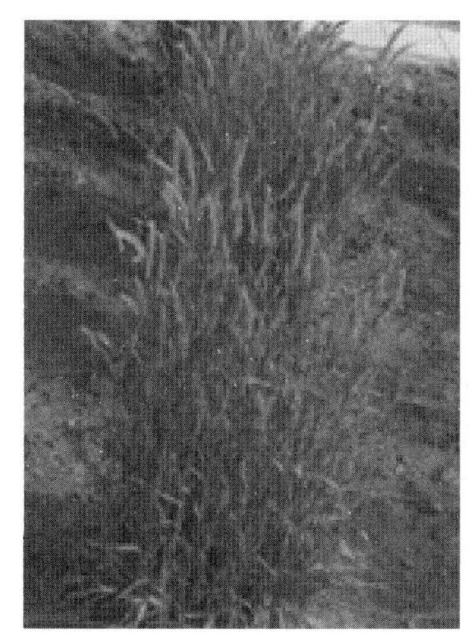

图2　国家种植多年生牧草圃

（三）资源考察与收集

2011—2015年完成了我国西部内蒙古自治区、宁夏回族自治区、甘肃省、青海省、陕西省、山西省6个省区，62个县、市的考察，重点对贺兰山、祁连山、六盘山、秦岭、黄土高原的部分地区和内蒙古自治区伊克昭盟国家自然保护区及阿拉善盟荒漠草原进行了考察与收集；另外开展了中俄及中蒙边境地区（内蒙古东部和黑龙江等省区）的资源收集，重点在大兴安岭地区进行了资源考察与收集。共搜集到各类野生优良牧草种质资源2 159份。

收集到一批新的优良牧草种质资源，其中大多数为栽培牧草的野生种或野生近缘种，如黄花苜蓿、扁蓿豆、白三叶、野火球、羊草、老芒麦、无芒雀麦等，有着极高的保护和利用价值。

收集到一批核心种在不同地区和生境条件下的种质材料如老芒麦、羊草、披碱草、无芒雀麦、野火球、扁蓿豆、黄花苜蓿、山野豌豆等广布型优良草种，每种的份数多达几十份，为深入研究奠定了良好的基础。

收集了一批重点野生资源和珍稀种质，如国家一二级保护植物四合木、半日花、霸王、蝎虎霸王、沙冬青、白刺、刺旋花、蒙古扁桃、列当等植物，找到了四合木、半日花、霸王、沙冬青、蒙古扁桃等珍稀植物分布区。沙冬青、白刺、霸王等，是荒漠、半荒漠草地植被的重要建群种，四合木已被国家列为“稀有”类、二级保护植物等（图3和图4）。重点资源介绍如下。

1. 扁蓿豆（*Medicago ruthenica* L. Trautv.）

高寒地区十分缺乏的优良豆科牧草，草质优良，适口性好；是建立人工草地和进行草地补播的优良草种。耐寒、抗旱能力强，野生扁蓿豆对栽培条件十分敏感，在栽培条件下能充分发挥其生产潜力，是极有栽培前途的牧草。

2. 四合木 *Tetraena mongolica* Maxim.

小灌木，强旱生植物，只生长于草原化荒漠区，分布区极狭小，是内蒙古自治区特有种。是我国阿拉善草原化荒漠植被的建群种之一，其饲用价值不高，但四合木草地的利用价值高（图5）。四合木是现存数量很少的珍稀植物，十分宝贵，已被国家列为“稀有”类、二级保护植物，应加强保护工作。

图3　西部地区牧草资源考察与收集

图4　珍稀、濒危植物资源

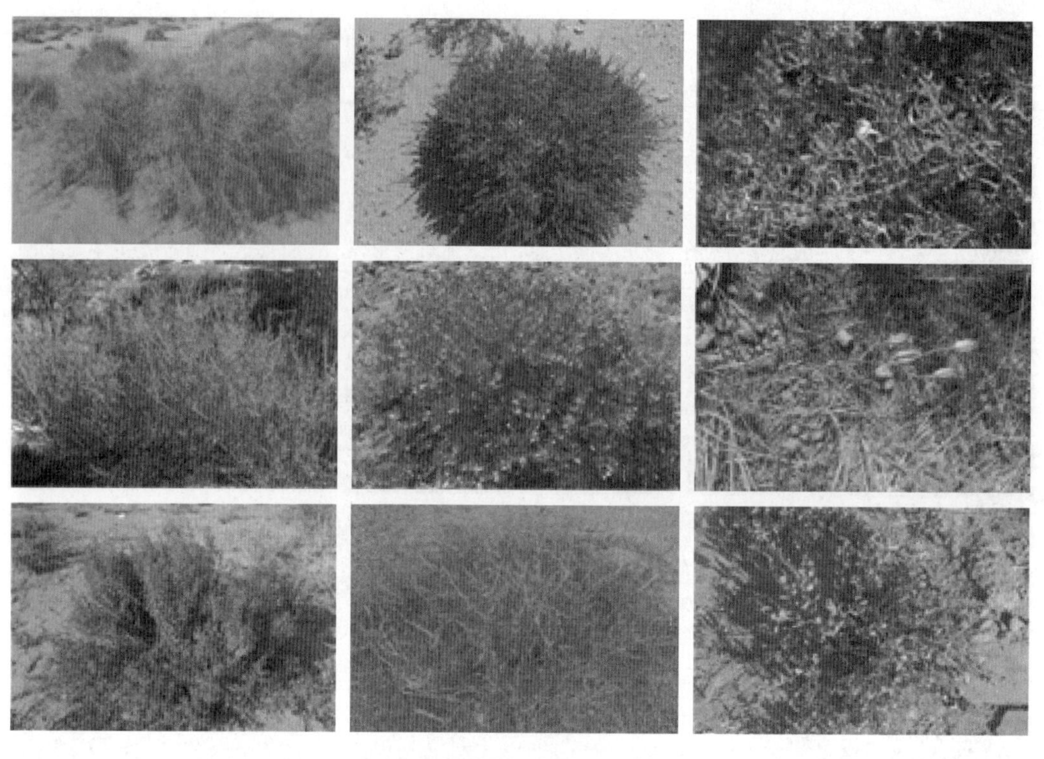

图5　阿拉善荒漠草原野生资源

图6　优良栽培牧草野生种

图7　优良牧草资源

图8　葱属牧草资源

（四）全国分散资源的整理与保存

整理了全国30多家单位13 000余份牧草种质资源，对数据信息进行了标准化整理、整合及数字化表达，为信息共享奠定了基础。整理、整合的种质实物经过繁殖鉴定已分批次编目保存到国家种质牧草中期库或多年生牧草圃中，使这批资源得到了妥善的保护（表3、表4、图6、图7和图8）。

表3　2011—2015年新编目入中期库保存情况

年份	入库份数
2011	1 927
2012	633
2013	555
2014	547
2015	936
合计	4 598

表4　2011—2015年新编目入圃存情况

年份	作物名称	种质份数（份）		物种数（个）（含亚种）	
		总计	其中国外引进	总计	其中国外引进
2011	多年生牧草	52	16	22	5
2012	多年生牧草	41	10	17	3
2013	多年生牧草	23		5	
2014	多年生牧草	18	3	3	1
2015	多年生牧草	22	8	5	
合计		166	37	52	9

（五）安全保存与创新研究

"十二五"新编目入库保存资源4 598份，发芽率监测6 693份，繁殖更新库存资源1 843份，抗性鉴定451份。通过形态特征、植物学特性和农艺性状的观测，筛选出一批优异牧草种质资源，如苜蓿属、雀麦属、披碱草属、冰草属、燕麦属等资源，审定登记扁蓿豆新品种1个，青贮玉米新品种3个。

对苜蓿属扁蓿豆资源在形态学标记和叶片解剖、染色体标记、种子贮藏蛋白、ISSR分子标记、SSR分子标记和AFLP分子标记几个方面开展了系统深入研究（图9和图10）。

图9　优良牧草资源的保护与研究

图10　开展野生资源的调查研究

三、共享服务情况

（一）服务对象

多年生牧草种质资源平台主要是为牧草育种、人工草地建植、天然草场改良等研究领域提供种质材料和基础数据信息。服务对象重点是科研单位、教学单位和种子生产部门，也可为决策部门、管理部门提供服务。

（二）服务数量

2011—2015年共向国内相关科研单位及教学单位提供利用牧草种质实物资源62人次1 013份，提供信息服务1万余条。提供的材料多数用于国家级科研项目、国际合作项目的研究，部分材料用于高等院校和科研单位博士生、硕士生论文的研究材料，还有部分材料用于推广利用（表5和表6）。

表5　2011—2015年实物和信息服务统计

年度	单位数	人次	份数	数据信息（条）
2011	9	11	207	2 070
2012	14	17	290	2 900
2013	11	15	246	2 460
2014	7	9	109	1 090
2015	9	10	161	1 610
合计	50	62	1 013	10 130

表6　2011—2015年资源提供利用情况汇总

序号	单位类型	提供份数	用途
1	科研单位	496	国家“973”“863”、科技支撑项目及省部项目的研究，部分用于培养博士及硕士研究生实验材料
2	教学单位	419	大部分用于培养博士及硕士研究生实验材料
3	生产单位	98	推广利用

（三）科技支撑

多年生牧草平台为国家科技基础平台项目、国家重点基础研究发展计划“973”计划项目、国家自然基金项目、农业部种质资源保护项目、科技部农业成果转化项目；内蒙古自然基金项目，内蒙古农村领域科技计划项目等有关课题40余项提供了支撑服务，开展了牧草资源收集、保存、评价、鉴定及利用的研究，获国家级、省部级奖励5项；发表论文69篇，出版著作4部，制定农业部行业标准4部，发明专利2项，培养博士研究生14名，硕士研究生22名。

（四）项目成果与社会效益

“十二五”期间，在国内核心期刊发表论文32篇，SCI论文2篇，出版专著3部，制定行业标准2部，登记新品种4个（金岭青贮408玉米、金岭青贮410玉米、金岭青贮418玉米、科尔沁沙地扁蓿豆）。接待各级领导和专家学者42批次197人次（图11、图12、图13、图14、图15、图16、图17、图18、图19、图20和图21），为50个科研教学单位62人次提供牧草资源1 013份，培训本科生166人。

图11　农业部邓司长一行视察中期库

图12　陈萌山书记、李金祥副院长一行视察中期库

图13　国家基金委领导和专家考察牧草中期库和资源圃

图14　唐华俊院长一行视察牧草中期库和资源圃

图15　内蒙古农牧业厅副厅长一行来访

图16　内蒙古自治区政协董主席、农牧业厅李厅长一行考察资源圃

图17　兰州畜牧与兽药研究所所长杨志强参观牧草中期库

图18　中国农业科学院科技局梅局长参观牧草中期库

图19 相关院所研究人员参观牧草中期库

图20 中国草学会理事长马启智参观牧草中期库

图21 开展人员交流与培训

四、典型服务案例

重点开展了青贮玉米的共享服务与推广利用研究。

（一）服务背景

国家在治理雾霾上已经在重视改善北京市、天津市、河北省、山东省和河南省等地区的农业种植结构，扩大青贮玉米种植面积。

国家牧草中期库保存了大量的饲用玉米资源，与吉林省金岭青贮玉米种业有限公司开展了青贮玉米评价及育种研究工作，多年生牧草资源平台为培育适宜我国北方地区推广利用的青贮玉米新品种提供了资源服务和试验平台。

（二）服务对象

青贮玉米品种资源利用、新品种研发及推广应用主要针对内蒙古自治区及毗邻省区的奶企业、肉牛养殖企业、青贮玉米种植公司、合作社及广大农区、半农半牧区和牧区的养殖户。为他们提供优质青贮玉米品种，支撑优质、高效畜牧业发展。

（三）数量及服务方式

国家多年生牧草资源平台为吉林省金岭青贮玉米种业有限公司相继提供了玉米种质资源16份，并合作培育出青贮玉米品种，拟形成金岭青贮玉米系列品种，已形成的资源产品库包括金岭青贮08、金岭青贮410、金岭青贮418等系列金岭青贮玉米品种（图22）。

（四）服务成效

优质青贮玉米饲料短缺一直是制约内蒙古自治区等地区草食畜牧业发展的瓶颈，目前我国已把青贮玉米种植上升到相关生态安全、畜产品安全及重点产业的战略高度。我们多年坚持合作研发优质青贮玉米品种推广应用到生产中，正适应了形式发展的需求。目前研发的优良青贮玉米品种已推广应用到东北、华北、西北及黄淮海等十几个省市区，受到各地用户的好评，市场反响非常好。

图22　金岭青贮玉米的主要特征

金岭青贮玉米属于中熟青贮玉米品种，成株株型紧凑，叶片上冲，耐密性好。株高280~300cm，穗位120cm，全株叶片数20片。籽粒完熟生育期128d左右（郑单958熟期）。果穗长筒形，穗轴红色，穗长24cm，穗行数16行，籽粒黄色，半马齿型，千粒重460g，出粒率86%。抗矮花叶病和瘤黑粉病，抗大斑病和茎腐病，中抗小斑病，高抗倒伏。

五、总结与展望

（一）资源服务

国家牧草中期库和多年生牧草圃支撑的多年生牧草资源平台，是以种子实物和数据信息共享为主要服务方式，因此，扩充库存资源数量和质量，提高库存资源的物种多样性和遗传多样性，科学繁殖更新库存资源，是保证资源服务共享的物质基础。加强专题服务力度，同时开展技术培训、多渠道宣传平台功能和作用，吸引相关专业人员关注平台，利用平台开展科学研究。

（二）资源增量与质量

开展我国特有种、优良牧草野生种和野生近缘种、珍稀种等的系统收集；同时，继续加强从国外收集或引进优良种质，不断丰富我国牧草种质基因库资源数量，加强保存技术研究和数据库信息系统建设。另外，对保存的多年生牧草种质资源进入深入细致的研究，挖掘资源优势，尽快的应用于生产，服务社会。

逐步制定牧草种质资源收集、保存、鉴定、评价等国家或行业标准，规范考察收集、保护利用、评价鉴定、种质创新等指标体系和技术体系。

（三）资源维护与更新

资源保护的目的是有效利用，因此，针对在资源利用过程中利用数量多、频率高，现存种子数量已不足再提供利用的牧草种质的情况，要及时提出繁殖更新计划，每年按计划繁殖更新库、圃保存资源，同时开展数据的补充采集。也可在全国不同区域布点繁殖。

（四）专题服务

以与相关单位合作或提供资源服务等方式，加强库存资源的评价鉴定力度，利用常规技术和现代生物技术相结合的方法，对已保存和新收集的优异种质，在品质、抗逆性及抗病虫性的优异基因方面进行评价、改良、创新和利用。重点对豆科苜蓿属、胡枝子属，禾本科冰草属、雀麦属、披碱草属及百合科葱属等资源进行评价与鉴定研究。发掘适宜于我国北方温带草原区牧草新品种选育和具有良好抗性和饲用品质特性的优异种质材料。

（五）建立资源共享跟踪服务体系

根据平台项目共享服务要求，制定了7个资源利用表，包括“多年生牧草种质资源平台重要用户清单”“多年生牧草种质资源平台运行服务支撑的重要成果清单”“提供利用种质资源有效利用统计表”等，在资源利用的同时要求用户填写相关信息，并定期跟踪调查资源的利用效果，建立相关信息档案，为今后的资源服务提供依据。

国家牧草种质资源子平台发展报告

赵来喜，袁　清，徐春波，德　英，乔　江，刘一凌

（中国农业科学院草原研究所 呼和浩特，010010）

摘要：本报告介绍了国家牧草种质资源子平台的基本情况，概述了2011—2015年运行服务以来在资源服务、专题服务、运行管理、资源整合维护等方面取得的主要进展和成效，指出了目前我国牧草种质资源研究工作存在的主要问题，提出了相关的解决对策及建议，并对国家牧草种质资源子平台“十三五”的发展进行了规划和展望。

一、子平台基本情况

（一）区位

内蒙古自治区呼和浩特市乌兰察布东路120号。

（二）依托单位

中国农业科学院草原研究所。

（三）人才队伍

国家牧草种质资源子平台通过跨行业、跨部门、跨地区对全国草业骨干科研、教学单位及专业人才的整合与联盟，已初步形成一支精干、稳定、多专业结合的牧草种质资源平台建设与管理的国家级人才队伍。子平台常务工作人员10余人，设有岗位负责人（即研究兼管理人员）、研究人员、技术支撑与运行服务人员。专职人员约占总人数的70%以上，主要负责种质资源收集保存、繁殖更新、鉴定评价等项工作，可保障子平台的运行服务。

（四）主要条件和设施

2004年以来，国家牧草种质资源子平台在试点建设及运行服务的过程中，在标准规范研制、资源整理整合、数字化表达、资源汇交、信息化建设与运行等诸多方面均取得了显著的成效，为子平台运行服务提供了有力的技术保障。具体概述如下。

1. 标准化建设与管理

首次研究和制定了116套牧草种质资源描述规范和数据标准，为标准化研究、建设

及运行服务奠定了坚实的基础。

2. 标准化整理与整合

按照统一研制的牧草种质资源描述规范和数据标准，完成了10 000余份资源的标准化整理、整合及数字化表达，为我国丰富的牧草种质资源的保护、整合及共享奠定了基础。

3. 信息化建设与管理

研制了统一的牧草种质资源共性及特性数据库，累计完成了全国30余家单位10 000余份共性描述数据、特性描述数据及图像数据的整理及其数字化表达。2006年建起了“中国牧草种质资源信息网”（http://www.chinaforage.com），向全社会开放，网站全天候开放，运行稳定，访问快捷，极大地提高了资源信息共享的效能。

4. 保存和服务设施

现有国家种质长期库1座、中期库3座、国家级草地植物自然保护区13处、种质圃30余个，牧草种质资源中长期保存体系初见成效；资源信息化和网络通讯条件良好；整合、繁殖和保存了足量的种质实物，具备了开放共享的良好条件。

（五）功能职责

在“国家农作物种质资源平台项目”的总体部署和要求下，积极开展我国牧草种质存量资源的实物与信息共享、技术与成果推广、培训、展示、科普等项资源服务。完善子平台运行管理的规章制度和支撑保障条件，完善和提升“中国牧草种质资源信息网络系统”的服务功能，不断地维护、抢救和整合急需的的牧草种质资源，为我国的草业科研、生产、教学等提供有效的任务。

（六）目标定位

根据国家农作物种质资源平台的总体定位，以满足牧草育种、基础研究、生物技术研究、畜牧业生产和生态建设对牧草种质资源的需要为宗旨，以优化整合为中心，以高效共享为目的，将国家牧草种质资源子平台建设成为我国牧草种质资源实物与信息存量的中心和功能服务的权威中心，更好地为科技创新、科学普及、政府决策、人才培养和社会经济发展等提供高效的服务。

二、资源整合情况

2011—2015年子平台运行以来，针对服务需要及长远的战略目标，有计划、有目的地新整理、整合重要牧草种质资源850余份；抢救性收集、整理、保护珍稀、濒危、特有、特异牧草种质资源1 000余份，野生牧草种质资源约占90%以上；收集、整理我国急需的国外牧草种质资源300余份。以主要农艺性状和抗逆性为主要评价指标，开展了紫花苜蓿、杂花苜蓿、花苜蓿、百脉根、无芒雀麦、披碱草等40余个草种、600余份牧草种质资源的鉴定、评价及筛选，筛选出优异性状突出的育种材料20余份。优异资源简介如下。

1. 大兴安岭白三叶（表1）

表1　大兴安岭白三叶

作物名称	白三叶（种质名称——大兴安岭白三叶）
优异性状	抗寒、叶片小、低矮、密度大、优美
利用单位	中国农业科学院草原研究所
利用途径	搜集和鉴定出的国产优良野生草坪型白三种质类型
利用效果	以成为草坪型白三叶的新品系，新品种正在选育之中
种质图像	

2. 蒙古野生黄花苜蓿（表2）

表2　蒙古野生黄花苜蓿

作物名称	黄花苜蓿（种质名称——蒙古野生黄花苜蓿）
优异性状	植株高大、枝繁叶茂、产量高、抗病虫
利用单位	中国农业科学院草原研究所
利用途径	从50余份野生黄花苜蓿中鉴定和筛选而来

（续表）

作物名称	黄花苜蓿（种质名称——蒙古野生黄花苜蓿）
利用效果	作为高产、优质、抗病黄花苜蓿的新品系，新品种正在选育之中
种质图像	

三、共享服务情况

1. 资源服务任务

充分利用“牧草种质资源标准化整理、整合及共享试点”子项目建设以来所取得的丰硕成果，面向科研、教学、管理、生产等社会各界积极开展广泛的共享服务工作。通过“中国牧草种质资源信息网站”，提供全年全时的信息共享；累计达到的实物资源服务数量30余种400份次、信息服务的数量约2 000人次；支撑各级各类科研项目50项次，支撑成果10余项，技术研发服务项目的数量月90项次、技术与成果推广服务的数量350项次；培训服务的人次100人次，咨询服务500人次等。

2. 专题服务

针对我国苜蓿产业快速发展中存在的重点关键问题和技术需求，5年来连续重点开展了“优良苜蓿种质信息实物共享与优化利用”方面的专题服务，并取得了良好的成效。

3. 服务类型

服务类型主要有种质实物和信息的资源服务、专题服务和其他服务。资源服务主要包括实物资源服务、信息服务、技术研发服务、技术与成果推广服务、培训服务、咨询服务等。专题服务主要是针对产业重大及科技支撑需求而开展的。

4. 服务对象

服务对象包括科研单位、教学单位、政府机构、技术推广部门、草业企业公司（或公司）、各类科研教学人员及学生、专业种植户、奶联社等。

5. 服务方式

第一，通过数据库及信息系统查询及电话、邮件、微信等查询进行信息服务。

第二，按客户需求，提供种质实物的共享服务。

第三，通过田间展示，提供优良牧草品种及优异种质的技术服务。

第四，以现场或通讯的方式，开展品种选种、种植管理、收获利用等方面的技术咨询与指导等。

四、“优良苜蓿种质信息实物共享与技术服务”—典型服务案例

1. 服务名称

优良苜蓿种质信息实物共享与技术服务。

2. 背景概况及需求

近年来，我国以苜蓿、青贮玉米为主的草产业发展极为迅速。2012年国家启动了“振兴奶业苜蓿发展行动——高产优质苜蓿产业化示范项目”。2015年中央一号文件首次提出了加快发展草牧业，支持青贮玉米和苜蓿等饲草料种植的发展战略。然而，我国苜蓿产业刚刚起步，苜蓿产业发展中的优良苜蓿品种区划不清、特性不明、随意种植导致的重大经济损失等问题十分突出。为此，利用“国家牧草种质资源子平台”拥有的数千份苜蓿种质信息、实物、相关技术、信息情报等项基础条件，开展“优良苜蓿种质信息实物共享与技术服务，对我国苜蓿产业的健康发展有着极其重要的意义。针对我国苜蓿产业发展中存在的关键问题和技术需求，着重开展优良苜蓿品种筛选、优异品种及种质材料田间展示服务、信息咨询、信息共享、实物共享、技术指导等项技术服务，解决优良品种优化配置、品种种植区划、适地适重、高产优质栽培等重点关键技术。

3. 服务对象

草业公司、草业企业、专业种植户、奶联社等。

4. 服务时间

2011年至今开展了优良苜蓿种质信息实物共享与技术服务。

5. 服务地点

我国北方“高产优质苜蓿产业化示范项目”区（图1）。

中国牧草种质资源信息网

www.chinaforage.com

FGR V1.0

检索结果：

资源平台编号	科名	属名	种名	学名	主要特征	详细信息
1115C0001000000001	Leguminasae (豆科)	Medicago L. (苜蓿属)	Medicago sativa L. (紫花苜蓿)	庆阳苜蓿	-	信息
1115C0001000000002	Leguminasae (豆科)	Medicago L. (苜蓿属)	Medicago sativa L. (紫花苜蓿)	格林苜蓿	-	信息
1115C0001000000003	Leguminasae (豆科)	Medicago L. (苜蓿属)	Medicago sativa L. (紫花苜蓿)	阿特兰大苜蓿	-	信息
1115C0001000000004	Leguminasae (豆科)	Medicago L. (苜蓿属)	Medicago sativa L. (紫花苜蓿)	美国苜蓿	-	信息
1115C0001000000005	Leguminasae (豆科)	Medicago L. (苜蓿属)	Medicago sativa L. (紫花苜蓿)	紫花苜蓿	-	信息
1115C0001000000006	Leguminasae (豆科)	Medicago L. (苜蓿属)	Medicago sativa L. (紫花苜蓿)	特氏苜蓿	-	信息
1115C0001000000007	Leguminasae (豆科)	Medicago L. (苜蓿属)	Medicago sativa L. (紫花苜蓿)	公农一号苜蓿	-	信息
1115C0001000000008	Leguminasae (豆科)	Medicago L. (苜蓿属)	Medicago sativa L. (紫花苜蓿)	多叶苜蓿	-	信息
1115C0001000000009	Leguminasae (豆科)	Medicago L. (苜蓿属)	Medicago sativa L. (紫花苜蓿)	苏联36号苜蓿	-	信息
1115C0001000000010	Leguminasae (豆科)	Medicago L. (苜蓿属)	Medicago sativa L. (紫花苜蓿)	紫花苜蓿	-	信息
1115C0001000000011	Leguminasae (豆科)	Medicago L. (苜蓿属)	Medicago sativa L. (紫花苜蓿)	紫泥泉苜蓿	-	信息
1115C0001000000012	Leguminasae (豆科)	Medicago L. (苜蓿属)	Medicago sativa L. (紫花苜蓿)	新疆抗旱苜蓿	-	信息
1115C0001000000013	Leguminasae (豆科)	Medicago L. (苜蓿属)	Medicago sativa L. (紫花苜蓿)	紫花苜蓿	-	信息
1115C0001000000014	Leguminasae (豆科)	Medicago L. (苜蓿属)	Medicago sativa L. (紫花苜蓿)	肇东苜蓿	-	信息
1115C0001000000015	Leguminasae (豆科)	Medicago L. (苜蓿属)	Medicago sativa L. (紫花苜蓿)	苏联1号苜蓿	-	信息
1115C0001000000016	Leguminasae (豆科)	Medicago L. (苜蓿属)	Medicago sativa L. (紫花苜蓿)	西北8苜蓿	-	信息
1115C0001000000017	Leguminasae (豆科)	Medicago L. (苜蓿属)	Medicago sativa L. (紫花苜蓿)	察北苜蓿	-	信息
1115C0001000000018	Leguminasae (豆科)	Medicago L. (苜蓿属)	Medicago sativa L. (紫花苜蓿)	无棣苜蓿	-	信息
1115C0001000000019	Leguminasae (豆科)	Medicago L. (苜蓿属)	Medicago sativa L. (紫花苜蓿)	扶风苜蓿	-	信息
1115C0001000000020	Leguminasae (豆科)	Medicago L. (苜蓿属)	Medicago sativa L. (紫花苜蓿)	千阳苜蓿	-	信息
1115C0001000000021	Leguminasae (豆科)	Medicago L. (苜蓿属)	Medicago sativa L. (紫花苜蓿)	苏联0134苜蓿	-	信息
1115C0001000000022	Leguminasae (豆科)	Medicago L. (苜蓿属)	Medicago sativa L. (紫花苜蓿)	公农二号苜蓿	-	信息
1115C0001000000023	Leguminasae (豆科)	Medicago L. (苜蓿属)	Medicago sativa L. (紫花苜蓿)	苏联苜蓿	-	信息
1115C0001000000024	Leguminasae (豆科)	Medicago L. (苜蓿属)	Medicago sativa L. (紫花苜蓿)	紫花苜蓿	-	信息
1115C0001000000025	Leguminasae (豆科)	Medicago L. (苜蓿属)	Medicago sativa L. (紫花苜蓿)	紫花苜蓿	-	信息
1115C0001000000026	Leguminasae (豆科)	Medicago L. (苜蓿属)	Medicago sativa L. (紫花苜蓿)	山东苜蓿	-	信息
1115C0001000000027	Leguminasae (豆科)	Medicago L. (苜蓿属)	Medicago sativa L. (紫花苜蓿)	紫花苜蓿	-	信息
1115C0001000000028	Leguminasae (豆科)	Medicago L. (苜蓿属)	Medicago sativa L. (紫花苜蓿)	伊朗苜蓿	-	信息
1115C0001000000029	Leguminasae (豆科)	Medicago L. (苜蓿属)	Medicago sativa L. (紫花苜蓿)	紫花苜蓿	-	信息
1115C0001000000030	Leguminasae (豆科)	Medicago L. (苜蓿属)	Medicago sativa L. (紫花苜蓿)	山东2号苜蓿	-	信息
1115C0001000000031	Leguminasae (豆科)	Medicago L. (苜蓿属)	Medicago sativa L. (紫花苜蓿)	印第安2号苜蓿	-	信息
1115C0001000000032	Leguminasae (豆科)	Medicago L. (苜蓿属)	Medicago sativa L. (紫花苜蓿)	扶风苜蓿	-	信息
1115C0001000000033	Leguminasae (豆科)	Medicago L. (苜蓿属)	Medicago sativa L. (紫花苜蓿)	印第安苜蓿	-	信息
1115C0001000000034	Leguminasae (豆科)	Medicago L. (苜蓿属)	Medicago sativa L. (紫花苜蓿)	紫花苜蓿	-	信息
1115C0001000000035	Leguminasae (豆科)	Medicago L. (苜蓿属)	Medicago sativa L. (紫花苜蓿)	紫花苜蓿	-	信息
1115C0001000000036	Leguminasae (豆科)	Medicago L. (苜蓿属)	Medicago sativa L. (紫花苜蓿)	紫花苜蓿	-	信息
1115C0001000000037	Leguminasae (豆科)	Medicago L. (苜蓿属)	Medicago sativa L. (紫花苜蓿)	紫花苜蓿	-	信息
1115C0001000000038	Leguminasae (豆科)	Medicago L. (苜蓿属)	Medicago sativa L. (紫花苜蓿)	紫花苜蓿	-	信息
1115C0001000000039	Leguminasae (豆科)	Medicago L. (苜蓿属)	Medicago sativa L. (紫花苜蓿)	希里沟苜蓿	-	信息
1115C0001000000040	Leguminasae (豆科)	Medicago L. (苜蓿属)	Medicago sativa L. (紫花苜蓿)	紫花苜蓿	-	信息
1115C0001000000041	Leguminasae (豆科)	Medicago L. (苜蓿属)	Medicago sativa L. (紫花苜蓿)	紫花苜蓿	-	信息
1115C0001000000042	Leguminasae (豆科)	Medicago L. (苜蓿属)	Medicago sativa L. (紫花苜蓿)	熊岳苜蓿	-	信息
1115C0001000000043	Leguminasae (豆科)	Medicago L. (苜蓿属)	Medicago sativa L. (紫花苜蓿)	长武苜蓿	-	信息

苜蓿种质列表1

1115C0001000009255	Leguminosae(豆科)	Medicago L.(苜蓿属)	Medicago lupulina L.(天蓝苜蓿)	天蓝苜蓿	优质,其他	信息
1115C0001000009280	Leguminosae(豆科)	Medicago L.(苜蓿属)	Medicago lupulina L.(天蓝苜蓿)	天蓝苜蓿	优质,其他	信息
1115C0001000009322	Leguminosae(豆科)	Medicago L.(苜蓿属)	Medicago sativa L.(紫花苜蓿)	金皇后	抗逆,其他	信息
1115C0001000009329	Leguminosea(豆科)	Medicago.L(苜蓿属)	Meidcago sativa L.(紫花苜蓿)	苜蓿王	抗逆,抗病,其他	信息
1115C0001000009333	Leguminosea(豆科)	Medicago L.(苜蓿属)	Medicago sativa L.(紫花苜蓿)	阿尔冈金	优质,抗病,其他	信息
1115C0001000009334	Leguminosae(豆科)	Medicago L.(苜蓿属)	Meidcago sativa L.(紫花苜蓿)	陇东苜蓿	抗逆,其他	信息
1115C0001000009612	Leguminosae (豆科)	Medicago L.(苜蓿属)	Medicago sativa L.(紫花苜蓿)	肇东苜蓿	高产,优质,其他	信息
1115C0001000009613	Leguminosae (豆科)	Medicago L.(苜蓿属)	Medicago sativa L.(紫花苜蓿)	龙牧801苜蓿	高产,优质,其他	信息
1115C0001000009614	Leguminosae (豆科)	Medicago L.(苜蓿属)	Medicago sativa L.(紫花苜蓿)	龙牧803苜蓿	高产,优质,其他	信息
1115C0001000009615	Leguminosae (豆科)	Medicago L.(苜蓿属)	Medicago sativa L.(紫花苜蓿)	龙牧806苜蓿	高产,优质,其他	信息
1115C0001000009616	Leguminosae(豆科)	Medicago L.(苜蓿属)	Medicago varia Martyn(杂花苜蓿)	草原1号苜蓿	高产,优质,其他	信息
1115C0001000009617	Leguminosae(豆科)	Medicago L.(苜蓿属)	Medicago varia Martyn(杂花苜蓿)	草原2号苜蓿	高产,优质,其他	信息
1115C0001000009618	Leguminosae(豆科)	Medicago L.(苜蓿属)	Medicago varia Martyn(杂花苜蓿)	草原3号苜蓿	高产,优质,其他	信息
1115C0001000009619	Leguminosae (豆科)	Medicago L.(苜蓿属)	Medicago sativa L.(紫花苜蓿)	公农1号苜蓿	高产,优质,其他	信息
1115C0001000009620	Leguminosae (豆科)	Medicago L.(苜蓿属)	Medicago sativa L.(紫花苜蓿)	公农2号苜蓿	高产,优质,其他	信息
1115C0001000009621	Leguminosae (豆科)	Medicago L.(苜蓿属)	Medicago varia Martyn(杂花苜蓿)	新牧1号杂花苜蓿	高产,优质,其他	信息
1115C0001000009622	Leguminosae (豆科)	Medicago L.(苜蓿属)	Medicago sativa L.(紫花苜蓿)	新牧2号紫花苜蓿	高产,优质,其他	信息
1115C0001000009623	Leguminosae(豆科)	Medicago L.(苜蓿属)	Medicago falcata L.(黄花苜蓿)	黄花苜蓿	高产,优质,其他	信息
1115C0001000009624	Leguminosae (豆科)	Medicago L.(苜蓿属)	Medicago sativa L.(紫花苜蓿)	敖汉苜蓿	高产,优质,其他	信息
1115C0001000009625	Leguminosae (豆科)	Medicago L.(苜蓿属)	Medicago sativa L.(紫花苜蓿)	美国苜蓿王	高产,优质,其他	信息
1115C0001000009704	Leguminosae(豆科)	Medicago L.(苜蓿属)	Medicago truncatula Gaertn.(蒺藜状苜蓿)	Sephi	优质,其他	信息
1115C0001000009833	Leguminosae(豆科)	Medicago L.(苜蓿属)	Medicago sativa L.(紫花苜蓿)	WL-1	优质,其他	信息
1115C0001000009834	Leguminosae(豆科)	Medicago L.(苜蓿属)	Medicago sativa L.(紫花苜蓿)	结局HR	优质,其他	信息
1115C0001000009836	Leguminosae(豆科)	Medicago L.(苜蓿属)	Medicago sativa L.(紫花苜蓿)	标志	优质,其他	信息
1115C0001000009839	Leguminosae(豆科)	Medicago L.(苜蓿属)	Medicago polymorpha Linn.(南苜蓿)	南苜蓿	优质,其他	信息

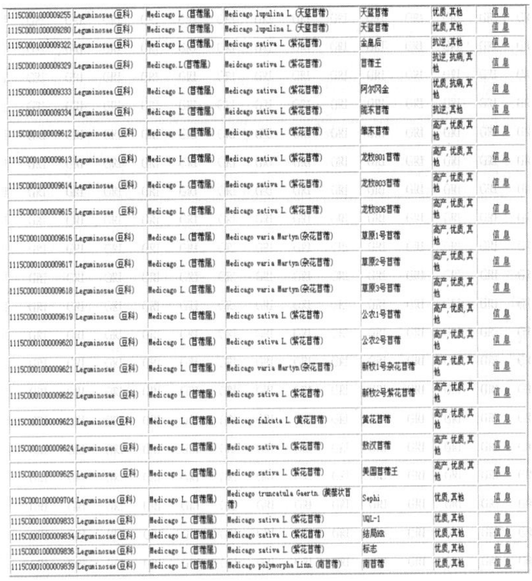

苜蓿种质列表2

图1　苜蓿种质资源数据库

6. 服务内容

针对我国“振兴奶业苜蓿发展行动——高产优质苜蓿产业化示范项目”实施中优良苜蓿品种区划不清、特性不明、随意种植导致的重大经济损失，国家牧草种质资源子平台开展了如下工作。

第一，900余个苜蓿品种多点、多年的筛选展示服务。

第二，优良苜蓿品种信息与咨询服务。

第三，高产栽培、杂草防除、病虫害防治技术服务等（图2、图3和图4）。

图2　田间筛选与展示的900余个苜蓿种质资源

图3　品种筛选与展示

图4　田间咨询与指导

7. 具体服务成效

第一，提供了不同种植区的优良苜蓿品种种植区划方案。

第二，提供优良苜蓿品种信息与技术咨询服务12 000余次。

第三，开展了900余个苜蓿品种筛选与展示服务。

第四，服务公司和企业60余个，种植户和地方政府140余个。

第五，服务种植面积120余万亩，新增经济效益约8亿～10亿元。

五、总结与展望

近30年来，我国牧草种质资源研究工作取得显著进展和成效。一是规模大、区域广、参加单位和人员多；二是保存设施迅速扩大，建立起一个牧草种质资源保存中心库、2个备份库和17个多年生牧草资源圃；三是进一步完善和制定了一系列研究方法和技术规程；四是收集、保存、鉴定评价和利用的饲用植物种类多和数量大；五是少数优良种质资源的研究有所深入；六是开展了新的研究项目，如“牧草种质资源标准化整理、整合及共享试点”；七是生物技术和计算机技术进一步应用；八是加强了国际合作与交流；九是大量培养了人才。现在，我国已成为世界上饲用植物种质资源收集和保存的大国之一。但是从收集的数量、质量、范围和评价利用的广度、深度、需求分析还存在不少问题，还不能满足现代畜牧业发展和草地生态环境建设对优良牧草品种的需求，与世界畜牧业发达国家相比仍存在着较大的差距。

（一）目前存在的主要问题

1. 资源收集重点不够突出，范围不够广泛，基因多样性丧失严重

目前我国收集和保存国内外的牧草种质资源重点不十分突出，收集范围也有很大的局限性，与资源大国不相符。近年来天然草地的严重退化、沙化和对外合作与交流不善导致的损失，牧草基因多样性流失十分严重。

2. 一大批收集到的牧草遗传资源尚未鉴定编目和入库保存

近年来，通过国家及省部级科研项目的持续实施，全国有关科研、高校和管理部门已收集到了大量的国产野生牧草种质资源和国外牧草种质资源，由于没有配套的后续鉴定、繁种、编目及入库保存经费，尚有大量的牧草种质未开展鉴定、繁种、编目及入库保存，约有1/3的种质分散保存在全国的不同单位，这些种质既没有发挥出应有的作用和价值，同时也有得而复失的危险。

3. 鉴定、评价不够全面深入，缺乏创新，利用不够广泛

从过去已完成的牧草种质资源鉴定和评价看，其内容主要集中于植物学特征、生态生物学特性和主要农艺性状方面，抗逆性、抗病虫、营养品质及遗传特性等方面的

鉴定、评价较少，重点优良草种优异遗传特性分子水平上的深入研究、利用现代生物技术和转基因技术有目的的创造新种质研究工作更少。所有这些直接影响着优异牧草种质的利用效能及牧草育种的效率和质量，也影响了我国优异牧草种质资源在生产和生态建设中的直接利用。

4. 标准规章不健全，一些关键技术亟待解决

由于没有牧草种质资源收集、鉴定、评价、利用等方面的国家或行业标准，造成其研究内容、指标、方法、获得的数据及格式等不一致和不全面，数据信息利用的局限性和可比性较差，直接影响着牧草种质共享利用。

5. 信息与实物共享程度低，资源优势未能发挥实际作用

数据信息格式不统一，重点标志性数据信息不全面，种质特性了解不够全面和深入，造成了牧草种质资源的信息与实物共享程度低等。

（二）采取对策

1. 明确收集的方向、优先收集的地区和对象

在未来的收集方向上，应立足于我国丰富的牧草种质资源收集，兼顾我国需求的、特别是我国不产的国外优良牧草种质资源收集，形成广泛而持久的收集制度，不断丰富我国牧草种质资源的战略储备。

2. 建立健全牧草种质资源配套的研究机制与管理制度

牧草种质资源研究涉及收集、保护、鉴定、评价、创新、筛选利用、信息和实物管理与共享利用诸多方面，是一个有着紧密关联的研究过程，在今后的研究工作中，就相关研究内容、研究经费应当予以充分的配套，提高研究效能和利用效率。

3. 加强优异牧草种质资源的深入与创新研究

在深入研究方面，要紧密围绕育种、生产及生态建设的需求，应以重点优良牧草为主。在传统植物学和农艺学性状鉴定和评价的基础上，要充分加强抗逆性、抗病虫、生态生理、遗传特性、遗传多样性等方面的深入研究，加速优良草种的高效利用。

4. 制定相关的技术标准和规范，实现收集、评价利用的标准化，提高共享利用效率

在充分总结牧草种质资源已有研究工作的基础上，以研究和解决本研究领域尚未解决的关键技术和方法为突破口，充分利用国家牧草种质资源平台项目初步研制出的110套牧草种质资源描述规范和技术标准，通过不断的验证和完善制订出相关的行业或

国家标准，实现我国牧草种质资源收集、保存、鉴定、评价、筛选、创新及利用的标准化和规范化。

5. 建立牧草种质资源长效研究与业绩评价体系

牧草种质资源还是一项长期性、公益性的基础性工作。为保证人才队伍的稳定，需建立新型的工作业绩评估指标体系，充分考虑公益性基础性工作较其他科学研究与技术开发工作在成果获取及发表论文方面的劣势。同时，要建立有效的激励机制和人才凝聚机制，要有相应的倾斜政策，逐步形成一支稳定、精干的专业化队伍，提供可靠的人才队伍保障。

（三）“十三五”规划与展望

根据国家农作物种质资源平台“以用为主，深化服务”的总体思路及要求，牧草种质资源子平台充分利用已有的研究成果，以深化资源整改完善、扩大服务对象与数量及提升服务质量为前提，积极开展了牧草种质资源子平台的相关运行服务工作。

1. “十三五”子平台目标

通过“中国牧草种质资源信息网站”及存量资源，累计达到的实物资源服务数量30 ~ 50余种、300 ~ 500份次；信息服务的数量1 500 ~ 2 000人次；支撑各级各类科研项目30 ~ 50项次；支撑成果5 ~ 10项；技术研发服务项目的数量月80 ~ 100项次；技术与成果推广服务的数量200 ~ 350项次；培训服务的人次50 ~ 100人次；咨询服务400 ~ 600人次；总用户数（含企业用户）提高到300 ~ 500户；整合和维护资源750 ~ 1 000份；完善相关规章制度；研究和重点解决运行服务中的一些关键技术。

2. 展望

随着我国畜牧业由粗放型向现代化集约型转变，农业产业结构调整，城乡生态环境建设的兴起，草产业必将发展成为我国国民经济中的新兴产业，我国牧草饲料作物育种和新品种改良必将得到迅速发展。为此，我国牧草种质资源的保护和利用必将进入一个新的发展时期。为此，国家牧草种质资源子平台面临的任务即十分广大，也十分艰巨。

国家热带作物种质资源子平台发展报告

陈业渊[1]，李　琼[2]，洪青梅[1]，何　云[1]

（1．中国热带农业科学院热带作物品种资源研究所，儋州，571737，
2.中国热带农业科学院分析测试中心，海口，571101）

摘要：热带作物是指只能在我国热带或南亚热带地区种植的作物，主要包括橡胶树、木薯、香蕉、荔枝、龙眼、芒果、菠萝、咖啡、胡椒、椰子、油棕、槟榔、剑麻等，分布在海南省、云南省、广东省、广西壮族自治区、福建省、四川省、贵州省等8省区，具有种类多、资源丰富、分散性强等特点。国家热带作物种质资源平台整理整合热区13家科研单位，加强平台单位间的交流沟通，加强热带作物种质资源的收集保护与鉴定评价、深度发掘与创新；通过种质资源信息化管理与共享服务，建立服务对象长期跟踪机制，促进平台整体发展。

一、子平台基本情况

热带作物种质资源只能在我国热带或南亚热带地区种植的作物，主要包括橡胶树、木薯、香蕉、荔枝、龙眼、芒果、菠萝、咖啡、胡椒、椰子、油棕、槟榔、剑麻等，主要分布在海南省、广东省、广西壮族自治区、云南省、福建省、湖南省南部及四川省、贵州省南端的河谷地带。国家热带作物种质资源平台由中国热带农业科学院热带作物品种资源研究所整理整合热区13家科研单位，围绕我国热区社会经济发展和国家食物安全、生态安全、资源安全的需要，以促进热作种业发展和提高热作科技原始创新能力为目标，对木薯、芒果、荔枝、火龙果、咖啡等主要热带作物种质资源的抗逆、抗病虫等性状进行深度挖掘并向科教单位、企业、育种家等提供种质资源实物和信息服务、技术研发服务、技术与成果推广服务、培训服务和科普服务，旨在为培育自主知识产权的新品种提供种质和技术支撑，为政府对热带作物种质资源管理提供科学的决策依据。承担单位平台人员配备：科技支撑人员4人，运行管理人员3人，服务7人；13个子平台各配备科技支撑人员1人，平台运行管理人员1人，服务3人。依托单位现有试验基地50多亩，温室500m^2，网室1 500m^2，晒场300m^2，具有独立的田间测试室，包括摄影室、挂藏室、仓库等共200m^2；建立了专门的分子实验室，已配备液相色谱仪、紫外分光光度计等仪器设备共计66台（套）。以上的设施和实验仪器设备为开展本项目提供了良好的设备条件，能保证项目的顺利实施。

二、资源整合情况

“十二五”期间，从海南省、广东省、广西壮族自治区、云南省、福建省、湖南省南部及四川省、贵州省南端的河谷地带以及泰国、缅甸、柬埔寨、老挝、越南等东南亚及欧洲国家收集野生种、野生近缘种、地方品种、选育品种、品系、遗传材料共1 893份、保存种质资源份数达12 594份（表1），利用主要热带作物种质资源鉴定评价技术，对种质资源的植物学、农艺、品质、抗逆、抗病虫等性状进行鉴定评价。鉴定评价1 509份种质资源植物学性状，1 379份种质资源农艺性状，1 254份种质资源品质性状，534份抗逆性状进行评价，526份抗病虫性状进行评价。筛选出优良种质2 000多份，为自主创新提供材料。

表1　热带作物种质资源整合　　（单位：份）

作物	芒果	木薯	腰果	热带牧草	番木瓜	咖啡	余甘子	椰子	胡椒	菠萝蜜	黄皮	剑麻	火龙果	其他	合计
收集种质份数	42	151	110	271	34	158	168	44	233	308	60	30	210	74	1 893
保存种质份数	260	792	412	9 100	262	446	156	185	260	58	180	85	223	175	12 594

（一）优异资源简介：华南13号木薯

鲜薯干物率和淀粉含量分别为41.91%和29.58%，分别比对照品种华南205高3.66个百分点和0.51个百分点；原淀粉绝干含粉率92.62%，直链淀粉25.59%，支链淀粉74.41%，峰值黏度727BU，糊化温度64.40℃，木薯块根肉质矿质元素K为12.035（mg/g），Ca为0.470（mg/g），Mg为0.988（mg/g），Fe为0.018（mg/g），Mn为0.009（mg/g），Cu为0.004（mg/g），Zn为0.018（mg/g）；木薯块根外皮矿质元素K为6.330（mg/g），Ca为6.580（mg/g），Mg为0.412（mg/g），Fe为0.034（mg/g），Mn为0.076（mg/g），Cu为0.008（mg/g），Zn为0.047（mg/g）。具有高产、中抗细菌性枯萎病、高抗朱砂叶螨为害、适应性广等特性；2009—2015年期间，在海南省琼中、白沙、屯昌，广西壮族自治区合浦、武鸣，江西省东乡，广东省罗定、湛江，福建省大田，柬埔寨菩萨等地区累计推广应用15.30万亩，鲜薯总产量达44.03万t，总产值达2.20亿元。

（二）优异资源简介：“热品4号”芒果

该品种可溶性糖（以转化糖计）18.67%，可溶性固形物16.2%，总酸1.39g/kg，蛋白质含量为0.76%，脂肪0.29%，碳水化合物13.47%，维生素c22.80（mg/100g），维生素B10.042（mg/100g），水分84.80（%），灰分0.68（%）。属早中熟品种类型，色泽艳丽，口感好，纤维含量低，较抗炭疽病、耐贮运，具有适应性广的特点。亩产量一般集中在900~1 500kg，稳产性较好，目前海南、广西壮族自治区和云南省已经种植10 000亩以上。发展潜力较大，已被列为农业部“十三五”主推芒果品种之一。

三、共享服务情况

平台通过网络、资源展示观摩会、科技培训、科技交流等方式向管理人员、育种家、种质资源和生物技术研究人员、农技推广人员、生产者、企业等提供资源信息与实物，服务数量逐年增长。

向500多家单位及个人提供交流平台，科技支撑项目达514项，论文510篇，论著23部，行业标准23项，专利100项，获奖40项。先后提供热带作物植物种质资源95 634份、科学数据194MB、图书文档3 757篇、视屏声像5个、技术转让54项次、技术服务56 957次、技术咨询500 472次、成果推广305 356次、参观访问60人次、科普宣传4 279人次、国际交流与展示438人次，专题服务61次，服务用户人员的总数量达6 000人次，服务数量逐年增长。为国家自然科学基金、“948”项目、行业科技、国家科技支撑项目、国家前期基础性研究项目提供了数据和信息；解决原有老果园的更新改造的技术需要，新品种推广，提高总体栽培水平。同时强化了相关热带作物标准化生产、发展地方特色产业作为增加农民收入的项目之一，推动产业可持续发展的优化升级。在促进农业增效、农民增收和农村经济的发展中发挥了良好的作用。

四、典型服务案例

（一）为我国木薯育种达到国际化领先水平提供资源基础

中国热带农业科学院热带生物技术研究所“973”项目运用我平台提供的资源Arg7（高淀粉）、W14（野生祖先种，叶片光合效率较高）、KU50（高产、高淀粉），成功完成木薯全基因组测序与注释，解析木薯光合产物积累的进化生物学特征，达到国际该领域的领先水平，发表在Nature Communications（2014）。

（二）为我国扶贫攻坚战略实施提供产业资源支撑

贵州省南、北盘江及红水河流域（俗称“两江一河”）低海拔河谷地区具备发展芒果生产的自然气候。但是，由于芒果生产适宜区地处偏远，自然基础条件及生产配套设施较差，技术储备不足，导致贵州芒果生产起步较晚，产业化进程缓慢。近年来，随着“两江一河”梯级水能资源的全面开发利用，交通基础设施及经济社会条件得到较快改善，发展特色山地高效农业产业已经成为本地区守住生态底线、优化农业种植结构、加快农村脱贫致富奔小康的重要战略任务。2014年至今，通过建设优良品种及配套技术示范基地，开展展示新品种、高接换种、整形修剪、保果、果实套袋等关键技术的展示与服务，重点推广芒果整形修剪、病虫害防治要点等关键技术成果。项目实施以来，已累计示范推广优良品种及技术2.0万亩以上，按户均种植5亩芒果计算，户均年纯收入就可达1.50万元左右，就可以带动4 000户家庭脱贫致富。在“两江一河”地区居住着400多万农村人口，可以说立足当地富热气候资源和山地生产环境，因地制宜发展区域特色芒果种植，促进农民增产增收，是破解偏远山区“三农”问题和脱贫致富的关键所在。

五、总结与展望

（一）面临的主要挑战

1. 我国特有热作种质资源面临消失危险，对世界热作资源收集深度不足

据统计，中国热区高等植物有2万多种，占全国同类资源的2/3。但由于我国热作资源工作起步晚，考察和收集工作滞后，特别是交通不便的边远山区的考察收集还很不够，对种质丰度、生态状况、遗传多样性等未进行过系统的调查研究。近年来，热区山区和少数民族聚集区的城镇化、现代化进程加快，各种人为和自然因素导致大量传统当地特有品种和野生种流失严重。例如：我国特有的红心木薯、野生荔枝、矮杆香蕉已灭绝或丧失严重。

世界热区包括90多个国家，热作种质资源非常丰富，几十年来，我国主要靠引进国外优良品种试种推广来支撑我国热作产业创建和规模扩张。但对新物种、野生种、野生近缘种、抗寒、耐旱、耐盐、耐热、抗病等特殊性状种质的引进不足，亟需加强。

2. 种质资源深度鉴定挖掘和种质创新滞后

我国热带作物种质资源大多仅进行了植物学特征和生物学习性描述，约60%进行了基本农艺性状和基本品质性状鉴定，约10%进行了部分生物和非生物逆境抗性鉴定，资源高效利用性状、功能品质等没有涉及；基因挖掘规模很小且分散，种质资源的遗传信息非常少，有育种利用价值的分子标记缺乏，几乎无目标性的种质创新。导致可供育种用的创新材料匮乏。无法支撑热作种业自主创新。

3. 自主新品种少，对产业支撑和一带一路走出去战略的支撑能力不足

热区扶贫攻坚战略以及热带农业一带一路走出去需要对热带作物优良新品种需求迫切。

（二）“十三五”主要任务

1. 加强国内外热带作物种质资源的收集保存

加强国外种质资源考察、收集与引进，国内野生资源、品系、地方品种、变异单株等种质资源的收集与保护、加强对四川省干热河谷地区、沿海地区及海岛、少数民族山区调查收集保护；针对拉丁美洲、东南亚、非洲等地区开展种质资源考察收集与引种交换。

2. 强化热带作物种质资源的鉴定评价、深度发掘与创新

种质资源表型性状精准鉴定。对初步筛选的优良种质资源进行多年多点的表型精准鉴定和综合评价，挖掘具有育种利用价值的种质资源。

种质资源基因型鉴定评价。开展种质资源的大规模基因型鉴定，构建全基因组指纹图谱；发掘控制作物产量、品质、抗病、抗逆、养分高效利用等性状的基因及其有利等位基因。

种质资源创新和新品种培育。针对不同育种目标，利用鉴定筛选出的优异种质资源和有利等位基因，创制育种急需、目标性状突出的新种质；综合集成分子标记、染色体工程、细胞工程、远缘杂交等多种技术，与常规育种相结合，培育具有高产、优质、多抗等突破性热带作物新品种。

特殊功能性种质资源的发掘。开展土壤修复、生物质能源、富含保健功能成分等特殊功能性种质资源鉴定挖掘和创新，满足未来育种和生产及健康食品的需求。

3. 强化科技资源开放共享与主动平台服务

种质资源信息化管理与共享服务。对接热带农业一带一路走出去战略，形成覆盖全国乃至全世界科技资源开放共享。

根据各科研人员、育种家、企业、农民的实际需求主动提供信息和实物资源等服务，建立服务对象长期跟踪机制，使服务效率大大提升。

国家樱桃种质资源（北京）子平台发展报告

闫国华，张开春，张晓明，周　宇，王　晶

［国家樱桃种质资源子平台（北京）北京市农林科学院林业果树研究所，北京，100093］

摘要：国家樱桃种质资源子平台（北京）致力于樱桃种质资源的收集、保存、鉴定与利用研究，是国内保存樱桃种质最多的资源圃之一，共保存以甜樱桃、酸樱桃为主的各类樱桃资源共计236份。目前承担国家和北京市科研项目十余项，制定国家标准及农业部标准3项。子平台以樱桃资源的收集、评价为基础，开展甜樱桃品种和砧木选育及示范展示工作，培育“彩虹”“香泉1号”等优良甜樱桃品种和“兰丁1号”“兰丁2号”及“京春1号”等优良抗性砧木品种。面向国内科研院所、企业及广大果农，积极开展种质资源服务、专题服务、培训服务等多种形式的服务。

一、子平台基本情况

国家樱桃种质资源子平台（北京）挂牌于2012年，挂靠于北京市农林科学院林业果树研究所，子平台工作人员7名，研究员1人，副研4人，其中具有博士学位者6人。子平台主要设施有：约3 000m^{2}高效资源圃和总面积约280亩的资源评价及育种基地2个。基地建有2栋连栋温室、10栋日光温室、组培车间以及栽培架式、避雨棚、节水灌溉等基础设施。

子平台致力于樱桃种质资源的收集、保存、鉴定与利用研究，是国内保存樱桃种质最多的资源圃之一，共保存以甜樱桃、酸樱桃为主的各类樱桃资源共计236份。目前承担国家级和市级科研项目10余项，制定国家标准《植物新品种特异性、一致性、稳定性测试指南—樱桃》、农业部标准《农产品等级规格樱桃》（NY/T 2302—2013）、《樱桃良好农业规范》（NY/T 2717—2015）。子平台以樱桃资源的收集、评价为基础，开展甜樱桃品种和砧木选育及示范展示工作，面向国内科研院所、企业及广大果农，积极开展种质资源服务、专题服务、培训服务等多种形式的服务。

二、资源整合情况

（一）资源整合与收集

截至2016年12月，共保存以甜樱桃、酸樱桃为主的各类樱桃资源共计236份；其中包括甜樱桃166份，酸樱桃38份、砧木与野生资源32份，并保证年增长率在5%以上；对保存的樱桃资源持续进行了包括生物学特性、园艺学特性及抗性等多性状鉴定与评价，重点开展了甜樱桃品种资源的开花结果特性、砧木种质资源的抗寒、耐盐碱、耐缺氧、抗根瘤等抗性的鉴定工作；筛选出瓦列里、马什哈德、萨米特、拉宾斯、布鲁克斯、雷尼、艳阳等优良品种直接服务于生产；获得了樱桃果皮颜色的分子标记，可用于红色品种育种的预先选择；创制出自交结实纯合种质，用于自交结实品种的选育；开展甜樱桃品种和砧木选育，现杂交苗保有规模12 000余株；已审定“早丹”、“彩虹”“香泉1号”等优良甜樱桃品种和“兰丁1号”“兰丁2号”及“京春1号”等优良抗性砧木品种，并在生产上进行示范推广。

（二）优异资源简介

1. “香泉1号”甜樱桃

由北京市农林科学院林业果树研究所育成，是国内首个自育的自交结实甜樱桃新品种，6月上旬成熟，果皮黄底红晕，平均单果重8.4g，最大单果重10.1g。可溶性固形物含量19%，酸甜可口，品质优良。早果丰产性好，自然坐果率高达72.2%，不需要配置授粉树（图1）。

图1　“香泉1号”结果状

2. “兰丁1号”和“兰丁2号”樱桃砧木

由北京市农林科学院林业果树研究所育成。“兰丁1号”易于繁殖，嫁接亲和力好，根系发达，固地性好，抗根癌能力强，抗褐斑病，耐盐碱。耐涝性、耐瘠薄能力优良，嫁接树整齐度高，树势强，成形快，较丰产，其果实产量和品质良好（图2）。“兰丁2号”绿枝扦插生根率高，繁殖力强，嫁接亲和力好，根系发达，固地性好。综合抗性较强，抗根癌病，抗褐斑病，较耐盐碱，耐涝性、抗重茬能力优良。嫁接树整齐度高，树势健壮，树姿开张，萌芽率成枝力强，早果性好，较丰产，嫁接品种果实品质优良（图3）。已累计繁殖苗木100万株以上，在山东省、河北省、甘肃省、陕西省、山西省等樱桃主产区推广应用，成效显著。

图2 “兰丁2号”苗木繁育

图3 “兰丁2号”嫁接树盛果期开花状

三、共享服务情况

子平台面向国内科研院所、企业及广大果农，积极开展种质资源服务、专题服务、培训服务等多种服务形式，2013—2016年，累计向社会提供种质资源服务297份次，提供繁殖材料60 779份，培训2 996人次、开展专题服务12次（表1）。

表1 国家樱桃种质资源子平台（北京）近年来共享服务情况

服务类型	2013年	2014年	2015年	2016年	合计
资源服务（份次）	56	61	89	91	297
技术与成果推广服务（繁殖材料份数）	20 240	8 668	19 880	11 991	60 779

（续表）

服务类型	2013年	2014年	2015年	2016年	合计
培训服务（人次）	583	599	884	930	2 996
专题服务（次）	2	2	3	5	12

四、典型服务案例

（一）2013年北京市樱桃裂果及果蝇为害普查与防治专题技术服务

1. 背景

2013年6月初，北京市绝大多数樱桃产区遭遇集中降雨，导致发生严重裂果灾害，随即发生大面积果蝇为害，造成损失达50%以上。我们迅速反应，精心策划，组织人力，积极开展了以裂果灾害的普查及果蝇为害的调查与防治为主题的专题技术服务。

2. 北京市樱桃遇雨裂果情况调查与咨询服务

深入北京市通州区、海淀区等樱桃主产区，对部分中晚熟樱桃品种的雨后裂果情况进行了调查和分析，将32个甜樱桃品种的裂果情况大致分为3个水平，即轻微裂果（5%～10%）、中度裂果（10%～30%）和严重裂果（30%以上），裂果方式有3中，即顶部开裂、侧面开裂、梗部环裂。基于以上结果，向主管部门及生产单位提出了对策与建议，指导生产者选择抗裂果品种、制定防灾减灾生产措施，积极应对裂果为害（图4）。

图4　部分樱桃品种裂果情况

3. 果蝇为害情况普查与防治服务

果蝇为害期间，我们积极查阅资料，制定防控方案，并组织子平台人员深入北京市通州区的西集镇樱桃主产区，开展调查研究，开展技术培训，指导果农进行防控，力争将果蝇对樱桃生产的为害降至最低水平。在红樱桃园艺场、潞城镇武窑松江果园、郭旭宝果园试验了不同的诱捕方式，取得了良好效果。实地采集果蝇标本共5个，并将上述标本交中国农业大学植保系、北京市农林科学院植保所有关专家进行了研究鉴定（图5）。

图5　果蝇发生及为害情况调查

4. 果蝇为害的防治对策与建议

果蝇首次对北京樱桃生产造成严重的为害，目前对其种类、生活习性等尚缺乏细致的研究与足够的认识，加之果蝇为害发生过于集中，时间短，还缺乏更为科学有效的防治措施和办法。鉴于此，我们将采集标本送交有关专家进行研究鉴定，同时向市级植保部门报告，呼吁相关部门联合攻关，制定科学有效的防治技术方案，为北京市樱桃产业保驾护航。

5. 形成成果

发表学术论文《斑翅果蝇（*Drosophila suzukii*）研究现状》果树学报，31（4）：717-721、《北京市甜樱桃品种雨后裂果调查》中国果树，2014（2）。

（二）服务中小企业科技创新、推动樱桃产业健康发展

1. 背景

山东省是我国甜樱桃的主产区，山东省潍坊市绿岛大樱桃苗木基地是一家立足山东、面向全国的樱桃专业苗木企业，具有一定的樱桃苗木生产经验和较大的生产规模，目前产品以Colt砧木苗木为主，品种相对比较单调陈旧，急需进行更新换代，以适应市场需求（图6）。

图6　基地挂牌

2. 服务情况及成效

2014年1月至2015年8月子平台以繁殖芽的形式向该企业提供“兰丁”系列优良抗性砧木和“彩虹”等优良甜樱桃品种资源近20个，每个品种500芽，共计约10 000个芽，用于苗木繁殖。并派出技术人员10余人次赴该企业进行技术指导，协助其建成甜樱桃优良品种采穗示范园圃10亩。在此基础上，建立了规范的嫁接繁殖和扦插繁殖技术流程，形成了有效运行的优质苗木繁育体系，形成年产优质苗木80万～100万株的生产能力，以适应市场需求（图7）。

图7　“兰丁”砧木扦插繁殖圃

五、总结与展望

（一）“十三五”子平台发展总体目标

对照上级要求，学习先进经验，努力打造一流子平台。

（二）主要任务

1. 加强资源整合力度

开展资源维护与更新，增加主体资源数量，以适应平台特点和服务需要。

2. 强化制度建设

按照规范性、科学性的要求，完善平台管理、共享服务制度规范，对共享服务的方式、服务流程进行标准化和体系化。

3. 加强支撑保障、配备充足的人员、改善硬件设施

为优良品种资源的种植与管理创造有利条件。

4. 保质保量完成年度各项资源服务任务

包括实物资源服务、技术发服务、优新品种及配套栽培技术的培训服务及展示服务等。

（三）预期成效

1. 提高收集能力

力争使资源年增加5个以上。

2. 增加服务指标

各项服务指标年增长5%以上。

3. 在现有基础上，贯彻落实一套行之有效的“平台管理、共享服务制度规范”

实现共享服务的方式、服务流程标准化和体系化。

（四）“十三五”拟通过运行服务主要解决科研和生产上的重大问题

1. 果园品种老化单调

适宜观光采摘的花色品种短缺。

2. 适应性强的砧木缺乏

种植难度较大，死树现象严重。

3. 关键栽培技术不配套、管理方法不到位

面向产业发展需求，着力强化资源的收集、评价及应用服务工作，为产业健康发展提供有力的资源和技术支撑。

国家亚热带特色果树种质资源子平台发展报告

卢新坤，林旗华，林燕金，卢燕清，黄雄峰

（福建省农业科学院果树研究所，福州，350013）

摘要： 国家亚热带特色果树种质资源子平台依托在福建省农业科学院果树研究所，平台主要工作人员5名，建有亚热带特色果树种质资源圃30亩，已收集保存9种亚热带特色果树种质资源115份，“十二五”期间资源数量年均增长15%以上；开展服务工作成效显著，提供种质资源给科研、教学、生产等16个单位的42人利用，提供信息、技术服务等6 117人次；为“十二五”农村领域国家科技计划课题、农业部农业行业专项、农业部“948”项目以及省级等科研项目合计80项提供种质资源、专题服务。支撑发表论文25篇、发明专利3项、制定地方标准1项、选育出审（认）定品种3个、科技成果3项（省部级三等奖3项），解决生产实际难题30多项。

一、子平台基本情况

国家亚热带特色果树种质资源子平台依托在福建省农业科学院果树研究所，平台主要工作人员5名，其中高级职称2名、中级职称2名、博士1名，分别负责资源圃建设管理、资源收集管理、数据采集整理、资源评价、提供服务、展示推广和电脑信息维护等，配备电脑、打印机、数据采集、信息处理、服务等相应软硬件设备，确保平台服务的正常运行；建有亚热带特色果树种质资源圃30亩，拥有丰富的台湾果树优良种质资源和亚热带特色果树资源的特色圃，共收集保存柚、芭乐、台湾青枣、芒果、杨梅、莲雾等种质资源115份（图1和图2）。主动为科研、育种和生产栽培提供亚热带特色果树资源服务，收集、展示科研技术成果，实现信息服务常态化。结合科研重大专题和产业关键技术开展专题服务；不断整合新资源，拓展服务范围，使平台服务水平不断提升，成效逐步提高。

图1　台湾果树引种圃20亩

图2　柚种质资源圃10亩

二、资源整合情况

（一）资源整合与收集

国家亚热带特色果树种质资源子平台收集保存的种质资源主要为活体田间种植保存，主要种类有柚、芭乐、台湾青枣、桃、芒果、杨梅、莲雾、火龙果、百香果等9种亚热带特色果树，已收集保存种质资源115份（表1），比“十二五”之前增加1倍多，年均增长15%以上。每年开展资源收集、保存、性状观测、品质分析、鉴定评价，资源更新、增加保存，筛选发掘优特资源，编码整理等工作。收集的亚热带特色果树种质资源种类多、具有丰富的多样性。如特早熟台湾春桃、特晚熟迎春香柚、小果形迷你莲雾、大果形手掌莲雾、红肉芭乐，更有果肉呈红色、橙黄色、黄色，果皮呈桔红色、红色、紫红色、花纹色等不同色泽的系列柚种质资源。

表1　收集保存亚热带特色果树种质资源统计

作物名称	种质份数（份）		物种数（个）	
	总计	其中，国外（含中国台湾）引进	总计	其中，国外引进
柚	60	3	1	0
台湾特色果树	55	30	8	3
合计	115	33	9	3

（二）优特品种介绍

1. 优特桃资源—台湾春桃

特早熟，在福建省平和县种植，花期11月下旬至1月下旬，成熟期3月上旬至4月下旬；投产早，种植第二年即开始挂果，丰产稳产，酸甜适口，肉脆，风味佳（图3和图4）。

图3　台湾春桃3月成熟果

图4　台湾春桃12月1日开花树

2. 优特柚资源—迎春香柚

特晚熟，在福建省平和县种植，成熟期2月上旬至3月上旬；投产早，种植第三年即开始挂果，丰产稳产，抗逆性强，耐储藏，酸甜适口，化渣，香气浓，风味佳（图5和图6）。

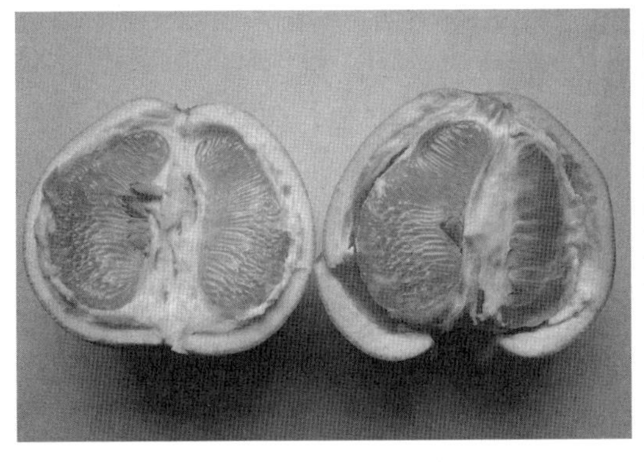

图5　迎春香柚果实

图6　迎春香柚挂果树

三、共享服务情况

国家亚热带特色果树种质资源子平台服务类型主要有：根据客户提出的需求提供服务和根据自身的资源、信息、技术等条件主动开展服务。服务形式主要有提供实物、信息、资源展示、技术服务、宣传等。提供实物主要为提供种质资源的接穗、种苗；信息跟踪服务主要提供各子平台拥有的种质资源信息给有需求的客户；提供技术服务：通过技术培训班、视频远程教育、现场指导、印发宣传技术资料等方式对果农、基层科技人员进行技术培训或指导，推广新品种、新技术。

"十二五"期间共计提供种质资源给科研、教学、生产等16个单位的42人利用，提供信息、技术服务等6 117人次（表2）。

表2　2011—2015年亚热带特殊果树种质资源共享利用情况

年度	服务数量	用种单位数	用种人数
2011	23	1	6
2012	24	2	8
2013	510	2	8
2014	1 560	5	9
2015	4 000	6	11
合计	6 117	16	42

“十二五”期间服务的对象主要有教学单位：福建农林大学、华中农业大学；科研单位：中国农业科学院柑橘研究所、福建省农业科学院果树研究所、广东省梅州市农业科学研究所、湖北省农业科学院果树茶叶研究所、云南省红河热带农业科学研究所等；农技推广部门：福建省漳州市经济作物站、福建省福安市经济作物站、福建省平和县经济作物站、福建省宁德市经济作物站、广西壮族自治区水果技术推广总站、海南省发展南亚热带作物办、浙江省龙游县农业局等；企业：国营平和县原种厂、仙游县宏伟农业有限公司、福建南海食品有限公、福建天意红肉蜜柚开发有限公司、平和县金吉蜜柚开发有限公司、福建仙游县宏伟农业开发有限公司、平和县三宝蜜柚公司、福建康利来生态农业科技开发有限公司等；民间组织、果农：贵州省平塘县掌布果蔬专业合作社、建阳市沃野果蔬专业合作社、平和县江南黄金蜜柚专业合作社、平和县霞寨黄奇山家庭农场、仙游县度尾镇余洪柏家庭农场及300多户果农。科技支撑效果：为“十二五”农村领域国家科技计划课题、农业部农业行业专项、农业部“948”项目以及省级等科研项目合计80项提供种质资源、专题服务。支撑发表论文25篇、发明专利3项、制定地方标准1个、审（认）定品种3个、科技成果3项（省部级三等奖3项）。

四、典型服务案例

（一）典型服务案例1“黄金蜜柚”良种选育及应用研究

1. 服务对象、时间及地点

福建省农业科学院果树研究所，柚子种植户，2003年1月至2014年12月、福建省柚类种植区。

2. 服务内容

黄金蜜柚新品种选育研究、配套技术研究和示范推广。

3. 具体服务成效

第一，选育出柚类优质新品种——黄金蜜柚（图7和图8），2013年4月26日通过福建省农作物品种审定委员会新品种认定（认定编号：闽认果2013005）。

第二，在福建省平和、霞浦、永定、永安等地推广种植3 806.7hm^2，新增产值9.55亿元，果农增收7.79亿元；并已在广东省、海南省、广西壮族自治区、云南省、贵州省、重庆市、江西省、浙江省、湖南省、福建省等10个省（直辖市）推广种植，品种优良性状表现稳定，发展前景广阔。

第三，获得2014年度福建省农业科学院科学技术奖二等奖。

福建省农作物品种认定证书

认定编号：闽认果2013005

作物种类：柚

品种名称：黄金蜜柚

选育单位：福建省农业科学院果树研究所、平和县经济作物站

选育人员：卢新坤、张胜民、李春生、林燕金、张金桃、林旗华、黄雄峰、李燕武、朱东煌、翁毅斌

品种来源：2001年从平和县小溪镇内林村旧楼组张胜民、李春生的虎头山琯溪蜜柚园中发现的芽变单株选育而成

该品种经第六届福建省农作物品种审定委员会第六次会议认定通过，由福建省农业厅2013年11号通告公布，适宜福建省漳州市柚产区种植。

证书编号：2013-28-1

福建省农作物品种审定委员会

二〇一三年四月二十六日

图7 黄金蜜柚认定证书

图8 黄金蜜柚挂果树

（二）典型服务案例2：深入田间帮助果农解决柚树光开花不结果问题

1. 服务对象、时间及地点

柚子种植户，2015年8月至2016年10月、莆田仙游县。

2. 服务内容

调研、技术指导解决仙游县盖尾镇瑞沟村柚农陈建荣果园诊断柚子树光开花不结果的问题。

3. 具体服务成效

第一，鉴定出了果园中柚子品种为晚白柚。

第二，导致柚子树光开花不结果的原因是栽培管理水平未跟上。

第三，提出解决晚白柚光开花不结果的栽培技术措施，跟踪指导果农掌握相关栽培技术，帮助解决果农柚树光开花不结果问题（图9）。2016年该片柚园经测算亩产可达2 800kg。

图9　深入田间调整

2015年8月27—28日，福建日报的助村栏目连续两期进行报道。

五、总结与展望

（一）目前仍存在的主要问题和难点

1. 各子平台主要以提供自身保存的种质资源服务为主

停留在各自为战，提供服务资源范围小，提供服务内容有限。

2. 各子平台间交流不多

联动合作开展服务少，服务水平有待提升。

（二）解决措施和建议

1. 建立各子平台间的交流合作服务运行机制

提升服务水平和效率。

2. 加强服务典型宣传展示

扩大平台的影响力和知名度，让更多有需求的人及时得到服务。

（三）“十三五”子平台发展总体目标

1. 提升资源的数量和种类

收集保存亚热带特色果树种质资源达到12个物种20份种质资源以上，并进行鉴定评价，实现种质资源量年增长10%以上。

2. 实现平台服务工作的常态化、有效化

坚持开展多样性服务工作，坚持日常性服务、展示性服务、针对性服务、需求性服务、引导性服务、专题性服务相结合，提高服务质量和效益，提供服务客户数量实现年增长10%以上。

3. 主动开展各种专题服务

支撑亚热带特色果树产业发展的品种选育、栽培技术等研究，有效推动相关产业的可持续健康发展。

（四）“十三五”拟通过运行服务主要解决科研和生产上的重大问题

1. 发掘优新种质资源

为亚热带特色果树优新品种选育提供服务，解决生产少品种退化、果品种类少、品质一般、效益不高的问题。

2. 为亚热带特色果树应用基础研究提供多样性种质资源

支撑果实品质相关调控机理研究，探索解决果实品质不稳定的有效途径。

国家水稻种质资源（南京）子平台发展报告

江　玲，刘裕强，王益华，刘世家，刘　喜，张文伟，陈亮明

（南京农业大学，南京，210095）

摘要：本子平台广泛收集国内外种质资源，利用已建立的各项重要农艺性状表型鉴定方法，筛选鉴定各种资源和突变体材料，获得品质、抗性等重要农艺性状特异或变异的材料，并进行基因定位研究，挖掘重要农艺性状形成的关键基因，开发相应的分子标记，开展重要关键基因的功能分析和优异种质的创制，为优质高产多抗水稻新品种选育提供种质资源材料、分子标记及分子育种方法、创新的育种中间材料等。为各科研单位提供水稻种质资源服务和鉴定服务。

一、子平台基本情况

本子平台位于江苏省南京市，面向南方粳稻区，依托作物遗传与种质创新国家重点实验室和国家水稻改良中心南京分中心。研究队伍包括分子生物学、植物保护、生物化学和作物遗传育种学等多学科研究人员，专业基础知识扎实，实际工作经验丰富，组成合理，老中青相结合，并具有良好的团队协作精神和国内外良好的协作关系。课题组成员长期从事水稻遗传和分子育种的研究，先后承担多项国家“863计划”“973计划”国家自然科学基金等项目，为本项目积累了丰富的经验。项目组已建成分子育种实验室，拥有各类PCR仪（荧光定量、梯度等）、电泳凝胶成像系统、超低温冰箱、高速冷冻离心机、分子杂交炉、人工气候箱等大型仪器设备。具有高标准试验田400亩，南繁试验基地50亩，温室300m^2，挂藏室80m^2，钢架制种隔离大棚1 000m^2，种质资源保存低温库和种子仓库100m^2，拥有品质分析实验室、组织培养室及田间抗逆性鉴定装置，实验条件在国内同行中处于先进水平。具备水稻重要农艺性状鉴定和创新所需要的实验室、仪器设备、田间品种筛选，研究鉴定等设施和条件。

本子平台的目标定位，即是通过鉴定重要农艺性状，创新优质、多抗水稻新种质，为育种提供新种质。功能职责是：收集和鉴定水稻品质、抗性等重要农艺性状，并充分利用抗逆与优异基因资源，检测和定位产量、品质、抗性等重要相关基因，筛选紧密连锁的实用的分子标记，聚合高产、优质、多抗、生育期适宜的关键有利基因，创新育种新种质，并提供育种单位利用。

二、资源整合情况

收集来自我国华南、西南、华中和东南亚等地水稻品种资源、育种中间材料、遗传分离群体、诱变的突变体材料等23 018份，开展黑条矮缩病的初步筛选鉴定，发现不同地区水稻品种对黑条矮缩病的抗性存在差异。发病率低于10%的品种仅有34个，主要分布在我国的华南、西南、华中和东南亚水稻种植区，发病率低于5%的品种主要为东南亚水稻品种，我国的华北、西北、东北和其他地区（非洲、美洲等地区）的水稻品种发病率较高。另外，江苏稻区水稻品种发病率主要集中在20%左右，没有发现发病率低于10%的品种。对初步筛选到的发病率低于10%的水稻品种进行了重复鉴定，结果发现仅有7个品种Madurai 25、Vietnam 160、Kanyakumari 29、H511、R24-2、印尼41116、印尼41113在连续2年6个点的鉴定中发病率均低于10%，可作为重要种质资源进行进一步鉴定和育种利用。

完成了300余份T-DNA插入突变体的褐飞虱抗性鉴定，从中获得抗褐飞虱材料2份，褐飞虱敏感突变体6份；完成了两个抗褐飞虱新群体总计300余个F2：3家系的褐飞虱抗性鉴定；完成了120个用于Bph28精细定位的F2：3家系的褐飞虱抗性鉴定；完成了用于抗褐飞虱基因Bph27、QBph4和QBph6等精细定位的约3 000余份F2：3或F3：4家系的褐飞虱抗性鉴定。完成了320余份抗褐飞虱育种中间材料的褐飞虱抗性鉴定，其中包括粳稻品系280余份、籼稻40余份，其中具有抗性的粳稻材料3份，籼稻材料5份。这些材料为进一步抗褐飞虱育种提供基础。

完成1 534份水稻种质资源对白背飞虱的鉴定，获得稳定高抗白背飞虱水稻资源14份；完成了5个抗白背飞虱遗传群体，约500份F2：3家系的白背飞虱抗性鉴定。这些材料为进一步抗白背飞虱育种提供基础。

通过改进的苗期筛选法对312份水稻资源进行了抗性筛选，共筛选到抗性品种131份，其中高抗的有13份，感虫品种有64份，高感的有117份。其中籼稻品种N22表现高抗，粳稻品种USSR5表现高感，以此为亲本构建遗传分离群体，开展抗灰飞虱基因定位研究。这些材料为进一步抗灰飞虱育种提供基础

2014年在徐州所试验田和新沂市新店镇五营村、沛县沛城镇李集村分别建立了稻瘟病接种鉴定圃、自然诱发鉴定圃，完成高世代选种材料和稳定品系1 800余份，筛选出抗穗颈瘟材料20余份，这些材料为进一步抗稻瘟病育种提供基础。

从6万余份突变体材料种子，筛选粉质突变体、直链淀粉突变体、谷蛋白57H突变体等品质相关突变体。根据突变体的籽粒表型、SDS-PAGE图谱以及细胞学特征，对筛选到的突变体，进行了简单的分类和鉴定，其中籽粒透明的突变体T360、F229和F804是*vpe*完全功能缺失突变体；T12137、T16070和地方品种Ketan Nangka是*vpe*非完全功能

缺失突变体；TC469可能是一个谷蛋白A亚家族结构基因突变导致部分谷蛋白滞留在内质网的ER输出缺陷突变体；籽粒不透明的57H突变体T3612隶属于esp2/pdi1-1等位的ER输出突变体；Q25、T5390、TC22以及TC86属于后高尔基体转运缺陷突变体。这些材料为谷蛋白合成、沉积的分子机理的研究以及分子育种提供了重要的基础材料。

三、共享服务情况

目前已筛选鉴定出Kanyakumari29、Madurai25和Vietnam160等材料具有抗黑条矮缩病的特性，已用于遗传群体的构建，开展抗性基因定位研究，同时，与主栽品种宁粳4号、宁粳5号、宁粳6号、宁粳7号和宁粳8号等配组进行育种研究。同时，进一步筛选优质、垩白小、垩白率低、适口性好，抗条纹叶枯病、稻瘟病、抗褐飞虱、抗灰飞虱、白背飞虱等资源，开展基因定位和分子标记辅助选择育种利用研究，以进一步创新优异种质。优异的抗黑条矮缩病的资源、抗稻瘟病的资源、优质的资源等6份及相应的鉴定技术和方法、分子标记等已提供给江苏省镇江市丘陵地区农业科学研究所、连云港市农业科学研究所、盐城市种子公司等育种单位进行利用，同时这些优异的材料也为国家科技支撑计划等课题的完成奠定了材料基础。

四、典型服务案例

本子平台通过鉴定筛选，发现斯里兰卡水稻品种Rathu Heenati（RH），具有持久抗褐飞虱的特性，对其进行精细定位和图位克隆研究，发现该品种携带抗褐飞虱主基因*Bph3*位点，编码四个植物凝集素类受体激酶（OsLecRK），该基因簇的存在决定了RH广谱、持久的抗性。为此，我们以RH为母本，宁粳3号为父本进行杂交、回交，结合分子标记辅助选择，将该抗性基因簇导入感虫品种宁粳3号，创制了高抗褐飞虱粳稻新品系。相关成果发表在国际权威刊物《Nature Biotechnology》（IF=39.01）。同时，该研究成果以1 000万元的价格授权袁隆平高科技股份有限公司使用，实现了科研成果的顺利转让。抗性基因的克隆和相应分子标记的开发利用可实现抗病虫品种的精确选择，育种效率更高，更可靠，进度更快。科研单位创制的抗性育种材料为商业化育种提供了抗源，为产学研的良好合作树立了典范。

五、总结与展望

（一）存在问题

平台针对目前我国南方主推的粳稻品种仍然存在的品质、抗性上的问题。

（二）解决问题

“十三五”子平台仍需对种质资源、遗传群体、育种中间材料等进行抗褐飞虱、抗黑条矮缩病、抗稻瘟病、抗穗发芽、稻米品质等性状进行鉴定。对抗褐飞虱基因、抗黑条矮缩病基因、抗穗发芽基因、稻米品质等进行基因定位和精细定位，并利用这些研究结果进行重要农艺性相关基因的近等基因系的构建。

（三）发展方向

深入开展对高代稳定材料进行育种利用价值的评估鉴定与研究，从而为水稻分子育种提供新种质和技术基础，为满足国家需求提供保障。

国家多样化特色作物种质资源子平台发展报告

杨忠义

（云南省农业科学院生物技术与种质资源研究所，昆明，650231）

摘要：通过对作物种质资源的收集和标准化整合，开展多样性的精准研究评价，筛选特色作物种质资源，高效服务支持区域农业经济的发展。“十二五”期间，开展了1.2万份云南作物种质资源多样性研究并发表论文6篇，出版发行了19部《云南作物种质资源多样性分布研究》系列科学专著；开展3项专题服务，取得了一定的经济效益和社会效益。培养研究生3名。

一、子平台基本情况

国家多样特色作物种质资源子平台（下称：子平台）工作始建于1996年，是国家作物种质资源平台的子平台，先后为云南省攻关项目、国家基金项目、省院省校等项目提供技术支持，先后获得国家及各部委奖四项，云南省一等奖一项、二等奖三项、三等奖二项。参与选育“云恢290”和“云光系列品种”；建成了《云南作物种质资源信息管理系统》，研制了《云南地方稻种资源特征特性的地理分布系统》，完成了《籼粳稻亚种的多媒体鉴别系统》《云南莲藕》《云南杜鹃》等研究考察报告；编制《云南生态植被景观与花卉》和《云南桑树》等光碟；第1编者出版了《云南稻种资源的生态地理分布研究》并获云南省自然科学三等奖，以第1作者在自然科学核心刊物上发表有学术价值的研究论文30余篇。子平台现有科技人员5人，研究员2人、副研究员2人、高级教师1人。

二、资源整合情况

云南省享有“植物王国”的美称，垂直分布的生态环境，复杂多样的气候、地貌和植被，多姿多彩的民族文化，以及因地制宜的生产方式孕育了丰富的云南作物种质资源，缔造了多种作物的起源地和多样性中心，是中国作物种质资源大省。因此，“十二五”期间主要针对云南作物资源开展研究，为科技服务提供技术支撑。通过多年努力，整合1.2万份云南作物种质资源，并对35万个作物种质资源的特征特性信息进行标准化处理，跨学科，跨领域收集整合了云南省生态地理气候信息资源及人文信息资源，构建了《云南省生态地理信息资源平台》和《云南省人文信息资源平台》，为开展作物种质资源多样性研究提供了技术支持，通过精准研究构建了《云南省特色和极端资源信息平台》，发表论文6篇，出版发行《云南作物种质资源多样性分布研究》系列科学专著19部。该书准确、形象、生动地表达了云南丰富多彩的作物种质资源及其多样性分布，是世界上第一部反映云南作物种质资源多样性分布的科学著作，对于研究、保护和利用云南特色资源，发掘优异基因，促进作物改良具有很高的实用价值和学术价值。其19部专著具体如下。

（一）总论1部

云南作物种质资源多样性分布研究（总论）。

（二）粮食作物3部

1. 云南作物种质资源多样性分布研究（粮食作物—上篇）

2. 云南作物种质资源多样性分布研究（粮食作物—下篇）

3. 云南稻种资源生态地理分布研究

（三）经济作物6部

1. 云南作物种质资源多样性分布研究（经济作物①—自然环境分布篇）

2. 云南作物种质资源多样性分布研究（经济作物②—各类区划分布篇）

3. 云南作物种质资源多样性分布研究（经济作物③—气候环境分布篇）

4. 云南作物种质资源多样性分布研究（经济作物④—光温水分布篇）

5. 云南作物种质资源多样性分布研究（经济作物⑤—人口量分布篇）

6. 云南作物种质资源多样性分布研究（经济作物⑥—民族环境分布篇）

（四）蔬菜作物9部

1. 云南作物种质资源多样性分布研究（蔬菜作物①—自然环境分布篇）

2. 云南作物种质资源多样性分布研究（蔬菜作物②—行政和农业区划分布篇）

3. 云南作物种质资源多样性分布研究（蔬菜作物③—作物区划分布篇）

4. 云南作物种质资源多样性分布研究（蔬菜作物④—气候环境分布篇）

5. 云南作物种质资源多样性分布研究（蔬菜作物⑤—经纬度和海拔分布篇）

6. 云南作物种质资源多样性分布研究（蔬菜作物⑥—光湿分布篇）

7. 云南作物种质资源多样性分布研究（蔬菜作物⑦—温度分布篇）

8. 云南作物种质资源多样性分布研究（蔬菜作物⑧—人口量分布篇）

9. 云南作物种质资源多样性分布研究（蔬菜作物⑨—民族环境分布篇）

三、共享服务情况

（一）子平台参与云南省杂交稻产业联盟

充分利用平台的资源优势为产业联盟单位提供种质资源服务。

（二）子平台与云南省青少年科技中心在作物科学方面建立了长期的科技服务

开展科技展示、科普、宣传等。

四、典型服务案例

（一）典型服务案例1

子平台与云南金瑞种业有限公司开展低纬度高原软米两用核不育系创新及两系杂交稻新品种创制与产业化服务，育成“云光”系列籼型和粳型杂交稻品种30个；并通过省级审定已进入国内外大面积示范推广。目前进入产业化开发的品种“云光14号”“云光101号”“云光109号”等均各具特色和优势。特种米“香飞”“云紫一号”“红宝一号”“云糯1号”商品价值和营养价值十分优秀。新品种近3年累计在云南省、周边省区、周边国家适当推广软米杂交稻新品种200万亩，平均亩产650kg、增产150kg，新增总产量3 000万t，新增产值7 500万元（每千克稻谷2.5元计）。

（二）典型服务案例2

子平台与云南万家欢集团蓝莓公司开展专题服务，一是开展人才技术培养，帮助建立技术团队；二是指导开展蓝莓组培快繁技术的研究，经过研究实验，已成功完成了12个蓝莓品种的外植体诱导研究工作并进行批量生产。同时，针对不同品种、不同类型的外植体，已探究形成稳定的外植体诱导培养基配方4个。玻璃化、红化、黄化现象控制技术体系基本形成并取得了一定的效果；三是物种及病虫害鉴定；四是蓝莓种质资源多媒体数据库（包括引进种和野生种）；五是发表了相关论文和建立各类操作规范。

通过努力截至2013年6月中旬，已培养培养组培瓶苗53 683瓶，合计为100余万株。直接为企业产生经济效益（幼苗2.5元/株计）250万元，若以成苗150元/株计算，则可产生1.5亿元的实际效益。

五、总结与展望

（一）存在问题与难点

农业产业化发展随着人们生活水平的不断提高及市场的瞬息万变，对作物品种多元化的要求，例如，温饱年代追求的是高产，随着生活和健康水平的提高，对品种的要求是优质高产，随着健康水平的不断提高和市场对品种多元化的要求，逐步向功能性、特殊性等特色作物品种发展，这就要求加强对品种资源的多样性研究，满足农业生产对品种的要求。

（二）发展和努力方向

鉴于此，下一步继续开展作物种质资源的多样性研究，筛选特色和极端作物种质资源，构建特色和极端作物种质资源信息平台，更好地为农业生产服务。

国家饲草与饲纤兼用作物种质资源子平台发展报告

揭雨成，邢虎成，佘　玮，钟英丽，陈建芳

（湖南农业大学，长沙，410128）

摘要： 国家饲草与饲纤兼用作物种质资源子平台依托单位是湖南农业大学。平台建有荨麻科饲草资源圃、禾本科饲草圃和豆科饲草圃和饲草种子库，共保存饲草和饲纤兼用作物种质资源4 500多份。从2011—2015年底累计向教学科研单位提供饲草资源计2 400份次，涉及单位120个，550人次。服务对象包括科研单位，大专院校，政府机构，牛羊协会、专业合作社和农户。“十三五”期间，本平台继续加强种质资源的收集、保存、整理、鉴定和评价，利用和运行服务工作。重点解决南方优质饲草资源缺乏问题，持续推动选育和推广适合南方的优质饲草品种，为国家农业结构调整和生态恢复治理提供技术支撑。持续加强亚热带饲草与饲纤兼用作物的野生近缘种的考察收集工作。

一、子平台基本情况

国家饲草与饲纤兼用作物种质资源子平台主要定位于收集、保存，评价和利用我国南方饲草和饲纤兼用作物种质资源。平台依托单位是湖南农业大学。平台负责人是揭雨成教授，平台日常工作人员有邢虎成副教授、佘玮副教授、钟英丽副教授和陈建芳老师，其他客座类专家10人，共计15人，其中教授、副教授10位，具有博士学位10位。平台建有荨麻科饲草资源圃、禾本科饲草圃和豆科饲草圃（图1、图2和图3）和饲草种子库，共保存饲草和饲纤兼用作物种质资源4 500多份。另外，拥有繁种更新用的智能温室和普通温室及仪器设备齐全的饲草营养品质分析实验室（图4），校外基地有环洞庭湖基地、长株潭基地、武陵山区基地等10个基地等。平台负责收集、保存、评价和利用我国南方饲草和饲纤兼用作物种质资源，选育适合南方的饲草与饲纤兼用种质资源，推广饲草与饲纤兼用作物栽培，加工和利用技术，培训相关技术人员，分发利用资源，从2011—2015年底累计向教学科研单位提供饲草资源计2 400份次，涉及单位500个，1 000多人次。服务对象包括科研单位（中国农业科学院、中国热带农业科学院、湖南省畜牧兽医研究所、广西壮族自治区农业科学院，贵州省农业科学院和云南农业科学院等）6个，大专院校（湖南大学、中南大学、湖南师范大学、湖南农业大学、广西大学、云南大学、江西农业大学和云南农业大学等）8所，政府机构（湖南省农业委员会及部分县市农业局、湖南省畜牧水产局及部分县市畜牧水产局等15个、江西省上犹县人民政府和安乡县科技局等5个）若干，湖南省牛羊协会及部分县市牛羊协会10个、湖南伟业股份有限公司、永顺森宝牧业、湖南天盛生物科技公司、湖南华升集团有限公司、瑞亚高科股份有限公司、醴陵汇泉牧业科技有限公司、湖南洞庭黄龙原生态水产股份有限公司、湖南安乡土生源农庄和湖南省牛羊协会所属牛羊养殖企业80多家企业，草、牧业专业合作社75家，种植养殖农户300家。

图1　荨麻科饲草圃

图2　禾本科饲草圃

图3　豆科饲草圃

图4　湖南农业大学种质资源保存与繁殖用温室

二、资源整合情况

国家饲草与饲纤兼用作物种质资源子平台目前有荨麻科牧草资源圃、多年生禾本科牧草圃和多年生豆科牧草圃3个圃，有种子库1个。荨麻科牧草资源圃主要收集保存荨麻科可用作牧草的种质资源，已保存牧草资源2 500余份。禾本科植物圃收集保存禾本科饲草1 000余份，为我国南方牧草资源的开发和新型牧草的利用方面提供了资源。多年生豆科牧草圃保存有豆科牧草500余份。种子库保存有饲草与饲纤兼用作物种子500余份。总资源数约4 500余份。

（一）资源收集

已经考察收集5科79属158种4 725份，其中，乡土草种3科4属19种2 500份。从国外引入材料2科3属19种120份（图5）。

图5 “十二五”期间收集整理的各类草种材料

（二）资源新增

2010年以来，荨麻科、禾本科和豆科等新增饲草及饲纤兼用作物的地方品种、野生近缘种、野生种、栽培种的野生状态居群等共计2 500多份（图6）。

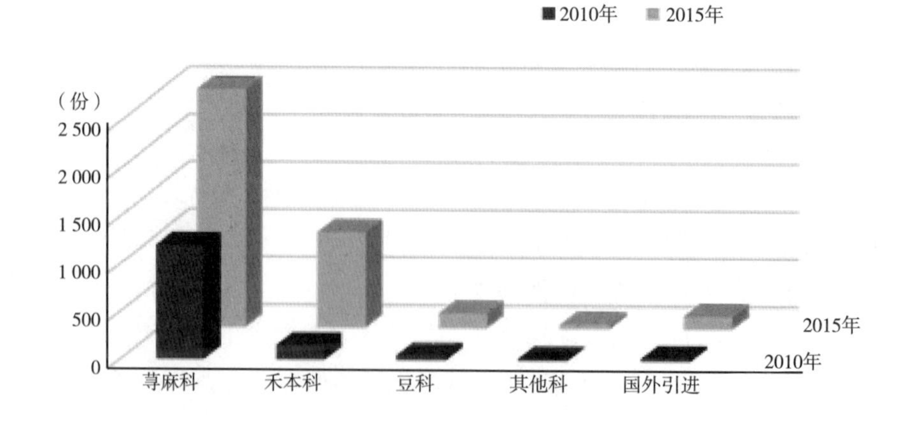

图6 2010年和2015年资源保存数量对比图

（三）资源评价情况

饲草与饲纤兼用种质资源农艺性状评价1 000余份，筛选出优良种质100余份，15份优异种质，抗性评价379份。优异种质类型丰富，包括抗病虫、抗逆和优异农艺特性等。严格按相关技术规范进行种质的整合与评价，保证资源质量。营养成分分析CP、CF、EE、ASH、Ca，和P等5项指标及以上的资源共167份，其中，禾本科86份、豆科23份、菊科3份、蓼科1份、漆树科1份、十字花科2份、荨麻科46份、鸭跖草科1份和紫草科4份。营养成分分析CP的资源192份，其中，禾本科10份、豆科5份、菊科1份、桑科4份和荨麻科172份（图7、图8）。

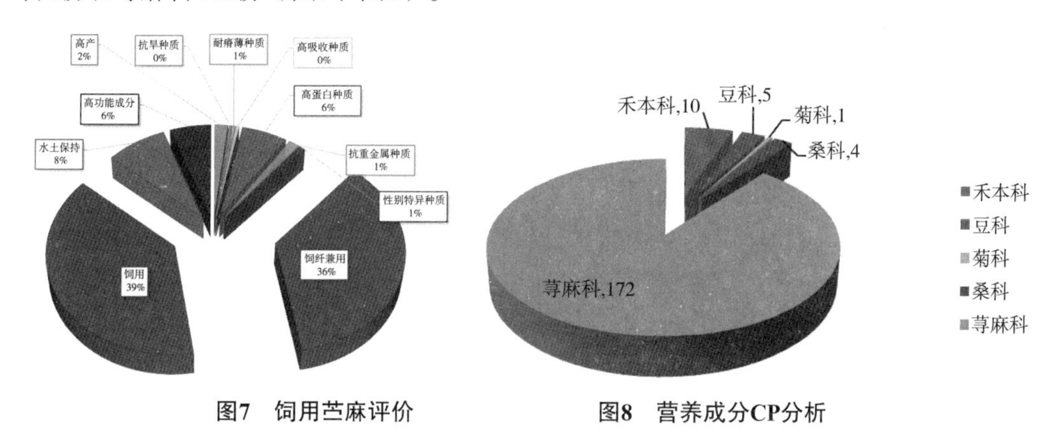

图7　饲用苎麻评价　　**图8　营养成分CP分析**

（四）资源利用

通过引种和育种手段共引进品种21种，选育品种5个，共推广面积达到480.27万亩（表1）。例如，狼尾草植株高大，叶量丰富，叶片宽长，适口性极佳，各种畜禽鱼均喜食。国内草学专家和企业家合作，湖南省于2006年引入试种，2006年起在全省推广种植。截至2015年12月，全省累计推广种植狼尾草168万亩（农业部中国草业统计年鉴2006年至2015年统计数据），新增销售额121 532万元，新增利润87 128万元。狼尾草通过收割和青贮利用，缓解了一些专业户养殖青饲料不足的问题，极大地推动了全省草地畜牧业的发展。通过单株系统选育法，筛选出了高蛋白饲用苎麻湘饲苎2号和湘饲纤兼用苎1号。选育出豆科湘葛1号和湘葛2号，选育了"湘草"多花黑麦草1个（图9）。

表1　选育和引进品种情况

草种	学名	审定时间
湘饲纤兼用苎1号	*Boehmeria nivea* L.Gaud.	2014年
湘饲苎2号	*Boehmeria nivea* L.Gaud.	2014年

（续表）

草种	学名	审定时间
湘葛一号	*Pueraria edulis* Pampan.	2005年
湘葛二号	*Pueraria edulis* Pampan.	2012年
湘草多花黑麦草	Lolium multiflorum Lamk.	2015年
苏丹草	*Sorghum sudanense*（Piper）Stapf.	
甜高粱	*Sorghum bicolor* L. Moench	
黑麦草	*Lolium multiflorum* Lamk.	
桂牧一号	（*Pennisetum americanum* × *P. purpureum*）× *P. durpureum* Schum．cv．Guimu No．1	
鸭茅	*Dactylis glomerata* L.	
苇状羊茅	*Festuca arundinacea* L.	
菊苣	*Cichorium intybus* L.	
“三得利”紫花苜蓿	*Medicago sativa* L.	
白三叶	*Trifolium repens* L.	
拉巴豆	*Lablab purpureus*（Linn.）Sweet	
紫云英	*Astragalus sinicus* L.	
高丹草	*Sorghum Hybrid Sudangrass*	
红三叶	*Trifolium pratense*	
矮象草	*Pennisetum purpereum*	
皇竹草	*Pennisetum sinese* Roxb.	
狼尾草	*Pennisetum alopecuroides*（L.）Spreng	
牛鞭草	*Hemarthria altissima*（Poir.）Stapf et C. E. Hubb.	
圆叶决明	*Cassia rotundifolia* cv. Wynn	
罗顿豆	*Lotononis bainesii* Baker	
籽粒苋	*Amaranthus hypochondriacus* L.	
墨西哥玉米	*Purus frumentum*	
羊草	*Leymus chinensis*（Trin.）Tzvel	

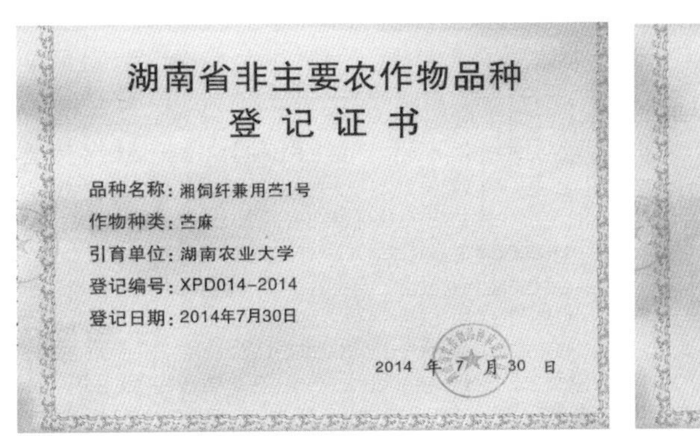

湖南省非主要农作物品种
登 记 证 书

品种名称：湘饲纤兼用苎1号
作物种类：苎麻
引育单位：湖南农业大学
登记编号：XPD014-2014
登记日期：2014年7月30日

2014 年 7 月 30 日

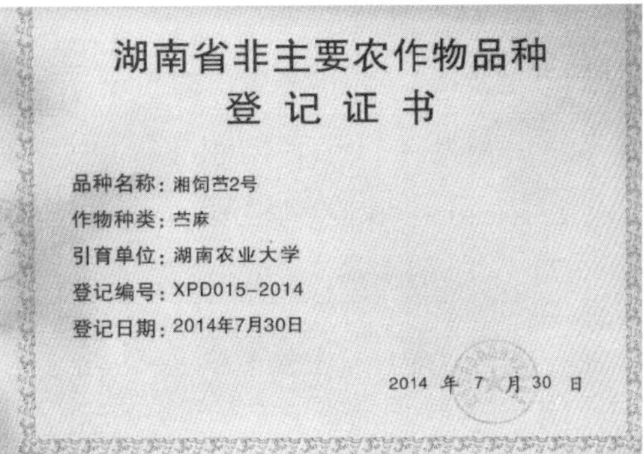

湖南省非主要农作物品种
登 记 证 书

品种名称：湘饲苎2号
作物种类：苎麻
引育单位：湖南农业大学
登记编号：XPD015-2014
登记日期：2014年7月30日

2014 年 7 月 30 日

图9　选育出新品种证书

（五）资源的繁种更新

资源圃管理要求每年都进行扦插、除草、施肥、冬培、喷药防病虫等一系列管理措施（图10）。资源圃得到良好的维护，资源保存正常、生长健壮。对禾本科和豆科植物定期进行更新复壮。

图10　种质资源繁种更新

（六）优异种质

1. 湘草简介

（1）登记编号。

XPD027-2015。

（2）作物种类。

多花黑麦草。

（3）品种名称。

湘草。

（4）品种来源。

野生多花黑麦草。

（5）特征特性

根系发达，须根密集，强大，秆成疏丛，直立，叶片宽，浅绿色，有光泽，叶片丰富。前期生长旺盛，早熟。适应性强。秋季播种，翌年3月可利用。产量表现：翌年3月中旬第1次刈割利用，每亩可收获鲜草2 520kg。刈割3次，每亩全年鲜草产量10 067kg，干草产量2 200kg。

2. 湘饲纤兼用苎1号简介

该品种为中根丛生型，生长旺盛，株型紧凑、发蔸再生能力强，茎秆绿色稍细、麻皮薄，叶片多叶片呈长椭圆形，绿色，表面皱纹少，叶柄绿色，叶片互生，抗病性强。生育期270d左右、1年收获10次，收获时平均株高51.9cm；平均分株数57.5个，平均叶茎比1∶3。平均鲜重8 853.8kg/667m^2。平均粗蛋白质含量22.5%，粗纤维含量18.5%，粗脂肪含量6.5%，灰分13.6%，P含量0.4%，Ca含量3.6%。耐刈割、常用扦插繁殖，适应性较好，在亚热带地区能较好的生长和收获（图11）。每亩全年鲜草产量12 000kg。干草产量2 400kg。

图11　湘饲纤兼用苎1号

三、共享服务情况

子平台通过提供资源实物服务，技术咨询，支撑科技创新，田间展示，培训宣传等方式，服务对象包括科研单位（中国农业科学院、中国热带农业科学院、湖南省畜牧兽医研究所、广西壮族自治区农业科学院、贵州省农业科学院、云南省农业科学院等）6个，大专院校（湖南大学、中南大学、湖南师范大学、湖南农业大学、广西大学、云南大学、江西农业大学和云南农业大学等）8所，政府机构（湖南省农业委员会及部分县市农业局、湖南省畜牧水产局及部分县市畜牧水产局等15个、江西省上犹县人民政府和安乡县科技局等5个）若干，湖南省牛羊协会及部分县市牛羊协会10个、湖南伟业股份有限公司、永顺森宝牧业、湖南天盛生物科技公司、湖南华升集团有限公司、瑞亚高科股份有限公司、醴陵汇泉牧业科技有限公司、湖南洞庭黄龙原生态水产股份有限公司、湖南安乡土生源农庄、湖南省牛羊协会所属牛羊养殖企业80多家企业，草、牧业专业合作社75个，以及种植养殖农户300个。从2011—2015年底累计向教学科研单位提供饲草资源计2 400份次，涉及单位500个，1 000多人次（图12）。

“十二五”以来，本平台共支撑科技项目52项，其中，国家自然科学基金项目15项，国家科技支撑计划15项，国家重大专项2项，农业部岗位专家项目5项，湖南省科技计划重点项目3项，湖南省自然科学基金项目2项，其他纵向和横向项目20多项；审定品种3个，国家专利3项（图13），发表论文70多篇，其中，SCI论文7篇，获得各种奖励5项。在环洞庭湖基地、长株潭基地、武陵山区基地等10个基地以及在湖南牛羊协会所属企业9家等地现场展示饲草和饲纤兼用苎麻3 000亩（图14）；共进行田间指导服务232次，服务农户300家次，服务企业155家次，服务地方政府推广部门15家次（图15）。每年在湖南牛羊协会的代表性企业、湖南伟业动物营养集团以及养鱼和其他种养结合企业进行饲草与饲用苎麻的培训宣传推广（图16）。同时，通过网络宣传、参加会议等形式宣传扩大子平台的影响（图17）。

图12　实物资源服务

图13　科技创新发明专利证书

图14　田间展示服务

图15　田间指导

图16　宣传推广材料

图17　网络会议宣传

四、典型服务案例

（一）稻田种草养虾

1. 服务时间

2012年6月至2016年6月。

2. 服务地点

益阳市茈湖口地区、岳阳市君山良田堡镇等地。

3. 服务对象

环洞庭湖低洼湖田。

4. 服务内容

提供水草品种：伊乐藻，轮叶黑藻；提供繁育和栽培技术，稻虾轮作技术集成与示范推广（图18）。

稻虾轮作第1年整可获得26 010元/hm²的总纯利润，第2年可获得34 980元/hm²的总纯利润，第3年至第5年可获得30 880.5元/hm²的纯利润。稻虾轮作5年平均每年可达到30 726元/hm²的纯收入。

图18　稻田种养养虾（稻虾轮作）

（二）南方草牧业推动行动

1. 服务时间

2014年1月至2016年12月。

2. 服务地点

湖南省14个地州市。

3. 服务对象

养牛、养羊企业。

4. 服务内容

提供草品种、繁育和栽培技术，开展技术集成与示范推广工作（图19和图20）。

图19　在古文县由省、州畜牧业专家指导养殖大户草食牧业发展

图20　湖南农业大学揭雨成教授在讲课

（三）重金属污染农田替代种植

1. 服务时间

2014年1月至2016年12月。

2. 服务地点

长株潭重金属污染农田。

3. 服务对象

农民、农业局和纺织企业。

4. 服务内容

提供品种、繁育和栽培技术，开展技术集成与示范推广工作（图21）。

5. 成效

通过替代种植，使得污染土地不进行稻米生产，而不进入食物链，目前推广500亩。

图21　开展重金属污染农田替代种植研究

（四）植物性非常规母猪饲料的开发

1. 服务时间

2014年1月至2016年12月。

2. 服务地点

湖南伟业动物营养集团。

3. 服务对象

饲料企业。

4. 服务内容

提供品种、繁育和栽培技术，开展技术集成与示范推广工作。

5. 成效

生产母猪饲料，节约成本，提高效益，经济效益较高。

（五）饲用苎麻用于坡跟地水土保持

1. 服务时间

2010年1月至2016年12月。

2. 服务地点

桃源。

3. 服务对象

丘陵坡地农户和农业局。

4. 服务内容

提供品种、繁育和栽培技术，开展技术集成与示范推广工作

5. 成效

水土保持效果好（图22）。

图22　在坡跟地开展水土保持研究

五、总结与展望

（一）目前仍存在的主要问题和难点

1. 资源鉴定评价工作还有待加强

目前平台收集保存资源有4 500余份，在鉴定评价工作方面对农艺性状鉴定和抗性

鉴定做了一部分工作。但是针对生产实际需求的种质资源还需要进一步开发。

2. 服务种类多样，网络录入有时间差

针对生产实际需要处理的问题较多且杂，服务于具体农户和企业，经常不能及时采集图像信息和服务现场照片，使得录入平台系统是出现时间差。

（二）解决措施和建议

针对目前存在的难题，在“十三五”期间，我们将加大对资源的鉴定评价工作，从农艺性状，营养分析，动物实验，分子生物学水平展开，争取对保存资源摸清基本情况，获得基本数据。同时加强网络系统录入，及时上报服务信息，并提高服务质量。

（三）“十三五”子平台发展总体目标

“十三五”期间，本平台继续加强资源的收集、保存、整理、鉴定、评价和利用工作。收集和保存资源数量争取突破5 500份，鉴定评价资源1 000份，整理1 000份，通过多种生物技术手段进行种质创新，有价值新种质200份，选育新品种2个以上，对现有资源圃库加强维护的同时，对示范基地进行适度扩大，争取在湖南省、江西省、广西壮族自治区等19个县市建立示范基地。平台运行服务继续强化，提供实物资源达到1 000份，技术服务达到1 000次，宣传培训达到100次以上，专题服务突破100次以上，典型服务案列达到20个。扩大平台的影响力，以平台名义举办会议5次。

（四）“十三五”拟通过运行服务主要解决科研和生产上的重大问题

1. 解决南方亚热带气候过渡带水热资源丰富

但优质饲草资源缺乏问题，立足于粮改饲和供给侧改革，通过选育和推广适合南方的本土优质饲草，从种质资源，育种，栽培利用，加工等方面进行中和化，规模化应用推广。加强南方草牧业行动，为国家农业结构调整提供技术支撑。

2. 解决南方重金属污染土地安全利用问题

通过筛选与推广适合的饲草与饲纤兼用作物，解决目前重金属超标土壤替代种植问题，在安全利用土地的同时修复土壤。

3. 进一步加强对野生资源的考察和收集

亚热带饲草与饲纤兼用作物的野生近缘种的考察和收集工作需要加强。

国家水湿生种质资源子平台发展报告

沈士华，宋成结

（杭州市余杭区湿地生态研究所，杭州，311115）

摘要：在这个水生态系统普遍遭受破坏的今天，水生态修复成为研究的热点。它不仅威胁着我们的生活，水体的污染，造成我们的饮用水的量受到威胁，对生物的多样性同样造成了很大的威胁，很多水生物种因为水体污染等，濒临灭绝，故我们应尽快解决这个问题，保护其所剩下的物种，换自然一片美好。在做好水生态修复的过程中，我们应了解水环境、湿地生态环境特点，以及造成水生态系统破坏的原因，只有找到问题的源头，并加以修复才可以更快的解决问题。故根据以上情况，结合当地生物多样性、生态修复模式、水湿生植物的引进与生产，运用水湿生植物的引进的手段来修复，同时有效地开展新优水湿生植物品种的引进、水生态治理的科研，以及相应的宣传与科普活动，逐步建设水环境生态修复种质资源。

一、子平台基本情况

本平台位于杭州市，依附单位为杭州市余杭区湿地生态研究所，主要人员有所长沈士华、技术员裘金玉和宋成结。

本平台研究水环境、湿地生态环境特点，针对湿地生态的结构、生物多样性、生态修复模式、水湿生植物的引进与生产，有效地开展新优水湿生植物品种的引进、水生态治理的科研，逐步建设水环境生态修复种质资源。

二、资源整合情况

为了更好地完善资源库，我们还将从各地引进一些品种，进一步的完善资源库。

（一）鸢尾的引种

从日本和国内的无锡市、南京市引进日本鸢尾品种25个，以及还从南京市引进西伯利亚鸢尾5种，数量达5万株，分别是闪耀玫瑰、糖霜等。从上海市引进路易斯安娜鸢尾36个，数量达15万株，在湿生鸢尾方面力争全国领先，打造湿生鸢尾种质资源的国内领先水平（图1）。

图1　进行各类鸢尾的引种

（二）荷花引种

从山东省与南京市引进荷花品种135个，数量达2 500株（图2）。

图2　进行荷花的引种

（三）睡莲引种

同时又引进一些睡莲品种（图3），为了保证品种的纯度，我们在种植时，选用了一池一品种方式，努力完善资源库，并进行相应的记载观察，来完善品种的特性资料。

图3　进行睡莲的引种

（四）其他水湿生植物品种引种

引进湿地木槿5个，各种千屈菜、美人蕉估计种类达15个，品种50余个，数量达3万余株（图4）。

图4　进行其他水湿生植物品种的引种

（五）优异资源

1. 资源名称：睡莲—万维莎

（1）资源特点、特性。

花枚红色带黄斑，花型优美，有世界睡莲冠军之称，优良品种之一，紫红色花瓣，乳黄色斑点和淡白色的辐射状条纹，花药黄色。花径7～10cm。花浮于水面。花量多（图5）。

（2）资源提供利用情况及成效。

长期向一些主题公园、科研院校、花海建设提供大量的种质资源。

图5　睡莲—万维莎

2. 资源名称：鸢尾科路易斯安娜鸢尾—缤纷

（1）资源特点、特性。

植株高100cm，垂瓣紫红色，旗瓣白色、中脉浅紫，花斑黄色，少见的复色系品种（图6）。

（2）资源提供利用情况及成效。

长期向一些主题公园、科研院校、花海建设提供大量的种质资源。

图6　路易斯安娜鸢尾—缤纷

三、共享服务情况

本平台服务类型以专题服务及培训服务为主，培训对象有余杭区林业水利局、环保局、区政协、行业内人员以及杭州市民等。总计服务数量有20余次，培训人次达1 000人次。服务情况如下。

（一）为浙江工业大学提供排水专业学生来基地实习

2016年3月26日，由浙江省给排水专业委员会副主任、浙江工业大学博士生导师李军教授率领其得意门生、研究生班一行15人来到余杭区湿地生态研究所基地实习，对沉水植物种类进行识别并考察水生态修复、水上森林示范区块（图7）。

据李军教授介绍，原先的给排水专业主要研究教学水利学、水力学等方面专业，但随着国家从注重水利工程向水环境方向转变，目前专业也增添了水生态修复的知识教学，与之相关的水生植物也成为了学生的学习课目。

通过一天的学习，学生们对水生态修复有了一个感性的了解，这在理论上打下了基础，而作为市、区两级环境教育基地的湿地生态研究所有责任宣传环保知识，尽自己的一份力量。

图7　提供科学研究基地

（二）区湿地生态研究所配合林水局宣传湿地生态保护活动

广阔众多的湿地具有多种生态功能，蕴育着丰富的自然资源，被人们称为“地球之肾”、物种贮存库、气候调节器，在保护生态环境、保持生物多样性以及发展经济社会中，具有不可替代的重要作用。随着经济的飞速发展，环境条件越来越恶劣，湿地生态的保护也越来越被重视了。为此，我们杭州市余杭区湿地生态研究所配合林水局做了一个湿地生态保护的宣传活动（图8）。

图8　开展科学普及和推广

本次活动以“湿地生态保护”为主题，旨在于让广大的市民朋友重视湿地生态的保护。2015年1月22日早上9点在杭州市余杭区临平人民广场宣传正式开始。很多市民都纷纷报名咨询，我们一一做出解答并赠送我们湿地生态研究所自己培育的香菇草、鸢尾、荷花的种子。

此次湿地宣传日不仅加强了我们湿地生态研究所与社会人士的交流，更是让是让我们宣传了湿地保护的重要性（图9）。

图9　进行科普教育与宣传

（三）行业展会宣传推广专题服务

1. 服务对象

行业内人员。

2. 时间及地点

2012年，杭州市萧山地区、上海市和无锡市。

3. 服务内容

以展览布景的形式开展水湿生植物应用展示、宣传保护水资源生活理念（图10）。

4. 具体服务成效

组织培训活动2次，参观人次1 000人以上；发放资料1 000份以上，接洽专业服务企业10家。

图10　举办专业论坛

（四）湿生鸢尾品种推广专题服务

1. 服务对象

余杭区林业水利局、环保局、区政协。

图11　深入湿地开展调研

2. 时间及地点

2013年6月，水湿生作物子平台圃地（图11）。

3. 服务内容

讲解水湿生优质种质资源品种特点及对当下水生态修复及工程应用特点。

4. 具体服务成效

组织考查品种基地，参加人员30人次，示范性湿生鸢尾设计方案1套（图12）。

图12　水湿生作物品种收集调查

（五）水湿生植物品种应用专题服务

1. 服务对象

杭州市全市绿化、水利管理站工作人员。

2. 时间及地点

2012年5月，水湿生作物子平台圃地。

3. 服务内容

为专业从事绿化、水系管理人员培训水湿生植物品种介绍、应用特点及对水环境保护。

4. 具体服务成效

开展培训3期，服务人次100人，发放介绍资料500份，提供水生植物品种应用资源100种（用于各滨水环境修复），指导河道项目建设工程5个（图13）。

图13　培训各种专业人员

四、典型服务案例

（一）民建余杭区基层委主委、副区长许玲娣等一行到湿地生态研究所调研

1. 服务对象、时间及地点

民建余杭区基层委主委、副区长等一行在2015年3月3日来到杭州市余杭区湿地生态研究所仓前基地进行调研。

2. 服务内容

在湿生植物培育、湿地生态工程、湿地生态技术研究等方面情况介绍，查看了微湿地生态工程，沉水植物扩繁池，湿生乔木、灌木、草木植物的引种培育区，并一起作了交流。

3. 具体服务成效

民建余杭区基层委主委、副区长等一行对水湿生植物培育、引种方面情况有了一定的了解，并十分有兴趣继续学习了解（图14）。

图14　向当地管理部门人员进行讲解

（二）湿地研究所赴东阳调研《浙江野风花业有限公司人工湿地提收改造方案》

1. 服务对象、时间及地点

中国煤炭科工集团杭州研究院院长助理，省五水共治专家组组长申屠民教授等一行于2015年5月22日在东阳市政府会议室共同讨论（图15）。

2. 服务内容

就《浙江野风花业有限公司人工湿地提收改造方案》进行优化和评审。

3. 具体服务成效

专家组一致认为该方案具有操作性，但技术环节中有待进行探讨论证，如湿地串联改为并联，垂直流改为平面流，并就选用冬季串流水生植物并及时收割、石砾加粗、增加表流湿地生态浮岛面积，引入第三方管理其提出了切实可行的建议。

图15　有关专家学者参加讨论

五、总结与展望

目前仍存在着的问题还是种质资源的不够完善，故还需不断的学习与服务共同前进，我们会不断的完善水湿生种质资源平台，给更多的人提供服务，以及通过引种等方式进一步完善资源库。

“十三五”规划中指出研究重点是现代农业发展战略与粮食安全战略、“十三五”生态文明建设及制度、“十三五”环境治理重点及模式创新，本子平台会积极响应国家“十三五”规划的号召，努力完善自身子平台的基本建设，不断收集和记录国家水湿生作物资源。

（一）科研方面

本平台将积极研究利用多种具有较好生态修复能力和景观效果的水湿生植物，改善整体湿地水生态环境；研究和筛选对受污湿地治理效果显著且对湿地生物多样性改善有较好作用的湿生植物品种，形成具有较强适应性的应用技术；选择适宜区域进行改善示范，利用水湿生植物吸收水体中的重金属元素和富营养化物质，并进行示范推广，为保护杭州境内的湿地植物提供有效可行的途径。并通过湿地生态修复技术研究与典型示范工程建设吸取全面权衡利弊，力争趋利避害的辩证思维方法，探索综合运用工程措施、生物措施和管理措施，尽量避免、缓解或补偿水利工程、人工开发对于湿地生态系统的负面影响，达到社会经济效益与生态保护二者兼顾的目标。

（二）生产方面

本平台着重在水湿生植物方面的收集和生产，着重丰富水湿生植物产品，如莲、藕、菱、芡类等植物；有些湿地植物还可入药；有许多植物还是发展轻工业的重要原材料，如芦苇就是重要的造纸原料；水湿生植物资源的利用还间接带动了加工业的发展；中国的农业、渔业、牧业和副业生产在相当程度上要依赖于水湿生植物的自然资源。明年我们将加强生产力度，增加各个水湿生种质植物的生产量，打造一个品种多样化的生产种质资源圃。

国家云南干热区特色作物种质资源子平台发展报告

罗会英，袁理春，金　杰，代建菊，张　磊

（云南省农业科学院热区生态农业研究所，元谋，651300）

摘要：云南干热区特色作物种质资源子平台主要立足干热区、面向热区，重点收集、保存云南干热区特色种质资源，完善种质资源信息数据库。通过资源的社会化服务、示范展示和推广服务社会；利用科技服务和县所合作热作产业发展专题指导专题服务计划，配置合理的特色作物资源，通过开展特色资源应用、技术培训等形式，将品种资源、技术、信息等成果积累不断地输入、转化并服务到产业培植和发展中，预期将让子平台中品种资源在云南省产业培植和发展过程中得到充分的利用，将促进云南省农业产业结构调整、提高农业产值、增加农民收入。发挥“平台”应有积极而重要的作用基础支撑作用。

一、子平台基本情况

国家农作物种质资源平台—云南干热区特色作物种质资源子平台由云南省农业科学院热区生态农业研究所承担，主要立足干热区、面向热区，重点收集、保存麻疯树、余甘子、罗望子、辣木等特色种质资源，并进行植物学鉴定和产量、品质性状评价，为企业、农户和项目提供技术支撑、培训和专题服务。通过经济开发与生态建设相结合，特种资源引进与本土资源开发相结合的方式，把试验、示范、培训、推广有机结合起来，为金沙江流域和同类型干热区农业综合开发、农村经济发展及农民增收服务。

二、资源整合情况

（一）资源的收集、保存

本平台每年都对干热区特色种质资源进行收集和保存，目前共收集保存特色植物资源1 000余份，包括麻疯树、木薯、罗望子、余甘子和辣木等干热区特色植物资源，如表1所示。平台对现有实物资源和信息资源做到及时维护与更新，以及对新引进、新收集的资源和新整合的资源进行及时的整理与更新。

表1　种质资源保存状况（2011—2015年）

序号	名称	种质份数（份）
1	麻疯树	340
2	罗望子	90
3	余甘子	240
4	辣木	19
5	木薯	88
6	其他（葡萄、青枣、火龙果、番木瓜等）	300

（二）资源的评价、筛选与创新

在收集、保存的基础上积极开展资源的评价、整理、筛选与创新工作，筛选并认定优良麻疯树种质资源3个、优良罗望子种质资源2个，筛选出余甘子良种材料1份。

1. 麻疯树

麻疯树产量和含油量是作为生物柴油产业开发的重要经济指标。为此本平台筛选并认定麻疯树良种3个：云热1号、云热2号和云热3号。与对照相比，产量和含油量都相对较高（表2）。

表2　3个麻疯树良种

类别	云热1号	云热2号	云热3号	CK
产量（kg/hm^2）	1 000	900	850	770
比较	1.30倍	1.17倍	1.10倍	1.00倍
种子含油率（%）	41.29	43.02	40.74	37.08
比较	1.11倍	1.16倍	1.09倍	1.00倍

2. 罗望子

为满足生产用于食品加工型的罗望子，筛选和认定罗望子良种2个：银丰酸角优良家系和月栗酸角优良家系，这两个优良家系与本地品种（CK）相比丰产和总酸含量相对较高（表3），作为加工酸味调料和清凉饮料。

表3　2个罗望子良种

类别	银丰酸角优良家系	月栗酸角优良家系	CK
产量（kg / hm²）	8 910	9 505	5 212
比较	1.71倍	1.82倍	1.00倍
含酸量（%）	13.18	15.15	9.33
比较	1.41倍	1.62倍	1.00倍

三、共享服务情况

以示范基地的形式进行农作物种质资源与相关研发技术展示，示范种植干热区特色农作物，建成在干热区社会、经济、生态效益显著的农作物种质资源展示与示范、推广平台。开展干热区新品种农作物种苗繁育及栽培等方面技术服务，为社会提供种子、种苗服务，开展技术培训及田间指导。

（一）基本服务情况

1. 特色作物种质资源种子、种苗服务

积极与相关科研单位、企业进行了资源和数据共享交流，先后为四川省林业科学院、四川大学生命科学院、广西壮族自治区科技大学鹿山学院、福建省农业科学院果树所、云南玉溪甜馨食品有限公司、云南玉溪洲际龙源生态新材料工程有限公司、万年青饮品有限公司、双柏县农业局、玉溪新平县地衡丰农业科技开发公司、双柏伟业农业科技有限公司、楚雄欣鑫农业科技开发有限公司、云南绿汁江农业开发有限公司等提供优良麻疯树、余甘子、罗望子等热区特色作物种质资源600余份，促进资源的共享与利用。

2. 种植技术服务

集中建立热区特色作物种植技术示范基地，主要包括新品种、新技术、新模式的展示，并定期组织专家开展相关技术培训，同时派遣技术人员长期在种植较集中的乡镇、村及示范基地驻点，及时解决生产问题。2011—2015年五年期间平均每年累计提供日常技术和信息资源服务30余次，驻点服务100余个工作日，培养农业科技技术骨干20余人。同时。通过为科研单位、政府、企业、农户和项目提供技术支撑服务，进一步提高了资源共享利用率，加深了交流与合作。

3. 培训服务

为推进平台资源共享利用，并结合产业发展的需求，开展相关技术培训服务。通过举办培训班来培训基层农技人员掌握实用栽培管理技术，累计共培训2 100余人次。

（二）专题服务情况

为发挥云南干热区特色作物种质资源子平台的资源和科技优势，结合国家、省有关特色农业发展的思路及云南省热区农业开发规划，利用科技服务和县所合作热作产业发展专题指导专题服务计划，充分利用干热河谷区光热资源，对资源进行深度挖掘与集成，充分发挥干热区气候及农作物种质资源物候特点，推行长期作物与短期作物搭配种植，集成复合种养模式，提高农业生产效率，开展专题技术服务。

1. 热作产业发展专题指导

有计划组织专家开展大型综合相关技术培训及田间种植技术指导，通过对公司、合作社、协会及种植大户、农技站及政府部门相关人员开展特色资源应用、技术培训等形式，将品种资源、技术、信息等成果积累不断地输入、转化并服务到热区农业产业培植和发展中，促进云南省热区农业产业结构调整、提高农业产值、增加农民收入。发挥“平台”应有积极而重要的作用基础支撑作用。

2. 救灾专题服务

积极开展救灾专题服务工作，通过科技服务减轻受灾损失，并提出灾后重建和病虫害防控的具体措施，支持地方产业发展。

（三）宣传推广情况

积极通过媒体、网站、现场实物展示等方式开展宣传推广工作。

四、典型服务案例

（一）典型案例1：云南省麻疯树种质资源规模化运用并开发成功麻疯树精炼油

2011年，子平台提供麻疯树栽培、管护及品种改良及育苗系列专利关键技术应用于云南神宇新能源有限公50余万亩种植基地，每年增加种子生产量约300t，折合经济效益150万元左右；种子出苗率均达到99%以上，提高了25个百分点；优质苗率达到88%以上，提高了18.9个百分点，每苗降低成本，增加利润0.03元。2011年，共育苗22 190万株，新增利润665.7万元。同时，大规模的原料基地建设不仅有力的推动了产业企业的商业化发展，促进社会经济建设，也为生态建设、发挥生态效益做出了积极的努力。发挥了较好的社会、经济和生态效益。

2011年10月28日9：30，中国首次航空生物燃料用于客机试飞取得成功，本次试飞的航空生物燃油的原料出自云南神宇新能源有限公司与中石油合作开发生产的麻疯树精炼油，而云南神宇新能源有限公司规模化种植麻疯树是由子平台所提供技术支撑的。此次试飞成功，填补了我国在航空可持续燃料发展方面的空白，将麻疯树生物能源的应用领域从过去的生物柴油拓展到了航空生物燃油，同时也拓展了云南省麻疯树生物能源产业的发展空间（航空生物燃料的化学组分与传统化石燃料基本相似，在一些性能和指标上优于传统石化燃料，硫和颗粒物的减排效果基本可以达到100%，碳排放可以减少60%～80%）。

（二）典型案例2：为玉溪甜馨食品有限公司提供优质种苗建成罗望子原料生产基地

2012年，国家云南干热区特色作物种质资源子平台为云南省玉溪市甜馨食品有限公司（集产品研发、生产、销售为一体的拥有进出口经营权的企业，是中国西部食品行业正在崛起的一颗新星）提供并培育6万株纯酸型罗望子优质种苗，2012年至今持续性地为为该企业提供罗望子栽培、管护、嫁接、整形修剪及品种改良系列关键技术服务，指导其建成5 000多亩罗望子原料生产基地，为其创造了良好的经济效益和社会效益，并促进了地方产业的培植和发展。

五、总结与展望

（一）目前仍存在的主要问题和难点

1. 资源的多样性

还有待增加，资源的保存、更新力度有待加强。

2. 资源的评价、鉴定和筛选

资源的评价、鉴定和筛选力度有待加强。

3. 资源的创新和发掘

资源的创新和发掘力度有待加强。

4. 资源的时效性和实用性

资源服务、利用的时效性和实用性有待加强。

（二）解决措施和建议

1. 进一步收集、整理、编目、保存、更新干热区特色作物种质资源

增加资源数量，提高资源质量，丰富种质资源的多样性。

2. 持续开展新增种质资源的评价、鉴定和筛选力度

完善种质资源数据库，提高信息服务质量。

3. 加强种质资源创新力度

结合育种需求不断发掘和创新优异种质资源，提高资源的利用效率。

4. 加强资源服务、利用工作

扩大服务、利用范围，同时了解利用效果，及时得到反馈信息，促进资源的共享利用，使其发挥更大的价值。

5. 加强信息管理

完善信息数据的收集与共享。

（三）“十三五”子平台发展总体目标

1. 加强科技条件和资源建设

夯实科技创新的物质基础。

2. 强化资源共享服务

支撑科技创新和区域经济社会发展。

3. 加强科技条件平台工作

支撑区域发展和创新创业。

（四）“十三五”拟通过运行服务主要解决科研和生产上的重大问题

通过资源的社会化服务，示范展示和推广配置合理的特色作物资源，通过开展特色资源应用、技术培训等形式，将资源、技术、信息等成果积累不断地输入、转化并服务到产业培植和发展中，预期让子平台资源在云南省产业培植和发展过程中得到充分的利用，促进云南省农业产业结构调整、提高农业产值、增加农民收入。发挥“平台”应有积极而重要的作用基础支撑作用。同时，加强科技服务型技术团队和创新型人才的培养。

河南省主要粮食作物种质资源信息共享服务子平台发展报告

司海平

（河南农业大学，郑州，450002）

摘要： 当前，互联网跨界融合创新浪潮正席卷经济社会各行各业，发挥“互联网+”优势已成为各领域创新发展的新动力。河南省是粮食生产强省、农业大省，小麦、玉米是我国重要的农作物种质资源，小麦、玉米产量的稳定增长以及质量的不断提高对保障全国粮食安全起到重要的作用。“河南省主要粮食作物种质资源信息共享服务子平台”结合河南省区域特点，充分利用大数据、云计算、物联网等新一代互联网技术，针对小麦、玉米等主要粮食作物种质资源，对其进行数字化收集、整理、整合、存储、统计分析、标准化处理、共享和服务，向科研院所、教学研究、学术研究、科技创新、技术难关、育种公司等提供河南省特色小麦、玉米种质资源信息特色服务。

一、子平台基本情况

“河南省主要粮食作物种质资源信息共享服务子平台”位于河南省郑州市，依托于河南农业大学进行平台的建设、运行与服务工作，并得到了河南省科学技术厅、河南省农业科学院、郑州市轻工业学院以及相关涉农公司的大力支持。目前本平台共有相关工作人员15名（包括主任1人、副主任2人，办公室主任1人），涉及河南农业、河南省农业科学院、郑州市轻工业学院3个单位，并聘任相关专家进行工作指导。

本平台依托于河南农业大学—中原农村信息港开展各项工作，总面积1 510m²，功能设施主要包括种质资源信息综合服务门户平台、种质资源数据资源中心、惠农呼叫中心、数据分析与决策服务中心、农村信息化展示中心等部分，拥有实验室拥有高性能数据中心1个（数据存储量150TB），服务器6台，高档微机50多台，多台计算机工作站和三维图形系统工作站；拥有GPS定位仪、遥感图像处理软件（ENVI）、地理信息系统软件（ARCGIS）、统计软件（SAS）等软和硬件设施。

（一）种质资源信息综合服务平台门户

整合主要涉农网站、专业信息服务系统、远程教育系统和惠农呼叫中心系统，设立特色农业、农业科技、信息服务等板块内容。

（二）种质资源数据资源中心

整合分散在政府部门和单位间的涉农数据资源，构建包含具有河南特色的种质资源信息的高标准数据资源中心，为信息服务综合平台、惠农呼叫中心以及相关专业农村信息服务与决策支持系统提供有效的数据资源支撑。

（三）惠农呼叫中心

整合现有“三农”服务热线，设立12396信息服务统一出入口，对接农村信息服务综合平台，最终建设成集语音、视频、短信为一体的惠农呼叫接入门户和总枢纽。

（四）数据分析与决策服务中心

依据种质数据资源中心，对数据进行实时跟踪、数据挖掘、统计分析，为各类用户提供针对性特色服务。

（五）农村信息化展示中心

利用现代传媒设施，立体化、多层次展示农业科技成果、农业信息化、农业信息化服务在农民生活、农业生产、农村管理等方面的应用。

本平台主要任务是利用新一代互联网技术，针对小麦、玉米等主要粮食作物种质资源，对其进行数字化处理和服务，主要是解决如下几个关键共性问题和需求：一是针对涉农信息资源整合问题，为项目提供河南省主要粮食作物种质资源信息专业数据；二是针对涉农信息资源共享问题，基于主要粮食作物种质资源数据提供共享示范应用；三是针对大数据存储问题，基于多属性的粮食作物数据开展相关研究和服务。四是针对涉农信息服务问题，提供种质资源专业信息服务模式创新和示范，向科研院所、教学研究、学术研究、科技创新、技术难关、育种公司等提供河南省特色小麦、玉米种质资源特色信息服务和数据支撑。

二、资源整合情况

通过近几年的收集和整理，本平台目前共有河南及周边种质数据资源650份，玉米种质数据资120份，其他种质资源335份。文本文档12 230个，图像文件3 365个，音频视频文件1 523个，整合相关涉农信息系统16个，涉农信息数据6个，累计数据量12TB。构建了以主要农作物为主的涉农信息共享网络平台，构建了信息在线服务语音中心、种质资源信息在线提供渠道、数据下载中心、用户信息反馈等功能模块。

三、共享服务情况

平台通过深入了解各服务对象（针对不同项目）对相关数据的需求，首先找出不同项目需求的共性问题并进行技术攻关；对数据信息进行建模，构建高效的信息获取和共享途径；通过不同服务模式开展信息服务。

本子平台本围绕种质资源开展信息的收集整理、保存处理、数据挖掘、数据共享服务等工作，主要服务内容是主要粮食作物（小麦、玉米）种质资源数据信息以及关键技术解决等服务，服务途径一是通过网站在线查询、筛选、下载过程获得；二是通过专题服务形式，提供整理后的数据资源信息。

近年来主要面向国家重点研发计划（粮食作物生长监测诊断与精确栽培技术）、国家“十二五”科技支撑计划（粮食生产主环节信息服务集成与应用），农业部重大农技推广项目（豫中小麦丰产高效技术集成与示范）、国家“十二五”科技支撑计划（数据资源迁移、部署与更新应用示范）等国家及省部科研项目提供种质资源信息服务。

本平台依托河南农业大学中原农村信息港累计信息资源服务12 000人次，技术与成果推广6项，开展技术培训服务2 000人次，新取得省级科技成果鉴定8项，软件著作权4项，国家发明专利2项，国家实用新型专利2项，获得河南省科学技术进步奖二等奖2项，发表相关科研论文35篇。

本平台发展，为本地方特色农业生物遗传资源发掘、保护、评价和创新提供了全面、基础的信息资源支撑，保障了河南省“粮食丰产科技工程”和百千万高标准良田工程建设，为保障粮食生产安全作出了重要贡献。

四、典型服务案例

2012—2015年，“粮食作物种质资源调查与分发平台”已在中国国家种质库（依托于中国农业科学院）、河南平安种业有限公司、河南省土壤肥料站、河南省金囤种业有限公司、河南省农业科学院小麦研究中心等单位进行运行和应用示范。收集20种多种粮食作物种质考察、分发和利用信息4 091份，11万个数据项值、1 200兆字节数据量，共享粮食作物信息资源累计240.2GB，累计通过平台分发种质资源5 800多份。通过平台研建培养人才3名，博士生2名，硕士生6名。获河南省自然科学优秀学术论文二等奖2项，三等奖1项。共累计增加农业经济效益7 413.12万元。该项目于2015年获得了河南省科学技术进步奖二等奖。

（一）新增销售额计算依据

新增销售额=种质面积×单位面积增产量×产量单价。本系统平台通过在河南平安种业有限公司等单位推广应用，根据不同地域进行小麦、玉米优选种质平均每亩增产20～50kg，推广小麦优质种质资源种植面积183.6万亩、玉米111.2万亩来计算，直接经济效益：1 836 000亩×35kg/亩×0.6元/kg+1 120 000亩×30kg/亩×1.12元/kg=7 413.12万元，经济效益显著。

（二）新增利润计算依据

新增利润计算公式=去年的年度利润总额—今年的年度利润总额；2012年、2013年和2014年度新增利润分别为：723.39万元、831.17万元和947.38万元。

根据农业相关税收减免政策，本产品仅计算相关新增所得税，计算公式=去年全年纳税总额–今年全年纳税总额=新增利润×0.03×0.25，2012年、2013年、2014年度新增所得税分别为：14.04万元、19.79万元和21.77万元。

五、总结与展望

“河南省主要粮食作物种质资源信息共享服务子平台”在上一阶段取得了一定成果，得到了用户的一致好评，具有良好的实用性。然而，从整体上来看，随着该课题的不断发展，本项目工作涉及知识面较广，系统操作对象作物种质资源种类繁多、属性复发，目前虽已完成基本功能，但还相对简单，在种质资源数据平台终端上，功能扩展上还具有很大空间，另外，在标准制定方面有待要进一步的完善，可以增加评价数据标准和保存数据标准。对获得的资源数据还可以做进一步的数据挖掘及统计分析应用，以便对获得的种质资源数据进行更加全面和细致的分析，挖掘出种质资源数据信息隐含着的巨大价值。

国家野生稻种质资源（江西）子平台发展报告

黎毛毛，余丽琴，张晓宁，李　慧，刘　进，熊玉珍，饶淑芬

（江西省农业科学院水稻研究所，南昌，330200）

摘要：国家野生稻种质资源平台（江西）建立于2013年，由国家科技基础条件平台——国家农作物种质资源平台资助建立。通过项目实施，在"十二五"期间，子平台保存的稻种资源数从8 320份增加到9 328份，增加了12.11%；接待江西农业大学本科实习生271人次、新型职业农民技术培训225人次；为省内外科研院校和种业公司提供水稻育成品种466份次、东乡野生稻449份次、东乡野生稻置换系415份次。为江西省高安市富硒园农产品公司和黑龙江省北大荒垦丰种业公司开展专题服务。江西省农业科学院利用子平台提供的东乡野生稻申请获得了江西省科技厅重大专项"东野型"三系杂交水稻体系研究及两项国家自然科学基金项目资助。

一、子平台基本情况

国家野生稻种质资源平台（江西）位于江西省南昌市青云谱区南莲路602号，依托单位为江西省农业科学院水稻研究所。

（一）主要研究人员

黎毛毛研究员负责东乡野生稻遗传多样性监测和项目的组织实施。余丽琴研究员负责东乡野生稻原位保护区与异位保存圃的安全保存，稻种资源共享服务。张晓宁助理研究员负责对外供种信息处理、材料上报。李慧助理研究员负责接待参观培训。刘进助理研究员负责水稻种质资源收集、评价和鉴定。熊玉珍高级农艺师负责江西稻种质资源的安全保存与繁殖更新。饶淑芬技术员负责原位保护区东乡野生稻生长状况的观察记载。

（二）主要设施

第一，东乡野生稻原位保护区，位于江西省东乡县，建有庵家山、水桃树下和樟塘等3个居群原位保护区，共8.4hm^2。第二，东乡野生稻异位圃，位于江西南昌市，共600m^2，保存了从东乡野生稻原生境9个居群中取回224个原生茎样株。第三，种子精选室42m^2，配有水分测定仪1台、干燥箱3台、电子天平2台。第四，发芽检测室40m^2，配有发芽箱等设备2台。第五，种子包装分配室56m^2。第六，种子储藏室150m^2，配有干

燥器120个，保存了9 328份水稻种质。

（三）功能职责

第一，强化东乡野生稻原位保护区、异位保存圃的管理，对保护区内东乡野生稻的遗传多样性进行动态监测，保证东乡野生稻正常生长与安全保存，并提供研究利用。第二，保证9 328份稻种资源的安全保存，定期进行繁殖更新；向省内外科研院所提供优异稻种资源服务。第三，引进国内外优异稻种资源并进行主要农艺性状评价鉴定。第四，面向省内外科研院校和种业等单位提供种子安全贮藏的相关技术咨询、培训服务。

（四）目标定位

确保东乡野生稻和江西稻种资源的安全保存，每年为省内外科研院校提供优异稻种资源200份次。引进国内外优异稻种资源，使江西省保存的稻种资源总数增加10%。开展新种质创制技术研究，创制水稻新种质100份次。

二、资源整合情况

（一）资源整合情况

在“十二五”期间，子平台从国内外引进稻种资源1 200余份、创制水稻新种质600余份；通过评价鉴定筛选1 008份种质资源入江西省农业科学院水稻所品种资源研究室保存。使江西省农业科学院水稻研究所稻种资源数有8 320份增加到9 328份，增加了12.11%。

（二）优异稻种资源介绍

1. 东乡野生稻

东乡野生稻1978年在江西省东乡县被发现（简称”东野”）。经生态环境、生物学特征、细胞学鉴定、同功酶分析和比较，证明是“土生土长”的普通野生稻。与国内普通野生稻相比，具有“无地下茎，宿茎休眠芽越冬，耐寒性极强，染色体带型偏粳”等特异性。经专家论证和查新，东乡野生稻是世界上分布最北的野生稻（28° 14′ N），被称为植物“大熊猫”。为有效保护这一珍贵资源，1980年，在南昌市（28° 41′ N）首次建立了9个原生境居群的“东野”永久性异位圃；1984年，开始陆续建立原位保护区8.4hm^2，为野生稻长期研究提供了共享平台。

“东野”具有强耐冷性，能耐-12.8℃的极端低温，苗期和穗期耐冷1级；抗旱性强，苗期和穗期抗旱1级；苗期耐淹性强，淹没20d能正常生长；对普矮病、黄矮病免疫，抗白叶枯病、细条病、卷叶螟；具有恢复基因，对野败胞质不育恢复度64%～87.5%；具有广亲和性，与籼、粳稻品种的亲和性小穗育性均值为85.5%。国内科研单位利用“东野”为研究材料，育成省审、国审新品种66个；获国家发明专利6项，定位基因118个，克隆基因10个，发表论文185篇。

2. 紫玉糯

江西省农业科学院水稻研究所利用2007年10月参加云南省西双版纳种质资源收集考察项目收集到地方种质接骨糯的变异株，经系选育成黑糯米新品种紫玉糯（原名：H036）。经检测其黑色素含量、直链淀粉含量、碱消值与色泽、气味、口味等均达部颁一级黑籼糯优质米标准；黑米色素、蛋白质含量达部颁二级标准。2012年，申请植物新品种权，品种权号CNA20120584.6。2016年4月，通过江西省品种审定委员会审定。

三、共享服务情况

国家野生稻种质资源平台（江西）“十二五”期间，接待江西农业大学本科实习生271人次、针对新型职业农民技术培训225人次。为省内外科研单位和种业公司提供水稻育成品种466份次、东乡野生稻449份次、东乡野生稻置换系415份次。

为江西省高安市富硒园农产品公司开展专题服务，向公司提供黑糯米新品种“紫玉糯”，进行高档特优有色大米的开发。为黑龙江省北大荒垦丰种业公司开展新种质创制专题服务，向公司提供利用东乡野生稻与东北粳稻沈农265、吉粳88配组获得的含东乡野生稻染色体片段置换系120余份。

“十二五”期间，江西省农业科学院利用子平台提供的东乡野生稻为试验材料，申请获得了江西省科技厅重大专项“东野型”三系杂交水稻体系研究及两项国家自然科学基金项目资助。

四、典型服务案例

（一）“东野型”新质源三系杂交稻体系研究

江西省农业科学院水稻研究所利用东乡野生稻为试验材料，培育出东乡野生稻作为细胞质源的“东野型”雄性不育系。该不育系恢保关系与传统“野败”“红莲”“包台”不育系完全不同，现有三系不育系的保持系和恢复系、两系杂交稻亲本以及绝大多数常规品种都是“东野型”不育性彻底的保持系。

（二）“东野型”新资源三系杂交稻获奖情况

利用“东野型”三系体系可以大幅度提高水稻种质资源的育种利用率，从而提高杂交稻育种潜力，为突破当前三系杂交水稻产量瓶颈提出了新的研究途径，该项目于2014年获得了江西省重大专项和国家自然科学基因资助。

五、总结与展望

（一）存在的问题和解决措施

目前存在的主要问题：稻种资源保存的设施落后（利用干燥器保存）。解决措施：已申请获得江西省科技厅项目资助，在江西省农业科学院高安基地建立东乡野生稻异位保存备份圃和农作物种质资源低温保存库，2017年即将投入使用。

（二）“十三五”子平台发展总体目标

确保东乡野生稻和江西省现有9 000余份稻种资源的安全保存。通过“一带一路”国际合作，引进国内外稻种资源500份；创制水稻新种质500份，使江西省保存的稻种资源总数增加10%。为省内外科研院所和种业公司提供优异稻种资源1 500份次。

（三）“十三五”拟通过运行服务主要解决科研和生产上的重大问题

1. 加强培训和教育

为大力培育新型职业农民，加快构建新型农业经营体系，解决“谁来种地、如何种好地”的问题，国家野生稻种质资源平台（江西）所在团队根据江西省科技特派团富民强县工程要求，联合江西省宜黄、宜丰、星子、弋阳等4个科技特派团，于2016年申请获得江西省科技厅“水稻产业技术升级县巡回培训班”项目资助。

2. 加强宣传与推广

“十三五”期间重点开展针对水稻种业公司、水稻产业合作社、种粮大户、稻米加工企业、新型经营主体以及科技创新创业等相关人员的技术培训。在开展技术培训的同时，加大对国家农作物种质资源平台的宣传力度。

国家牧草种质资源（北京）子平台发展报告

王学敏，高洪文

（中国农业科学院北京畜牧兽医研究所，北京，100093）

摘要：国家牧草种质资源（北京）子平台自2013年加入平台项目。依托单位为中国农业科学院北京畜牧兽医研究所。本平台主要定位是建立规范化和科学化的管理和共享服务平台，不断提高资源增量与质量，提高资源服务的范围和水平，解决牧草种质资源共享利用的难题，为保护我国的牧草种质资源，提高农业产业核心竞争力做出贡献。2013—2016年期间，本平台共收集和入库资源500份，维护与更新资源210份，提供给各级单位共享利用资源435份，选育牧草新品种2个，共享利用服务初见成效。“十三五”期间，子平台将针对我国草地生态建设和草业发展对牧草种质资源的迫切需求，从国内外广泛收集保存并发掘优异种质资源的同时，通过田间展示、网络宣传等途径，积极向育种者提供优异种质资源，为牧草的发展提供重要的物质支撑。

一、子平台基本情况

本子平台依托于中国农业科学院北京畜牧兽医研究所，这是一家为公益性一类科研机构，2011年被科技部授予“十一五”国家科技计划执行优秀团队奖；2012年在农业部组织开展的第四次全国农业科研机构科研综合能力评估中排名第五，专业、行业排名第一。该畜牧兽医研究所现拥有中国工程院院士1名，正高级专业技术职称人员39人，副高级专业技术职称人员47名，博士生导师29人，硕士生导师66人，农业部有突出贡献的专家8名，国家级“百千万人才”6名；拥有6个科技创新平台、6个科技支撑平台和3个科技服务平台，建有位于北京市昌平区马池口镇和南口镇、内蒙古自治区鄂托克旗、河北省廊坊市广阳区等地的4个试验基地，2016年投入运行的国家畜禽改良中心，拥有各类先进科研仪器设备300余台套，总价值9 000多万元。因此能在人力、财力、物力及相应的配套经费和相关设备设施等方面保证和满足本平台的运行管理。

目前，国家牧草种质资源平台运行服务组成人员6人，其中正高级1人，副高级4人，其他1人。包括资源（在田间种植保存、牧草库保存）的保存、更新、收集、编目、鉴定、评价、创新和利用等均有专人负责，在运行管理、技术支撑、共享服务人员队伍方面也落实了具体管理服务人员，由子课题负责人协调管理所有相关工作。

本平台主要试验保存设施包括有田间圃地、温室、组培实验室、资源保存库（0～2℃）等基本设施条件，其他研究工作利用依托单位中国农业科学院北京畜牧兽医研究所的畜禽改良中心分析测试中心完成。

牧草种质资源是牧草品种改良和新品种选育的基础，是现代种业和现代畜牧业可持续发展的重要物质基础，属于国家战略性资源，对缓解饲料资源短缺、确保粮食及畜产品稳定供给、促进草地畜牧业稳步发展、加速农业结构调整、满足生态环境治理等均有十分重要的作用。长期以来，我国牧草种质资源标准不统一、资源保存相对分散、信息网络设施薄弱，制约了牧草种质资源的共享利用。本平台依托国家农作物种质资源平台，规范化和科学化平台的管理和共享服务，建立标准和体系化的共享服务方式和服务流程，不断提高资源增量与质量，提高资源服务的范围和水平，解决牧草种质资源共享利用的难题，为保护我国的牧草种质资源，提高农业产业核心竞争力做出贡献。

二、资源整合情况

国家牧草种质资源平台（北京）保存有牧草资源8 000余份，经过长期的研究与整理，获得了较为完善的资源数据信息资料。为了保证资源数据的共享利用，已制定了《牧草种质资源数据标准和描述规范》9套。为牧草种质资源的鉴定与优异种质资源的筛选评价打下良好的基础。

（一）收集资源（2013—2016）

从国内外收集牧草资源500份；通过观察鉴定入库500份资源。具有代表性的牧草品种，如图1、图2、图3和图4所示。

图1　鸭茅

图2　紫花苜蓿

图3　白三叶

图4　百脉根

（二）资源维护与更新（2013—2016年）

繁种更新已有资源210份。具有工作流程如图5、图6、图7和图8所示。

图5　育苗

图6　移栽

图7　田间生长

图8　种子清选

（三）根据《农作物优异种质资源评价规范牧草》初步评价圃中的优异种质资源

对经鉴定评价的40份优异种质资源的数据进行了采集、补充和校准等。

（四）种质资源数据补充采集

补充采集共性数据110份资源，上千个数据。

三、共享服务情况

（一）资源服务量

1. 服务对象（2013—2016年）

涉及高校、科研单位和企业等共14家单位（表1）。

表1　服务的14家高校、科研单位和企业

序号	单位	序号	单位
1	河北省农林科学院旱地农业研究所	8	湖北省农业科学院畜牧研究所
2	四川农业大学	9	江苏省农业科学院畜牧研究所
3	黑龙江省农业科学院草业研究所	10	中国农业大学
4	内蒙古农牧业科学院	11	贵州省草业研究所
5	甘肃农业大学草业学院	12	青海畜牧科学院草原研究所
6	云南省草地动物科学研究院	13	吉林农业科学院畜牧分院
7	中国农业科学院兰州畜牧与兽药研究所	14	北京市克劳沃草业技术开发中心

2. 服务数量

2013—2016年，共为全国各大高校和科研单位分发利用牧草种质资源435份（图9）。

牧草种质资源利用情况登记表

牧草种质资源利用情况登记表

牧草种质资源利用情况登记表

牧草种质资源利用情况登记表

牧草种质资源利用情况登记表

图9　发放利用牧草种质资源材料

（二）专题服务（2013—2016年）

开展培训服务，2014—2016年共培训32人次；接待参观、学习或实习的科研开发、教育、推广、生产相关人员和学生22人次。

（三）宣传推广（2013—2016年）

在各级各类会议上对平台资源进行了10余次宣传介绍。

四、典型服务案例

（一）服务名称

牧草种质资源共享利用。

（二）服务对象、时间及地点

国内主要牧区，服务近7年。

（三）服务内容

牧草种质资源共享利用。

（四）具体服务成效

针对我国草地生态建设和草业发展对牧草种质资源的需求，积极向牧草科研教学单位提供牧草种质资源共享利用服务。近7年来，先后为内蒙古自治区、新疆维吾尔自治区、甘肃省、四川省、云南省等省区20余个单位，提供2 000余份资源材料的共享服务。

通过资源、信息等共享和利用合作，目前已选育出牧草新品系3个，育成牧草新品种2个，共享利用显现初步成效。

2013年，与内蒙古自治区农牧业科学院联合通过内蒙古自治区草品种审定委员会审定登记“牧科草木樨1号”育成品种1个（图10）。该品种鲜草产量60 000～67 500kg/hm^2；干草产量14 000～15 300kg/hm^2；种子产量1 400～1 600kg/hm^2。该品众耐旱，耐寒，综合抗病性强，对土壤要求不严，耐瘠薄，生长速度快，枝多叶茂，产量高，持久性好，适于在内蒙古自治区及周边地区种植。

品种登记号：N022
品种名称：牧科草木樨1号
申报单位：内蒙古自治区农牧业科学院
申 报 人：赵和平、贾明、高洪文、丁海君、王赞
适应区域：内蒙古中西部及毗邻地区。

经第一届内蒙古自治区草品种审定委员会审定，该品种登记为育成品种，并报农牧业厅备案，准予在适应区域正式推广应用。

二〇一三年三月十五日

图10　通过审定“牧科草木樨1号”证书

2014年，内蒙古自治区农牧业科学院联合通过内蒙古自治区草品种审定委员会审定登记“牧科引百花草木樨”品种1个（图11）。

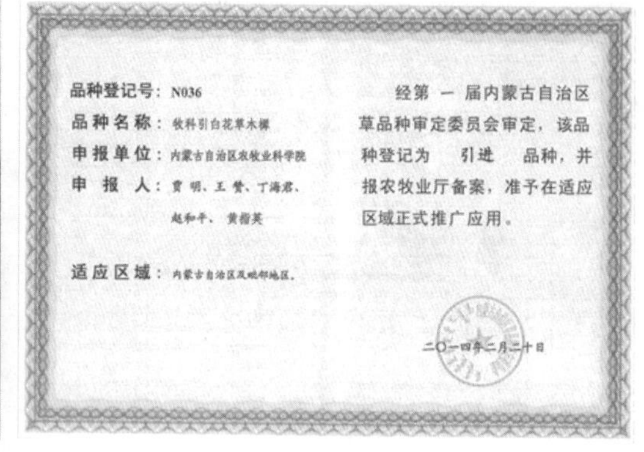

品种登记号：N036
品种名称：牧科引白花草木樨
申报单位：内蒙古自治区农牧业科学院
申报人：贾明、王赞、丁海君、赵和平、黄帼英
适应区域：内蒙古自治区及毗邻地区。

经第一届内蒙古自治区草品种审定委员会审定，该品种登记为 引进 品种，并报农牧业厅备案，准予在适应区域正式推广应用。

二〇一四年二月二十日

图11　通过审定“牧科引百花草木樨”证书

五、总结与展望

（一）“十三五”目标

针对我国草地生态建设和草业发展对牧草种质资源的迫切需求，积极向牧草科研教学单位提供牧草种质资源共享利用服务。从国内外广泛收集保存并发掘优异种质资源的同时，通过田间展示、网络宣传等途径，积极向育种者提供优异种质资源，为牧草的发展提供重要的物质支撑。

（二）预期成效

1. 完善子平台共享服务制度

将资源共享服务的方式、服务流程进一步标准化和规范化，提高资源利用效率。

2. 积极推广优质牧草资源宣传材料

分发利用牧草种质资源每年100份以上。

3. 提高资源增量和质量

牧草种质资源每年增量30份以上，资源数据补充和采集30份以上。

4. 支持和普及研究人员的科研成果

支撑品种选育和论文发表。

国家新疆兵团种质资源子平台发展报告

谢宗铭，董永梅，叶春秀

（新疆维吾尔自治区农垦科学院生物技术研究所，石河子，832000）

摘要：新疆生产建设兵团生物种质资源库是经国家发展和改革委员会批复的区域重大工程，建设内容有种子低温低湿保藏库、DNA库、微生物库、动物种质资源库以及种子生物学实验研究平台。重点收集保存新疆作物及其近缘种、野生生物种质资源，以保障新疆特色生物资源安全，同时为新疆的生物产业和生命科学研究提供特色种质资源及相关信息和人才。子平台制定了《新疆生产兵团生物种质资源保护与利用平台管理暂行办法》，实行会员制，兵团各级科研院所、种业企业为平台自然会员单位。已保存植物种质资源和资源圃种质资源15科，45属，11 000余份，其中棉花种质资源越占45.5%。开展了棉花抗病育种专题性服务。2014年成为国家作物种质资源平台子平台。

一、子平台基本情况

新疆生产建设兵团生物种质资源库项目（以下简称“兵团生物种质库”），是由新疆兵团发展和改革委员会推荐，经国家发展和改革委员会批复的区域重大工程，依托新疆农垦科学院建设和运行，项目总投资1 200万元。建设内容包括：第一，种子低温低湿保藏库；第二，DNA库；第三，微生物库；第四，动物种质资源库（依托新疆农垦科学院畜牧兽医研究所共建），以及种子生物学实验研究平台，实验室面积600m^2。项目于2012年12月通过兵团验收，至今已建成有效保存植物种子的长期库（−18℃，RH<45%）1间、中期库（−1℃，RH<50%）2间、可调库（4℃，RH<50%）2间，总实用面积300m^2；建成了保存DNA、微生物菌株、动物种质资源的先进设施；建立了种质资源数据库和信息共享管理系统；建成集优异基因鉴定、克隆和验证于一体的技术体系和科研平台；已初步建立由“收集保存、鉴定评价、种质创新、资源共享”等4大系统构成的科学研究体系，具备较强的种质资源保藏与研究能力。

发展定位：兵团生物种质库致力发展成为新疆维吾尔自治区乃至国内有一定影响的生物物种种质资源保护、科学研究，人才培养和国际合作交流的基础性、开放共享性平台，使新疆的特色生物资源安全得到可靠的保障，为生物产业的发展和生命科学研究提供特色种质资源材料及相关信息和人才，促进新疆生物产业和社会经济的可持续发展。种质资源保藏能力达到国内先进水平。

特色：重点收集保存新疆作物及其近缘种、野生生物种质资源，包括种子库、DNA库、微生物库和动物种质资源库，同时建有先进的植物分子生物学和种子生物学实验研究平台。2014年成为国家农作物种质资源平台—新疆兵团种质资源子平台。

兵团种质资源子平台的日常营运、管理以及技术依托单位为新疆农垦科学院生物技术研究所。现有职工10人，其中科研人员7人，研究员1人，副研究员1人，助理研究员5人，博士2人，硕士5人；科研辅助人员3人。

二、资源整合情况

新疆兵团种质资源子平台自2013年正式运行以来，制定了《新疆生产兵团生物种质资源保护与利用平台管理暂行办法》。兵团生物种质平台实行会员制。兵团各级科研院所、种业企业为种质资源平台自然会员单位。鼓励区内外其他科研单位、种业公司和个人申请成为会员，自然共享平台服务。生物种质平台实行兵团科技局领导下的理事会负责制。种质资源主要来自新疆农垦科学院、石河子大学、塔里木大学、兵团各师级农科所引进和选育的农作物品种、品系、遗传材料以及林果蔬菜种质。目前已保存、待整理保存以及资源圃种质资源包括15科，45属，11 000余份，其中新疆维吾尔自治区主要经济作物棉花的种质资源越占45.5%（表1）。目前，限于人力、物力以及保存管理办法，入库保存种质资源的信息主要由资源提供方填写，信息完整性不高，有待今后逐步完善。

表1　新疆兵团种质资源子平台种质资源保存概况　（单位：份）

主要作物	小麦（1 025）	玉米（1 200）	水稻（757）	—
杂粮	高粱（45）	谷子（22）	大麦（550）	绿豆（12）
棉、麻、油	棉花（5 000）	亚麻（10）	油菜（180）	向日葵（550）
	蓖麻（30）	花生（88）	大豆（420）	红花（150）
蔬菜、瓜类	大白菜（10）	甘蓝（8）	黄瓜（12）	辣椒（36）
	蚕豆（6）	豌豆（10）	茄子（8）	番茄（120）
	洋葱（5）	豇豆（11）	南瓜（6）	花椰菜（5）
	萝卜（20）	苦瓜（4）	西瓜（330）	甜瓜（260）

（续表）

主要作物	小麦（1 025）	玉米（1 200）	水稻（757）	—
果树	苹果（11）	梨（52）	葡萄（48）	桃（12）
	核桃（112）	草莓（18）	无花果（35）	山楂（2）
	杏（48）	枣（206）	石榴（6）	大樱桃（1）
糖、烟	甜菜（108）	烟草（6）		
其他作物	小黑麦（36）			

注：表中（ ）中数字为种质资源数量

优异种质陆地棉多茸毛突变体“973”：生育期126d，株高70cm，株型紧凑，呈筒型，I-II式果枝，叶片中等、平展，铃圆形，单铃重5.5g，纤维色泽洁白，绒长25mm，衣分38.5%，感黄萎病。全株被稠密茸毛，远观呈银灰色。叶片背面茸毛稠密，簇生居多，叶脉上每簇5～8根居多，叶肉上每簇4～6根居多，正面茸毛相对背面较少，簇生居多，叶脉上每簇4～6根居多，叶肉上每簇3～5根居多；苞叶边缘茸毛簇生，背面较多，簇生，正面单生或双生居多；萼片边缘单生、双生居多，3～6根簇生居多；花瓣基部茸毛稠密，较长且粗，单生居多，也有2～4根的簇生茸毛；柱头侧面沟有茸毛，单生；子房壁有茸毛（图1和图2）。在大田虫害发生期，田间观测无蚜虫、棉铃虫、红蜘蛛为害，表明该多茸毛突变体具有生理抗虫性。目前，该种质已经协议发放中国农业科学院生物研究所、新疆农垦科学院棉花研究所等研机机构开展基础研究和育种应用。

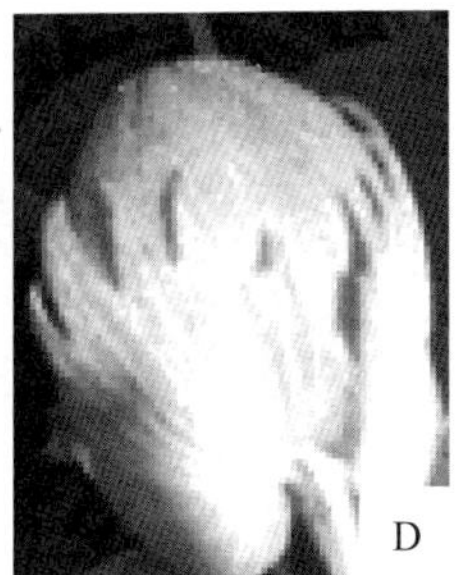

A. 973全植株被毛；B. 叶片茸毛；C. 苞叶茸毛；D. 铃面茸毛

图1　多茸毛突变体973形态特征

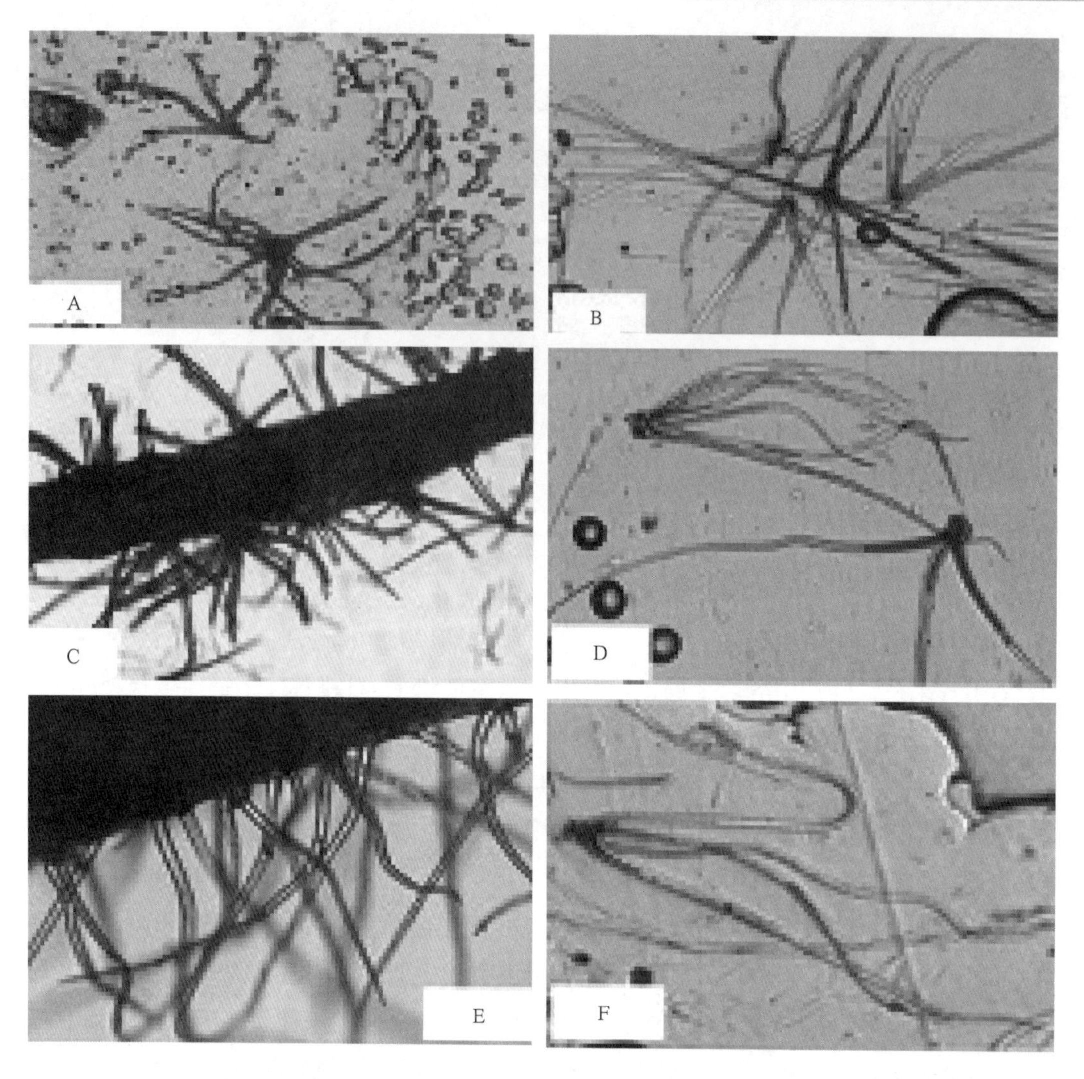

A. 叶片正面茸毛形态；B. 叶片背面茸毛形态；C. 苞叶切片茸毛形态；
D. 苞叶背面茸毛形态；E. 萼片边缘茸毛形态；F. 萼片茸毛形态。

图2 多茸毛突变体973茸毛显微观察（10×10）

三、共享服务情况

近年，新疆兵团种质资源子平台主要的服务对象是以会员单位为主，特别是面向新疆兵团种子企业，目前开展服务的较大型种子企业有5家。主要是专题服务，一是开展了棉花资源抗逆（抗病）性多点鉴评和种质创制群体构建；二是与西域绿洲种业公司开展了抗黄萎病种质资源鉴定和联合育种。先后展示棉花种质资源200份，提供用户600份次。同时，开展种质资源保护和生物技术应用科普宣传。

四、典型服务案例

棉花黄萎病，素有棉花生产上的“癌症”之称，是一种严重的土传病害，也是当前制约新疆维吾尔自治区乃至我国棉花产业可持续发展的主要病害，年损失平均达10%～20%，严重棉田甚至绝收。化学防治不仅效果不理想，而且易产生环境污染。因此，开展棉花抗黄萎病育种，提高棉花品种自身抗病性是最为经济有效的措施。基于此，本平台与新疆康地种业、西域绿洲种业等种业公司达成合作协议，主要开展了“棉花抗黄萎病种质资源的重病田田间规模鉴定服务”。2014—2015年，在新疆兵团第八师143团黄萎病天然病圃，鉴定棉花种质资源400多份。在黄萎病发病高峰期，先后邀请中国农业科学院棉花研究所、新疆农垦科学院植物保护研究所植物病理专家4人次在田间向种业和相关科研所育种技术人员进行了现场技术交流，促进了种质抗病性鉴定技术的统一，筛选出了12份达抗和耐黄萎病的种质资源，目前已用于协议单位的棉花黄萎病育种项目，构建了多个育种群体，进展顺利。

五、总结与展望

新疆兵团种质资源子平台运行3年来，在国家平台和兵团的大力支持下，进展顺利。但从长远可持续发展来看，以下问题迫切需要解决：一是运行经费不足。种质资源的主动收集以及精准鉴定很难开展；二是人力资源不足，研究工作难以深入；三是信息数据库建立和维护缺乏专业支撑。希望国家作物种质资源平台能够从国家政策方面寻求突破，积极建言地方子平台属地主管部门加强种质资源工作的支持力度。

“十三五”期间，新疆兵团种质资源子平台立足新疆区域特色生物资源优势，围绕农业经济主导产业安全、高效、可持续发展，在开展作物种质资源收集、评价和保存的基础上，大力开展特色生物资源特别是作物近缘种的采集和鉴评，同时加强与国外交流，多途径引进国外优异种质资源，拓展基因资源背景，积极创新，为优良作物新品种培育提供技术和基因资源支撑。力争新入库保存作物种质资源1 000份，其中，国外种质资源30份左右，种质资源数字化信息完善。

针对制约新疆维吾尔自治区棉花生产提质增效，基于国家重点研发计划项目，开展棉花种质资源多年多点精准鉴定和种质创新，为优良机采棉新品种选育提供基因资源和理论支撑。

针对新疆特色林果产业高效绿色发展，积极开展林果资源精准鉴评技术研究与服务。

国家农作物种质资源平台吉林子平台发展报告

李淑芳，张春宵，李晓辉

（吉林省农业科学院作物资源研究所，长春，130033）

摘要：国家农作物种质资源平台（吉林）依托于吉林省农业科学院，自2006年成立以来，得到国家及省级各主管部门的支持与认可，先后共投入经费近2 000万元。平台具有稳定的人才队伍和实体化运行的管理体系，注重硬件设施建设，定位将自身发展成东北地区具有区域特色的作物种质资源搜集、保存和共享中心，资源创新中心，资源研究的人才中心。平台秉承“以用为主、重在服务”的原则，强化服务工作，扩展服务范围、提高服务质量及服务效率、提升服务效益，注重当前生产迫切需要解决的问题，开展专题服务，从而为东北地区新品种培育、农业科技创新和人才培养提供支撑，为国家粮食安全保驾护航。

一、子平台基本情况

“吉林省主要农作物种质资源共享与服务”子平台位于吉林省公主岭市，依托于“吉林省农业科学院作物资源研究所”。截至目前，平台拥有1 500m²分子生物学实验室、1 530m²资源繁育中心、680m²低温种质资源库、8 820m²抗逆鉴定圃、400m²现代化温室、20hm²试验地、2 400m²晒场、200m²农机库、200m²挂晾室等在内的资源收集、保存、鉴评、创制和繁育配套设施，并配有2 000余万元的仪器设备300余台件。

平台现有主任1人、副主任2人，库管员1人，秘书1人，主要负责平台的日常管理与建设工作。由于目前平台不是独立运行单位，在运行上暂时划分为“核心团队”和“合作团队”。“核心团队”包括玉米、大豆（含野生大豆）和水稻3个研究团队，现有博士7人、硕士4人。合作团队由院玉米研究所、水稻研究所、大豆研究所、作物研究所、植物保护研究所、环境资源研究所等多个课题组组成。

国家农作物种质资源平台（吉林）按照“以用为主、重在服务”的原则，重点瞄准吉林省“粮食安全、生态安全、人类健康、农民增收、国际竞争力提高”等5个服务方向，主要面向“现代种业发展、科技创新和农业可持续发展”3个服务重点，重点加强“种质资源库安全、种质信息网络安全、人才队伍、信息和数量”等4个服务能力。加强资源收集、整理、繁殖及更新，侧重资源的多样性收集；构建农作物种质资源精准鉴评体系，开展农作物种质资源精准鉴评研究，注重农作物种质资源育种材料创制、育种新方法及基因挖掘，以满足当前生产需要。跟踪服务、主动服务、专题服务，重点扩大服务范围、增加服务数量，针对市场需求，增加专题服务的数量，提升服务效益。

二、资源整合情况

“十二五”期间，累计收集各类主要农作物种质资源2 118份，累计繁殖玉米、大豆等各类种质资源3 454份。目前，平台保存玉米7 000份、大豆13 640份、水稻5 300份、高粱3 000份、麦类2 000份、谷子600份、食用豆360份、其他300份，各类种质资源合计超过3万份。

“十二五”期间，累计筛选鉴定优异种质1 003份；使用单倍体诱导、常规杂交、基因聚合等技术创制目标性状突出、综合性状优良的育种材料百余份。初步选育出1个诱导率较高、综合农艺性状优良的玉米诱导材料（Y18），诱导率8%～12%，抗病、抗倒伏、熟期适中、绿茎、易繁殖。获得水稻磷高效基因标记的单株78个，磷高效基因与抗病基因聚合系7个。采用高抗×高抗，高抗×优良品种等方法进行杂交，通过系选创制出高抗大豆花叶病毒病种质4份、高抗大豆灰斑病种质3份、高蛋白种质8份、高油种质3份。

三、共享服务情况

“十二五”期间，平台向吉林省雁鸣湖种业有限责任公司等5家企事业单位提供野生大豆资源，上述单位从中均选育出优异品系。此外，敦化市雁鸣湖工贸有限责任公司自2013年以来从实验室依托单位引进推广“吉科豆10号”小粒大豆新品种，3年来累计种植35万亩，为农民增收2 800多万元。平台针对科研、高校、企业、基层的管理人员、科技人员、检测人员等累计召开培训会议18场，培训各类人员超过2 000人次。平台开展对新型农业主体、农户、技术推广员的各类技术培训75场，累计培训7 350余人次，免费发放技术资料和手册13 450册、书籍600套、光碟200套、种子1 550kg、宣传单3 200份。

四、典型服务案例

“十二五”期间，针对吉林省西部地区盐碱化日益加重，平台开展了“种质资源耐盐碱性鉴定评价”的专题服务。

（一）服务背景

近年来，吉林省盐碱化（盐碱地面积2 440多万亩）日益加重。整个西部地区的盐碱化土地面积已占该地区国土总面积的30.80%，区域内个别县（市）的盐碱化土地面积已占国土总面积的50%以上。吉林省西部地区的土地盐碱化已经对该区的生态环境与经济发展构成严重威胁，给农业生产造成的损失仅次于干旱，成为影响当前玉米生产的主要“瓶颈”，该瓶颈问题部分导致吉林省玉米总产稳定性差。而如何快速、有效地解决上述瓶颈问题成为能否实现吉林省增产百亿斤粮食的宏伟目标的关键。面对着耕地资源严重短缺的现状，开展种质资源耐盐碱鉴评，发掘耐盐碱优异种质，改良玉米自交系，进一步培育耐盐碱玉米品种，增加有效的耕地面积和显著提高我国玉米产量，对于确保我国玉米的稳产和高产意义重大。

（二）服务目标

通过专题服务的开展，完成子平台现存的玉米种质资源的实际盐碱生境鉴定，创制优异耐盐碱前育种材料，为进一步培育耐盐碱玉米品种奠定丰富的材料基础。

（三）所用资源

31份主推玉米杂交种、69份玉米自交系及子平台现存的2 598份玉米种质资源。

（四）解决问题

第一，通过吉林省洮南地区多点表层土取样，进行土壤八大离子含量测定，确定土壤盐碱程度。第二，以31份主推玉米杂交种为试材，通过连续三年的大田和温室耐盐碱鉴定，构建玉米耐盐碱鉴定技术体系，确立株高、茎粗是玉米大田苗期适宜的耐盐碱形态鉴定指标。第三，基于已构建的鉴定技术体系，对69份自交系进行了实验室条件下耐盐碱生理生化鉴定和大田形态鉴定，两种鉴定分级范畴具有趋同性，并能够客观地反应材料的盐碱耐性。第四，以耐盐碱郑58和盐碱敏感的昌7-2杂交、多代自交和回交，经过实际盐碱生境鉴定，筛选创制盐碱耐性突出的玉米种质资源20份，拟供给吉林省乃至东北地区科研或育种单位用于抗逆材料选育。

（五）取得成效

通过阶段性的专题服务，摸清了吉林省西部实际盐碱强度，构建了玉米耐盐碱鉴定技术体系，完成69份玉米自交系的耐盐碱鉴定工作；利用筛选出的材料开展分子生物学实验，挖掘耐性基因，改良现有玉米自交系，创制前育种材料，对培育耐性新品种，增加玉米产量，提高农民收入有着重要意义。

五、总结与展望

国家农作物种质资源平台（吉林）子平台在国家级及省级各部门的支持下，在“十二五”期间已经开展了各类服务。

（一）目前仍存在下述主要问题。

1. 收集资源数量年度间分布不均衡，且收集资源类型单一，多样性不丰富

目前，收集到的资源仍局限于国内，对国外资源的收集数量有限；收集到的资源需要长期保存，由于长期低温库面积有限，无法保证每份资源长期保存的数量，致使库存资源需要定期繁殖与更新，给平台增加了田间工作量及运行成本。

2. 服务水平有待提升

运行服务数量少，范围小，内容单一，宣传力度不够，举办专题服务的方式不够新颖。

为解决上述问题，平台应通过各种渠道加大对资源的收集范围，侧重资源的新颖性、多样性收集；构建易操作、实用性强的精准鉴评体系，制定并颁布相关标准，加快对资源的规范化、标准化和精准化鉴评；结合生产实际，加大对平台的对外宣传力度，对发放出去的资源进行跟踪服务，搜集资源被使用的各项信息。此外，增加平台服务数量及服务质量，与当前生产相结合，开展专题服务。

（二）“十三五”子平台发展总体目标

1. 加大资源的收集力度

力争新增新颖性和多样性种质资源1 000份以上。

2. 加大资源的精准鉴评

制定并颁布各类鉴评标准5～10项；继续应用单倍体诱导、常规杂交、基因聚合等技术手段，创制目标性状突出、综合性状优良的育种材料百余份。

3. 加强对子平台的宣传及推广

通过互联网、QQ、微信及官方微博，实时跟踪及报道，通过引进的种质资源管理系统实现3万多份种质资源的信息与实物共享。

4. 增加平台服务数量

结合当前生产需要开展专题服务3～5次，累计培训各类人员超过2 000人次。

国家农作物种质资源平台辽宁子平台发展报告

路明祥，吴　禹

（辽宁省农业科学院创新中心，沈阳，110161）

摘要：国家农作物种质资源平台辽宁子平台是目前辽宁省内唯一的经科技部平台中心认定的农作物种质资源综合性服务平台，本文总结了“十二五”期间辽宁子平台发展情况，包括资源整合、共享服务、成绩成效、典型案例等方面的工作，展望了“十三五”的工作方向。

一、子平台基本情况

国家农作物种质资源平台辽宁子平台是目前辽宁省内唯一的经科技部平台中心认定的农作物种质资源综合性服务平台，是全国14个综合性服务子平台之一。辽宁子平台依托辽宁省种质资源库（总库容量25万份），于2015年启动建设并正式挂牌成立运行。现有人员7人，硕士学历5人，高级职称2人。

建设及运行期间，辽宁子平台秉承“整合、共享、完善、提高”的建设方针和“以用为主、重在服务”的服务宗旨，重点瞄准我国粮食安全、生态安全、人类健康、农民增收、国际竞争力提高等5个服务方向，主要面向现代种业发展、农业科技创新和农业可持续发展3个服务重点，不断提高服务质量和数量，开展日常性服务、展示性服务、针对性服务、需求性服务引导性服务跟踪性服务等6种服务模式，提升开放服务能力和创新支撑能力（图1）。

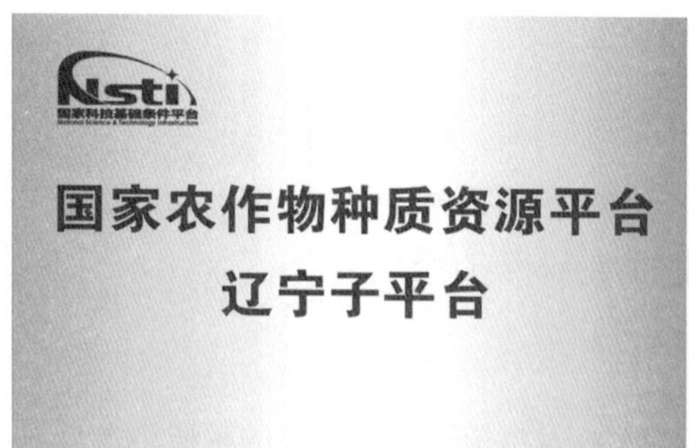

图1　国家农作物种质资源平台、辽宁子平台办公外景

建设及运行期间，辽宁子平台严格按照国家农作物种质资源平台管理章程和制度，开展农作物种质资源的收集、整理、评价和保存工作及关键技术研究，严格按照

国家有关财务规章制度进行奖励补助经费的使用，设立专门的平台运行服务岗位，及时追踪了解资源的利用效果，并将平台运行服务信息填报到网上系统（tb.cgris.net）。

二、资源整合情况

辽宁子平台在“十二五”期间共整合的资源类别包括粮食作物、经济作物和野生资源等20种农作物种质资源24 471份，且长期安全保存。对23 425份资源进行了农艺性状、品质、抗逆、抗病虫等鉴定评价，筛选挖掘出优异种质资源，并提供共享服务。种质资源的收集、整理整合和鉴定评价严格按照国家农作物种质资源平台建立的农作物种质资源技术规范体系和全程质量控制体系进行，保证了资源种子实物和信息的质量（图2）。

辽宁子平台收集保存的农作物种质资源基本涵盖了辽宁省名特优、珍稀、濒危等资源，具有重要的或潜在的应用价值，能够基本满足当前和今后农业科研和生产发展的需要。在“十三五”期间，辽宁子平台计划更多地收集和引进国外农作物种质资源，为更好地满足我国现代种业和农业可持续发展提供资源数量保障和科研支撑。

辽宁子平台特别注重野生资源和珍稀资源的收集与保存工作。在”十二五“期间组织完成了辽宁省野生大豆资源高密度抢救性收集工作，采集野生大豆6 000多个居群，抢救性采集到一份含氮量达到54%的野生大豆种质资源，为大豆常规育种提供了优异的亲本材料。在辽宁省铁岭市农户家收集到一份珍稀的对生叶玉米种质资源，由于这种对生叶的多果穗性状具有较高的丰产性能，因而是高产育种极其珍贵的种质资源，具有重要的育种学意义。

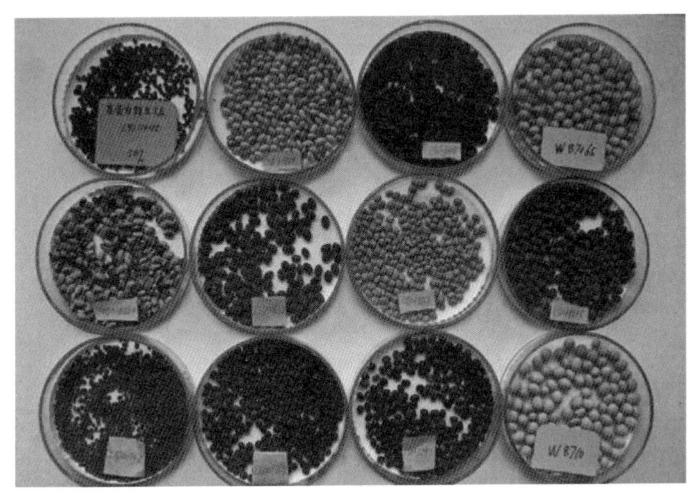

图2 “十二五”期间收集的作物品种资源材料

三、共享服务情况

“十二五”期间，辽宁子平台通过收集、整理、整合，共计可提供分发利用的农作物种质资源24 471份。提供了农作物种质资源线上和线下提供种质资源信息服务5 456人次，包括查询、检索、获取、技术培训、参观访问和科普宣传等。辽宁子平台服务用户辐射范围广泛，南至深圳市作物分子设计育种研究院，北至黑龙江省哈尔滨市方正县农业技术推广中心，共计服务用户单位43家，科研院所31家，企业12个，以主要从事作物育种研究的企业居多。服务项目/课题国家、省、市各级课题46个。支持成果获奖国家级1项，省部级32项。支持新品种培育25个。专题服务1项。

（一）平台服务成效——日常服务

为科研院所、大专院校、企业、政府部门、生产单位和社会公众提供了农作物种质资源实物共享和信息共享服务。为种质资源拥有的单位或者个人提供种质资源保藏服务。

（二）平台服务成效——水稻耐盐专题服务

辽宁子平台对辽宁省盐碱地利用研究所开展“水稻耐盐资源鉴定与利用”专题服务。为了深入开展耐盐水稻育种研究，提高科技人员耐盐水稻种质资源筛选和鉴定的技术水平，辽宁子平台在辽宁省盘锦市举办了“国家农作物种质资源平台辽宁子平台水稻耐盐鉴定技术培训会”，来自全省6个市8个科研单位和4个企业的从事水稻种质资源、育种和种业的60名代表参加了此次会议（图3）。

图3　举办了“国家农作物种质资源平台辽宁子平台水稻耐盐鉴定技术培训”

（三）平台服务成效——展示服务

在辽宁省铁岭市、开原市举办了国家农作物种质资源平台辽宁子平台水稻、玉米、野生大豆和大豆4次种质资源展示会。来自辽宁省种质资源库、育种单位及省内有关高校、科研院所、种子企业共30多名代表参加了展示会。共展出水稻资源500份，玉米资源150份，野生大豆资源500份，大豆资源472份。与会代表考察了资源新品种及优异种质资源，并前往展示基地实地观摩了新品种（系）展示（图4）。

图4　开展新品种基地观摩推广工作

（四）平台服务成效——稻田彩绘

2015年，辽宁省盘锦市盘山县太平镇富晒水稻种植区利用辽宁子平台提供的紫黑1号水稻种质资源1份，在盘山县现代农业休闲观光区的核心区主要创作作品2幅，盘山现代农业、丹顶鹤。让水稻以艺术的姿态呈现在观光者面前，使游客能够更加真切的感受到稻田画的壮观及奇妙（图5），增加旅游人数2万人，创造了良好的经济效益、社会效益和生态效益。

图5　眺望现代农业休闲观光景象

（五）平台服务成效——宣传推广

国家农作物种质资源平台辽宁子平台积极在各类媒体进行平台工作的宣传与推广，在《辽宁农业科学》2015年第5期的封1、封2、封3和封4，共4个版面，开展专题宣传报道（图6）。

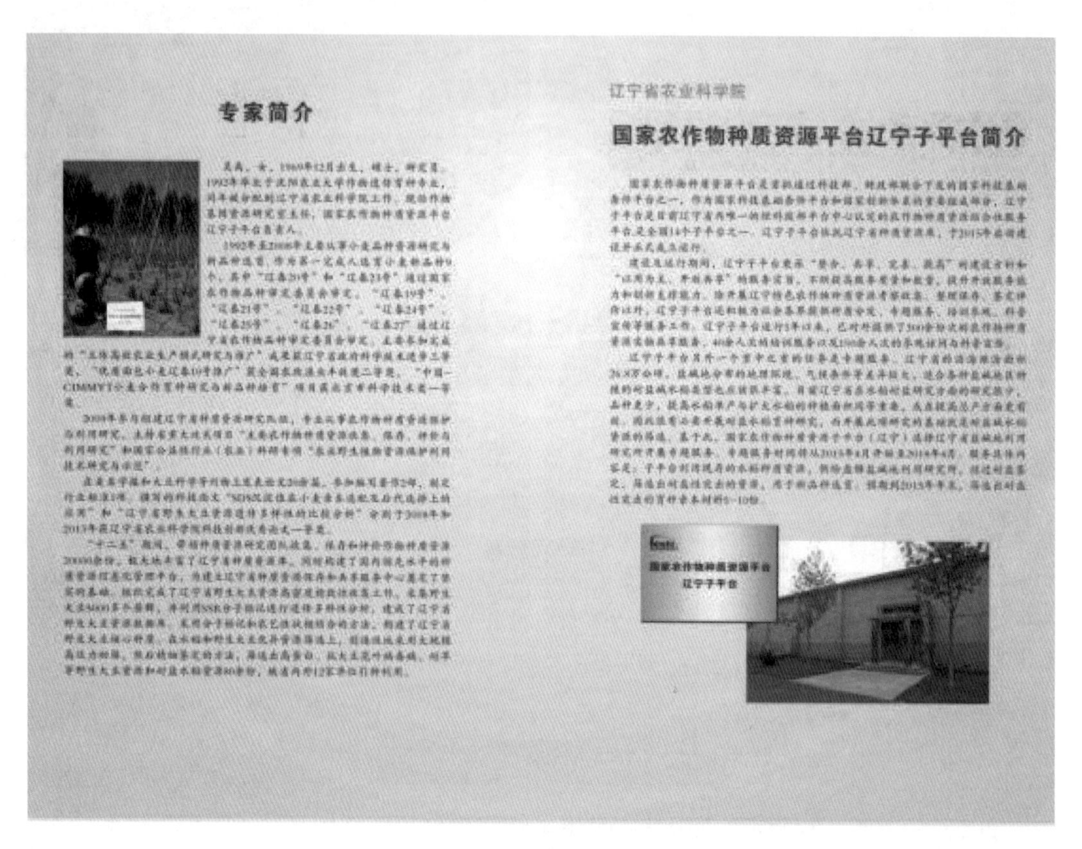

专家简介

辽宁省农业科学院

国家农作物种质资源平台辽宁子平台简介

图6　在专业刊物上宣传推广

（六）平台服务成效——科普宣传

发挥自身优势，创新科普模式，安排专人讲解，让来参观学习的人员通过一听、二看、三实践的参观学习，认识种质资源，了解种质资源，使辽宁子平台成为他们学习知识的第二课堂，将辽宁子平台努力打造成为省内一流的科普教育基地。农业部副部长余欣荣、辽宁省副省长赵化名、辽宁省副省长刘强等领导来到辽宁子平台调研指导工作。2015年累计接待政府机关、企事业单位参观访问与科普宣传达1 500余人次（图7）。

图7　积极进行宣传推广活动

四、典型服务案例

东北地区是中国粮食主产区，水稻也是辽宁省种植的主要农作物，为了提高盐碱地上种植水稻的经济效益，培育耐盐碱的水稻品种是重中之重。筛选出耐盐碱的水稻资源，可以为辽宁省在水稻耐盐育种方面的研究搭桥铺路，从而为扩大水稻的种植面积与提高水稻单产起到保驾护航的作用。

辽宁子平台此次专题服务的服务对象为辽宁省盐碱地利用研究所。辽宁省盐碱地利用研究所是辽宁省唯一坐落在盐碱地区，并多年从事盐碱地利用研究的科研机构，承担国家科技支撑计划（课题编号：2015BAD01B02）“耐盐水稻新品种选育”的子课题“耐盐碱北方粳稻新品种选育与示范”。此项专题服务主要是辽宁省盐碱地利用研究所利用辽宁子平台提供的300份发芽率在90%以上的水稻种质资源，进行田间种植并在相关环境中完成水稻资源的耐盐鉴定与筛选工作。

2015年，筛选出辽盐2号、沈农159等耐盐水稻种质资源15个，这些资源具有分蘖能力强，活秆成熟，抗病性强，结实率高，籽粒饱满，株高降低的少，穗长缩短的小，高度保持品种原有的特征特性。是水稻耐盐新品种选育的首选亲本材料，也是土壤盐碱较重种稻参考品种。

五、总结与展望

（一）提升服务能力

继续加强种质资源的收集与整合，扩大农作物种质资源的储备数量，使运行服务要更加高效。

（二）强化种质资源的精准鉴定和深度挖掘

针对需求，深度挖掘资源，打造精准型资源产品（野生大豆高氮、抗病）和特色型资源产品（对生叶玉米），进行知识化专业化推送服务，由一般性服务向精准专业化服务转变。

（三）转变服务意识和方式

由被动服务向主动服务转变、科技资源由服务科研向服务企业（辉山乳业）和国家重大需求转变。

（四）深化面向种业企业和粮食主产区的专题服务

继续对辽宁省盐碱地利用研究所开展“水稻耐盐资源鉴定与利用”专题服务，并计划召开“水稻耐盐选育、鉴定技术交流会”和“水稻种质资源展示会”。

国家农作物种质资源平台的良好运行，必将为提升我国种业科技创新水平，提高国际种业竞争力，提高农作物育种效率，拓展作物新品种的遗传背景，保障国家粮食安全做出积极的贡献。

信息技术服务子平台发展报告

张晓东，刘　哲

（中国农业大学信息与电气工程学院，北京，100083）

摘要： 针对农作物种质资源信息自动采集、高效管理与共享服务方面的刚性需求，平台于2015年设立了信息技术服务子平台。依托中国农业大学种业信息技术团队，挖掘种子企业和育种单位在种质资源收集、保存、鉴定、利用和共享等方面的信息技术需求。为10余家用户研发和推广了种质资源信息管理系统、田间试验信息采集系统等高效的信息工具。拟定了种子企业之间、与国家作物种质资源平台开展长期保存、鉴定服务和资源互享的模式与机制。“十三五”将重点研发多种资源信息采集工具，为种子企业、各子平台提供信息服务；建立企业间和国家种质资源平台的种质资源信息共享机制，将商业种质引入国家平台。通过信息技术手段，提升我国种业自主创新能力；通过达成共享机制，促进我国种业信息共享与产业整合，减少侵权行为。

一、子平台基本情况

国家农作物种质资源平台的信息技术服务子平台，于2015年启动，依托中国农业大学的种业信息技术研究团队，挂靠在中国农大信息与电气工程学院和农业部农业信息获取技术重点实验室。负责人为该院副院长、张晓东教授，也是种业信息技术研究团队负责人；技术骨干有刘哲副教授，主要从事作物表型测试与种业信息化研究；以及从事育种新技术研究的李绍明副教授等多位专职教师。

该子平台拥有高性能农业大数据集群，自主研发的种质资源信息管理系统、玉米自动化考种系统、田间试验信息采集系统，以及作物表型无人机监测系统等软硬件设施。

该子平台的目标和职责为：挖掘种子企业和育种单位在种质资源收集、保存、鉴定、利用和共享等方面的信息技术需求。提供高效的种质资源数据采集工具，信息管理系统与分析服务。研究和促进种子企业之间、与国家作物种质资源平台开展长期保存、鉴定服务和资源互享的模式与机制。

二、资源整合情况

该子平台通过两年的研发建设与资源整合，开发了基于Android的种质资源试验信息采集系统；正在研发基于无人机遥感的种质资源监测技术与系统；已向10余家领军种子企业开展需求调研和信息服务；草拟了《玉米亲本许可授权多边协议（草稿）》，正与多家种子企业磋商。其中，基于Android的种质资源试验信息采集系统，可随时进行各类种质资源鉴定小区的农艺性状、抗逆性等表型数据和照片的记录，通过创新的定制化种质资源表型录入键盘等设计，使得录入速度超过传统纸质记载本。记载速度可达到200小区（人·d），错误率小于1%。

三、共享服务情况

该子平台运行两年来，已为10余家种子企业和科研单位提供种质资源信息采集与管理服务，主要用户有北京金色农华种业、北大荒垦丰种业、北京德农种业、北京屯玉种业、北京华农伟业、吉林省农业科学院玉米研究所、辽宁东亚种业、中玉科企联合种业和中国农业大学玉米功能基因平台等单位。

四、典型服务案例

（一）背景和服务对象

北京金色农华种业科技股份有限公司是行业领军企业，拥有全国最大品种试验网络、丰富的商业种质资源，每年开展100万份次（小区）育种试验，急需高效的试验信息采集和管理工具。

（二）应用资源

基于Android的种质资源试验信息采集系统，基于无人机遥感的种质资源监测技术与系统

（三）服务方式

子平台为该公司开展多次培训，并连续跟踪改进系统；结合其育种基地，开展多次飞行试验。

（四）取得成效

该公司每年200余试点的品种试验信息采集工作，全部采用子平台的工具完成，大幅度提高了商业种质资源的管理评价效率。促进子平台的无人机监测系统技术路线基本形成。

五、总结与展望

（一）总结

该子平台拥有较强的研发能力，所研发的种质资源信息采集、管理工具得到种子企业和育种单位的广泛认可；但由于学校管理体制原因，目前很难引进专职的技术推广人员，制约了信息技术服务工作；下一步拟依托平台经费，结合挂靠单位相关经费，聘请一名专职技术推广、培训服务人员，或通过技术转让，与专业农业信息服务公司合作，加大子平台技术成果的应用服务力度，广泛收集用户的信息技术需求，不断改进信息工具，提升服务水平。

该子平台“十三五”核心工作目标是大幅提高种质资源信息服务水平；促成商业种质信息的共享与交流。相应的关键任务有：研发多种资源信息采集工具，为种子企业、各子平台提供信息服务；建立企业间和国家种质资源平台的种质资源信息共享机制，将商业种质引入国家平台。

（二）预期成效

帮助20家以上种子企业、30家以上子平台的资源信息采集基本实现系统化、自动化；促进10家以上企业的商业种质开始共享和交流，信息导入国家平台。

通过信息技术手段，提升我国种业自主创新能力；通过达成共享机制，促进我国种业信息共享与产业整合，减少侵权行为。

国家云南药食同源农作物子平台发展报告

袁理春

（云南省农业科学院药用植物研究所，昆明，530103）

摘要：我国记载的药用植物共11 470种，支撑着我国中医药事业的长期发展；而云南是植物王国，有药用植物6 157种，占全国的55%。在这些药用植物中，可以食用的有3 000多种，传统用于蔬菜、食物、佐料、烹调香料、饮料和调配料等。2016年，平台根据社会发展需求，着力为支撑我国大健康产业发展，设立了云南药食同源农作物子平台。子平台将依据国家卫计委公布的药食兼用物质目录和保健品物质目录，以及其它文献记录可以食用和传统习惯可以食用的药用植物目录，收集保存并挖掘开发这些种质资源，为特色资源的国家战略性保护和科学研究、技术进步提供基础材料保证；通过主动社会化运行服务，为区域大健康产业培植和发展提供资源性基础支撑作用，以期发挥种质资源社会经济效益。

一、子平台基本情况

子平台位于云南省昆明市北部北京路延长线，交通信息便利区位。依托云南省农业科学院药用植物研究所，是专业从事药用植物资源与利用研究的公益性科研单位，平台运行服务专业人员共6人，其他辅助性人员20余人，其中研究员4人，硕士5人；平台依托研究所科技条件平台，有专业技术实验室500余平方米，科开展资源学、栽培学、生理学、分子生物学、遗传育种学等现代多种学科科研设施，平台还整合云南省林业科学院资源，建立种质资源活体保存圃和开展科学研究试验基地。子平台的功能职责主要是收集、保存、评价和创新利用云南药食同源农作物种质资源，主动为区域社会大健康产业培植和发展提供公益性资源共享和技术支撑服务。

二、资源整合情况

子平台结合以往的工作基础，主要根据国家卫计委公布的药食同源物质目录、可用于保健的物质目录，中华人民共和国药典记载具有传统食用习惯的中药材和其他资料记录的具有传统食用习惯的药用植物。收集和资源整合总量为187份，主要是省内收集，部分根据资源特点进行整合引进，整合范围涉及国内四川省、新疆维吾尔自治区、上海市、北京市、山西省、辽宁省等6个地区，国外主要涉及以色列，共整合资源54份，这些资源主要表现是丰产和抗逆性强。收集和整合的资源及时进行了编目整理，一部分通过繁殖活体保存在种质圃中，种子复份就近保存在国家西南野生植物种质资源库，提供社会共享。

三、共享服务情况

（一）总体情况

根据区域社会经济发展需求和政府战略性产业布局和精准扶贫计划，主动开展资源的共享服务，共主动服务对象80多家，涉及自然村、政府、制药企业、生物公司和合作社等方面，种质资源共享服务一方面通过种质资源库共享平台线上服务，另一方面在线下通过展示、技术指导、产业培植、服务活动等多种形式实现，共提供共享种质资源30种118份。支撑科研项目17项，其中重点研发计划项目1个；国家自然科学基金2项；省部级项目12项；其他科技计划项目2项。通过资源共享服务和项目支撑，共发表SCI/EI收录论文3篇；授权专利一项，登记品种5个，颁布地方标准1项。

（二）基本服务经济效益

子平台通过提供种质资源和技术的社会化服务，在支撑产业发展过程中，通过项目实施和单纯的资源服务，为产业发展提质增效，特别是草果、当归、花椒3个重点大宗药食同源药材支撑面积36 000多亩，实现新增经济效益1 580多万元。

（三）基本服务社会效益

通过服务工作，一方面将优良种质资源介绍并推广应用到区域农业农村经济发展的生物产业培植和发展中，特别是在响应打造“云药生物”产业和“产业精准扶贫”等方面，平台资源基础发挥了重要的作用；另一方面，平台为支撑科技项目实施提供重要的研究材料，促进了科技的进步和发展。总之，平台资源的社会共享服务工作，为社会发展发挥了重要的作用，促进了社会进步和区域经济发展，社会效益十分明显。

（四）专题服务

1. 草果资源在泸水县林下优质高产种植示范推广服务

根据云南省泸水县地方产业发展需要，平台充分利用草果优良种质资源和配套高产栽培技术，为泸水县林下草果种植产业提供技术和资源支撑。

2. 丽江市奉科镇花椒良种资源共享与栽培技术指导培训专题服务

专题服务团队对奉科镇花椒产业的培植和发展现状做了充分调研，并根据调研发现的问题，准备了培训课件。进行田间实地指导培训，重点是实地讲述了花椒种植存在的问题和原因，示范培训了整形修剪、肥水管理和嫁接改良技术，并指导参与把“子平台”提供的花椒种苗规范的种植到地里。袁理春研究员在室内用PPT课件做了专题服务理论培训，重点介绍了“子平台”提供的花椒资源品种特性和花椒嫁接改良、促花促果、栽培修剪、科学采摘等配套技术（图1至图4）。

图1　服务现场

图2　服务现场

专题服务历时3天，主要面对奉科镇柳青村、奉联村、善美村、黄明村、奉科村和达增村等6个村委会的广大花椒种植户，其中也有一些种植大户和种植企业、合作社以及政府机关的相关工作人员，共计150多人次，“子平台”提供了5个花椒种质资源2万棵嫁接苗进行示范栽培。通过对个别受训人员交流询问，此次培训受益匪浅，预计可以从提高花椒产量质量和降低采摘成本两个方面，实现提高综合经济效益60%以上，充分发挥了平台资源应有的社会、经济效益。

图3　服务现场

图4　服务现场

3. 昆明市东川区农村劳动力转移药食同源农作物资源共享与栽培技术指导培训专题服务

服务面对昆明市东川区代表性矿区的拖布卡镇桃源村、阿旺镇鲁纳村和汤丹镇石庄村3个村委会的广大农作物种植户，中药材种植大户和种植企业、合作社以及政府机关的相关工作人员。组织开展了4个培训班，根据区域特点和内容，每个培训班安排7天56个学时，每个班50人，共计450人次。主要讲述滇黄精、红花、金银花、菊花和百合等5种药食同源中药材品种资源信息、产品市场信息和栽培技术理论培训。在理论培训期间，结合生产实际，安插到田间地头，实践及操作示范，解答实际问题。平台提供了滇黄精、红花、金银花、菊花和百合等5种药食同源中药材品种资源的30 000株种苗（球茎）和20kg种子进行现场栽培示范，并讲解品种资源的优良性和管理技术等（图5和图6）。

图5　服务现场

图6　服务现场

4. 其他服务工作

第一，结合研究所对云南省景谷县的“挂、包、帮精准扶贫”工作，组织了一个5人工作队，利用平台滇黄精、当归等种质资源，专题进行示范种植和科技培训，共示范种植面积5亩，培训农户200多人次（图7和图8）。

第二，结合研究所22名“三区”服务人员工作基础，将平台滇黄精、当归、花椒、天麻、茯苓、红花等10余种药食同源作物30多份种质介绍并推广应用到20多个县的22个服务对象，培训人员100多人次，发挥了重要的经济效益和社会效益。

第三，结合当归、草果、花椒等资源与技术推广项目，为地方提供了大量的优良种子种苗和配套技术，涉及面积16 000多亩，新增社会经济效益1 500多万元，培训人员2 900多人次，发挥了重要的产业支撑作用。

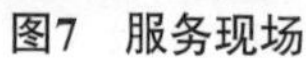

图7　服务现场

图8　服务现场

四、典型服务案例

案例名称：草果资源在泸水县林下优质高产种植示范推广服务。

根据云南省泸水县地方产业发展需要，平台充分利用草果优良种质资源和配套高产栽培技术，为泸水县林下草果种植产业提供技术和资源支撑，其主要服务内容和成效如下：

（一）核心示范

通过2015年12月和2016年1月对怒江州草果种植情况实地调研，确定以怒江州泸水县鲁掌镇三河村100亩连片草果园为核心示范样板，以三河村周边1 144亩草果园为示范片，一方面通过收集核心示范区100亩及示范片1 144亩草果园种植户及种植面积、种植年限、产销等信息，初步掌握示范区及示范片种植基本资料；另一方面通过调研，调查示范区草果生长状况、产量及品质及生产中存在的问题，为示范区优化草果高产栽培技术提供参考，达到建设核心示范样板100亩及示范片1 000亩考核指标。

（二）优化集成草果高产栽培技术

通过草果培土、合理施肥技术、人工诱导授粉、促花保果技术及病虫害绿色防控技术等技术措施和手段，对核心示范区100亩及示范片1 144亩草果园进行管护，2016年9月组织怒江州相关专家对田间进行测产，结果表明：核心示范样板100亩，平均单产达118kg，较传统方法增58kg，增产0.58万kg，增值8.7万元（按2016市场价15元/kg

计，以下均按此计算）；示范片1 144亩，平均单产95kg，较传统方法亩增35kg，增产4万kg，增值60万元（图9和图10）。

图9 服务现场

图10 服务现场

（三）草果优良种源培育繁育基地，生产优良种苗

对100亩核心示范样板采取人工培土、合理施肥、促花保果及病虫害绿色防控技术措施，确保种子种苗繁育基地草果植株生长良好、高产、高品质。

以泸水县鲁掌镇三河村10亩连片草果育苗地为优良种苗繁育基地，通过合理施肥、改善节水及灌溉、人工辅助授粉、病害防控等措施，一方面对草果育苗技术进行归纳、总结及优化，制定优良种苗繁育技术操作规程；另一方对草果种苗规格进行遴选，选定草果优良种苗12万株，并将优良种苗发放示范区及辐射带动区进行移植，确保草果移栽成活率及生长。

（四）辐射带动当地及周边优质草果生产

以泸水县鲁掌镇8 000亩草果园为辐射带动区，开展合理施肥、改善节水及灌溉、人工辅助授粉、病害防控等措施，测产验收表明：示范面积0.8万亩，单产74kg，较传统种植亩增14kg，增产11.2万kg，增值168万元。

（五）为示范区培训科技人员和示范户

在示范及辐射带动区共开展3次科技培训，培训人数1 500人。

（六）经济效益

核心示范样板100亩，平均单产达118kg，较传统方法增58kg，增产0.58万kg，增值8.7万元（按2016市场价15元/kg计，以下均按此计算）；示范片1 144亩，平均单产95kg，较传统方法亩增35kg，增产4万kg，增值60万元；带动示范面积0.8万亩，单产

74kg，较传统种植亩增14kg，增产11.2万kg，增值168万元，

（七）社会效益

由于草果林下种植，使原来无法或产生经济效益的自有林地产生经济效益，为边境地区少数民族脱贫致富提供了一条途径，对泸水县林下经济发展、优质中药材生产起积极的推动作用，促进农民增收、农业增效，意义长远。

五、总结与展望

（一）总结

子平台自开展工作以来，整合了省内相关技术力量，搭建了共享服务平台，组建了强有力的服务队伍，积极收集整合资源，提升社会服务能力，主动提供社会共享服务，经过精心组织和努力工作，子平台共收集保存种质资源187份；根据区域社会经济发展需求和政府战略性产业布局和精准扶贫计划，主动开展资源的共享服务，共主动服务对象80多家，涉及自然村、政府、制药企业、生物公司和合作社等方面，共提供共享种质资源30种118份。

子平台通过提供种质资源和技术的社会化服务，共累计支撑面积36 000多亩，实现新增经济效益1 580多万元。通过服务工作，将优良种质资源介绍并推广应用到区域农业农村经济发展的生物产业培植和发展中，特别是在“云药生物”产业和“产业精准扶贫”等方面，平台资源基础发挥了重要的作用。

（二）展望

1.“十三五”拟通过运行服务主要解决

（1）科研上的重大问题。

种质资源的系统评价；产量和质量的可控性生产研究；目标功能性基因的挖掘和高效种质的创制。

（2）生产上的重大问题。

高产、优质、高效创新种质资源的实际应用，农业实用技术的创新研究和集成应用。

2. 具体目标性任务

（1）资源增量与安全保存。

子平台在“十三五”期间，继续收集整合药食同源植物种类300份以上，并以种质库和活体园两种基本形式安全保存，对收集保存的种质资源进行植物学鉴定，建立基本数据库，提供进一步科学研究。

（2）资源的创新科学研究。

主要开展种质资源学研究，结合生产开发，开展繁育栽培技术研究和产品开发利用研究，研究解决种质资源在社会产业培植和发展中的技术问题；开展相关技术标准研究，逐步研究促进更多的药食同源植物种类进入公布目录。

（3）社会化综合服务。

将种质资源尽量进行社会化应用服务，主要包括优良种质的共享利用、推广，技术培训等，发挥种质资源应有的经济社会效益。

① 资源共享服务。对资源进行深度挖掘与集成，充分发挥云南药食同源农作物种质资源在区域生物产业培植和发展种的优势，根据产业发展需求，为150家以上产业发展团体提供种子、种苗服务200份以上，种苗数量10万苗以上，种子（含繁殖体）5 000kg以上：为科学研究提供研究材料30份以上，支撑科技项目20项以上，提供社会应用资源，种苗等繁殖材料50份以上，人员技术培训5 000人以上。

② 专题服务。根据社会大健康产业培植和发展需求，主动思考提出最大化效率的专题服务内容和形式，每年组织开展专题服务2项以上，使专题服务发挥宣传、社会和经济几方面的综合效益。配合平台管理办公室开展其他专题服务和联合专题服务。

③ 技术创新与集成推广服务。努力提高科研能力和水平，研究集成资源学、繁殖栽培学、加工利用等多方面的技术成果，每年发表科技论文5篇。通过资源的共享服务和专题服务、科普活动等形式进行技术推广服，每年服务团体50个，人员2 000人以上。

国家椰子、棕榈、槟榔种质资源子平台发展报告

弓淑芳，范海阔

（中国热带农业科学院椰子研究所，文昌，571339）

摘要：为了更好地共享利用椰子种质资源，以及推广椰子新品种、新技术，依托平台，进行了多方面的工作，取得了一定的社会效益，实现了部分技术的成果转化。

一、子平台基本情况

“椰子种质资源标准化整理、整合及共享运行服务”子平台依托单位为中国热带农业科学院椰子研究所，是我国唯一以热带油料作物为主要研究对象的社会公益性科研机构，主要开展椰子、油棕等热带油料和热带经济棕榈植物的科技创新、成果转化和产业服务工作，在我国同类科研机构中具有鲜明的特色。

本平台管理人员有3名，其中2名博士，1名硕士。依托农业部文昌椰子种植资源圃，只要开展椰子种质资源收集、鉴定、创新利用工作，以及新品种推广、新技术培训、日常平台管理、种质共享利用等工作。

二、资源整合情况

“十二五”期间，共收集、整合椰子种质资源从44份增加到185份，种质圃保存数量有139份；其中通过“948”项目、引智项目，收集国外椰子种质资源17份；国内种质27份。

（一）引进国外种质资源

斯里兰卡高种2份、斯里兰卡国王椰子1份、斯里兰卡黄矮椰子1份、斯里兰卡杂交种1份、泰国高种2份、泰国香椰1份、斐济椰子1份、越南矮种椰子2份、越南EO椰子1份、萨摩亚高种椰子1份、菲律宾高产矮种1份和马来西亚矮种椰子3份。

（二）国内收集种质资源

共计27份，其中具有高产潜力本地高种23份、果皮红色种质4份、红头椰种质2份、双层花苞种质1份、无雌花种质1份、分叉椰子1份和甜纤维椰子1份。

1. 资源名称

红头椰（图1）。

（1）资源特点。

果蒂端纤维呈鲜艳的粉红色。

（2）特性。

该种质为海南本地高种。树身无葫芦头，叶片长3.8m，小叶数124，果实大小中等，外果皮呈绿色，果水清甜，果肉细腻松软；去掉果蒂，其下椰衣纤维呈鲜艳的粉红色，红绿交映，具有独特的视觉效果。根据实地调查，在海南省亚龙湾附近酒店以15元/个的价格向农户收购该嫩果，零售价高达30元/个，具有很大的市场潜力。

（3）资源提供利用情况及成效。

该种质数量稀少，目前已收集入圃，即将展开详细的鉴定、评价。

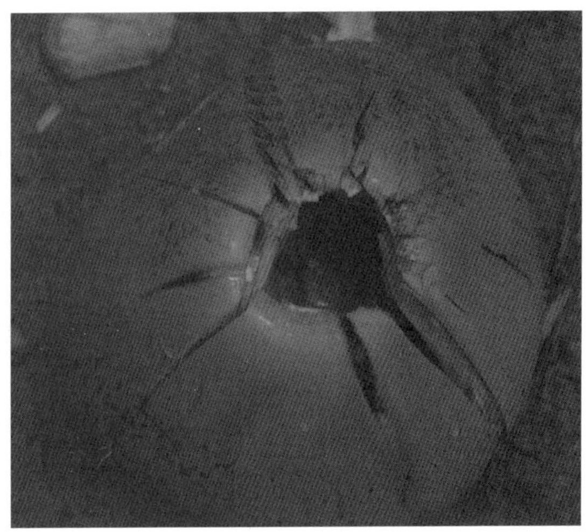

图1　红头椰

2. 资源名称

甜纤维椰子（图2）。

（1）资源特点。

椰子纤维微甜，可食用。

（2）特性。

该种质为本地高种，数量只有一株。5月内果龄的椰果，其椰衣部分无涩味，味甜，粗纤维极少，可食用，口感类似脆油桃。

（3）资源提供利用情况及成效。

该种质数量稀少，目前已收集入圃，即将展开详细的鉴定、评价。

图2　甜纤维椰子

三、共享服务情况

（一）平台运行情况

项目实施期间，平台运行情况良好，相关数据上报及时。依托平台，2011—2016年5年间，共举办椰子栽培、植保、加工相关的培训班53次；接听相关咨询电话1 200余次，保证做到“有问必答、用专业知识为群众排忧解难”；发放宣传单、宣传手册5 000余份；主动或应地方政府、群众邀请，对遭受病虫害的椰林、槟榔林进行实地考察、会诊、并给出诊断结果和指导意见共53次，共出动相关专家200余人次；与高校、研究所资源共享5份共15份。

（二）服务对象

以海南地方政府农业机关、公司（或合作社）、高校、科研院所、种植户为主。

（三）服务类型

实物资源服务——以椰子种质资源共享利用为主，与海南大学农学院、中国热带农业科学院热带作物品种资源研究所、华南农业大学等高校研究所合作，无偿提供15份椰子种质用于科研。

（四）信息资源服务

依托本平台，椰子研究所多次举办椰子丰产栽培技术培训，以及椰子病虫害防治技术培训；椰子研究所科研人员主动深入田间地头，与种植户沟通、交流，为农户解决实际种植中遇到的多种困难，帮助农民坚定椰子种植的信心。

（五）技术与成果推广服务

依托本平台，椰子研究所大力进行椰子新品种”文椰2号、文椰3号、文椰4号”的宣传与推广。“十二五”期间，随着国内旅游市场的崛起，鲜食类椰子需求量大增，每年增幅超过150%，椰子种苗市场随之兴起。椰子研究所文椰系列椰子种苗因其“鲜食、矮化、高产、早结”的特性，获得了广大种植户的肯定，市场需求量不断攀升。目前，已推广种苗3万余株，推广面积1 500余亩，推广金额220余万元。

（六）科普情况

面向中小学和社会人士举办椰子相关科普教育活动12次，主题有《植物王国大探密》《椰子学堂》《我和虫子有个约会》等，并发放植物科普资料3 000多份（图3）。

图3　在基层开展科普宣传

（七）宣传情况

在采用发放宣传资料和开展培训班传统宣传的同时，还运用互联网（各大论坛、平台、微信公共号等）和传统传媒（电视、报纸）渠道双管齐下，向社会各界宣传、推广椰子研究所椰子新品种、椰子丰产栽培技术、椰子病虫害防治技术和椰子加工产品（表1）。

表1 2016年媒体报道统计表

序号	报道媒体	标题
1	海南日报	一颗椰子的价值有多少?
2	海南日报	海南椰子产业转型升级路在何方
3	新华网	海南椰子产业如何“长大”?
4	农民日报	中国热科院加强椰子研发国际合作
5	海南岛纪事20160828（海南省电视台）	探寻椰子研究
6	新华网	海南椰子新品种在老挝试种成功

四、典型服务案例

（一）典型服务案例1

海南省万宁市金椰林农业科技开发有限公司在万宁市兴隆镇东河农村长征队种植有文椰3号300亩，文椰2号200亩。

从2009年开始，椰子研究所一直对该椰园进行定点跟踪服务，在丰产栽培、测土配方、施肥和病虫害防止方面给予多方面技术支持。不定期到现场进行技术指导，还通过网络与椰园随时保持联系，发现问题及时解决。

经过双方共同努力，该椰园4年生开始产果，每年平均每株树结果超过100个，按照每个椰果批发价5元计，一株树每年最少产出500元，经济效益很客观。该椰园还获得了农业部热作标准化生产示范园称号（图4）。

图4 建立椰子标准化生产示范园

（二）典型服务案例2

依托平台技术资源，椰子研究所与昌江县政府就“十月田椰子示范园”签订《椰子示范园委托管理协议》。协议约定，椰子研究所制定昌江十月田椰园日常定期管理规程和主要工作内容，定期派出科研人员赴现场亲自指导工作，开展定向服务，从土、肥、水、病虫害防治多方面同时着手，保证椰园每年椰子嫩果产量（图5）。

此定向服务为收费服务，每年该椰园向椰子研究所支付技术服务费16万元整，不仅实现了科研技术成果转化，也是本平台科技下乡所取得的又一重大成果。

图5 “十月田椰子示范园”科技管理签约

五、总结与展望

“十三五”期间，将椰子子平台打造成技术推广和成果转化的中转站，进一步提高平台在椰子产业的影响力。

在实际生产中，希望对现有种质进一步进行鉴定和评价，培育出抗虫性较强的椰子新品种；选育出抗寒椰子品种，可以将椰子适种地向北推进。

加强与“一带一路”国家椰子组织、公司联系，搜集产业信息，为国家决策提供必要的数据。

国家香料、饮料作物种质资源子平台发展报告

郝朝运，秦晓威

（中国热带农业科学院香料饮料研究所，万宁，571533）

摘要：新收集引进香料饮料作物种质资源233份，资源保存量达389份，丰富了农业部热带香料饮料作物种质资源圃资源多样性。经鉴定评价，筛选出优异种质45份，通过国审品种3个，海南省认定品种4个，获授权发明专利15项，制定行业标准5项，地方标准12项，发表论文50余篇，获海南省科技进步奖二等奖1项。通过资源展示、优异种质提供、数据技术共享等多种形式，向科研院所、高校、企业等相关单位提供种质、数据资料940余份/次，推广热引1号胡椒、热研2号咖啡、热引3号香草兰等新品种及配套栽培技术186场/次，免费向种植户、企业发放手册2 000余册。通过新品种、新技术的推广应用助推我国老少边穷地区精准扶贫，打造地方特色作物产业。

一、子平台基本情况

中国热带农业科学院香料饮料研究所（简称香饮所）为国家香料饮料作物种质资源平台运行服务子平台依托单位，位于海南省万宁市兴隆华侨旅游经济区，是我国专业从事热带香料饮料作物产业化配套技术研究的综合性科研机构。目前，从事资源收集保存、鉴定、服务等资源工作的技术人员16人，保存设施面积260亩，拥有智能温室2座、1 800m^2，钢结构遮阳网室6座、8 000m^2，水电排灌系统1 300m，田间道路3 530m^2，拥有仪器设备21台套，其他配套设施齐全，保存有热带香料饮料作物种质资源近400份。通过资源创新利用研究，打造了从资源收集、新品种选育、丰产栽培、病虫害防控和产品研发全产业链融合发展的产业模式，为香料饮料作物产业快速发展提供了品种、数据和技术支撑。

二、资源整合情况

“十二五”期间，新收集和入圃保存特色香料饮料作物种质资源233份，其中胡椒种质资源21份、咖啡27份、可可20份、苦丁茶54份、鹧鸪茶21份、肉桂5份、依兰18份，其中包括一批宝贵的优异农家品种、野生近缘种和珍稀濒危种等，新增猴头可可

Theobroma simiarum、双色可可*Theobroma bicolor*、大花可可*Theobroma grandiflorum*、台湾胡椒*Piper taiwanense*、长穗胡椒*Piper dolichostachyum*共15种和发表胡椒属新物种——盾叶胡椒（*Piper peltatifolium*），使我国热带香料饮料作物种质资源圃圃存量达到389份，丰富了农业部热带香料饮料作物种质资源圃资源多样性。

（一）竹叶胡椒*Piper bambusaefolium* Tseng（图1）

由中国热带香料饮料研究所从陕西秦岭自然保护区引进。攀援藤本，花枝纤细，干时无显著纵棱。叶纸质，有细腺点，披针形至狭披针形，长4~8cm，宽1.2~2.5cm，极少有达3cm宽者，顶端长渐尖，基部稍狭或钝，两侧相等；叶脉5条，稀为4条，最上1对互生，离基1~1.5cm从中脉发出，有时其中1条不明显，弯拱上升达叶片2/3处即弯拱网结，基部1对细弱，斜伸1~2cm即弯拱网结；叶柄长4~6mm，仅基部具鞘。花单性，雌雄异株，聚集成与叶对生的穗状花序。雄花序于花期通常长为叶片之半，约21~4cm，直径约1.5mm，黄色；总花梗与叶柄等长或略长；花序轴被毛；苞片圆形，边缘不整齐，近无柄或具短柄，直径约0.8mm，盾状；雄蕊3枚，花药肾形，比花丝略短。雌花序特短，幼期苞片成覆瓦状排列时长仅3mm，花期长可达1.5cm；总花梗略长于叶柄；花序轴和苞片与雄花序的相同；子房离生，柱头3~4，短，卵状渐尖。浆果球形，干时红色，平滑，直径2~2.5mm。花期4—7月。本种长势旺盛，抗寒能力强，可以作为抗寒育种的优良材料。

（二）帝皇香草兰*Vanilla imperialis* Kraenzl（图2）

中国热带农业科学院香料饮料研究所从引进。茎攀缘，粗1.0~2.1cm，长6~20m，节间长6~10cm，主蔓上皮孔明显，叶肥厚，倒卵形，黄绿色，叶厚2.2mm，长10~15cm，宽4~8cm，总状花序腋生或顶生，有花6~11朵，花萼黄绿色，唇瓣紫红色，花开放时散发沁人香味。果为荚果状，条状圆柱形，肉质，该野生近缘种生长旺盛，植株粗壮。每年开花时间为11月中旬至次年2月。且对干旱、病虫害等的

图1　竹叶胡椒

图2　帝皇香草兰

抵抗力较常规栽培种强，是香草兰优异的育种材料。

三、共享服务情况

向海南省农业科学院、海南大学、云南昆明植物研究所、西双版纳热带植物园、广东华南植物园、广西亚热带作物研究所、福建亚热带华侨引种园等相关单位提供种质资源和实验材料240余份（次），提供资源照片、信息位点等数据资料700余份（次），推广热引1号胡椒、热研2号咖啡、热引3号香草兰等新品种及配套栽培技术186场（次），免费向种植户、企业发放手册20 00余册（图3）。

通过资源实物、数据共享利用，获批国家、省部级科技项目90余项，其中，国家自然科学基金25项，国家外国专家局项目5项，海南省自然科学基金56余项，海南省重点项目5项。

获授权发明专利15项，制定行业标准5项，地方标准12项，企业标准8项。发表论文50余篇，其中SCI论文8篇。获海南省科技进步奖二等奖1项（图4）。

图3　赴云南绿春县开展胡椒种植技术现场指导

图4　赴海南博士园生态农业科技有限公司开展香草兰种植技术现场指导

四、典型服务案例

（一）典型案例1——热引1号胡椒品种及配套生产技术助力绿春县打造“云南省最大胡椒生产基地”

绿春县是云南省典型的温热区，海拔1 000m以下的热区面积100多万亩，具有发展胡椒产业的自然优势。“十二五”期间，该县高度重视胡椒产业的发展，成立胡椒产业发展工作领导小组，将胡椒产业纳入“兴边富民工程”项目予以重点支持。2011年以来，按照“谁发展、扶持谁、谁受益”的原则，投入200万元扶持资金，实施了农户自愿发展1亩胡椒，政府补助2t水泥的优惠政策，带动了适宜区群众发展胡椒的积极性。同时，该县决定县政府每年安排300万元以上的专项扶持胡椒产业资金。然而，优良种苗以及种植与加工技术的严重缺乏，绿春县政府到中国热带农业科学院香料饮料研究所多次调研考察，并达成科技合作意向，帮助绿春县规范化种植胡椒，形成生产、加工、销售一体化产业链，使胡椒产业向规模化、标准化、效益化迈进，建成名副其实的“云南省最大的胡椒生产基地”（图5）。

经过多年的努力，在中国热带农业科学院香料饮料研究所的指导下，进行优良种苗热引1号胡椒的繁育工作，为种植户提供无病虫害的优良种苗。绿春县负责与种植户日常联系、反馈等工作，将工作中遇到的技术问题及时反馈给中国热带科学院香料饮料研究所。绿春县做好热带香料饮料作物种植和推广计划。负责组织科技示范户、种植户、农技人员参加各项实用技术培训。中国热带科学院香料饮料研究所派研究人员到绿春县挂职，专门负责胡椒产业技术指导，绿春县也将适时派送种植青年或政府部门技术人员到中国热带科学院香料饮料研究所学习胡椒培植技术，培养一批胡椒科技人才队伍。绿春县负责科技示范户标识牌的制作，标识牌应标明技术依托单位及技术负责人，基地建设管理单位及负责人等。截至2015年，绿春县胡椒面积达20 514亩，采摘面积超过5 000亩，年产胡椒700t，覆盖骑马坝、平河、三猛、大黑山、半坡等乡镇，产值5 000多万元，成为适宜群众脱贫致富特色产业（图6）。

图5　云南省绿春县胡椒种植基地

热带作物种质资源共享利用申请表

申请单位（人）	云南省绿春县农业局	联系人	杨海士
通讯地址	云南红河绿春县	邮编	662500
联系电话	13608738919	电子邮箱	
种质名称	胡椒	申请数量	3 份
申请种质类　型	地方品种☐　育成品种☑　高代品系☐　引进品种☐　野生种☐　近缘种☐　遗传材料☐　突变体☐　其他☐（说明）		
申请种质材　料	植株（苗）☑　块茎☐　籽粒☐　试管苗☐　茎（枝条）☐　叶☐　芽☐　花（粉）☐　组织☐　细胞☐　DNA☐　其他☐（说明）		
利用目的： 低产园改造以及区域性试验。			
申请承诺： 1. 共享利用情况反馈时间：________ ；2. 利用成果标注种质提供方；3. 未经允许不能提供给第三方；4. 其他：______________________________。			
云南省红河州绿春县农业局　　　　负责人： 2013 年 5 月 10 日　　　　2013 年 5 月 10 日			
提供种质资源圃意见：同意提供。 负责人：郝朝运 2013年 5月 18日			
提供单位意见：同意提供。 负责人： 年　月　日			

图6　云南省绿春县胡椒种质共享证明

（二）典型案例2——海南省东方可可种苗繁育及生产示范基地

海南省东方市大田镇是甘蔗生产基地，甘蔗种植面积近10万亩，近年来产业效益下滑，面临产业转型。东方永得农场有限责任公司是一家位于海南省东方市的龙头企业，承担东方市大田镇甘蔗产业转型升级项目，主要从事可可及其他热带作物的种植、收购、加工及贸易，计划打造东方万亩可可基地。子平台承担单位与该公司签订科技合作协议，提供“热引4号可可”品种与配套生产技术，已建成种苗繁育基地10亩、椰子间作可可生产示范基地150亩，年繁优良可可种苗20万株，示范效果良好（图7和图8）。通过示范和技术推广，极大调动了当地农户的积极性，带动20多农户种植可可，面积超过1 000亩，意向种植面积达5 000亩以上。通过生产示范基地建设和推广应用，以点带面，加速科技成果转化，促进当地甘蔗产业转型升级。

图7 热引4号可可新品种

图8 海南省东方市热引4号可可种苗繁育基地

五、总结与展望

（一）总结体会

种质资源是育种、科研和生产的物质基础，是我国香料饮料作物产业发展的物质保障。通过资源创新利用，实现充分共享，是推动现代农业可持续发展的基础。

（二）展望与目标

中国香料饮料作物种质资源研究工作起步晚，收集评价技术不完善，资源共享利用水平低等问题制约着产业快速发展，亟待开展以下几个方面的研究工作。

1. 资源整合方面

加强特色香料饮料作物种质资源的引进收集、整理及共享利用，加快新种质的创制创新。

2. 服务对象方面

拓宽热带特色香料饮料作物种质资源服务领域与方式，实现资源充分共享与利用，加快资源成果转化。

3. 服务科技方面

充分利用现代科学技术，挖掘优异基因资源，为国家重大科技专项、国家自然科学基金等项目提供材料和数据支撑。

4. 示范推广方面

加强试验示范基地建设，通过现场观摩、培训等方式开展新品种、新技术的推广应用。